U0936256

长江流域水生生物图谱丛书

王英才 ◎ 总主编

长江流域常见浮游动物图谱

邱光胜 张静 胡圣 等 ◎ 著

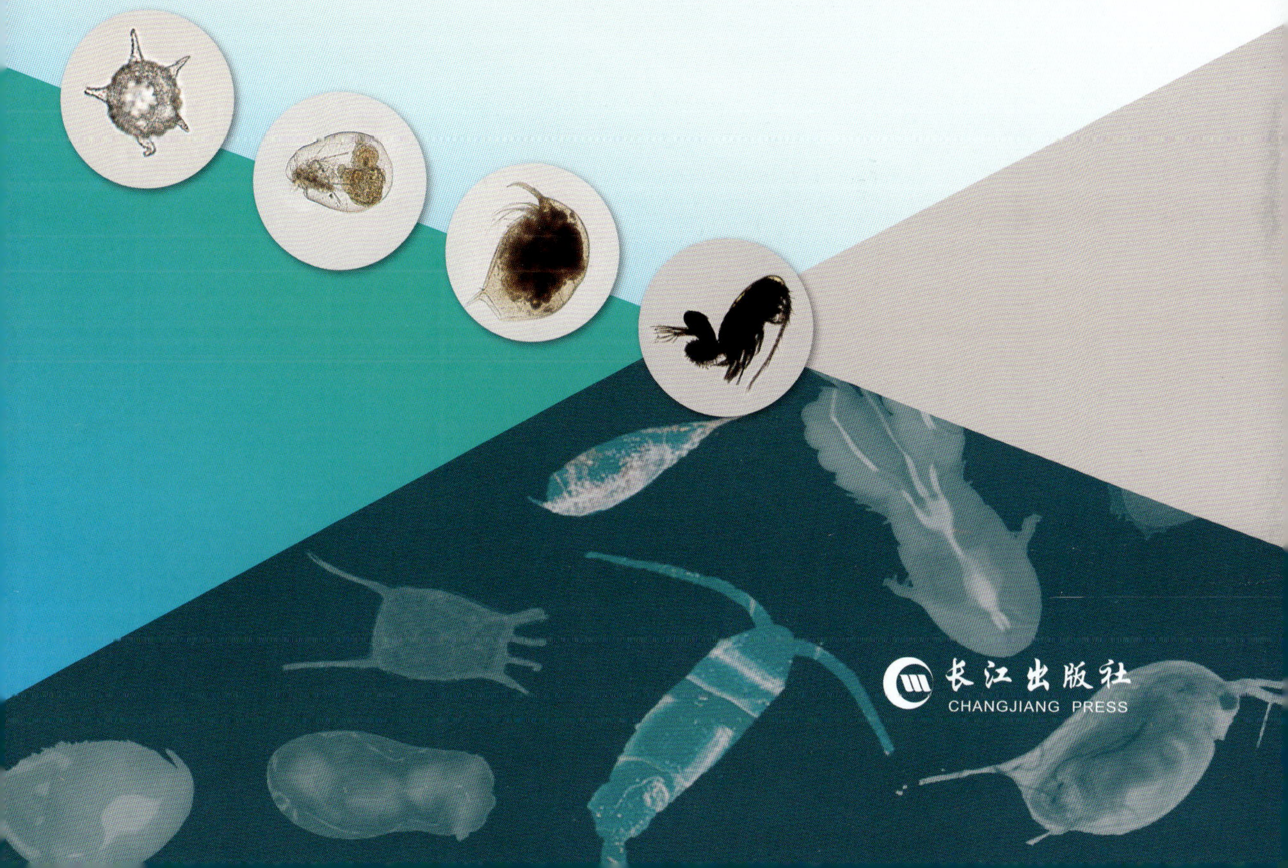

长江出版社
CHANGJIANG PRESS

图书在版编目（CIP）数据

长江流域常见浮游动物图谱 / 邱光胜等著 . -- 武汉：长江出版社，2023.12

（长江流域水生生物图谱丛书 / 王英才总主编）

ISBN 978-7-5492-9284-4

Ⅰ . ①长… Ⅱ . ①邱… Ⅲ . ①长江流域 - 浮游动物 - 图谱 Ⅳ . ① Q958.8-64

中国国家版本馆 CIP 数据核字 (2024) 第 002190 号

长江流域常见浮游动物图谱

CHANGJIANGLIUYUCHANGJIANFUYOUDONGWUTUPU

邱光胜等 著

责任编辑： 高婕妤 张晓璐

装帧设计： 郑泽芒

出版发行： 长江出版社

地 址： 武汉市江岸区解放大道 1863 号

邮 编： 430010

网 址： https://www.cjpress.cn

电 话： 027-82926557（总编室）

027-82926806（市场营销部）

经 销： 各地新华书店

印 刷： 湖北金港彩印有限公司

规 格： 787mm×1092mm

开 本： 16

印 张： 17.75

字 数： 400 千字

版 次： 2023 年 12 月第 1 版

印 次： 2023 年 12 月第 1 次

书 号： ISBN 978-7-5492-9284-4

定 价： 168.00 元

编纂委员会

主　　编　邱光胜　张　静　胡　圣

副 主 编　黄　杰　熊丹妮　韩　琨

参与人员　周文娟　熊少凯　王　静　袁　琳　袁赛波　胡愈炘
张汉伟　叶　丹　王能汉　陈丽雯　张　晶　周明春
金　磊　郭　雷　谢廷锋　周学文

前 言
Preface

浮游动物是指悬浮在水中、游泳能力弱或不具备游泳能力、营异养生活、一般需要通过显微镜才能观察到的微小水生动物，通常包括原生动物、轮虫、枝角类和桡足类四大类，是水生态系统中的初级消费者，在水生态系统物质转化、能量流动、信息传递中起着重要作用。近年来，受气候变暖和人类活动影响，河流、湖泊等水体富营养化进程加快，河湖水生态系统健康状况下降。浮游动物由于其个体小、种类多，其种类组成、多样性水平和种群密度会随着环境变化而变化，对水环境变化极为敏感，可作为水体污染和生态系统失衡的指示生物。

长江作为中国的第一大河流，自西向东横贯我国西南、华中、华东三大区，流域面积约 180 万 km^2，约占我国国土面积的 18.8%。长江支流众多，汇入其中的大小支流有 7000 余条。湖泊星罗棋布，流域内湖泊面积总计约 15200km^2，接近全国湖泊总面积的 1/5。近年来，生态环境部长江流域生态环境监督管理局生态环境监测与科学研究中心分别在青海、云南、四川、湖南、湖北、江西、安徽、江苏等地开展浮游动物监测。监测范围涵盖长江源区、长江干流、重要支流、重点湖库等，监测中拍摄有照片并收录到本图谱中的浮游动物有 119 属 252 种，其中原生动物 31 属 44 种，轮虫 42 属 131 种，枝角类 24 属 46 种，桡足类 22 属 31 种。

本书共分为 6 章。第 1 章为长江流域概况；第 2 章梳理了长江流域浮游动物分布情况和重点水域的浮游动物群落结构特征；第 3 章介绍了常见原生动物分类及检索方法；第 4 章介绍了常见轮虫分类及检索方法；第 5 章介绍了常见枝角类分类及检索方法；第 6 章介绍了常见桡足类分类及检索方法。

本书由邱光胜负责顶层设计、技术指导和内容审核，张静和胡圣负责统稿。其中，张静主笔第 3.2.2 节、第 3.2.3 节、第 5 章、第 6 章；胡圣主笔第 4 章；黄杰主

前 言

Preface

笔第1章和第2章；熊丹妮主笔第3.2.1节；韩琨主笔第3.1节和第3.2.4节。

本书的撰写人员长期从事浮游动物监测工作，具备丰富的实践经验和扎实的科学专业知识。在撰写过程中，力求实事求是，言简意赅。在参考专业浮游动物鉴定书籍的基础上，本书融合实际工作中的鉴定技巧，使得分类描述通俗易懂。希望本书能让初学者或基础薄弱的浮游动物监测技术人员快速入门，为浮游动物的监测和研究提供一定帮助。

本书中的图片全部来自本单位浮游动物监测技术人员在工作中的拍摄积累，感谢参与浮游动物拍摄的人员熊丹妮、张静、韩琨、周文娟、熊少凯、王静、袁琳、袁赛波等。感谢本书编写过程中中国科学院水生生物研究所、中国科学院南京地理与湖泊研究所、南京师范大学和中南民族大学专家的帮助支持。

本书的出版得到了国家重点研发计划长江干流重点河段水生态系统完整性退化与修复机制项目(2021YFC3201002)和长江生态环境保护修复联合研究二期项目(2022-LHYJ-02-0102)支持。

囿于作者水平，书中错漏在所难免，若有不当之处，诚望读者不吝指正。

作　者

2023年12月

目录
Contents

第1章　长江流域概况

长江发源于青藏高原的唐古拉山主峰各拉丹冬雪山西南侧，干流全长超过6300km，总落差5400m以上，横贯我国西南、华中、华东三大区，自西而东流经青海、四川、西藏、云南、重庆、湖北、湖南、江西、安徽、江苏、上海等11个省(自治区、直辖市)后注入东海。支流展延至甘肃、陕西、河南、贵州、广西、广东、浙江、福建等8个省(自治区)。流域西以芒康山与澜沧江水系为界；北以巴颜喀拉山、秦岭、大别山与黄、淮水系相接；南以南岭与珠江水系相接，东南以武夷山、天目山与闽浙诸水系相邻。流域面积约180万km^2，约占我国国土面积的18.8%。

长江干流宜昌以上为上游，长4504km，控制流域面积约100万km^2。干流宜宾以上大多属峡谷河段，长3464km，落差5100余米，约占全江总落差的95%，加入的主要支流有北岸的雅砻江。宜宾至宜昌段长约1040km，沿江丘陵与阶地互间，加入的主要支流，北岸有岷江、沱江、嘉陵江，南岸有赤水河、乌江。奉节以下为三峡河段，两岸悬崖峭壁，江面狭窄。

长江自出三峡后，进入中下游平原区。宜昌至湖口段为中游，长955km，流域面积68万km^2。干流宜昌以下，河道坡降变小、水流平缓，枝城以下沿江两岸均筑有堤防，并与众多大小湖泊相连。本段汇入的主要支流，南岸有清江，洞庭湖水系的湘、资、沅、澧四水，鄱阳湖水系的赣、抚、信、饶、修五河和北岸的汉江。枝城至城陵矶段为著名的荆江，两岸平原广阔，地势低洼，是长江防洪形势最为严峻的一段，其中下荆江河道蜿蜒曲折，素有“九曲回肠”之称；南岸有松滋、太平、藕池、调弦(已堵塞)四口分流入洞庭湖，由洞庭湖汇集四水调蓄后，在城陵矶注入长江，江湖关系最为复杂。城陵矶以下至湖口，主要为宽窄相间的藕节状分汊河道，总体河势比较稳定，呈顺直段主流摆动，分汊段主、支汊交替消长的河道演变特点。

湖口以下为下游，长938km，流域面积12万km^2，沿岸亦有堤防保护，加入的主要支流有南岸的青弋江水系、水阳江水系、太湖水系和北岸的巢湖水系，淮河的部分水量也通过淮河入江水道入江。下游河段多江心洲滩十分发育的河段，河床演变较为强烈。水深江阔，水位变幅较小，通航能力大，大通以下约600km河段受潮汐影响，是坍岸最严重的河段。

汇入长江的大小支流有7000余条，流域面积在1万km^2以上的有49条，8万km^2以上一级支流有雅砻江、岷江、嘉陵江、乌江、湘江、沅江、汉江、赣江8条。其中，雅砻江、岷江、嘉陵江和汉江4条支流的流域面积超过10万km^2，以嘉陵江的16万km^2为最大。长度超过

500km 的支流有 18 条，其中超过 1000km 的有雅砻江、大渡河、嘉陵江、乌江、沅江、汉江等 6 条。多年平均流量在 $100m^3/s$ 以上的支流有 90 条，其中雅砻江、岷江、嘉陵江、乌江、湘江、沅水、赣江、汉江等都在 $1500m^3/s$ 以上，以岷江最大，为 $2850m^3/s$。

流域面积大于 8 万 km^2 的主要支流概况

支流名称	所在水系	流域面积 /万 km^2	河道长度 /km	天然落差 /m
雅砻江	金沙江	12.84	1535	3192
岷　江	岷　江	13.54	735	3650
嘉陵江	嘉陵江	15.98	1120	2300
乌　江	乌　江	8.79	1037	2124
湘　江	洞庭湖	9.46	856	756
沅　江	洞庭湖	8.85	1033	1462
汉　江	汉　江	15.90	1577	1962
赣　江	鄱阳湖	8.09	766	937

长江流域的河流可分为三种类型：第一类为峡谷型河流，包括长江干流金沙江和三峡河段、支流雅砻江中下游、岷江上游及其支流大渡河、嘉陵江上游及其支流白龙江、赤水河、乌江、清江、沅江、汉江上游等。这类河流流经青藏高原、云贵高原及其边缘山地、秦岭和大巴山地，流域面积占长江流域总面积的一半以上，河谷切割较深，落差大，水量丰富，水能资源蕴藏量占全流域的 70%以上，矿藏和森林资源丰富，但人口不及全流域的 1/5，土地利用率低，交通条件差，经济开发程度较低。第二类为丘陵平原型河流，包括长江干流四川盆地河段、长江中下游、岷江中下游、沱江、嘉陵江中下游、资水、湘江、汉江中下游、赣江等。这类河流出自峡谷，大部分流经丘陵和平原，水能资源相对减少，而人口较为密集，土地利用率较高，交通便利，经济开发程度较高。第三类河流是长江中下游直接汇入江湖的中小河流，这类河流的流域面积小，大多缺乏水能资源，但耕地面积大，人口稠密，农业发达。

长江流域不论在中下游的平原沃野上，还是在江源地区的雪山冻土间和滇北、黔西的高原群山中，都分布有许多大小湖泊，成为其有别于其他流域自然地理的一大特色。目前，长江流域约有湖泊面积 $15200km^2$，接近全国湖泊总面积的 1/5。按其地理分布，可分为长江中下游平原湖区、滇北黔西高原湖区和江源湖区。由于自然条件的差异，它们的类型、性质和作用也有所不同。长江湖泊主要集中在长江中下游平原湖区，鄱阳湖、洞庭湖、巢湖、太湖等国内几大淡水湖泊都位于此处。滇北黔西高原湖区的高原湖泊包括滇池、泸沽湖和程海等。

长江流域主要湖泊概况

湖泊名称	所在行政区	面积/km^2	容积/亿 m^3	平均水深/m
鄱阳湖	江西省	3750.00	295.70	7.41
洞庭湖	湖南省	2691.00	178.00	6.50
巢湖	安徽省	770.00	20.70	2.40
太湖	江苏省	2338.00	44.30	1.89
洪湖	湖北省	348.00	7.50	1.34
千岛湖	浙江省	280.00	178.00	30.44
丹江口水库	湖北省	1022.00	290.50	30.00
泸沽湖	云南省	48.45	19.53	40.30
程海	云南省	78.80	27.00	25.70
滇池	云南省	297.90	11.69	2.93
洱海	云南省	249.00	25.31	10.17

第 2 章　长江流域浮游动物群落结构分布特征

2.1　长江流域浮游动物种类分布概况

近年来，生态环境部长江流域生态环境监督管理局生态环境监测科研中心（以下简称“长江局监测科研中心”）分别在青海、云南、四川、湖南、湖北、江西、安徽、江苏等地开展浮游动物监测。监测的水体包括长江源区、长江干流、重要支流、18 个重点湖库等，共鉴定出浮游动物四大类 25 目 55 科 120 属 288 种。其中，原生动物 15 目 21 科 32 属 56 种，约占 20%；轮虫 4 目 21 科 42 属 148 种，约占 51%；枝角类 3 目 8 科 24 属 50 种，约占 17%；桡足类 3 目 5 科 22 属 34 种，约占 12%。所有鉴定的样品中，拍摄有照片并收录到本书的浮游动物有 25 目 55 科 119 属 252 种，其中，原生动物 15 目 21 科 31 属 44 种，轮虫 4 目 21 科 42 属 131 种，枝角类 3 目 8 科 24 属 46 种，桡足类 3 目 5 科 22 属 31 种。

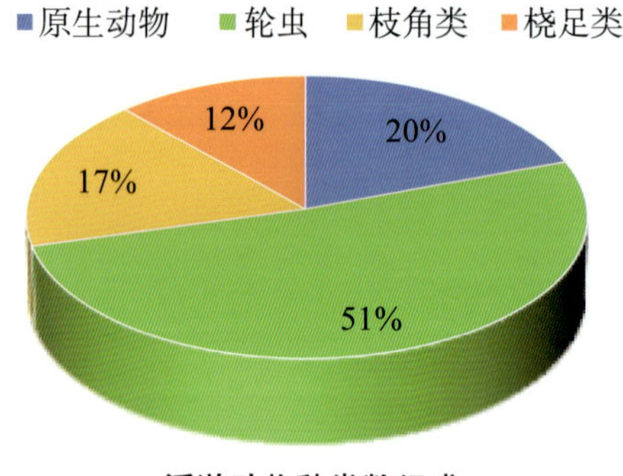

浮游动物种类数组成

原生动物的常见种为急游虫属、表壳虫属、拟铃虫属、砂壳虫属、钟虫属、侠盗虫属等；轮虫的常见种为龟甲轮属、晶囊轮属、多肢轮属、异尾轮属、三肢轮属、臂尾轮属、龟纹轮属等；枝角类的常见种为短尾秀体溞、微型裸腹溞、角突网纹溞、象鼻溞属、盘肠溞属等；桡足类中的常见种主要为汤匙华哲水蚤和球状许水蚤、中华窄腹剑水蚤、台湾温剑水蚤、锯缘真剑水蚤和广布中剑水蚤。

长江流域不同水体常见浮游动物统计表

类别	种(属)	青海	西藏	云南					四川	重庆	贵州			湖南			湖北					安徽				江西				江苏	浙江
		河流	河流	洱海	程海	滇池	泸沽湖	河流	河流	河流	草海	漳江	赤水河	洞庭湖	浏阳河	湘江	丹江口	洪湖	东湖	汉江	三峡支流	巢湖	升金湖	菜子湖	水库	鄱阳湖	仙女湖	八里湖	孔目江	太湖	千岛湖
原生动物	变形虫属 *Amoeba*																+	+				+									
	弯凸表壳虫 *Arcella gibbosa*			+									+				+									+					
	盘状表壳虫 *Arcella discoides*																+									+					
	齿表壳虫 *Arcella dentata*																		+												
	半圆表壳虫 *Arcella hemisphaerica*																+														
	普通表壳虫 *Arcella vulgaris*																+														
	表壳虫属 *Arcella*						+				+			+												+					
	瓶砂壳虫 *Difflugia urceolata*																									+					+
	冠砂壳虫 *Difflugia corona*													+						+											
	瘤棘砂壳虫 *Difflugia tuberspinifera*																	+				+				+					+
	木兰砂壳虫 *Difflugia mulanensis*																	+								+					
	琵琶砂壳虫 *Difflugia biwae*																									+				+	
	尖顶砂壳虫 *Difflugia acuminata*																					+				+					

续表

类别	种(属)	青海	西藏	云南					四川	重庆	贵州			湖南			湖北					安徽				江西				江苏	浙江
		河流	河流	洱海	程海	滇池	泸沽湖	河流	河流	河流	草海	漳江	赤水河	洞庭湖	浏阳河	湘江	丹江口	洪湖	东湖	汉江	三峡支流	巢湖	升金湖	菜子湖	水库	鄱阳湖	仙女湖	八里湖	孔目江	太湖	千岛湖
原生动物	橡子砂壳虫 *Difflugia glans*																									+					
	球形砂壳虫 *Difflugia globulosa*	+				+																+				+					+
	长圆砂壳虫 *Difflugia oblonga*																					+									
	叉口砂壳虫 *Difflugia gramen*			+													+	+				+				+					+
	砂壳虫属 *Difflugia*					+	+							+		+											+			+	
	针棘匣壳虫 *Centropyxis aculeata*						+						+	+				+				+				+					+
	无棘匣壳虫 *Centropyxis ecornis*					+					+			+								+				+					+
	圆壳虫属 *Cyclopyxis*																+														
	鳞壳虫属 *Euglypha*																									+					+
	有棘鳞壳虫 *Euglypha acanthophora*																									+					
	三足虫属 *Trinema*									+																+					
	曲颈虫属 *Cyphoderia*												+																		
	板壳虫属 *Coleps*			+		+				+								+								+				+	+

续表

类别	种(属)	青海	西藏	云南					四川	重庆	贵州			湖南			湖北					安徽				江西				江苏	浙江
		河流	河流	洱海	程海	滇池	泸沽湖	河流	河流	河流	草海	漳江	赤水河	洞庭湖	浏阳河	湘江	丹江口	洪湖	东湖	汉江	三峡支流	巢湖	升金湖	菜子湖	水库	鄱阳湖	仙女湖	八里湖	孔目江	太湖	千岛湖
原生动物	单环栉毛虫 *Didinium balbianii*														+											+				+	
	双环栉毛虫 *Didinium nasutum*																		+												
	睥睨虫属 *Askenasia*			+		+											+	+				+				+	+			+	+
	长颈虫属 *Dileptus*		+	+		+											+					+				+				+	+
	半眉虫属 *Hemiophrys*																+														
	漫游虫属 *Litonotus*									+																					
	肾形虫属 *Colpoda*												+																		
	袋齿虫属 *Phascolodon*																+														
	斜管虫属 *Chilodonella*																+														
	吸管目 *Suctorida*																					+									+
	舟形虫属 *Lembadion*																+														
	草履虫属 *Paramecium*																	+													

续表

类别	种（属）	青海	西藏	云南					四川	重庆	贵州			湖南			湖北					安徽				江西				江苏	浙江
		河流	河流	洱海	程海	滇池	泸沽湖	河流	河流	河流	草海	漳江	赤水河	洞庭湖	浏阳河	湘江	丹江口	洪湖	东湖	汉江	三峡支流	巢湖	升金湖	菜子湖	水库	鄱阳湖	仙女湖	八里湖	孔目江	太湖	千岛湖
原生动物	四膜虫 *Tetrahymena*					+																									
	钟虫属 *Vorticella*			+		+	+										+	+				+				+	+			+	+
	累枝虫属 *Epistylis*			+		+					+			+			+	+				+				+				+	+
	靴纤虫属 *Cothurnia*			+		+											+														
	鞘居虫属 *Vaginicola*			+																											
	扉门虫属 *Thuricola*									+																					
	喇叭虫属 *Stentor*																	+													
	筒壳虫属 *Tintinnidium*																									+					
	薄铃虫属 *Leprotintinnus*																					+				+					
	江苏拟铃虫 *Tintinnopsis jiangsuensis*						+										+					+				+					
	樽形拟铃虫 *Tintinnopsis potiformis*																		+												
	倪氏拟铃虫 *Tintinnopsis niei*																	+				+				+				+	
	安徽拟铃虫 *Tintinnopsis anhuiensis*																									+					
	雷殿拟铃虫 *Tintinnopsis leidyi*			+	+	+											+	+								+					+

续表

类别	种(属)	青海	西藏	云南					四川	重庆	贵州			湖南			湖北					安徽				江西				江苏	浙江
		河流	河流	洱海	程海	滇池	泸沽湖	河流	河流	河流	草海	漳江	赤水河	洞庭湖	浏阳河	湘江	丹江口	洪湖	东湖	汉江	三峡支流	巢湖	升金湖	菜子湖	水库	鄱阳湖	仙女湖	八里湖	孔目江	太湖	千岛湖
原生动物	王氏拟铃虫 *Tintinnopsis wangi*			+		+	+											+					+	+	+	+	+				
	急游虫属 *Strombidium*			+		+	+			+							+	+				+				+					+
	侠盗虫属 *Strobilidium*			+		+	+			+					+	+	+	+				+				+	+			+	+
	游仆虫属 *Euplotes*													+																	
轮虫	裂痕龟纹轮虫 *Anuraeopsis fissa*					+											+	+								+	+			+	+
	锯齿龟纹轮虫 *Anuraeopsis coelata*			+														+								+					+
	方形臂尾轮虫 *Brachionus quadridentatus*									+	+			+				+				+				+					
	长棘方形臂尾轮虫 *Brachionus quadridentatus melheni*													+				+				+				+					
	短棘方形臂尾轮虫 *Brachionus quadridentatus brevispinus*													+												+					
	无棘方形臂尾轮虫 *Brachionus quadridentatus cluniorbicularis*													+								+									

续表

类别	种(属)	青海	西藏	云南					四川	重庆	贵州			湖南			湖北					安徽				江西				江苏	浙江
		河流	河流	洱海	程海	滇池	泸沽湖	河流	河流	河流	草海	漳江	赤水河	洞庭湖	浏阳河	湘江	丹江口	洪湖	东湖	汉江	三峡支流	巢湖	升金湖	菜子湖	水库	鄱阳湖	仙女湖	八里湖	孔目江	太湖	千岛湖
轮虫	异棘方形臂尾轮虫 *Brachionus quadridentatus rhenanus*																									+					
	矩形臂尾轮虫 *Brachionus leydigii*											+		+												+					
	圆形矩形臂尾轮虫 *Brachionus leydigii rotundus*													+																	
	壶状臂尾轮虫 *Brachionus urceolaris*													+	+			+								+					
	角突臂尾轮虫 *Brachionus angularis*			+		+					+		+	+	+	+	+	+	+	+	+	+	+	+	+	+				+	+
	双齿角突臂尾轮虫 *Brachionus angularis bidens*																														
	剪形臂尾轮虫 *Brachionus forficula*			+		+								+	+			+	+							+					+
	展棘剪形臂尾轮虫 *Brachionus forficula divergens*																									+					

续表

类别	种(属)	青海	西藏	云南					四川	重庆	贵州			湖南			湖北					安徽				江西				江苏	浙江
		河流	河流	洱海	程海	滇池	泸沽湖	河流	河流	河流	草海	漳江	赤水河	洞庭湖	浏阳河	湘江	丹江口	洪湖	东湖	汉江	三峡支流	巢湖	升金湖	菜子湖	水库	鄱阳湖	仙女湖	八里湖	孔目江	太湖	千岛湖
轮虫	短棘剪形臂尾轮虫 *Brachionus forficula reducta*																									+					
	小棘剪形臂尾轮虫 *Brachionus forficula minor*																									+					
	萼花臂尾轮虫 *Brachionus calyciflorus*					+					+							+	+			+	+	+		+	+	+		+	
	无棘萼花臂尾轮虫 *Brachionus calyciflorus dorcas*																									+					
	裂足臂尾轮虫 *Brachionus diversicornis*					+				+	+	+	+	+	+		+	+		+		+	+	+	+	+					+
	短棘裂足臂尾轮虫 *Brachionus diversicornis brevispina*																									+					
	尾突臂尾轮虫 *Brachionus caudatus*													+			+	+								+					
	蒲达臂尾轮虫 *Brachionus budapestinensis*	+												+						+						+					

续表

类别	种(属)	青海	西藏	云南					四川	重庆	贵州			湖南			湖北					安徽				江西				江苏	浙江
		河流	河流	洱海	程海	滇池	泸沽湖	河流	河流	河流	草海	漳江	赤水河	洞庭湖	浏阳河	湘江	丹江口	洪湖	东湖	汉江	三峡支流	巢湖	升金湖	菜子湖	水库	鄱阳湖	仙女湖	八里湖	孔目江	太湖	千岛湖
轮虫	镰状臂尾轮虫 *Brachionus falcatus*																	+				+				+					
	尼氏臂尾轮虫 *Brachionus nilsoni*													+				+								+					
	双叉异棘臂尾轮虫 *Brachionus donneri bifurcus*																									+					
	肛突臂尾轮虫 *Brachionus bennini*													+								+									
	双棘臂尾轮虫 *Brachionus bidentatus*																														
	红臂尾轮虫 *Brachionus rubens*												+		+							+									
	杜氏臂尾轮虫 *Brachionus durgae*																									+					
	四角平甲轮虫 *Platyias quadricornis*													+												+					
	十指扁甲轮虫 *Plationus patulus*													+				+								+					

续表

类别	种(属)	青海	西藏	云南					四川	重庆	贵州			湖南			湖北					安徽				江西				江苏	浙江
		河流	河流	洱海	程海	滇池	泸沽湖	河流	河流	河流	草海	漳江	赤水河	洞庭湖	浏阳河	湘江	丹江口	洪湖	东湖	汉江	三峡支流	巢湖	升金湖	菜子湖	水库	鄱阳湖	仙女湖	八里湖	孔目江	太湖	千岛湖
轮虫	螺形龟甲轮虫 *Keratella cochlearis*		+	+	+	+	+			+	+	+	+	+	+	+	+	+	+			+	+	+		+	+				+
	曲腿龟甲轮虫 *Keratella valga*			+		+				+	+	+	+	+	+	+	+	+		+	+	+	+	+	+	+	+	+		+	+
	矩形龟甲轮虫 *Keratella quadrata*			+	+	+				+	+	+		+	+		+	+	+		+	+	+	+	+	+	+	+		+	+
	尖削叶轮虫 *Notholca acuminata*			+		+											+														
	唇形叶轮虫 *Notholca labis*		+														+														
	洞庭叶轮虫 *Notholca dongtingensis*																+														
	鳞状叶轮虫 *Notholca squamula*		+																												
	偏斜钩状狭甲轮虫 *Colurella uncinata deflexa*												+				+														
	钝角狭甲轮虫 *Colurella obtusa*												+				+														

续表

类别	种(属)	青海	西藏	云南					四川	重庆	贵州			湖南			湖北					安徽				江西				江苏	浙江
		河流	河流	洱海	程海	滇池	泸沽湖	河流	河流	河流	草海	漳江	赤水河	洞庭湖	浏阳河	湘江	丹江口	洪湖	东湖	汉江	三峡支流	巢湖	升金湖	菜子湖	水库	鄱阳湖	仙女湖	八里湖	孔目江	太湖	千岛湖
轮虫	爱德里亚狭甲轮虫 *Colurella adriatica*												+				+									+					
	狭甲轮属 *Colurella*																														+
	尖尾鞍甲轮虫 *Lepadella acuminata*																+														
	卵形鞍甲轮虫 *Lepadella ovalis*					+								+			+				+					+	+				
	盘状鞍甲轮虫 *Lepadella patella*																+				+					+	+	+			
	三翼鞍甲轮虫 *Lepadella triptera*																									+					
	薄片鳞冠轮虫 *Squatinella lamellaris*																+														
	台杯鬼轮虫 *Trichotria pocillum*										+																				
	方块鬼轮虫 *Trichotria tetractis*													+			+									+					

续表

类别	种(属)	青海	西藏	云南					四川	重庆	贵州			湖南			湖北					安徽				江西				江苏	浙江
		河流	河流	洱海	程海	滇池	泸沽湖	河流	河流	河流	草海	漳江	赤水河	洞庭湖	浏阳河	湘江	丹江口	洪湖	东湖	汉江	三峡支流	巢湖	升金湖	菜子湖	水库	鄱阳湖	仙女湖	八里湖	孔目江	太湖	千岛湖
轮虫	短趾鬼轮虫 *Trichotria curta*													+																	
	侧刺伏嘉轮虫 *Wolga spinifera*																+														
	近矩多棘轮虫 *Macrochaetus subquadratus*											+																			
	腹棘管轮虫 *Mytilina ventralis*										+			+			+									+					
	凹脊棘管轮虫 *Mytilina bisulcata*																									+					
	管板细脊轮虫 *Lophocharis salpina*																+														
	平滑细脊轮虫 *Lophocharis naias*										+		+				+														
	豁背迭须足轮虫 *Dipleuchlanis propatula*											+																			
	大肚须足轮虫 *Euchlanis dilatata*			+		+								+								+				+					

续表

类别	种(属)	青海	西藏	云南					四川	重庆	贵州			湖南			湖北					安徽				江西				江苏	浙江
		河流	河流	洱海	程海	滇池	泸沽湖	河流	河流	河流	草海	漳江	赤水河	洞庭湖	浏阳河	湘江	丹江口	洪湖	东湖	汉江	三峡支流	巢湖	升金湖	菜子湖	水库	鄱阳湖	仙女湖	八里湖	孔目江	太湖	千岛湖
轮虫	梨形须足轮虫 *Euchlanis pyriformis*													+												+					
	微型多突轮虫 *Liliferotrocha subtilis*			+		+					+							+								+					+
	水轮属 *Epiphanes*																									+					
	前节晶囊轮虫 *Asplanchna priodonta*			+		+					+				+		+	+	+			+	+	+	+	+	+	+		+	
	盖氏晶囊轮虫 *Asplanchna girodi*																	+	+												
	卜氏晶囊轮虫 *Asplanchna brightwellii*					+												+				+									
	西氏晶囊轮虫 *Asplanchna sieboldii*																	+													
	中型晶囊轮虫 *Asplanchna intermedia*																+					+									
	晶囊轮属 *Asplanchna*					+					+			+				+									+			+	

续表

类别	种(属)	青海	西藏	云南					四川	重庆	贵州			湖南			湖北					安徽				江西				江苏	浙江
		河流	河流	洱海	程海	滇池	泸沽湖	河流	河流	河流	草海	漳江	赤水河	洞庭湖	浏阳河	湘江	丹江口	洪湖	东湖	汉江	三峡支流	巢湖	升金湖	菜子湖	水库	鄱阳湖	仙女湖	八里湖	孔目江	太湖	千岛湖
轮虫	巨头轮属 *Cephalodella*			+		+								+			+									+				+	
	长肢轮属 *Monommata*									+		+																			
	沟栖轮属 *Taphrocampa*																		+												
	椎轮属 *Notommata*																		+							+					
	柱头轮属 *Eosphora*																		+												
	高跷轮属 *Scaridium*																+														
	卵形无柄轮虫 *Ascomorpha ovalis*			+		+	+										+					+				+					+
	没尾无柄轮虫 *Ascomorpha ecaudis*																+														
	腹尾轮属 *Gastropus*			+		+																+				+				+	+
	疣毛轮属 *Synchaeta*			+			+							+			+	+				+				+	+			+	
	长圆疣毛轮虫 *Synchaeta oblonga*			+													+									+					

续表

类别	种(属)	青海	西藏	云南					四川	重庆	贵州			湖南			湖北					安徽				江西				江苏	浙江
		河流	河流	洱海	程海	滇池	泸沽湖	河流	河流	河流	草海	漳江	赤水河	洞庭湖	浏阳河	湘江	丹江口	洪湖	东湖	汉江	三峡支流	巢湖	升金湖	菜子湖	水库	鄱阳湖	仙女湖	八里湖	孔目江	太湖	千岛湖
轮虫	颤动疣毛轮虫 *Synchaeta tremula*																+									+					
	截头皱甲轮虫 *Ploesoma truncatum*													+								+				+					
	郝氏皱甲轮虫 *Ploesoma hudsoni*																									+					
	较大多肢轮虫 *Polyarthra major*			+		+																									
	真翅多肢轮虫 *Polyarthra euryptera*					+						+										+									
	广生多肢轮虫 *Polyarthra vulgaris*			+	+	+								+			+	+				+				+					+
	多肢轮属 *Polyarthra*					+	+									+						+				+	+			+	+
	罗氏异尾轮虫 *Trichocerca rousseleti*																									+					
	等棘异尾轮虫 *Trichocerca similis*			+		+								+				+				+				+				+	+

续表

类别	种(属)	青海	西藏	云南					四川	重庆	贵州			湖南			湖北					安徽				江西				江苏	浙江
		河流	河流	洱海	程海	滇池	泸沽湖	河流	河流	河流	草海	漳江	赤水河	洞庭湖	浏阳河	湘江	丹江口	洪湖	东湖	汉江	三峡支流	巢湖	升金湖	菜子湖	水库	鄱阳湖	仙女湖	八里湖	孔目江	太湖	千岛湖
轮虫	暗小异尾轮虫 *Trichocerca pusilla*					+					+			+			+	+								+	+			+	+
	圆筒异尾轮虫 *Trichocerca cylindrica*					+								+				+				+				+					+
	刺盖异尾轮虫 *Trichocerca capucina*			+		+																+				+					
	垂毛异尾轮虫 *Trichocerca chattoni*																+														+
	瓷甲异尾轮虫 *Trichocerca porcellus*											+																			
	纤巧异尾轮虫 *Trichocerca tenuior*					+																									
	韦氏异尾轮虫 *Trichocerca weberi*			+								+																			
	细异尾轮虫 *Trichocerca gracilis*					+																				+					+

续表

类别	种（属）	青海	西藏	云南					四川	重庆	贵州			湖南			湖北					安徽				江西				江苏	浙江
		河流	河流	洱海	程海	滇池	泸沽湖	河流	河流	河流	草海	漳江	赤水河	洞庭湖	浏阳河	湘江	丹江口	洪湖	东湖	汉江	三峡支流	巢湖	升金湖	菜子湖	水库	鄱阳湖	仙女湖	八里湖	孔目江	太湖	千岛湖
轮虫	二突异尾轮虫 *Trichocerca bicristata*													+				+								+					
	鼠异尾轮虫 *Trichocerca rattus*																		+												
	冠饰异尾轮虫 *Trichocerca lophoessa*																	+													
	月形腔轮虫 *Lecane luna*										+			+			+									+					
	似月腔轮虫 *Lecane lunaris*										+			+												+					
	凹顶腔轮虫 *Lecane papuana*																									+					
	爱沙腔轮虫 *Lecane elsa*											+																			
	柔韧腔轮虫 *Lecane flexilis*											+																			
	弯角腔轮虫 *Lecane curvicornis*											+																			
	蹄形腔轮虫 *Lecane ungulata*																									+					
	罗氏腔轮虫 *Lecane ludwigii*													+												+					
	莱韦腔轮虫 *Lecane levistyla*													+																	
	尖趾腔轮虫 *Lecane closterocerca*																									+				+	

续表

类别	种（属）	青海	西藏	云南					四川	重庆	贵州			湖南			湖北					安徽				江西				江苏	浙江
		河流	河流	洱海	程海	滇池	泸沽湖	河流	河流	河流	草海	漳江	赤水河	洞庭湖	浏阳河	湘江	丹江口	洪湖	东湖	汉江	三峡支流	巢湖	升金湖	菜子湖	水库	鄱阳湖	仙女湖	八里湖	孔目江	太湖	千岛湖
轮虫	无甲腔轮虫 *Lecane inermis*																									+					
	囊形腔轮虫 *Lecane bulla*													+				+								+					+
	矮小腔轮虫 *Lecane nana*																					+								+	
	尾片腔轮虫 *Lecane leontina*											+																			
	矛趾腔轮虫 *Lecane hastata*											+																			
	四齿腔轮虫 *Lecane quadridentata*																									+					
	盾形腔轮虫 *Lecane scutata*																+														
	史氏腔轮虫 *Lecane stenroosi*													+												+					
	梨形腔轮虫 *Lecane pyriformis*										+																				
	尖角腔轮虫 *Lecane hamata*														+																
	泰氏腔轮虫 *Lecane thienemanni*											+																			
	显志腔轮虫 *Lecane signifera*											+																			
	棘腔轮虫 *Lecane stichaea*													+																	
	盔形腔轮虫 *Lecane galeata*													+																	
	腔轮属 *Lecane*					+								+								+				+					

续表

类别	种(属)	青海	西藏	云南					四川	重庆	贵州			湖南			湖北					安徽				江西				江苏	浙江
		河流	河流	洱海	程海	滇池	泸沽湖	河流	河流	河流	草海	漳江	赤水河	洞庭湖	浏阳河	湘江	丹江口	洪湖	东湖	汉江	三峡支流	巢湖	升金湖	菜子湖	水库	鄱阳湖	仙女湖	八里湖	孔目江	太湖	千岛湖
轮虫	尖棘异猪吻轮虫 *Paradicranophorus aculeatus*																	+													
	叉角拟聚花轮虫 *Conochiloides dossuarius*													+				+				+				+					
	独角聚花轮虫 *Conochilus unicornis*			+		+	+											+				+				+				+	
	团状聚花轮虫 *Conochilus hippocrepis*																					+									
	沟痕泡轮虫 *Pompholyx sulcata*					+												+				+				+					+
	扁平泡轮虫 *Pompholyx complanata*																									+					
	盘镜轮虫 *Testudinella patina*	+									+			+												+					
	三齿镜轮虫 *Testudinella tridentata*																+														

续表

类别	种(属)	青海	西藏	云南					四川	重庆	贵州			湖南			湖北					安徽				江西				江苏	浙江
		河流	河流	洱海	程海	滇池	泸沽湖	河流	河流	河流	草海	漳江	赤水河	洞庭湖	浏阳河	湘江	丹江口	洪湖	东湖	汉江	三峡支流	巢湖	升金湖	菜子湖	水库	鄱阳湖	仙女湖	八里湖	孔目江	太湖	千岛湖
轮虫	无棘三齿镜轮虫 *Testudinella tridentata edentata*														+																
	端生三肢轮虫 *Filinia terminalis*					+					+							+								+					
	微小三肢轮虫 *Filinia minuta*																									+					
	长三肢轮虫 *Filinia longiseta*					+												+								+				+	
	脾状三肢轮虫 *Filinia opoliensis*																	+				+				+					
	臂三肢轮虫 *Filinia brachiata*																+														
	沼三肢轮虫 *Filinia limnetica*																					+									
	泛热三肢轮虫 *Filinia camasecla*																			+											
	三肢轮属 *Filinia*					+					+							+				+									
	六腕轮属 *Hexarthra*			+	+	+																+				+					
	细簇轮属 *Ptygura*																									+					
	胸刺巨冠轮虫 *Sinantherina spinosa*																			+											

续表

类别	种（属）	青海	西藏	云南					四川	重庆	贵州			湖南			湖北					安徽				江西				江苏	浙江
		河流	河流	洱海	程海	滇池	泸沽湖	河流	河流	河流	草海	漳江	赤水河	洞庭湖	浏阳河	湘江	丹江口	洪湖	东湖	汉江	三峡支流	巢湖	升金湖	菜子湖	水库	鄱阳湖	仙女湖	八里湖	孔目江	太湖	千岛湖
轮虫	胶鞘轮属 *Collotheca*			+		+	+							+			+	+	+			+				+					+
	长足轮虫 *Rotaria neptunia*					+																				+					
	转轮虫 *Rotaria rotatoria*																		+												
	轮虫属 *Rotaria*																	+								+					+
	尖刺间盘轮虫 *Dissotrocha aculeata*			+		+					+																				
枝角类	透明薄皮溞 *Leptodora kindti*					+								+			+					+				+					
	晶莹仙达溞 *Sida crystallina*													+												+					
	短尾秀体溞 *Diaphanosoma brachyurum*			+		+					+	+	+	+	+	+	+	+	+	+	+	+	+	+	+	+	+	+		+	+
	溞属 *Daphnia*					+											+														
	隆线溞 *Daphnia carinata*																					+									
	蚤状溞 *Daphnia pulex*					+																+									
	僧帽溞 *Daphnia cucullata*					+								+			+														
	透明溞 *Daphnia hyalina*					+	+				+			+			+	+				+				+				+	+
	老年低额溞 *Simocephalus vetulus*				+	+								+				+								+					

续表

类别	种(属)	青海	西藏	云南					四川	重庆	贵州			湖南			湖北					安徽				江西				江苏	浙江
		河流	河流	洱海	程海	滇池	泸沽湖	河流	河流	河流	草海	漳江	赤水河	洞庭湖	浏阳河	湘江	丹江口	洪湖	东湖	汉江	三峡支流	巢湖	升金湖	菜子湖	水库	鄱阳湖	仙女湖	八里湖	孔目江	太湖	千岛湖
枝角类	拟老年低额溞 *Simocephalus vetuloides*									+																					
	角突网纹溞 *Ceriodaphnia cornuta*					+												+				+				+				+	
	方形网纹溞 *Ceriodaphnia quadrangula*			+										+												+					+
	美丽网纹溞 *Ceriodaphnia pulchella*													+																	
	角壳网纹溞 *Ceriodaphnia cornigera*																	+													
	棘爪网纹溞 *Ceriodaphnia reticulata*			+		+																									
	钩弧网纹溞 *Ceriodaphnia hamata*																+														
	网纹溞属 *Ceriodaphnia*			+		+	—																								

续表

类别	种(属)	青海	西藏	云南					四川	重庆	贵州			湖南			湖北					安徽				江西				江苏	浙江
		河流	河流	洱海	程海	滇池	泸沽湖	河流	河流	河流	草海	漳江	赤水河	洞庭湖	浏阳河	湘江	丹江口	洪湖	东湖	汉江	三峡支流	巢湖	升金湖	菜子湖	水库	鄱阳湖	仙女湖	八里湖	孔目江	太湖	千岛湖
枝角类	船卵溞属 *Scapholeberis*													+				+								+					+
	微型裸腹溞 *Moina micrura*					+			+		+	+	+	+	+	+	+	+	+	+	+	+	+	+	+	+	+	+		+	+
	长额象鼻溞 *Bosmina longirostris*					+					+			+												+					
	脆弱象鼻溞 *Bosmina fatalis*			+	+	+	+		+	+	+		+					+	+	+		+	+	+	+	+	+	+		+	+
	简弧象鼻溞 *Bosmina coregoni*	+	+								+	+	+	+	+	+	+	+	+			+				+				+	+
	颈沟基合溞 *Bosminopsis deitersi*			+		+	+				+	+	+	+	+	+	+	+	+	+	+	+	+	+	+	+	+	+		+	+
	寡刺泥溞 *Ilyocryptus spinifer*										+											+				+					
	底栖泥溞 *Ilyocryptus sordidus*																	+	+												
	泥溞属 *Ilyocryptus*													+												+					
	粗毛溞属 *Macrothrix*																					+				+					
	直额弯尾溞 *Camptocercus rectirostris*													+												+					
	宽扁高壳溞 *Kurzia latissima*																									+					

续表

类别	种(属)	青海	西藏	云南					四川	重庆	贵州			湖南			湖北					安徽				江西				江苏	浙江
		河流	河流	洱海	程海	滇池	泸沽湖	河流	河流	河流	草海	漳江	赤水河	洞庭湖	浏阳河	湘江	丹江口	洪湖	东湖	汉江	三峡支流	巢湖	升金湖	菜子湖	水库	鄱阳湖	仙女湖	八里湖	孔目江	太湖	千岛湖
枝角类	东方宽额溞 *Euryalona orientalis*																			+											
	粗刺大尾溞 *Leydigia leydigii*													+												+					
	龟状笔纹溞 *Graptoleberis testudinaria*								+																	+					
	矩形尖额溞 *Alona rectangula*																					+				+					
	近亲尖额溞 *Alona affinis*																									+					
	点滴尖额溞 *Alona guttata*					+	+				+			+			+					+				+					
	方形尖额溞 *Alona quadrangularis*																	+								+					
	奇异尖额溞 *Alona eximia*																									+					
	中型尖额溞 *Alona intermedia*																									+					
	华南尖额溞 *Alona milleri*													+																	
	异形单眼溞 *Monospilus dispar*																					+									
	镰吻弯额溞 *Rhynchotalona falcata*																									+					

续表

类别	种（属）	青海	西藏	云南					四川	重庆	贵州			湖南			湖北					安徽				江西				江苏	浙江
		河流	河流	洱海	程海	滇池	泸沽湖	河流	河流	河流	草海	漳江	赤水河	洞庭湖	浏阳河	湘江	丹江口	洪湖	东湖	汉江	三峡支流	巢湖	升金湖	菜子湖	水库	鄱阳湖	仙女湖	八里湖	孔目江	太湖	千岛湖
枝角类	吻状异尖额溞 *Disparalona rostrata*					+					+		+	+				+				+				+					
	钩足异尖额溞 *Disparalona hamata*																+									+					
	三角平直溞 *Pleuroxus trigonellus*													+			+														
	光滑平直溞 *Pleuroxus laevis*												+																		
	平直溞属 *Pleuroxus*					+					+						+									+					
	镰角锐额溞 *Alonella excisa*													+																	
	棘突靴尾溞 *Dunhevedia crassa*																												+		
	圆形盘肠溞 *Chydorus sphaericus*			+		+					+			+			+	+	+	+		+	+	+	+	+	+	+	+	+	+
	卵形盘肠溞 *Chydorus ovalis*					+					+			+			+	+	+	+	+	+	+	+	+	+	+	+	+	+	+
桡足类	汤匙华哲水蚤 *Sinocalanus dorrii*			+			+		+		+	+	+	+	+	+	+	+	+	+	+	+	+	+	+	+	+	+	+	+	+

续表

类别	种(属)	青海	西藏	云南					四川	重庆	贵州			湖南			湖北					安徽				江西				江苏	浙江
		河流	河流	洱海	程海	滇池	泸沽湖	河流	河流	河流	草海	漳江	赤水河	洞庭湖	浏阳河	湘江	丹江口	洪湖	东湖	汉江	三峡支流	巢湖	升金湖	菜子湖	水库	鄱阳湖	仙女湖	八里湖	孔目江	太湖	千岛湖
桡足类	球状许水蚤 *Schmackeria forbesi*			+		+			+		+	+	+	+	+	+	+	+	+	+	+	+	+	+	+	+	+	+	+	+	+
	指状许水蚤 *Schmackeria inopinus*																					+									
	亚洲后镖水蚤 *Metadiaptomus asiaticus*		+																												
	锥肢蒙镖水蚤 *Mongolodiaptomus birulai*													+																	
	右突新镖水蚤 *Neodiaptomus schmackeri*																+									+					+
	舌状叶镖水蚤 *Fhyllodiaptomus tunguidus*																+														
	凶猛甲镖水蚤 *Argyrodiaptomus ferus*																									+					
	西南荡镖水蚤 *Neutrodiaptomus mariadvigae*					+					+																				

续表

类别	种（属）	青海	西藏	云南					四川	重庆	贵州			湖南			湖北					安徽				江西				江苏	浙江
		河流	河流	洱海	程海	滇池	泸沽湖	河流	河流	河流	草海	漳江	赤水河	洞庭湖	浏阳河	湘江	丹江口	洪湖	东湖	汉江	三峡支流	巢湖	升金湖	菜子湖	水库	鄱阳湖	仙女湖	八里湖	孔目江	太湖	千岛湖
桡足类	特异荡镖水蚤 *Neutrodiaptomus incongruens*																	+								+					
	梳刺北镖水蚤 *Arctodiaptomus altissimus pectinatus*	+																													
	大型中镖水蚤 *Sinodiaptomus sarsi*													+																	
	中华窄腹剑水蚤 *Limnoithona sinensis*																					+	+	+		+				+	
	中华咸水剑水蚤 *Halicyclops sinensis*													+												+				+	
	白色大剑水蚤 *Macrocyclops albidus*					+																									
	锯缘真剑水蚤 *Eucyclops serrulatus*					+					+			+				+	+			+				+					
	如愿真剑水蚤 *Eucyclops speratus*					+												+													
	真剑水属 *Eucyclops*															+		+													

续表

类别	种(属)	青海	西藏	云南					四川	重庆	贵州			湖南			湖北					安徽				江西				江苏	浙江
		河流	河流	洱海	程海	滇池	泸沽湖	河流	河流	河流	草海	漳江	赤水河	洞庭湖	浏阳河	湘江	丹江口	洪湖	东湖	汉江	三峡支流	巢湖	升金湖	菜子湖	水库	鄱阳湖	仙女湖	八里湖	孔目江	太湖	千岛湖
桡足类	近剑水蚤属 *Tropocyclops*					+																				+					
	毛饰拟剑水蚤 *Paracyclops fimbriatus*					+								+																	
	胸饰外剑水蚤 *Ectocyclops phaleratus*					+																				+					
	近邻剑水蚤 *Cyclops vicinus*			+							+			+			+	+	+							+					
	高原刺剑水蚤 *Acanthocyclops alticola*	+																													
	长尾刺剑水蚤 *Acanthocyclops longifurcus*		+																												
	刺剑水蚤属 *Acanthocyclops*						+											+								+					
	跨立小剑水蚤 *Microcyclops varicans*													+				+	+							+					
	扁平小剑水蚤 *Microcyclops uenoi*										+															+					

续表

类别	种（属）	青海	西藏	云南					四川	重庆	贵州			湖南			湖北					安徽				江西				江苏	浙江
		河流	河流	洱海	程海	滇池	泸沽湖	河流	河流	河流	草海	漳江	赤水河	洞庭湖	浏阳河	湘江	丹江口	洪湖	东湖	汉江	三峡支流	巢湖	升金湖	莱子湖	水库	鄱阳湖	仙女湖	八里湖	孔目江	太湖	千岛湖
桡足类	广布中剑水蚤 *Mesocyclops leuckarti*			+		+			+	+	+	+	+	+	+	+	+	+	+	+	+	+	+	+	+	+	+	+	+	+	+
	台湾温剑水蚤 *Thermocyclops taihokuensis*					+			+	+	+	+	+	+	+	+	+	+	+	+	+	+	+	+	+	+	+	+	+	+	+
	粗壮温剑水蚤 *Thermocyclops dybowskii*																	+													
	虫宿温剑水蚤 *Thermocyclops vermifer*													+				+													
	短尾温剑水蚤 *Thermocyclops brevifurcatus*					+																									
	透明温剑水蚤 *Thermocyclops hyalinus*			+										+																	
	猛水蚤目 *Harpacticoida*					+	+				+			+			+	+				+									

2.2 长江流域重点湖泊浮游动物群落结构特征

统计本单位长期监测的14个重点湖库的浮游动物监测数据，结果显示，各湖库的浮游动物平均密度为204.8～19485.01ind./L，所有湖库的浮游动物平均密度为5716.8ind./L。仙女湖、草海、洪湖、太湖、滇池、巢湖、鄱阳湖和洱海浮游动物平均密度较高，其中，仙女湖浮游动物平均密度最高，为19485.01ind./L；草海浮游动物平均密度其次，为11964.2ind./L；洪湖浮游动物平均密度为10045.2ind./L。程海、泸沽湖、丹江口水库和洞庭湖浮游动物平均密度较低，分别为204.8ind./L、225.8ind./L、260.69ind./L和520.3ind./L。

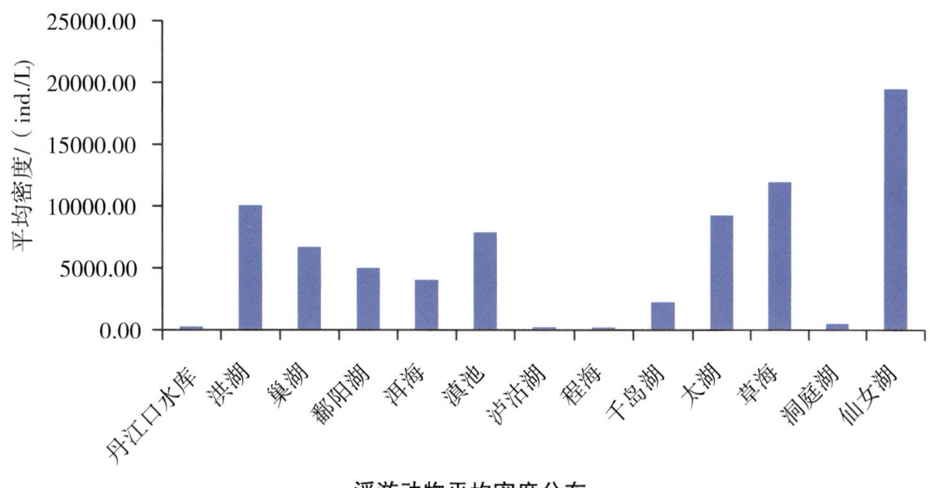

浮游动物平均密度分布

从浮游动物四大类群落组成来看，除程海还有桡足类占优势外，其他湖泊均以原生动物和轮虫为主。

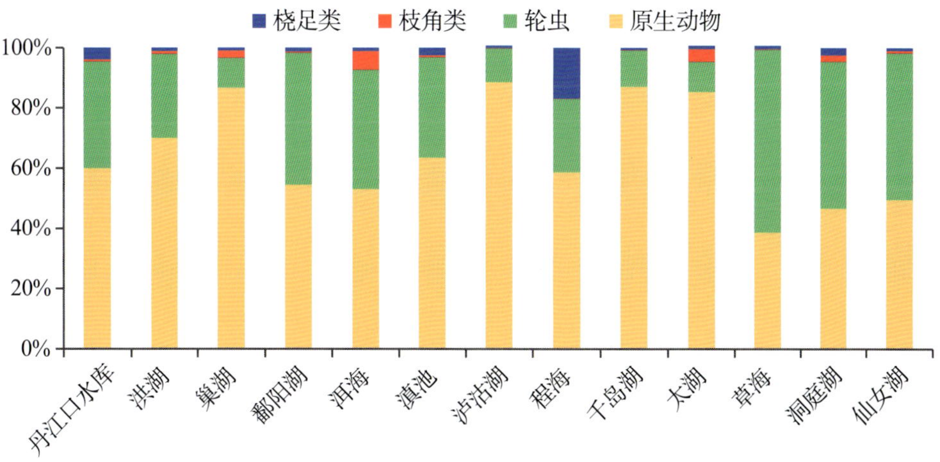

浮游动物平均密度组成分布

浮游动物优势种及优势度

湖库名称	优势种	优势度
丹江口水库	急游虫属	0.52
	疣毛轮属	0.12
	多肢轮属	0.11
洪湖	钟虫属	0.06
	累枝虫属	0.10
	侠盗虫属	0.41
	倪氏拟铃虫	0.03
	拟铃虫属	0.03
	曲腿龟甲轮虫	0.03
	多肢轮属	0.05
	异尾轮属	0.04
	微型多突轮虫	0.06
	胶鞘轮属	0.05
巢湖	侠盗虫属	0.07
	倪氏拟铃虫	0.18
	拟铃虫属	0.30
	睥睨虫属	0.20
	多肢轮属	0.02
	腔轮虫属	0.02
洱海	钟虫属	0.02
	急游虫属	0.03
	侠盗虫属	0.13
	拟铃虫属	0.16
	睥睨虫属	0.05
	疣毛轮属	0.05
	多肢轮属	0.27
	象鼻溞属	0.03
千岛湖	钟虫属	0.05
	急游虫属	0.07
	侠盗虫属	0.23
	睥睨虫属	0.36
	异尾轮属	0.05
	微型多突轮虫	0.04
	胶鞘轮属	0.02
滇池	钟虫属	0.03
	累枝虫属	0.19
	急游虫属	0.04
	侠盗虫属	0.07
	拟铃虫属	0.02
	睥睨虫属	0.07
	板壳虫属	0.1
	螺形龟甲轮虫	0.07
	多肢轮属	0.02
	异尾轮属	0.05
	微型多突轮虫	0.02
	胶鞘轮属	0.02
	无节幼体	0.02
鄱阳湖	急游属	0.08
	侠盗虫属	0.05
	倪氏拟铃虫	0.04
	江苏拟铃虫	0.03
	拟铃虫属	0.22
	砂壳虫属	0.02
	螺形龟甲轮虫	0.04
	多肢轮属	0.10
	暗小异尾轮虫	0.05
	等棘异尾轮虫	0.02
	异尾轮属	0.07

湖库浮游动物优势种以原生动物和轮虫为主，其中急游虫属、侠盗虫属、拟铃虫属为最常见的优势种。丹江口水库代表性优势种为急游虫属、疣毛轮属和多肢轮属；洪湖代表性优势种为侠盗虫属和累枝虫属；巢湖代表性优势种为拟铃虫和睥睨虫属；滇池代表性优势种为累枝虫属和板壳虫属；鄱阳湖代表性优势种为拟铃虫属和多肢轮属；洱海的代表性优势种为多肢轮属和拟铃虫属等；千岛湖代表性优势种为睥睨虫属和侠盗虫属。洱海除了轮虫、原生动物外，小型的枝角类也占有一定比例，如象鼻溞属，其优势度为0.03。

第3章 长江流域常见原生动物分类及检索

3.1 原生动物简介及检索

原生动物是动物界最原始、最低等、最简单的单细胞动物或由其形成的简单群体，没有器官、组织的分化。其维持生命和繁殖的必需功能和活动均由细胞内特化的各种胞器来完成。

大多数原生动物大小在20～200μm，分布十分广泛，在淡水、海水、盐水、土壤、冰雪、极地等环境中均可自由生活，部分种类还可以寄生在各种生物体的体表或体内。原生动物具异养作用，以鞭毛、纤毛和伪足作为运动胞器，生殖方式有无性生殖和有性生殖两种，当环境条件不利时，某些种类会形成包囊。

原生动物分为四大类，分别是鞭毛虫类、孢子虫类、肉足虫类、纤毛虫类。孢子虫类全部营寄生生活，均具有顶复合器结构。鞭毛虫类以鞭毛进行运动，根据其营养方式的不同可分为植鞭类和动鞭类，前者都具有色素体，可进行光合作用，即进行植物性营养；后者没有色素体，进行动物性营养或腐生性营养。肉足虫类最主要的特征是虫体的细胞质可以延伸形成伪足，伪足是其运动及取食的细胞器。纤毛虫是原生动物中结构最复杂、分化最高级的类群，主要以纤毛作为其运动器。长江流域常见的原生动物主要隶属肉鞭虫门、纤毛虫门，其中肉鞭虫门主要有根足纲的变形目、表壳目和有壳丝足目，纤毛虫门主要有动基片纲、寡膜纲和多膜纲。原生动物的分类主要参考《原生动物学》[1]和《西藏水生无脊椎动物》[2]。

长江流域常见原生动物的分类

<table>
<tr><th>门</th><th>纲</th><th>目</th><th>科</th><th>属</th></tr>
<tr><td rowspan="7">肉鞭虫门</td><td rowspan="7">根足纲</td><td>变形目</td><td>变形科</td><td>变形虫属</td></tr>
<tr><td rowspan="3">表壳目</td><td>表壳科</td><td>表壳虫属</td></tr>
<tr><td rowspan="2">砂壳科</td><td>砂壳虫属</td></tr>
<tr><td>匣壳虫属</td></tr>
<tr><td rowspan="3">有壳丝足目</td><td rowspan="3">鳞壳科</td><td>鳞壳虫属</td></tr>
<tr><td>三足虫属</td></tr>
<tr><td>曲颈虫属</td></tr>
</table>

续表

门	纲	目	科	属
纤毛虫门	动基片纲	前口目	板壳科	板壳虫属
		刺钩目	栉毛科	栉毛虫属
				睥睨虫属
			长颈虫科	长颈虫属
		侧口目	裂口科	半眉虫属
				漫游虫属
		肾形目	肾形科	肾形虫属
		管口目	斜管科	斜管虫属
				袋齿虫属
		吸管目		
	寡膜纲	膜口目	舟形科	舟形虫属
			草履虫科	草履虫属
		缘毛目	钟形科	钟虫属
			累枝科	累枝虫属
			鞘居科	靴纤虫属
				鞘居虫属
				扉门虫属
	多膜纲	异毛目	喇叭科	喇叭虫属
		丁丁目	筒壳科	筒壳虫属
				薄铃虫属
			铃壳科	拟铃虫属
		寡毛目	急游科	急游虫属
			侠盗科	侠盗虫属
		游仆目	游仆科	游仆虫属

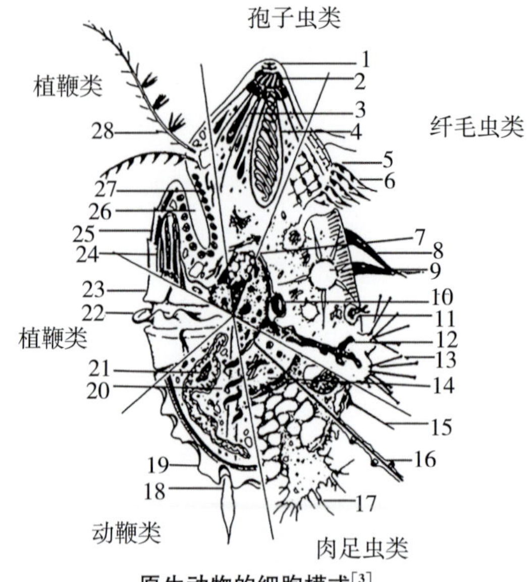

原生动物的细胞模式[3]

1—极环;2—类锥体;3—棒状体;4—极囊;5—银线系;6—小膜;7—色素体;8—棘毛;9—伸缩泡;10—小核;11—胞肛;12—大核;13—吸管;14—中央囊;15—骨针;16—轴伪足;17—根伪足;18—轴杆;19—波动膜;20—副基体;21—动体;22—横鞭毛;23—壳板;24—食物泡;25—眼点;26—胞口;27—射出体;28—鞭毛丝

3.2 原生动物种类介绍

3.2.1 根足纲 Rhizopoda von Siebold, 1845

根足纲最主要的特征是虫体的细胞质可以延伸形成伪足,伪足是其运动及取食的细胞器,主要为叶状、根状或丝状伪足,内无轴丝。主要包括根足亚纲(根状、叶状、网状伪足,无轴丝);辐足亚纲(针状伪足,具轴丝)变形目、表壳目、有壳丝足目和有孔虫目。

3.2.1.1 变形目 Amoebina Ehrenberg, 1838

变形目原生质体裸露,没有加厚的表膜或外壳,伪足可以从质体的任何地方伸出。内外质分界明显,内质疏松泡状或颗粒状较外质易于流动,外质较透明质地较密。

(1)变形虫属 *Amoeba* Ehrenberg, 1882

变形虫根据其拉丁名音译又被称为“阿米巴虫”。其细胞裸露无壳,体外包以质膜,体无定形、柔软,具叶状伪足。多伪足运动时,其基部不融合。细胞核通常1个或多个,如多核变形虫。

采集地:丹江口水库。

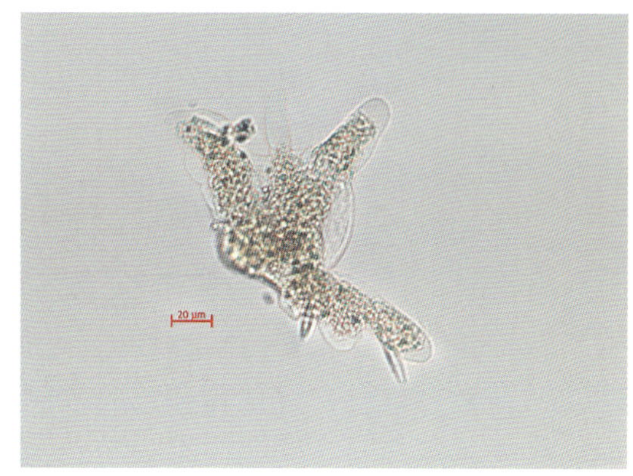

变形虫属

3.2.1.2 表壳目 Arcellinida Kent, 1880

原生质体包在壳或硬的外膜中,伪足自壳口伸出。

1. 表壳科 Arcellidae Ehrenberg, 1882

壳由膜状的几丁质组成,有时壳表面具有小的网眼。壳口位于腹面或纵轴的一端,先向内弯曲,后又常反弯过来。

(1)表壳虫属 *Arcella* Ehrenberg, 1832

细胞体被膜状几丁质外壳。壳表面光滑或有浓密的、穿孔的麻点,似蜂窝状的小泡。新生的壳体由透明或半透明的几丁质组成,生长后期变为黄褐色。背腹面观大多数时候呈圆形,有时有角或呈星角,壳口向里翻转,形成口管。侧面观背面或平坦,或呈半球形,或呈更高凸起。原生质体位于壳的中央,用外质线固着于壳的内壁。

①弯凸表壳虫 *Arcella gibbosa* Penard, 1890

壳黄色或棕色。腹面观壳呈规则的圆形,侧面观壳大于半球形,并有翘出的基角。壳口圆,有口管,伪足从壳口伸出。顶面观壳背有排列规则的、同心层的多角形波纹。壳上还有规则的小点,排列十分紧密。

采集地:丹江口水库。

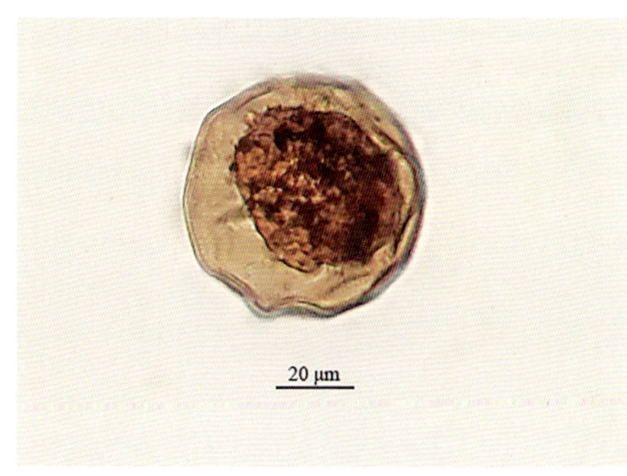

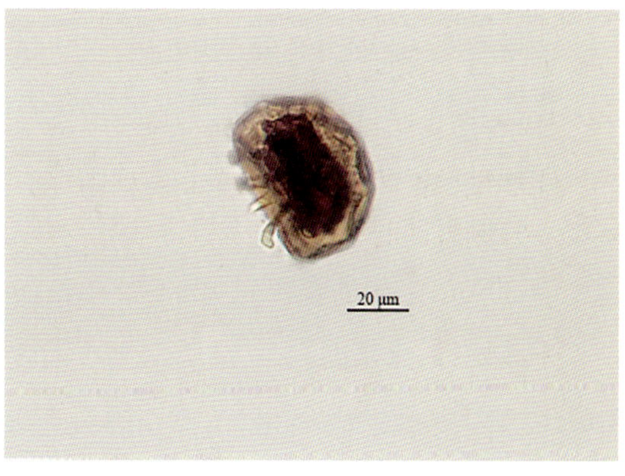

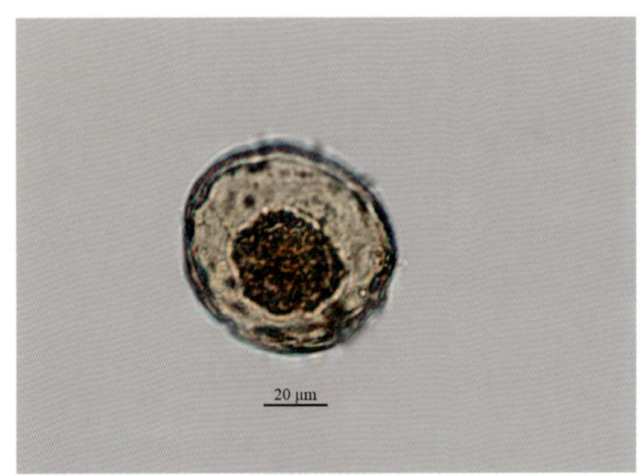

弯凸表壳虫

②盘状表壳虫 *Arcella discoides* Ehrenberg，1871

壳呈盘形，顶面观和腹面观均呈圆形，侧面观很扁平。壳背光滑，较平坦地滑向两侧，没有翘出的基角。背面和腹面连接的基角浑圆。壳口圆，周围没有微孔，下陷较深，几乎有壳高的 1/2。

采集地：丹江口水库、鄱阳湖。

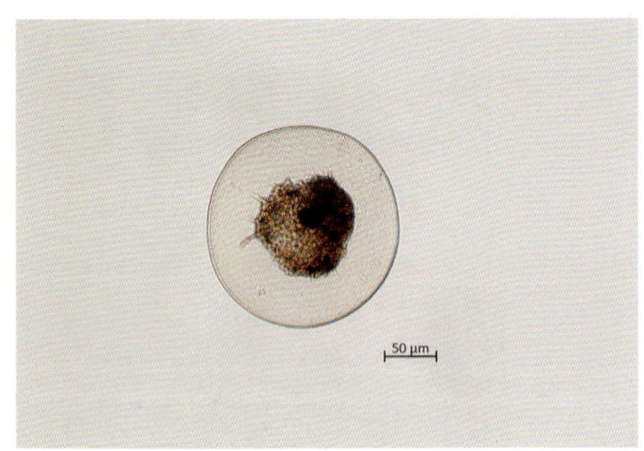

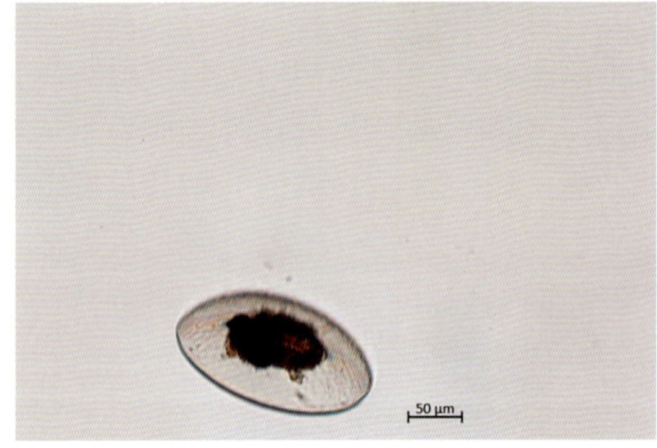

盘状表壳虫

③齿表壳虫 *Arcella dentata* Ehrenberg，1830

正面观呈圆形且具有齿，侧面观呈冠状。其直径是高度的两倍以上。颜色从无色到棕色，外缘有齿或齿状边缘，有 7～20 个刺或棘。中心有一个圆形的孔洞。背侧呈盘状，顶点扁平。背刺弯曲，在圆周上均匀排列成一排，通常有气孔围绕着孔口。直径约为 95μm，孔径直径为 30μm，带刺的直径为 123～184μm。

采集地：武汉东湖。

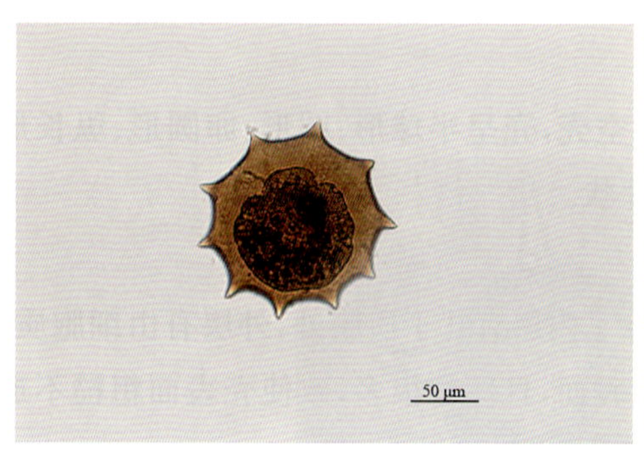

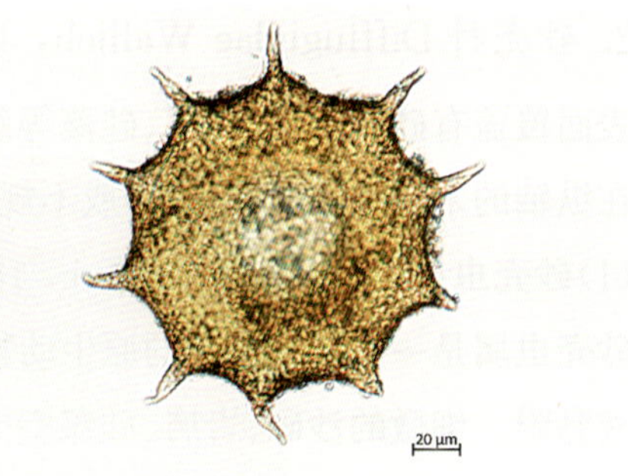

齿表壳虫

④半圆表壳虫 *Arcella hemisphaerica* Perty，1852

壳黄褐色至深褐色。腹面观壳呈圆形，侧面观背面至少是半圆形或超过半圆周。背面和腹面连接的基角微圆，不翘出。壳口圆，有口管。壳面有细点。

采集地：巢湖。

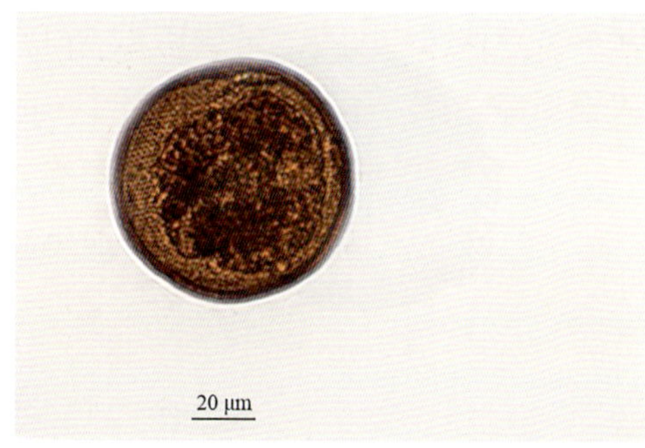

半圆表壳虫

⑤普通表壳虫 *Arcella vulgaris* Ehrenberg，1832

壳黄或棕色，背腹面观呈圆形。侧面观壳背虽然是拱起的圆弧，但明显小于半球，这是其与半圆表壳虫的区别。背面与面连接的基角明显翘出。壳口内陷达壳高的1/3。口面陷凹途中，在接近壳口处时常可以看到一个轻微的口前弧弯。通常没有口管。

采集地：丹江口水库。

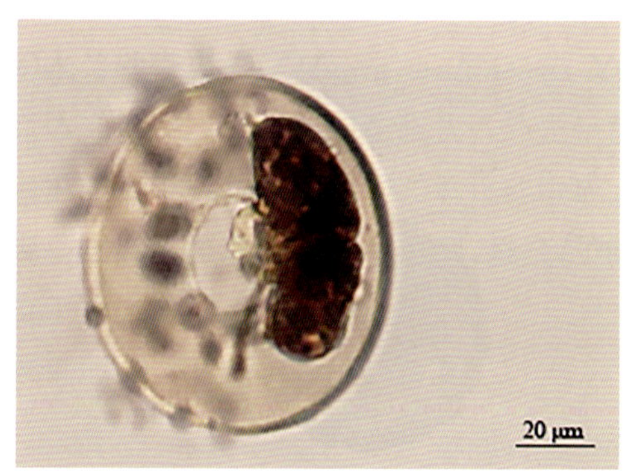

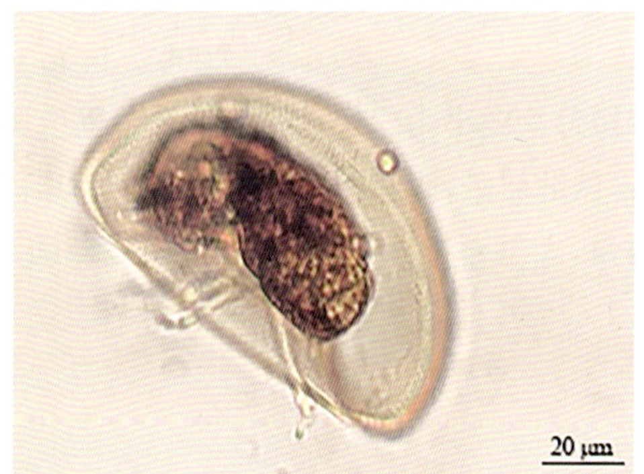

普通表壳虫

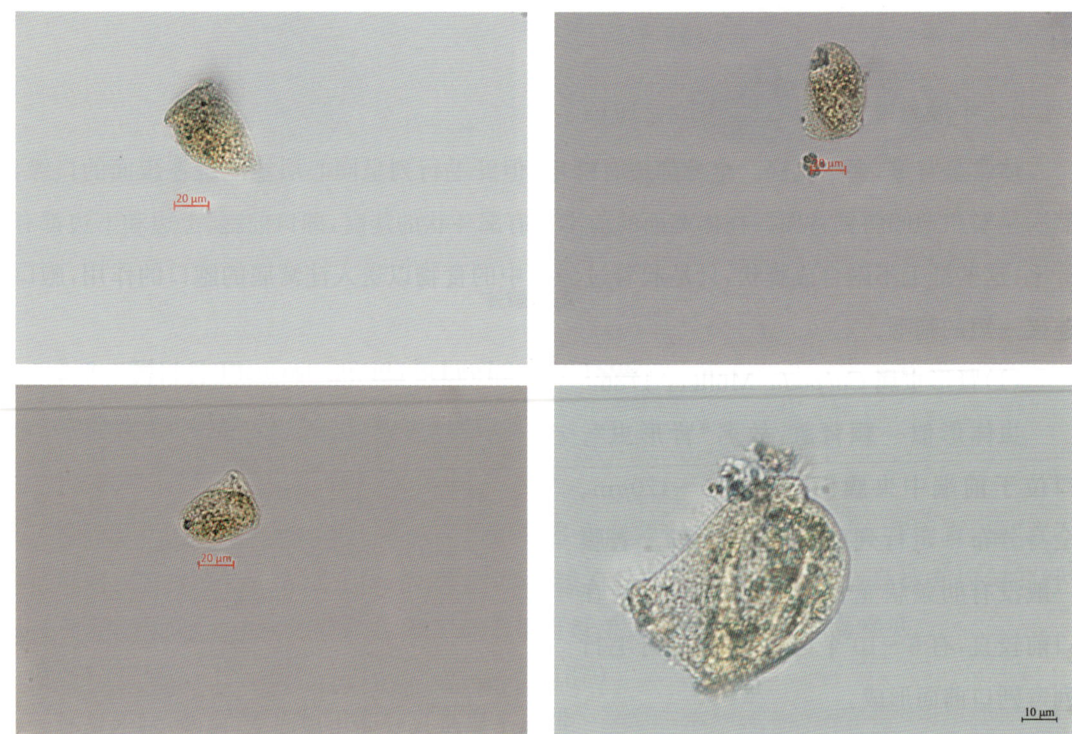

袋齿虫属

(2)斜管虫属 *Chilodonella* Strand，1926

虫体为卵形，背腹扁平，只腹面具有纤毛，有一定的行列。不大会改变形体。在腹侧前端具口篮(管状)，胞咽内具刺杆 7～13 根。伸缩泡 2 个，前后排列，椭圆形。大核位于中部或后端。

采集地：丹江口水库。

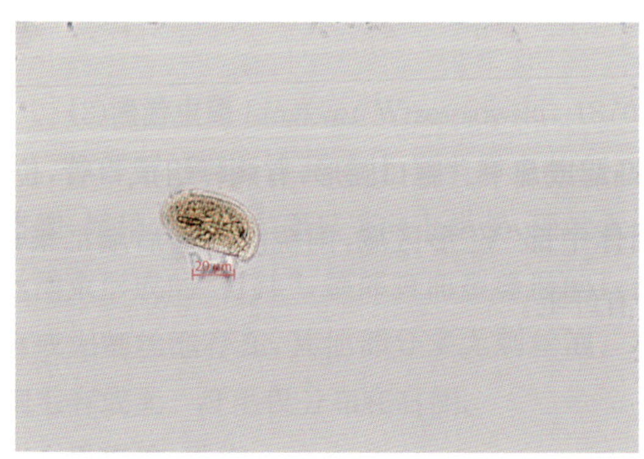

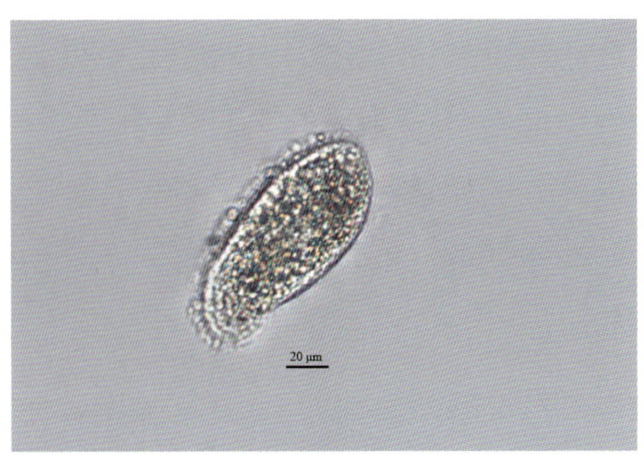

斜管虫属

3.2.2.6 吸管目 Suctorida Claparède *et* Lachmann, 1858

成体纤毛完全消失,纤毛只在个体发育中自由生活的幼体阶段才有,口已变成许多吸管状的触手,多半有柄,柄不能收缩,着生、附生或寄生生活。无性生殖采用出芽的方式,接合生殖可分大接合子和小接合子。

采集地:洞庭湖

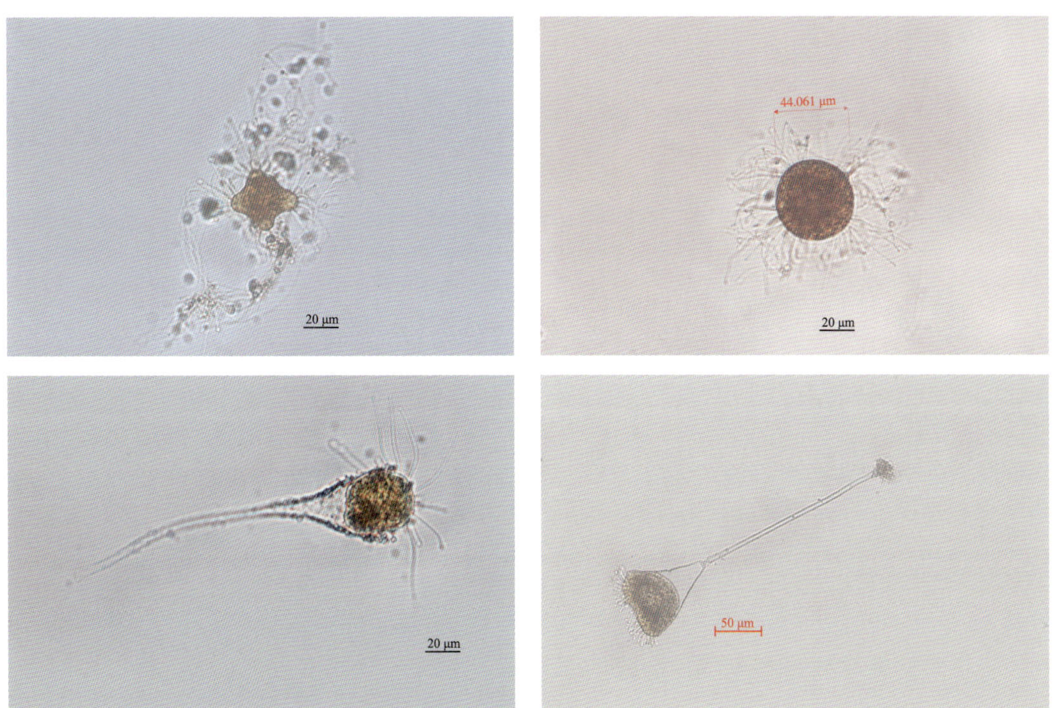

吸管目

3.2.3 寡膜纲 Oligohymenophora de Puytrac et al., 1974

胞口常在腹面或靠近身体前端,位于口腔的底部。口通常由3～4片复合的口腔纤毛膜和小膜组成。体纤毛系统有十分规则的动纤维,有的已退化。

3.2.3.1 膜口目 Hymenostomatida Delage *et* Herouard, 1890

体纤毛均匀分布全身，口器位于体腹面前半部，口腔内有纤毛小膜或波动咽膜，其膜下纤维系统由 3～4 排动基粒组成。

1. 舟形科 Lembadionidae Jankowski，1967

体呈舟形，外质盔甲化。

(1)舟形虫属 *Lembadion* Perty，1852

背面凸，腹面凹。胞口占体长的 3/4 到 4/5，左边有一大的、由许多纤毛行列融合而成的膜，右边有短的分散的纤毛。体上纤毛列密，纤毛分布均匀，后端有长的、梳状的尾纤毛。

采集地：丹江口水库。

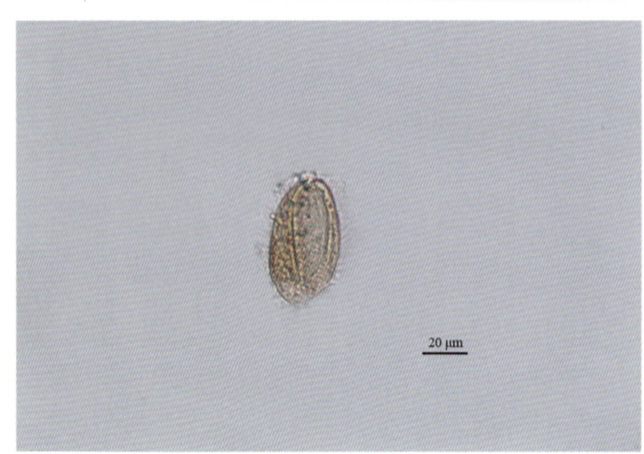

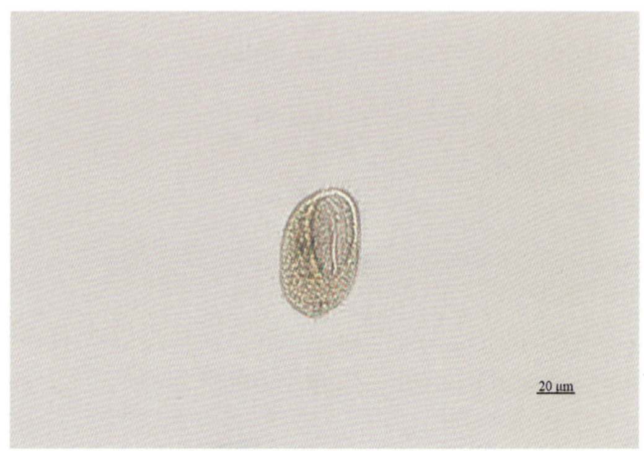

舟形虫属

2. 草履虫科 Parameciidae Kent，1881

体较大，呈履状。有非常发达的口沟，口沟引入口腔，口腔内右边有一片口内膜，左边有两片波动咽膜及一片四分膜。全身均匀地布满纤毛。外质有刺丝泡。

(1)草履虫属 *Paramecium* Hill，1752

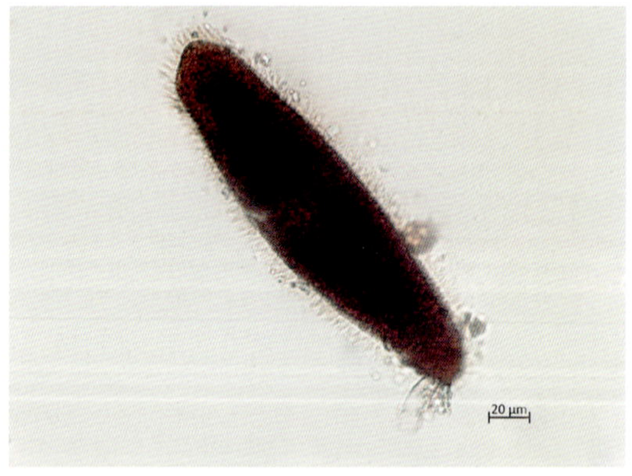

草履虫属

虫体呈倒置草鞋底形，前端钝圆，后端略尖，断面圆形或椭圆形。体长 100～300μm。体纤毛分布全身。有十分发达的斜凹的口沟形成口前庭，胞口明显。胞咽内具有两片纵长的波动膜。表膜外质中含有放射排列的刺丝泡，身体前后各有一个伸缩泡，含辐射状收集管。

采集地：武汉。

3.2.3.2 缘毛目 Peritrichida Stein, 1859

体常呈钟形，口纤毛系统非常发达，在身体顶端形成三层（内缘两层，外缘一层）很长的、左旋的纤毛口缘区。体纤毛系统已退化，只在游泳体的后部有一圈暂时性的纤毛。

1. 钟形科 Vorticellidae Stein, 1859

体呈倒钟形，有左旋的纤毛口缘区，柄内有肌丝，能自由伸缩。包括生活和群体生活的种类。群体生活的种类柄是分枝的。

（1）钟虫属 *Vorticella* Limnè, 1767

单体生活。体呈倒钟形。小膜口区的口缘往往向外扩张，形成围口唇。从反口面伸出的柄，内有肌丝，能伸缩。柄的下端固着在基质上。大核呈马蹄形。

采集地：巢湖。

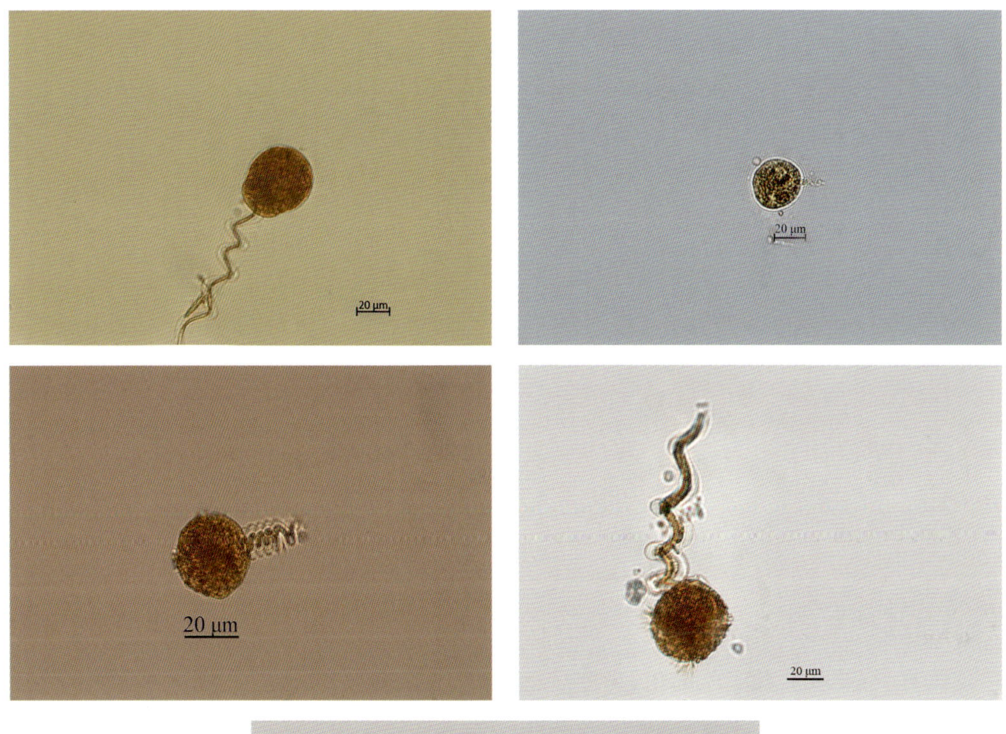

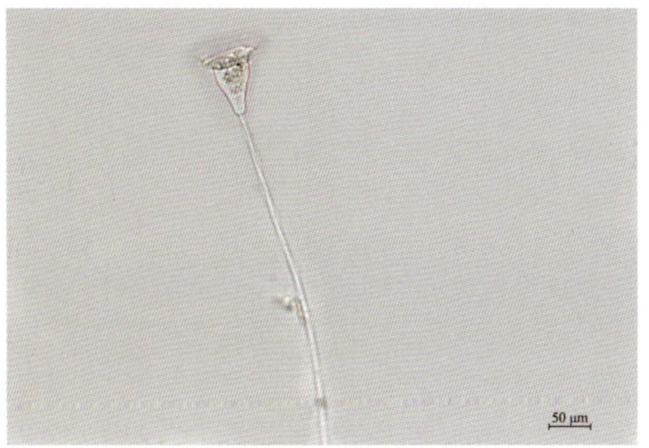

钟虫属

2. 累枝科 Epistylidae Kahl，1933

虫体有柄，但柄内无肌丝，仅作为支持和固着之用，不能伸缩。有单独生活的种类，也有群体生活的种类。口围边缘粗壮厚实如“唇缘”，明显地与身体分开，口围盘宽而较平坦地突出在口围边缘之上。口围的纤毛螺旋圈大多数为一圈多，也有些多至 6 圈。

(1)累枝虫属 *Epistylis* Ehrenberg，1838

群体生活。形态与钟虫相似。柄较直而粗，柄透明无肌丝，故群体的柄是不收缩的。虫体前端有膨大的围口唇(缘唇)。

采集地：鄱阳湖、草海。

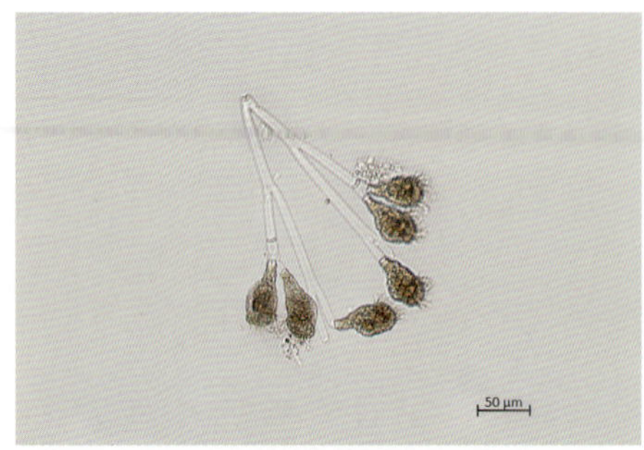

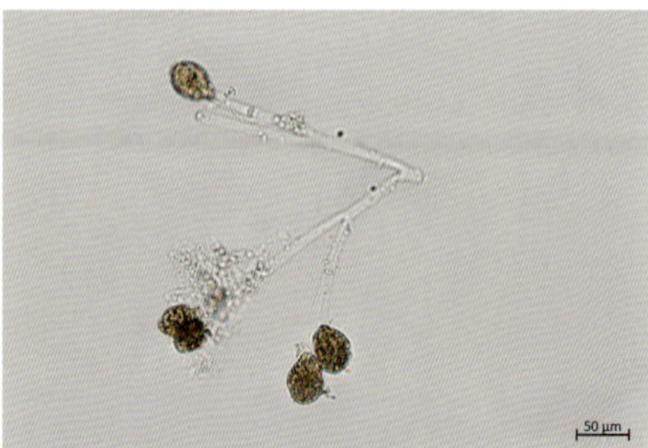

累枝虫属

3. 鞘居科 Vaginicolidae Fromentel，1874

虫体有一透明的、几丁质的鞘，身体后端或内柄固着在鞘底，能自由伸出鞘外，通常较透明。表膜有细的横纹。鞘内常有 2 个虫体。鞘常随日龄老化而呈棕色。

(1)靴纤虫属 *Cothurnia* Stokes，1894

鞘有外柄，因此柄固着于底物上。虫体呈纵长的圆锥状，以后端或内柄固着于鞘底。

采集地：丹江口水库。

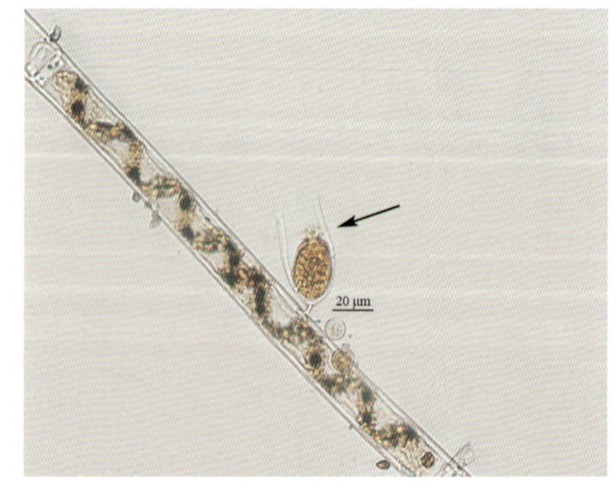

靴纤虫属

(2)鞘居虫属 *Vaginicola* Lamarck-Ehrenberg，1830

体有一透明的、几丁质的鞘，身体后端或内柄固着在鞘底，能自由伸出鞘外，通常较透明。鞘常随日龄老化而呈棕色，无外柄，直接用后端固着在基质上。体以后端或内柄固着于鞘底。

采集地：云南。

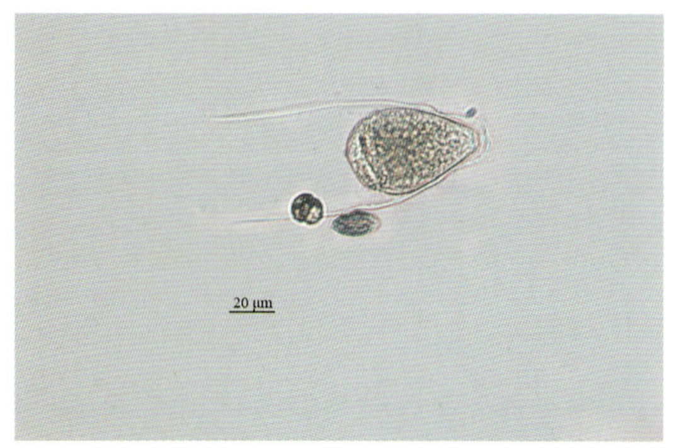

鞘居虫属

(3)扉门虫属 *Thuricola* Kent，1881

本属的特征(虫体和鞘的形状)与鞘居虫属相似，不同之处是扉门虫鞘的前1/3处的鞘壁上有一瓣状的盖子，与鞘壁约成30°倾斜地嵌入，虫体收缩时，盖子能关闭。

采集地：重庆。

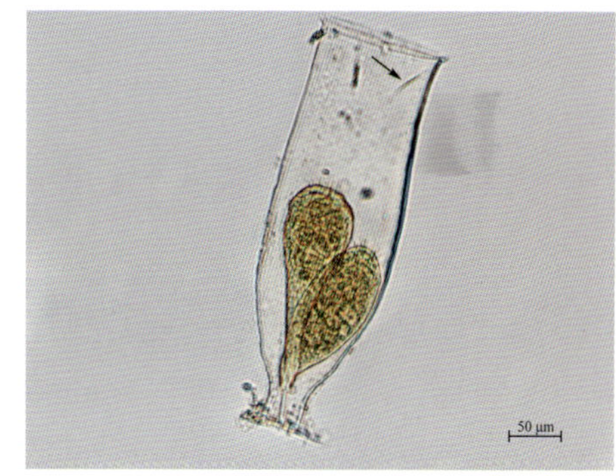

扉门虫属

3.2.4 多膜纲 Polyhymenophora Jankowski，1967

有十分发达的口腔小膜口缘区，从前端起向右旋转，在体表扩展到相当大的范围，小膜很多，有时很厚实，常超出体外。除少数类群外多半已没有简单的体纤毛。体纤毛已发展为由几层纤毛融合而成的触毛。

3.2.4.1 异毛目 Heterotrichida Stein，1859

体大，常能明显伸缩，有十分发达的小膜口缘区，但体上仍有均匀的体纤毛。

1. 喇叭科 Stentoridae Carus，1863

小膜口缘区从口腔扩展出来，在身体的前顶向右盘旋，成一几乎关闭式的右旋环。体大，呈喇叭状，伸缩性十分强。体上盖有均匀的体纤毛。

(1)喇叭虫属 *Stentor* Oken，1815

体伸展时呈喇叭状，伸缩性很强，有些种类固着在黏液状的壳内，没有壳的种类常固着在各种底物上，但也可以离开壳或底物而自由游动。前端是一显著的口围区，小膜口缘区把整个口围绕起来，右旋而进入胞口和胞咽。大核有各种形状。伸缩泡一个，在前部左侧。

采集地：武汉东湖。

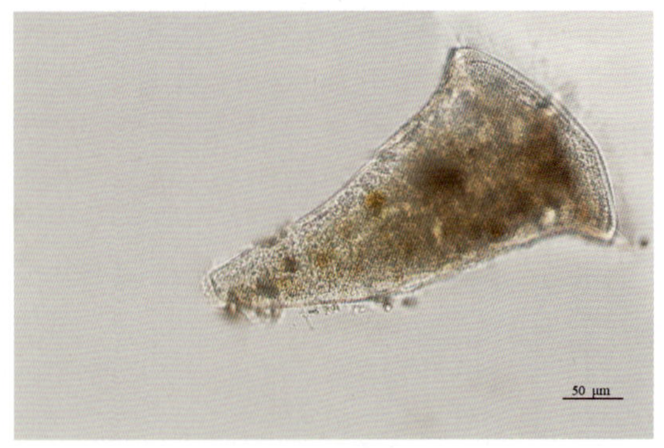

喇叭虫属

3.2.4.2 丁丁目 Tintinnida Kofoid *et* Campbell，1929

具瓶状、杯状、壶状以及其他各种形状的壳。壳由身体分泌胶质物形成，常常附有砂砾，但也有光滑无砂的。纤毛虫体位于壳内。身体仅背侧有 1 列较长的纤毛形成的纤毛膜。口缘周围有长的弹性纤毛[6-7]。

1. 筒壳科 Tintinnidiidae Kofoid *et* Campbell，1929

壳呈筒形或管状。鞘纵长，鞘壁砂质略粗且松散。

(1)筒壳虫属 *Tintinnidium* Kent，1881

有管筒形或张开形的外壳，壳壁有黏性，表面黏有颗粒，并形成螺旋结构。

采集地：武汉东湖。

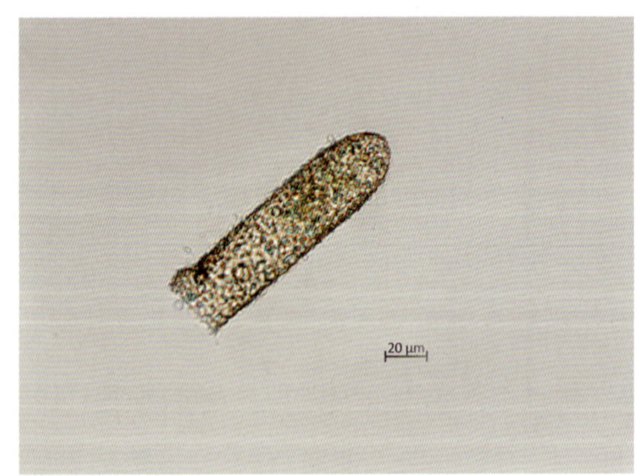

筒壳虫属

(2)薄铃虫属 *Leprotintinnus* Jörgensen，1900

体具外壳，壳呈管状。较薄，背口端开口，无领。

采集地：武汉东湖。

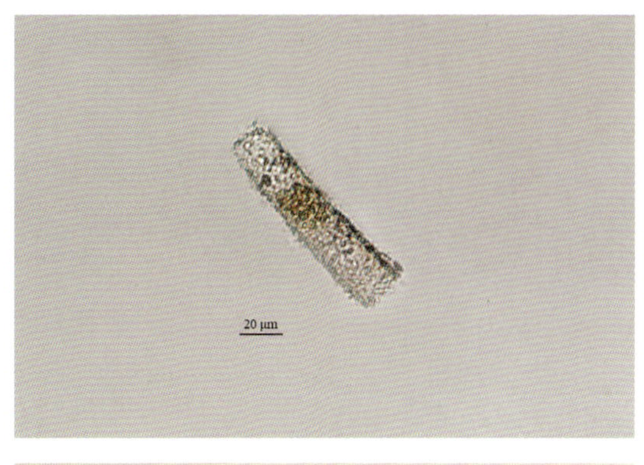

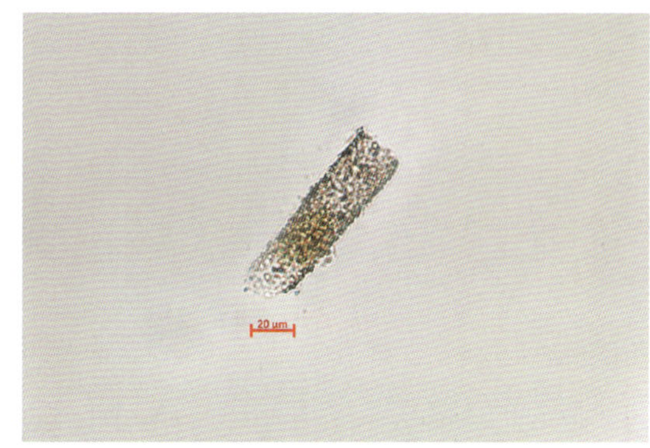

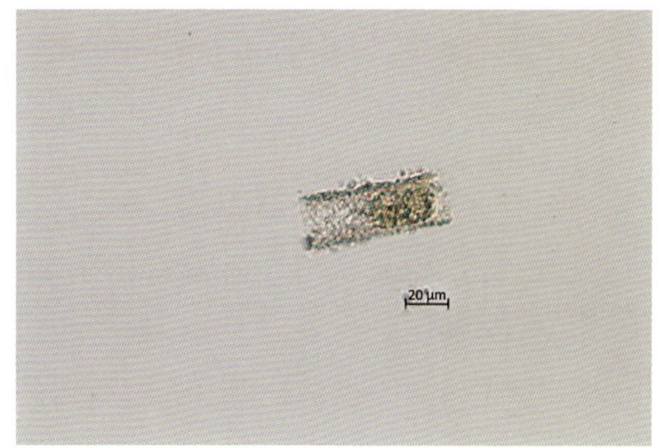

薄铃虫属

2. 铃壳科 Codonellidae Kent，1881

体具外壳，末端封闭，鞘壁砂质细且紧密。

(1)拟铃虫属 *Tintinnopsis* Stein，1867

体具外壳，呈杯形或碗形，壳上沙粒较细小，排列整齐。壳前部有不明显颈或领，颈或领上往往有螺旋纹，壳上的沙粒较细小，排列整齐，壳口体沙粒常呈螺旋状。本属与砂壳虫属易混淆，区别是前者的壳内为纤毛虫而非肉足虫。

①江苏拟铃虫 *Tintinnopsis kiangsuensis* Jiang，1956

体长 40～60μm；口径 25～35μm，壳口宽平，后端逐渐紧收尖突状。

采集地：鄱阳湖。

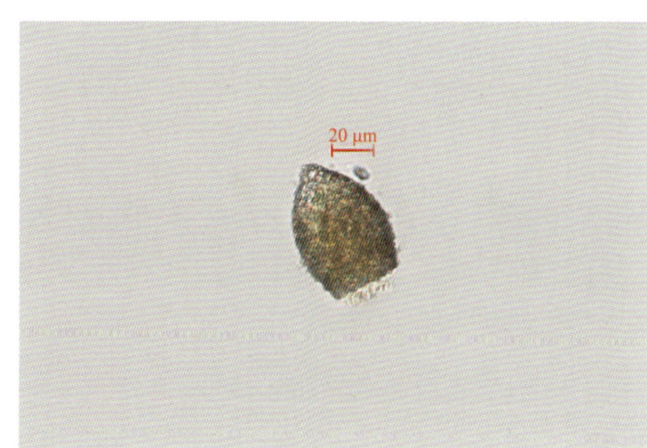

江苏拟铃虫

②樽形拟铃虫 *Tintinnopsis potiformis* Jiang，1956

体长 30～65μm；口径 27～40μm，壳口宽平，后端浑圆。

采集地：武汉。

③倪氏拟铃虫 *Tintinnopsis niei* Jiang，1956

体长 28～38μm，口径 15～18μm，前端有一略平直颈或领。

采集地：洪湖。

樽形拟铃虫

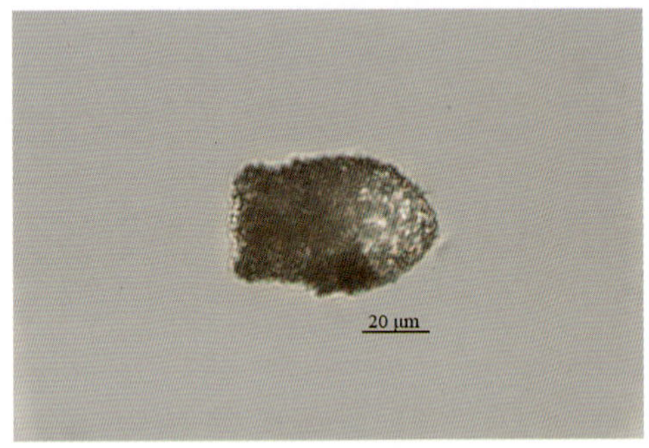

倪氏拟铃虫

④安徽拟铃虫 *Tintinnopsis anhuiensis* Jiang，1956

体长 70～84μm，口径 45～56μm，壳呈粗壮的樽形或烧瓶形，口缘较粗糙，颈部较粗，通常有 3～5 道环纹。樽部膨大，底端通常为凸锥形或钝圆形。

采集地：鄱阳湖

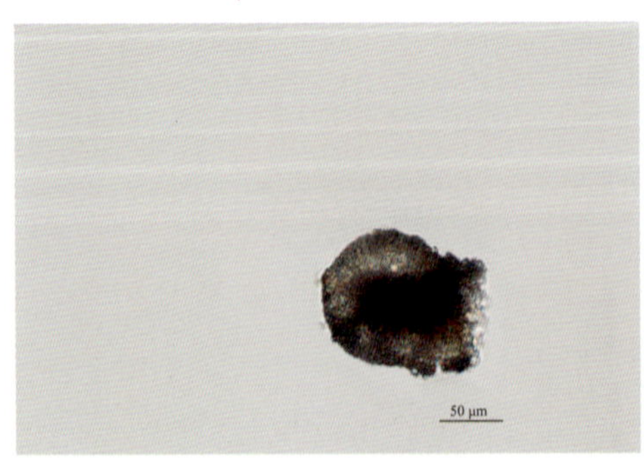

安徽拟铃虫

3.2.4.3 寡毛目 Oligotrichida Bütschi，1887

体呈卵状或纵长，体纤毛退化或缺失。前端的口围区没有体纤毛，它被小膜口缘区呈右旋地围绕，小膜口缘区十分开阔，从身体表面进入下陷的口腔。

1. 急游科 Strombidiidae Fauré-Fremiet，1970

体小，多半呈侧卵形至球形。小膜口缘区围绕身体的顶部，十分显著地伸出口腔之外，然后进入胞口。口缘区在腹面有一段是开裂式的，口漏斗位于口缘区之外。体纤毛完全退化，在体赤道线上有由刺丝泡隆起物构成的腰带。

(1)急游虫属 *Strombidium* Claparède *et* Lachmann，1859

体呈卵形至球形。口缘区明显，口缘区的前段围绕着一个顶端突起的领，斜向腹面左侧开口，在这一段区域小膜十分发达。整个口器占身体的前半部，体赤道线上往往有由刺丝泡隆起物构成一圈腰带。

采集地：武汉东湖。

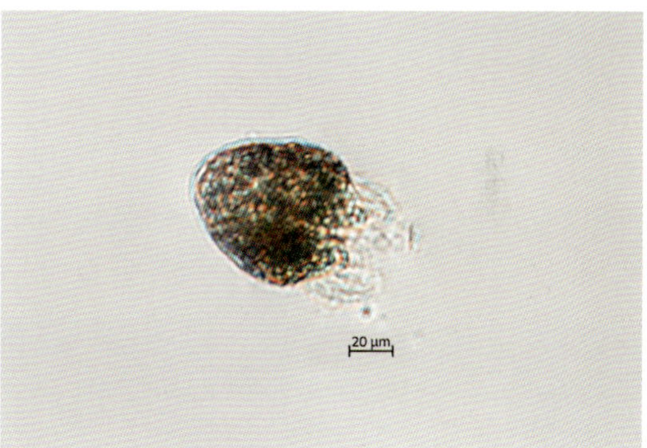

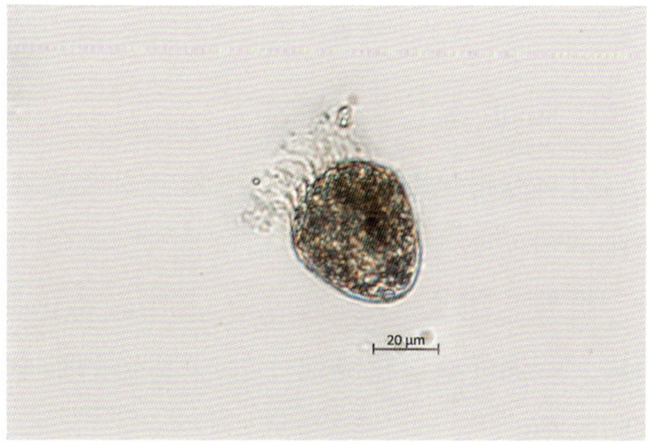

急游虫属

2. 侠盗科 Strobilidiidae Kahl，1932

小膜口缘区在体的顶端围绕成一显著的螺旋项冠，并向体内引入胞口，因此口缘区是关闭式的，口漏斗位于口缘区的里面。体纤毛或完全消失，或退化成稀疏的、短刚毛似的纤毛列。

(1)侠盗虫属 *Strobilidium* Schewiakoff，1893

体呈梨形或萝卜形，体长一般为 36～48μm。体表有 5～6 行螺旋纹。除口区外，身体其他部分无纤毛。无胞咽。马蹄形大核位于体前端。后部 1/3 处有一伸缩泡，顶面观呈圆球状，环生纤毛。

采集地：丹江口水库。

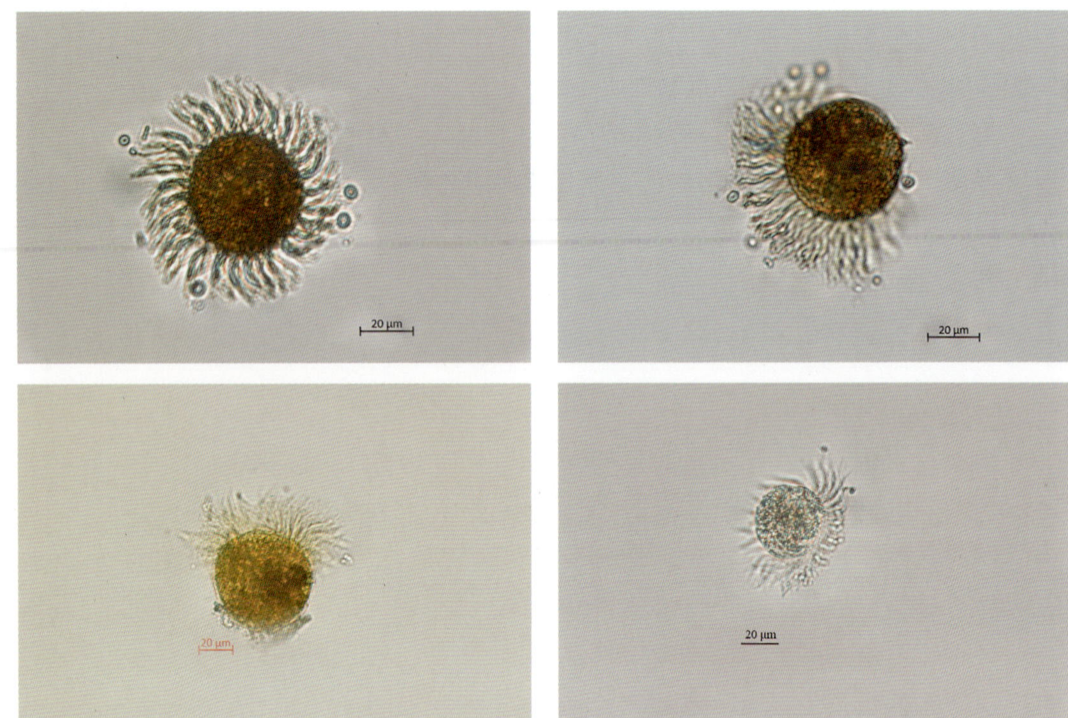

侠盗虫属

3.2.4.4 游仆目 Euplotida Small *et* Lynn，1985

大部分种类背腹扁平，以腹面特化的簇毛(由纤毛聚合而成的棘毛)作为支撑，爬行于基质上。外表坚实，体表往往不同程度地盔甲化；具有高度发达的口围带和 1～2 两片低分化的波动膜，在腹面形成额—腹棘毛、横棘毛、尾棘毛等，其中在特化类群，各部位的棘毛数目稳定，有次生性消失的趋势。背面纤毛退化成列分布，生有短的触毛。小部分种类具有特异性的背面银线系，构成不同的模式[8]。

1. 游仆科 Euplotidae Ehrenberg，1838

背腹观为阔卵圆形或盘状，所有已知种类均高度背腹扁平，外形坚实(表膜坚固)，背面常有纵行的脊突结构，在腹面常有不规则的脊突；伸缩泡普遍存在，单一并恒位于横棘毛的外侧；口围带高度发达，长通常占体长的 1/2 以上；口侧膜单片，短阔并深藏于口前庭内，为一无序排列的毛基体结构；腹面棘毛分化形成 7～10 根额腹棘毛、5 根横棘毛、1 根或 2 根左缘棘毛和2根或3根尾棘毛，以此作为支撑爬行于基质上；背面纤毛退化为触毛，成列分布；大核"C"形或马蹄形。

(1)游仆虫属 *Euplotes* Ehrenberg, 1830

游仆虫属的特征与游仆科相同。

采集地：洞庭湖。

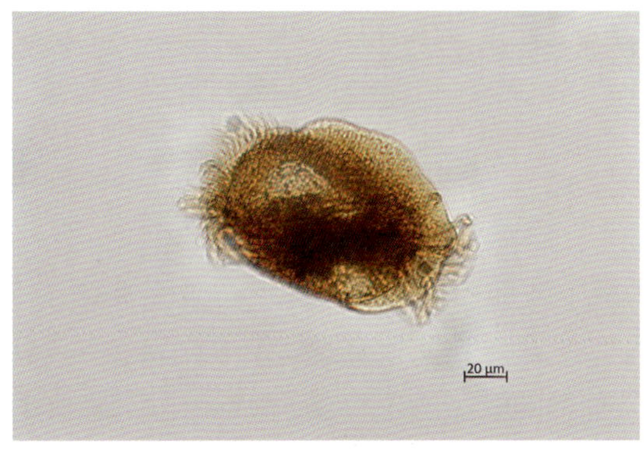

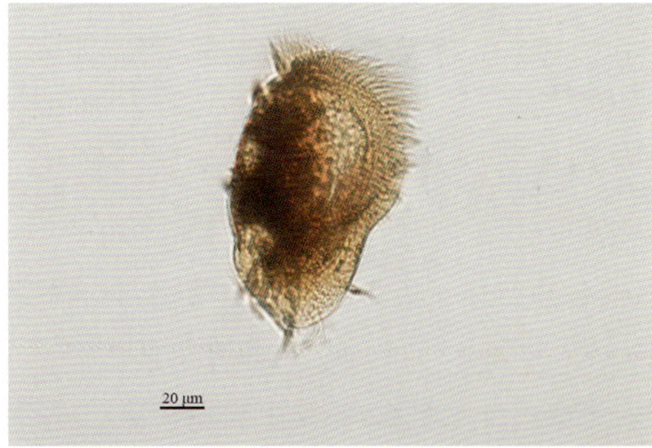

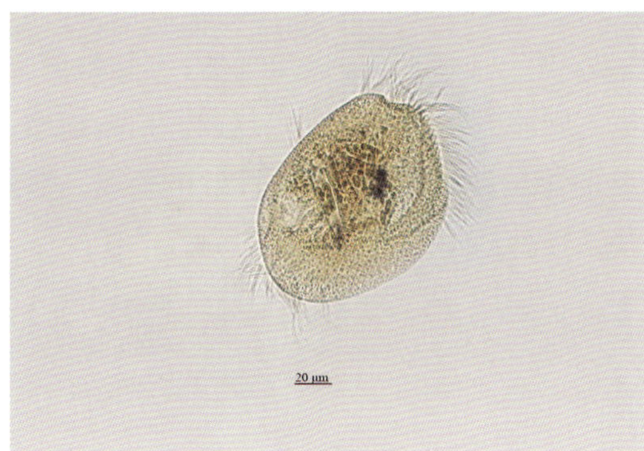

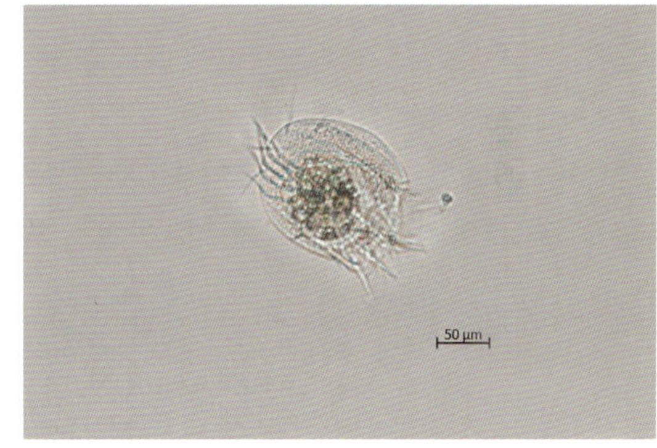

游仆虫属

第 4 章 长江流域常见轮虫分类及检索

4.1 轮虫简介及检索

轮虫是体型极小的多细胞动物，只有在显微镜下才能把它内外部的形态观察清楚。体长一般在 100～500μm。轮虫在形体上有三个典型特征：一是头冠在身体前端或靠近身体前端，主要由纤毛组成；二是咀嚼器在口腔或口管下面的咽喉部位，膨大而形成一咀嚼囊，囊内肌肉发达，内有大块几丁质板构成的咀嚼器，咀嚼囊是轮虫的最主要的特征之一，用于研磨食物，咀嚼器由砧基、砧枝和槌板(槌柄和槌钩)构成，其上连接肌肉，运动灵活；三是排泄系统由一对原肾管组成，分列在假体腔的两侧。根据不同的形态，咀嚼器一般分为 8 种：槌型、杖型、钳型、梳型、槌枝型、枝型、钩型、砧型。常见的轮虫种类有臂尾轮属、龟甲轮属、腔轮属、异尾轮属等，它们绝大多数生活在淡水中，是淡水浮游动物的主要组成部分。

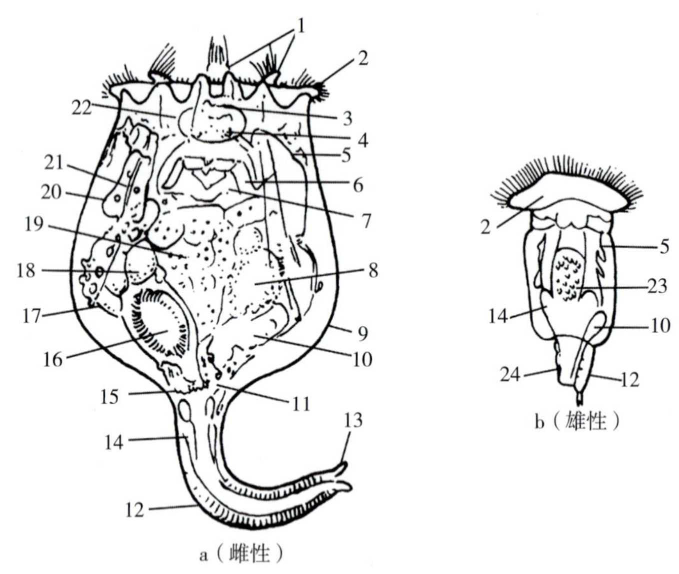

轮虫的形态构造模式图[9]

1—棒状突起；2—纤毛环；3—背触毛；4—眼点；5—原肾管；6—咀嚼器；7—咀嚼囊；8—卵巢；9—背甲；10—膀胱；11—泄殖腔；12—尾部；13—趾；14—吸着腺；15—肛门；16—肠；17—侧触手；18—卵黄腺；19—胃；20—消化腺；21—肌肉；22—脑；23—精巢；24—阴茎

它们分布广泛，营寄生、个体或群体生活。轮虫适应性强，无论是在清澈的高山湖泊或是被污染的沟渠浊水中，都有它们的一些种类生活着。轮虫数量多，是最适合培育鱼苗的活饵料，且其分布广泛，与水产养殖有着密切的联系。轮虫凭借着繁殖率高且快的优势，在生态系统中可以快速地占领生态区域。其对生态环境中各种理化因子和水质变化状况敏感性高，其密度、生物量和种类群落结构变化对水质的变化具有响应，是水环境监测的指示生物。轮虫的分类主要参考《中国淡水轮虫志》[10]和《中国典型地带轮虫的研究》[11]。

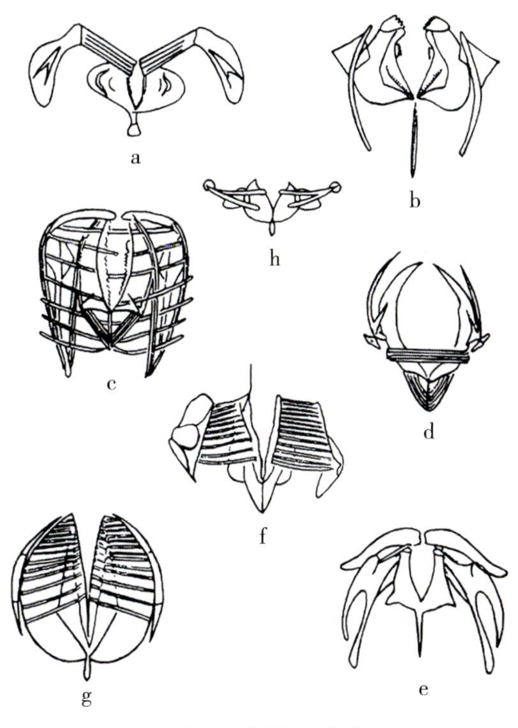

轮虫咀嚼器的类型

a—槌型；b—杖型；c—钳型；d—砧型；e—梳型；f—槌枝型；g—枝型；h—钩型

目检索表

1(2)卵巢一对(双巢纲 Digononta)，咀嚼器枝型 ························ 蛭态目 Bdelloidea

2(1)卵巢一个(单巢纲 Monogononta)

3(4)咀嚼器除槌枝型或钩型外的其他类型 ································· 游泳目 Ploimida

4(3)咀嚼器槌枝型或钩型

5(6)咀嚼器槌枝型，头冠呈巨腕轮虫或聚花轮虫型式 ············ 簇轮目 Flosculariacea

6(5)咀嚼器钩型，头冠呈胶鞘轮属型式······························· 胶鞘目 Collothecacea

4.2 轮虫种类介绍

4.2.1 蛭态目 Bdelloidea Hudson，1884

4.2.1.1 旋轮科 Philodinidae Ehrenberg，1838

有消化腔，食物不在合胞体内形成“食物丸”，头冠上有 2 个十分发达的轮盘。旋轮科在鲁哥试剂固定后会缩成一团，活体观察最好。

属检索表

1(2)躯干皮层薄而光滑，无刺突和任何角质层增厚的突起，足上一对刺戟较短

2 眼点一对，位于吻上；足末端有 3 个趾 ……………………………………… 轮虫属 *Rotaria*

3(1)躯干皮层厚，并有尖刺或其他突出的结构存在，足上一对刺戟较长

4 通常有眼点，足上的一对刺戟十分长，趾 4 个 ………………… 间盘轮属 *Dissotrocha*

1. 轮虫属 *Rotaria* Scopoli，1777

躯干皮层薄而光滑，无刺突和任何角质层增厚的突起。眼点一对，位于吻上；足末有 3 个趾。

种检索表

1(2)足比较短，长度不会超过头和躯干的长度，躯干无色或呈乳白色，但不透明 ………
……………………………………………………………………… 转轮虫 *Rotaria rotatoria*

2(1)足长为头和躯干长度的 1～2 倍 ……………………… 长足轮虫 *Rotaria Neptunia*

(1)转轮虫 *Rotaria rotatoria* Pallas，1766

身体完全伸直时十分细长，无色或乳白色，但不透明，但周身很光滑；壳分为头、颈、躯干、足四部分。当头盘完全张开时，头部相当宽阔，宽度总是超过总长度。颈 3 节，自前端向后端逐渐增加宽度。躯干 5 节或 6 节，前端嘴宽阔，向后逐渐细削，一直到很细的足部为止。完全张开的头冠左右的两个向前展开的轮盘很明显，围绕两个轮盘的周围各有一圈比较长而发达的轮环纤毛。吻阔而短，当轮盘完全缩在体内时，吻不仅向前方展开，而且其内面伸出一具有纤毛的“舌片”。眼点一对，位于吻上面，眼点呈球形，只有后半部呈深红色，前半部分色素并不显著。

采集地：武汉东湖。

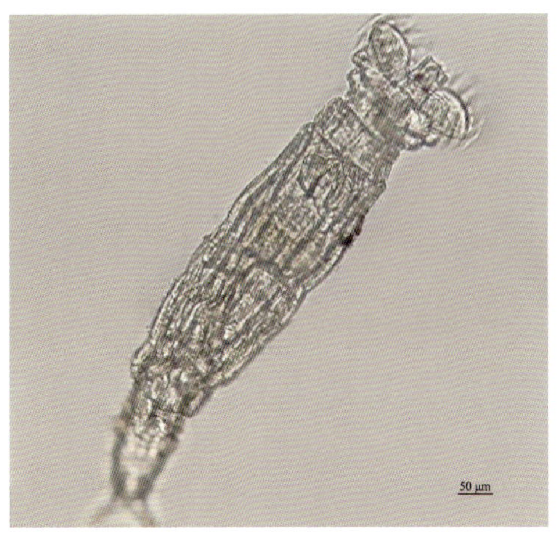

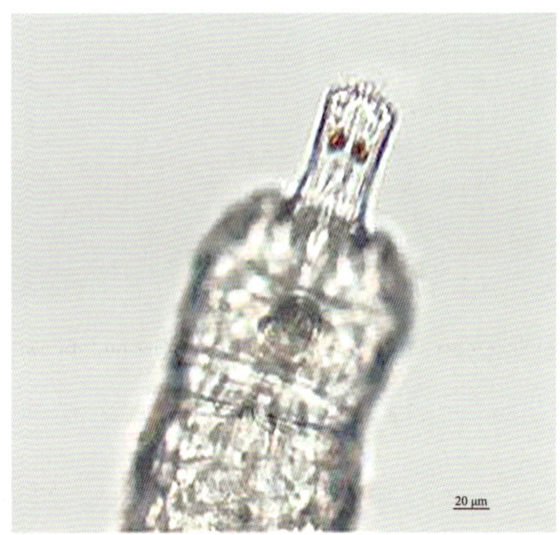

咀嚼器

转轮虫

(2)长足轮虫 *Rotaria neptunia* Ehrenberg, 1830

咀嚼器枝型。可以伸缩,完全伸直时十分细长,足长为头和躯干长度的 1～2 倍,鲁哥试剂固定后足可完全缩入一套管。该轮虫是蛭态目中比较常见的一种。

采集地:江西。

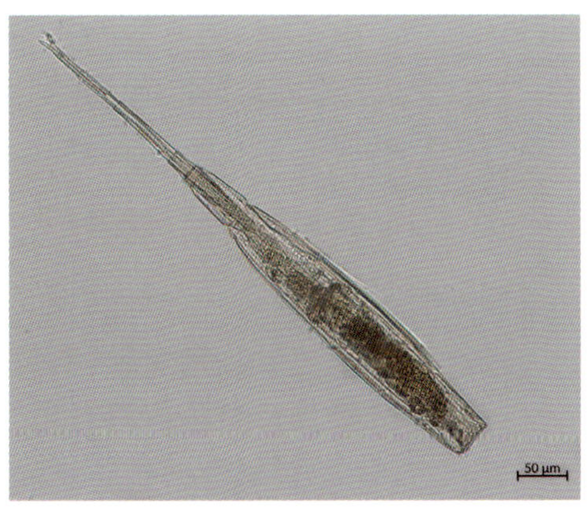

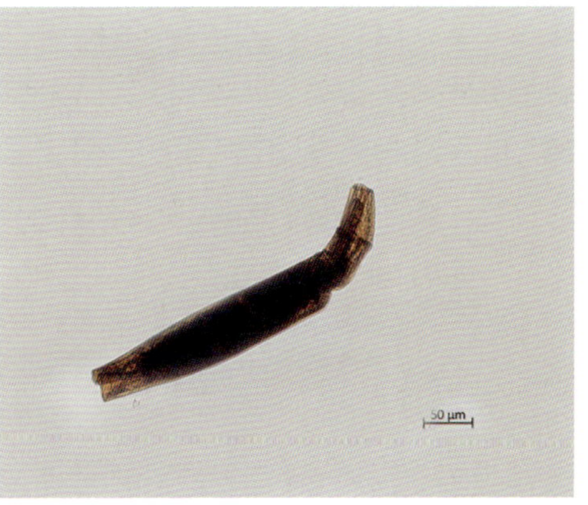

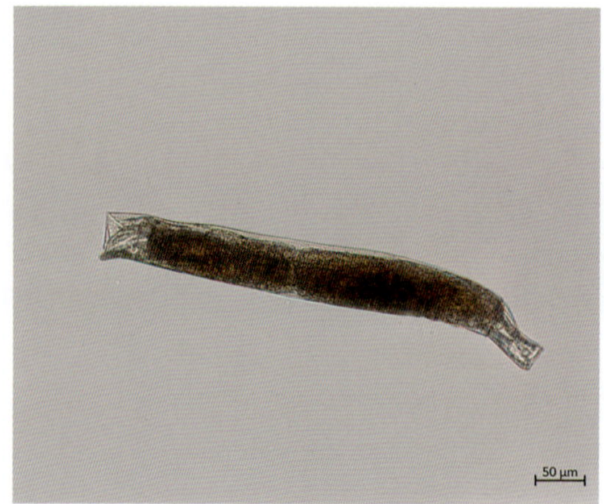

长足轮虫

2. 间盘轮属 *Dissotrocha* Bryce，1910

躯干部皮层厚，有角质化的尖刺和突起，通常有眼点。足上的一对棘刺十分长，趾 4 个。

(1)尖刺间盘轮虫 *Dissotrocha aculeata* Ehrenberg，1832

体呈纺锤形，最宽处位于躯干中部或后半部。躯干前部无棘刺，比较光滑，背面及两侧有数目不等的棘刺。

采集地：草海。

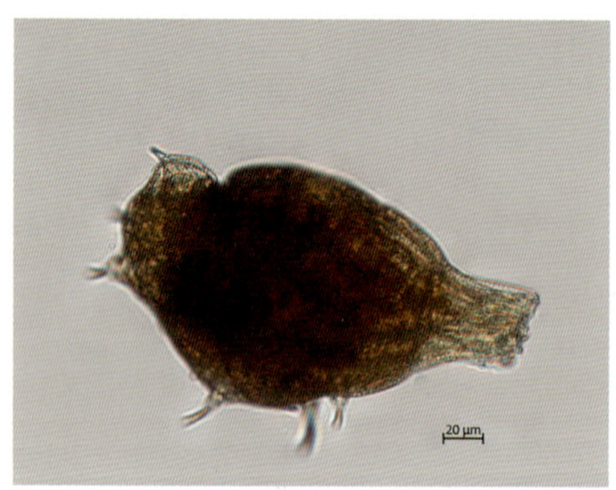

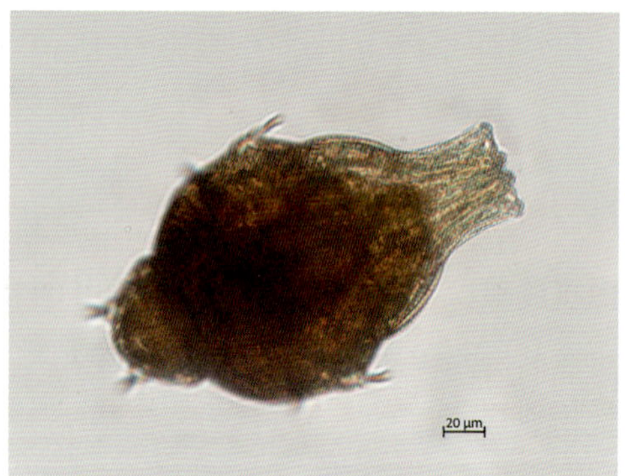

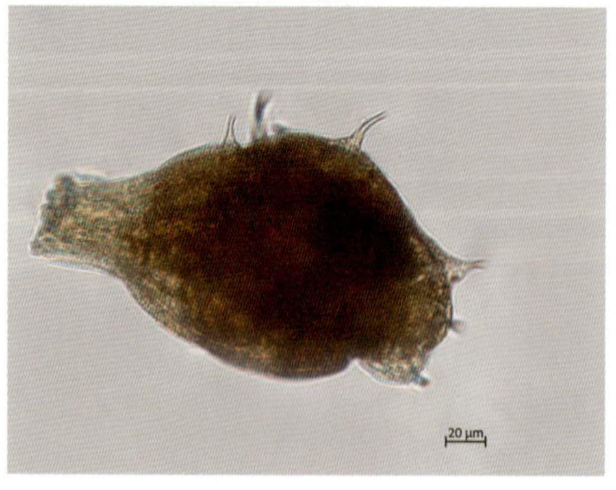

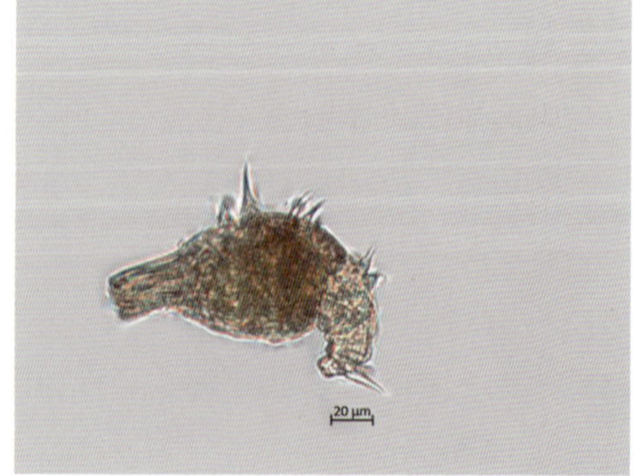

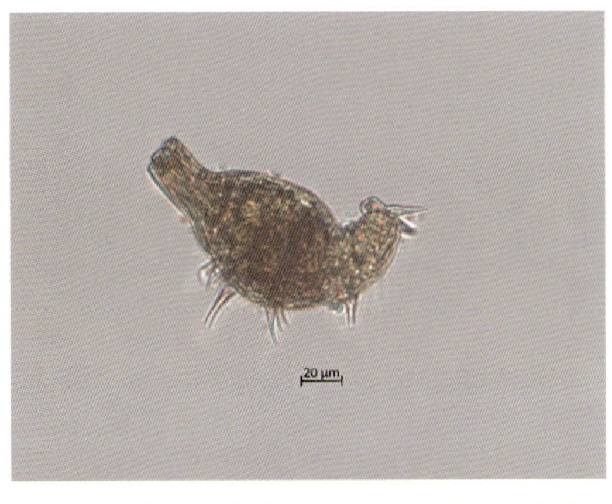

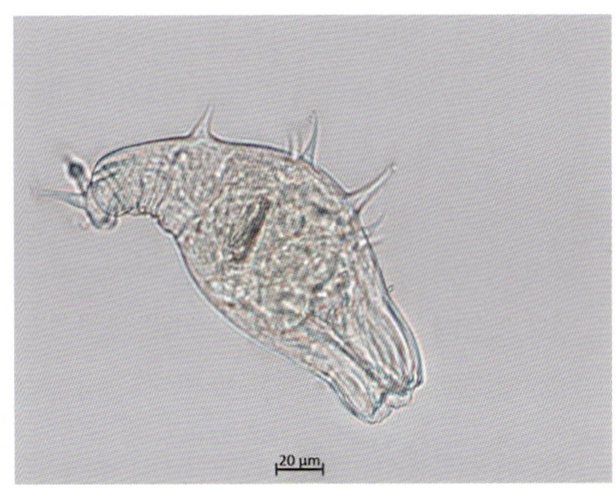

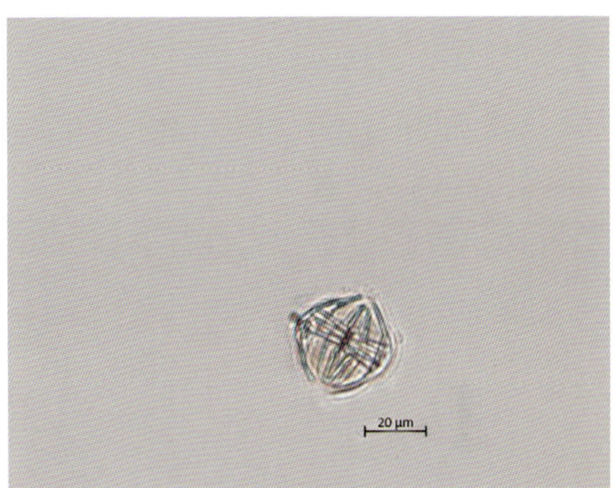

咀嚼器

尖刺间盘轮虫

4.2.2 游泳目 Ploima Hudson *et* Gosse, 1886

卵巢1个,咀嚼器除槌枝型或钩型外的其他类型。

科检索表

1(2)咀嚼器钳型,砧枝齿状,基部无突起,可以从口中伸出,猪吻轮虫型头冠 ………………………………………………………………………………… 猪吻轮科 Dicranophoridae

2(1)咀嚼器不是钳型和梳型

3(4)咀嚼器砧型,晶囊轮虫型头冠 ………………………………… 晶囊轮科 Asplanchnidae

4(3)咀嚼器不是砧型

5(18)咀嚼器槌型

6(7)体无被甲,口和口围呈漏斗状,头冠纤毛发达 ………………… 水轮科 Epiphanidae

7(6)体有被甲

8(11)被甲完整,无裂痕

9(10)头、躯干和足均有被甲包裹 …………………………… 鬼轮科 Trichotriidae

10(9)仅身体部分有被甲包裹,有足或缺 ……………………… 臂尾轮科 Brachionidae

11(8)被甲不完整,有深的裂痕

12(13)身体腹面中央有深裂痕,头冠前端总有一掩盖头冠的小甲片 ……………………
…………………………………………………………………… 狭甲轮科 Colurellidae

13(12)身体腹面中央无深的裂痕

14(15)身体的背面有中央裂痕,被甲坚硬,有时有前后棘刺 …… 棘管轮科 Mytilinidae

15(14)身体背面无中央裂缝

16(17)背甲与腹甲之间有深侧沟,由一内褶的薄膜所连接,腹甲一般窄于背甲 ………
…………………………………………………………………… 须足轮科 Euchlanidae

17(16)背甲与腹甲之间无深侧沟,几近融合;趾 1～2 个 …………… 腔轮科 Lecanidae

18(5)咀嚼器杖型

19(20)躯干、趾和口器是不对称的 ………………………… 异尾轮科 Trichocercidae

20(19)躯干和趾均是对称

21(24)是附生或底栖生活的类群

22(23)槌钩一般伸向内侧……………………………………… 椎轮科 Notommatidae

23(22)槌钩一般伸向外侧 …………………………………… 高跷轮科 Scaridiidae

24(21)是浮游生活的类群

25(26) 胃内有 1～4 颗粒状色素,咀嚼器的砧板部分融合或退化,足小或缺 …………
………………………………………………………………… 腹尾轮科 Gastropodidae

26(25)胃内无色素颗粒,咀嚼器具成对的"V"形咽下肌,晶囊轮虫型头冠,并常具有纤毛耳 ………………………………………………………………… 疣毛轮科 Synchaetidae

4.2.2.1 猪吻轮科 Dicranophoridae Remane, 1933

体型纵长,呈纺锤形、锥形或梨形,皮层部分硬化形成被甲。头和躯干之间有显著的颈。躯干后端瘦削形成很小的倒圆锥形足,足的末端有一对等长的趾。猪吻轮虫型头冠,咀嚼器钳型。眼一对或无。

1. 异猪吻轮属 *Paradicranophorus* Wiszniewski, 1929

咀嚼器不对称。被甲表面大多有碎屑粘连。足短,趾细,明显向腹弯曲。

(1)尖棘异猪吻轮虫 *Paradicranophorus aculeatus* Neisvestnova-Shadina, 1975

体呈纺锤形,透明柔软易变形。头与躯干分界明显。身体腹面有明显假体环,在腹面前端有一对可动的棘,固定标本中,这对棘常常伸向前方;趾圆锥状,基部膨大呈锥状。

采集地:洪湖。

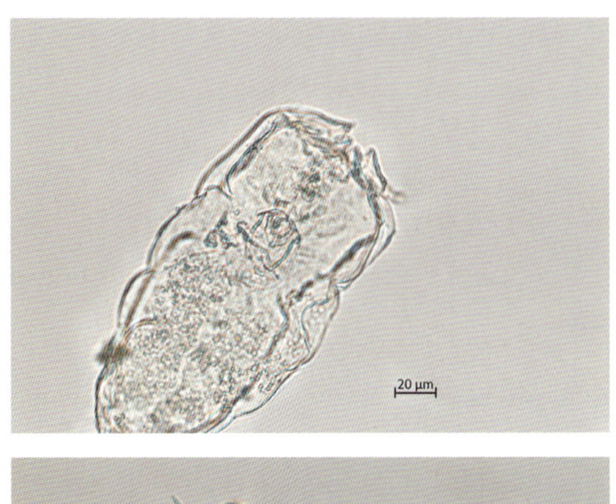

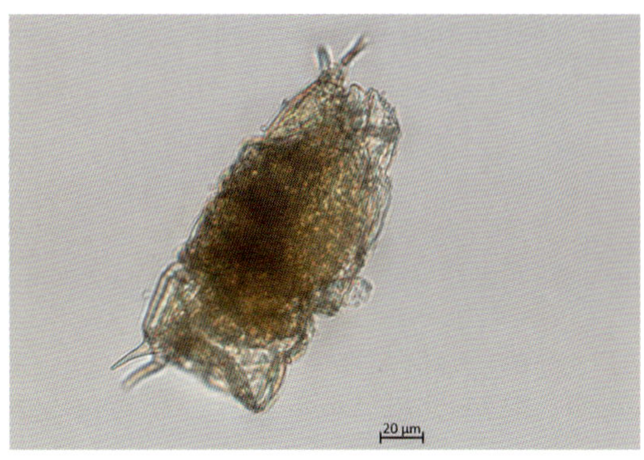

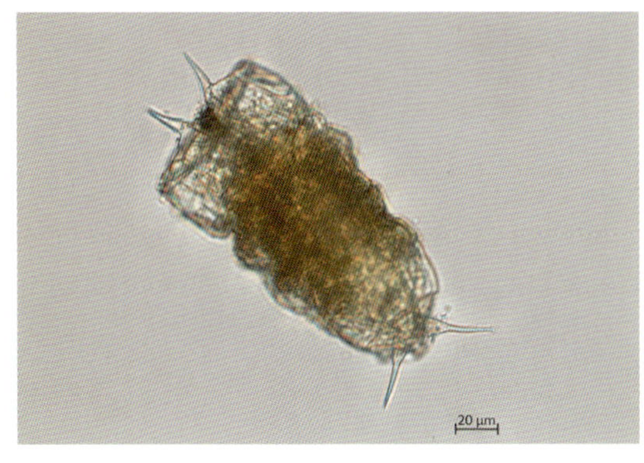

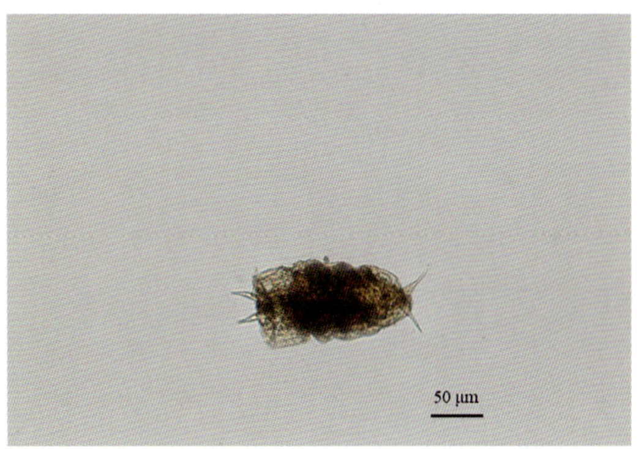

尖棘异猪吻轮虫

4.2.2.2 晶囊轮科 Asplanchnidae Eckstein, 1883

咀嚼器砧型。是大型种类,典型的浮游种类,呈球状或囊状,皮层柔软,无色而透明。头冠发达而大,是典型的晶囊轮虫式。卵黄腺马蹄形、圆球形或带形。

1. 晶囊轮属 *Asplanchna* Gosse, 1850

咀嚼器砧型。身体透明呈囊袋形,形状有点像灯泡。后端浑圆无足。

种检索表

1(2)卵黄腺圆形或球形,砧枝内侧具有锯齿 …… 前节晶囊轮虫 *Asplanchna priodonta*

2(1)卵黄腺带状或马蹄形;砧枝内侧光滑无锯齿,或在中间具一大齿

3(4)砧枝两侧基部无基翼 …………………………… 盖氏晶囊轮虫 *Asplanchna girodi*

4(3)砧枝两侧基部有基翼

5(8) 砧枝内侧中部具有大齿

6(7)身体两侧和背腹面无突起 ……………… 卜氏晶囊轮虫 *Asplanchna brightwellii*

7(6) 身体两侧和背腹面有瘤状或翼状突起 …………… 西氏晶囊轮虫 *Asplanchna sieboldii*

8(5)砧枝内缘无齿 ……………………………… 中型晶囊轮虫 *Asplanchna intermedia*

(1)前节晶囊轮虫 *Asplanchna priodonta* Gosse, 1850

身体透明,长度总是大于宽度,像灯泡。咀嚼器砧型,砧枝内侧具有锯齿,砧枝发达不具

备任何附属的饰物。卵黄腺圆形或球形。前节晶囊轮虫可根据卵黄腺的形状与其他种类的晶囊轮虫区分。

采集地：草海、洪湖、鄱阳湖。

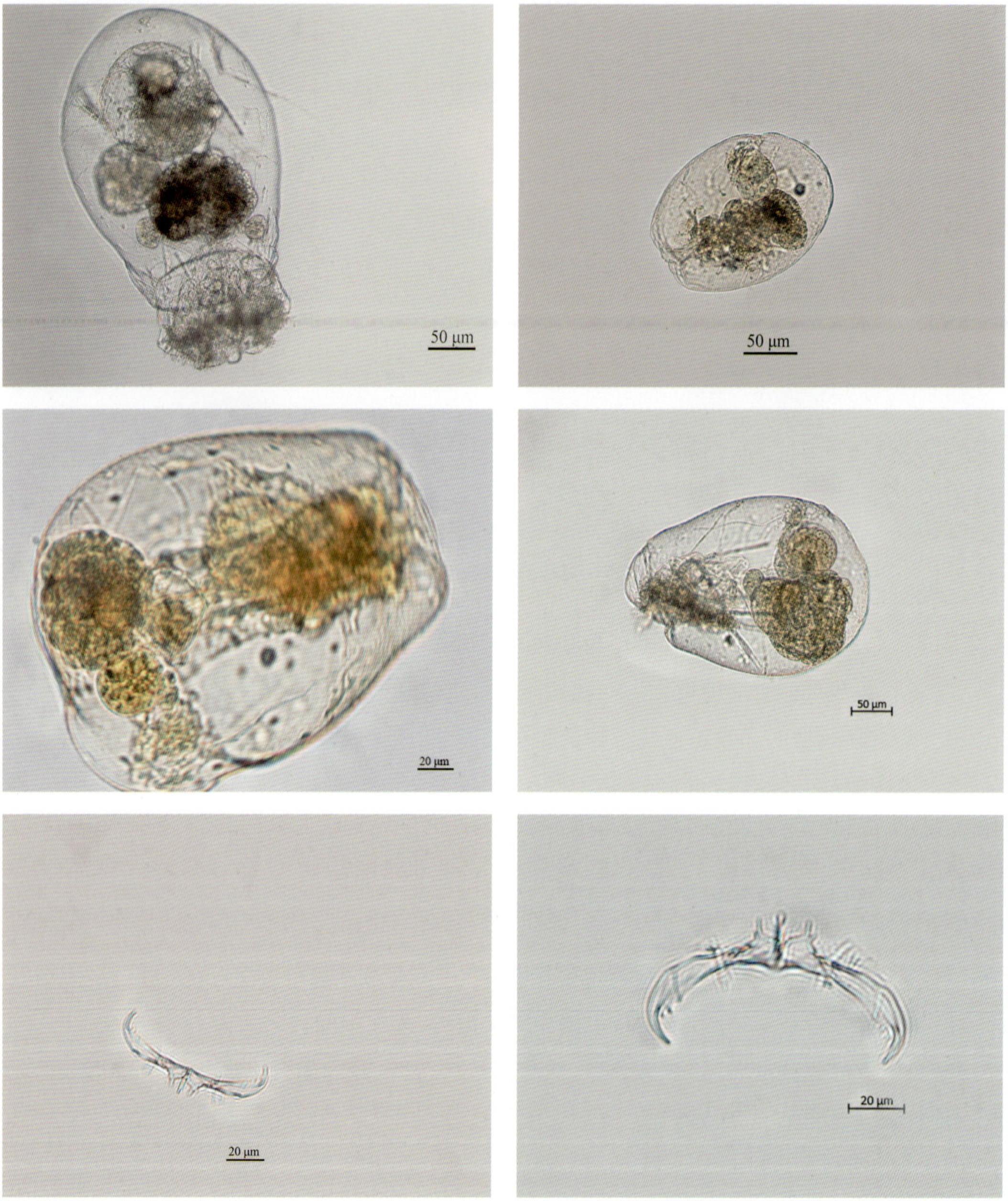

咀嚼器

前节晶囊轮虫

（2）盖氏晶囊轮虫 *Asplanchna girodi* de Guerne，1888

身体很透明，呈囊袋形。咀嚼器砧型，砧枝两侧基部无基翼，内侧光滑无锯齿，但是中间外侧有一短刺状突起。卵黄腺带状或马蹄形。

采集地:洪湖

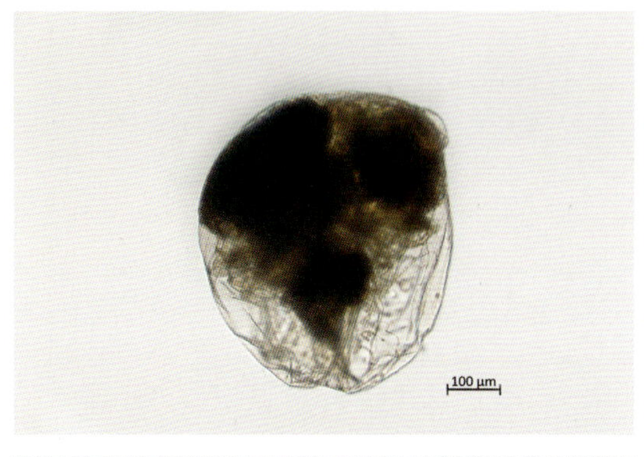

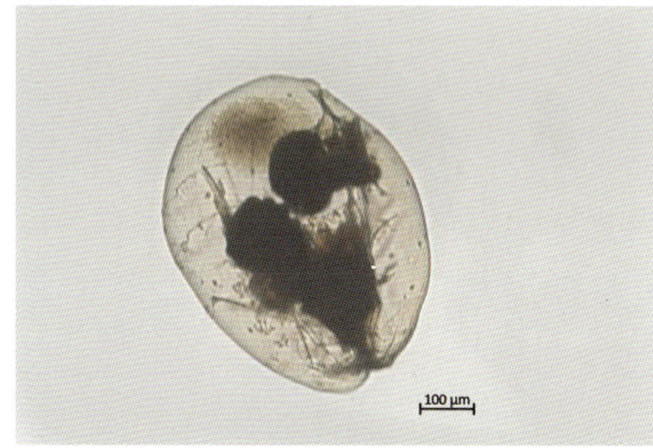

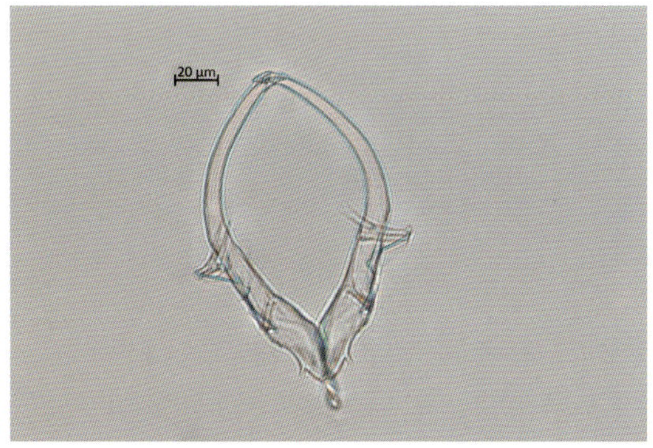

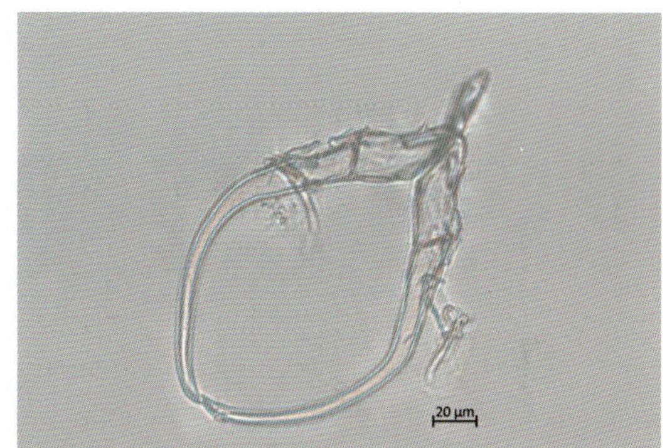

咀嚼器

盖氏晶囊轮虫

(3)卜氏晶囊轮虫 *Asplanchna brightwellii* Gosse,1850

身体很透明,呈囊袋形。咀嚼器砧型,砧枝两侧基部有基翼,内侧光滑无锯齿,但是中部有一发达的壮齿,末端形成向内弯曲而尖锐的大齿。卵黄腺带状或马蹄形。

采集地:巢湖。

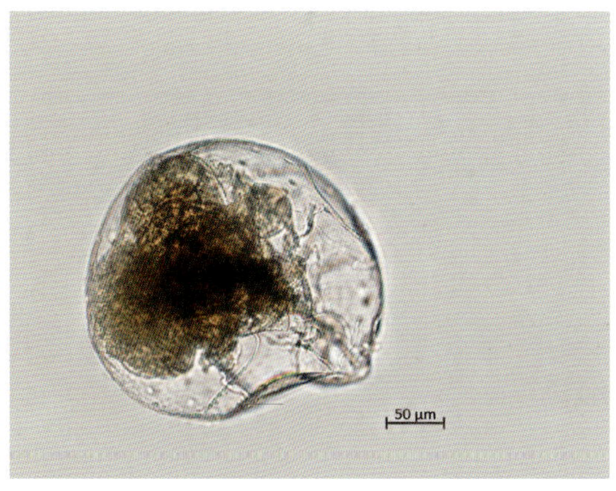

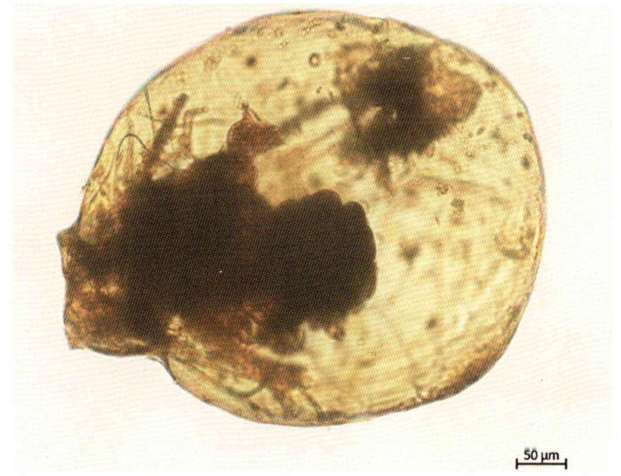

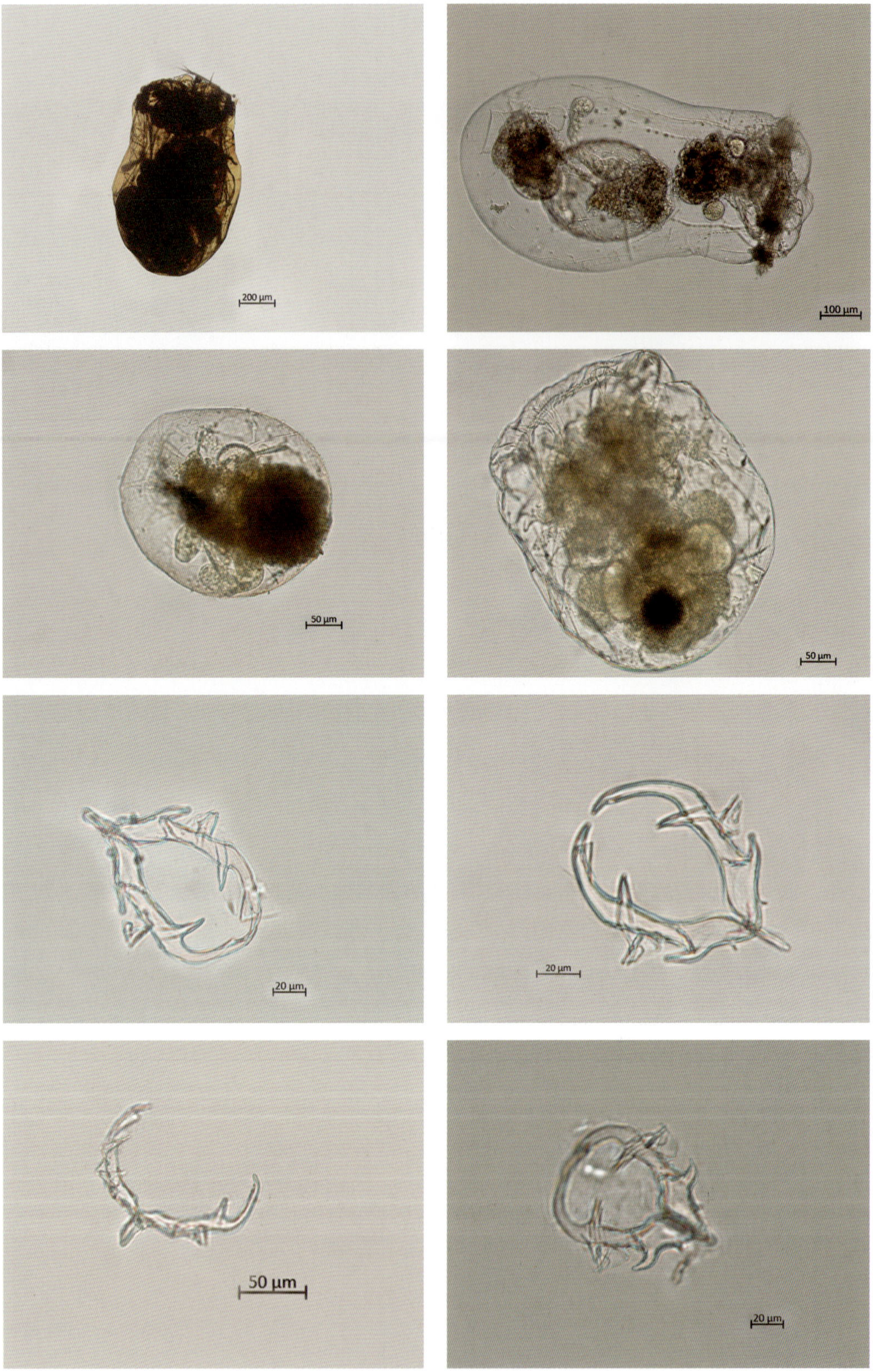

咀嚼器

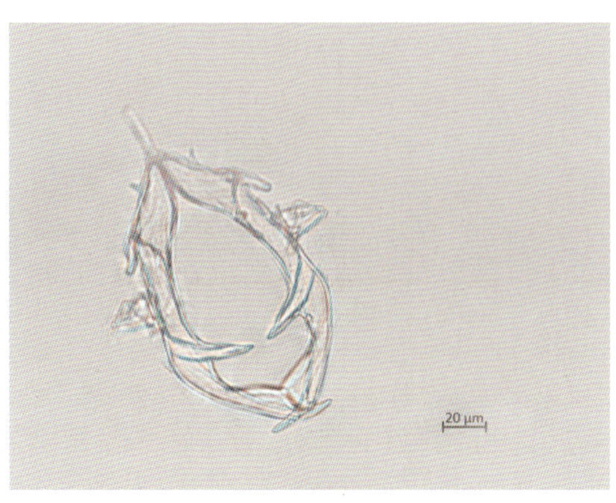

咀嚼器

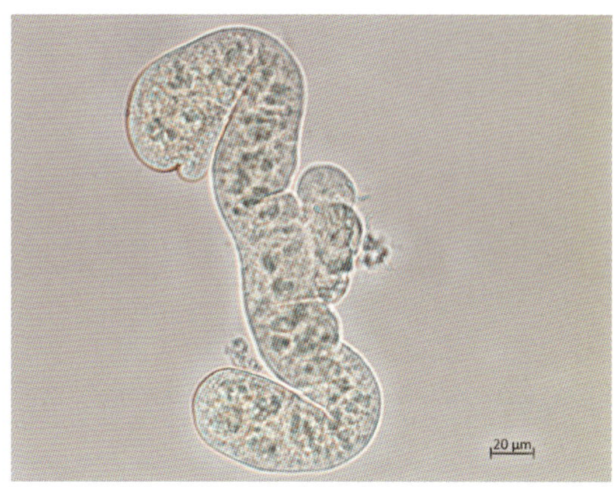

卵黄腺

卜氏晶囊轮虫

(4)西氏晶囊轮虫 *Asplanchna sieboldii* Leydig，1854

身体两侧和背腹面有瘤状或翼状突起。

采集地:洪湖。

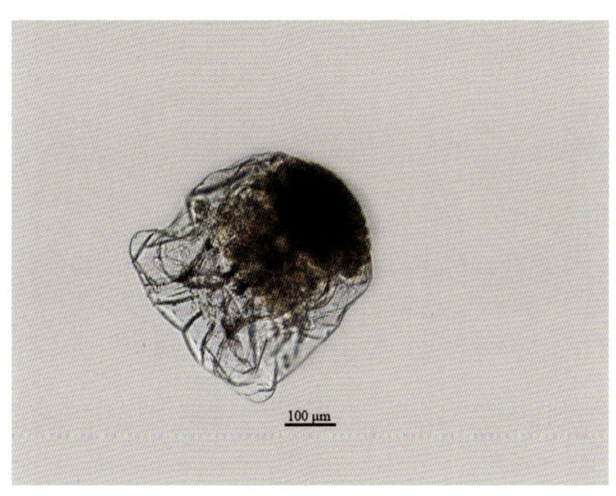

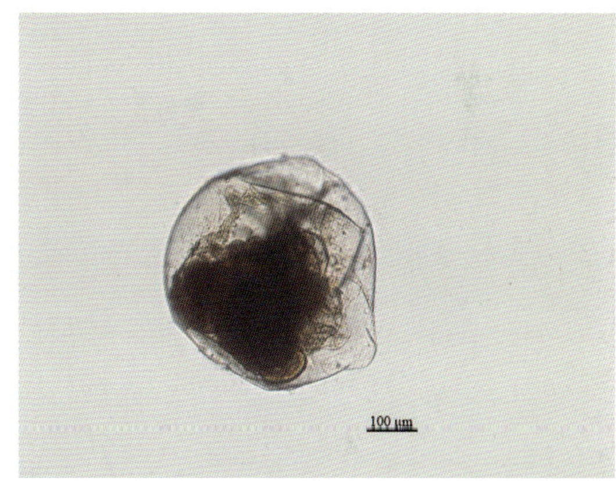

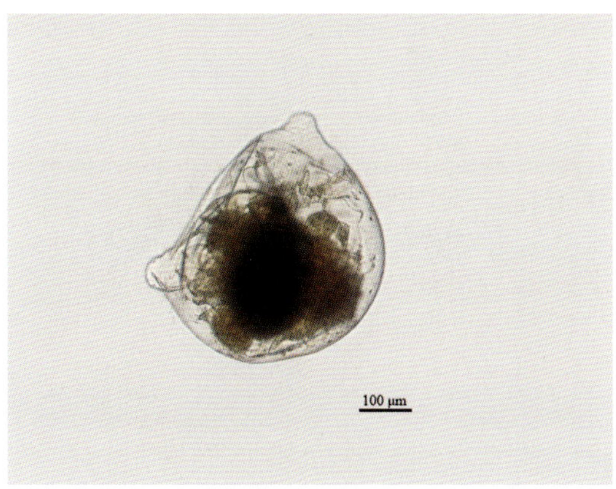

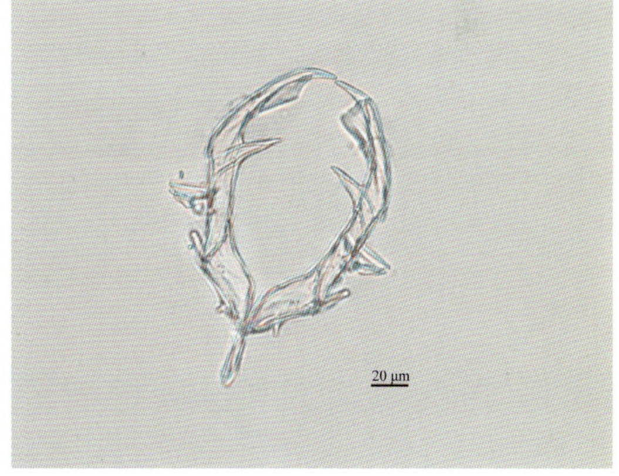

咀嚼器

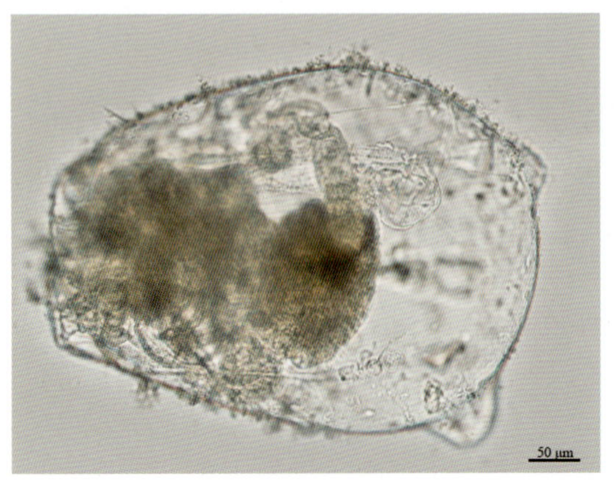

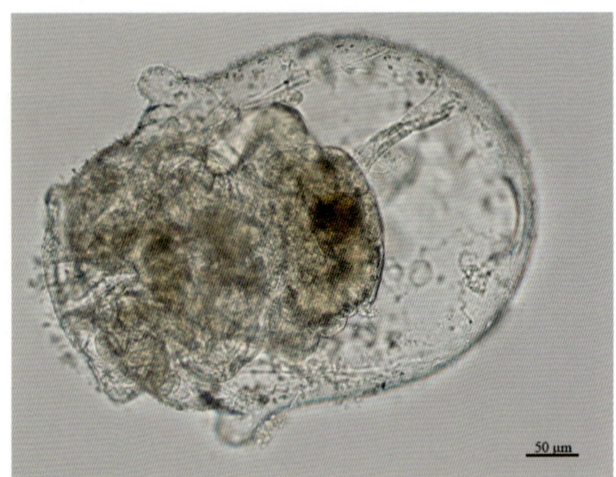

西氏晶囊轮虫

(5)中型晶囊轮虫 *Asplanchna intermedia* Hudson, 1886

体呈囊形,透明。咀嚼器砧枝基部骨突发达,但内缘无齿而光滑,槌柄槌钩退化,卵黄腺呈马鞍形。

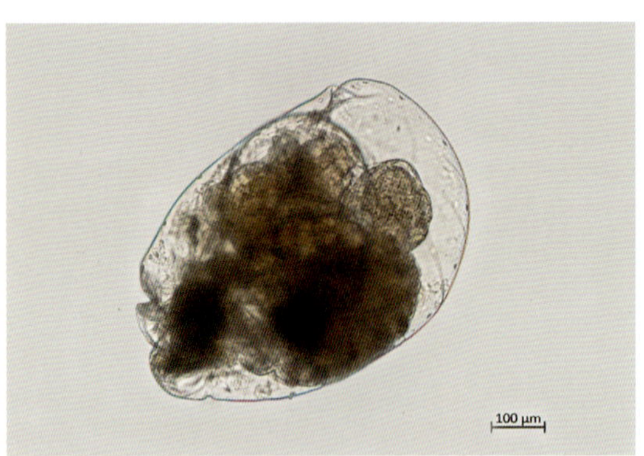

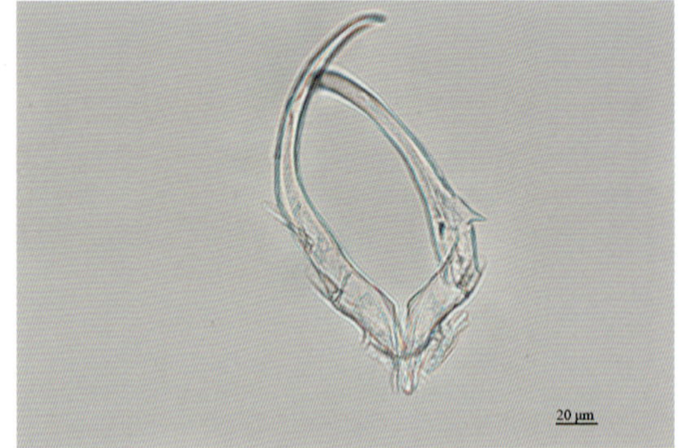

咀嚼器

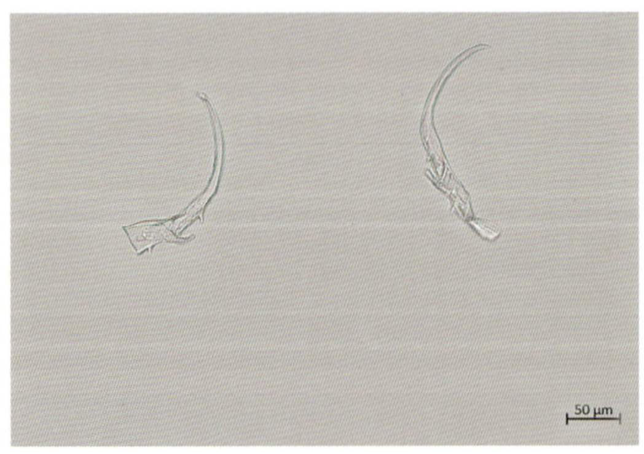

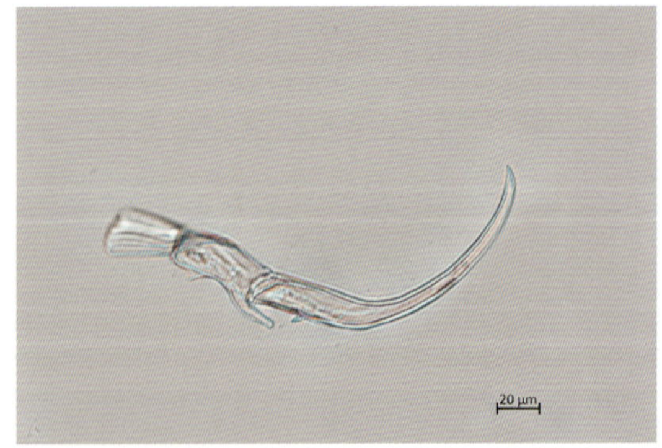

咀嚼器

中型晶囊轮虫

4.2.2.3 水轮科 Epiphanidae Harring, 1913

咀嚼器槌型。体无被甲，口和口围呈漏斗状，头冠纤毛发达。水轮科最好在活体下观察，固定后形态差异较大，不好辨认，可以尝试用次氯酸钠溶液溶解，通过观察咀嚼器形状进行初步判断。

属检索表

1(2)体呈蠕虫状，趾柔软 ……………………………………… 多突轮属 *Liliferotrocha*

2(1)体呈囊形或锥形，趾坚硬 ……………………………………… 水轮属 *Epiphanes*

1. 多突轮属 *Liliferotrocha* Sudzuki, 1959

(1)微型多突轮虫 *Liliferotrocha subtilis* Rodewald, 1940

足正常，末端有趾 2 个，左右对称，趾柔软。从身体侧面看，体呈蠕虫状。

采集地：草海。

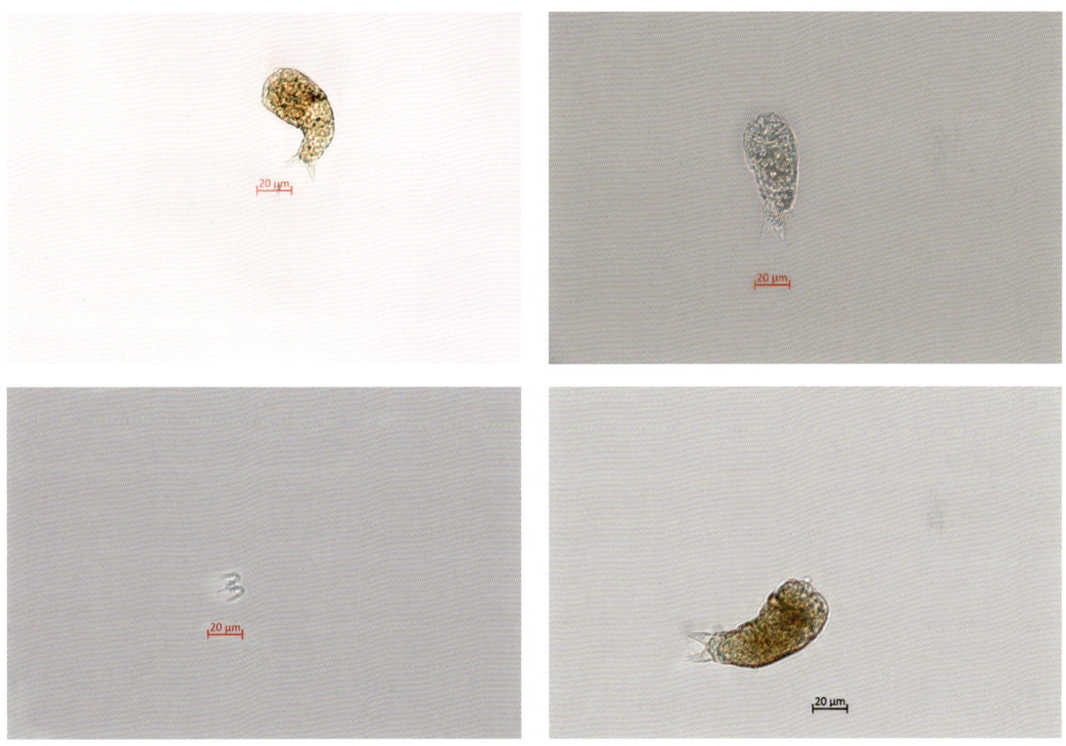

微型多突轮虫

2. 水轮属 *Epiphanes* Ehrenberg, 1832

咀嚼器槌型。体呈囊形或圆锥形。有足，足分节或像臂尾轮虫一样有许多紧密的环形沟纹，趾短小。

采集地：鄱阳湖。

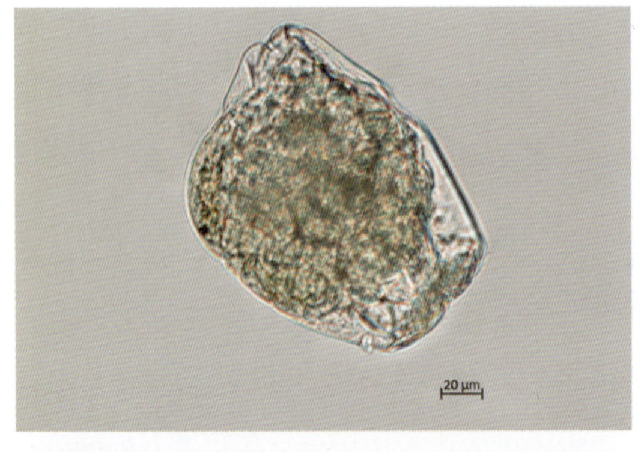

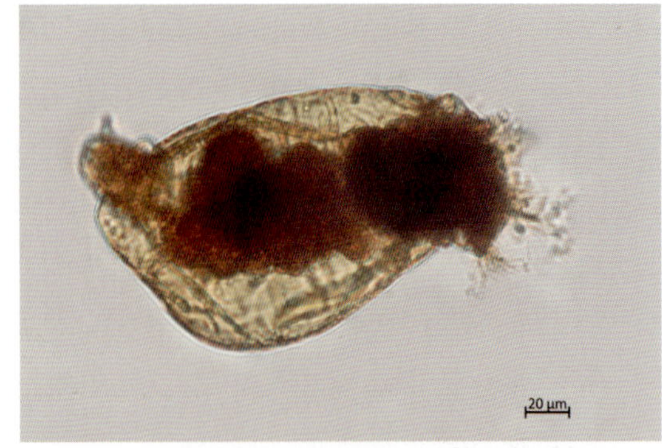

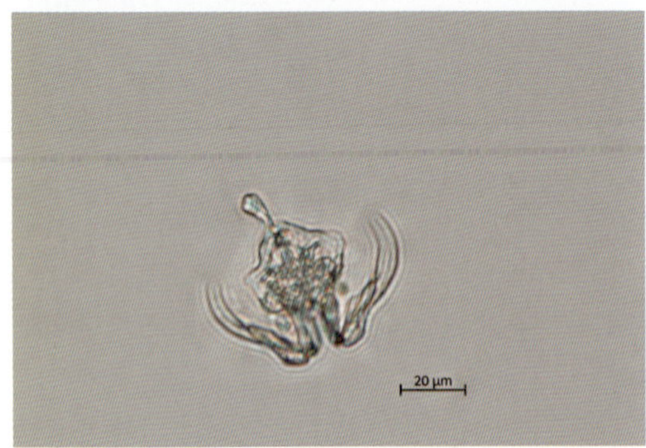

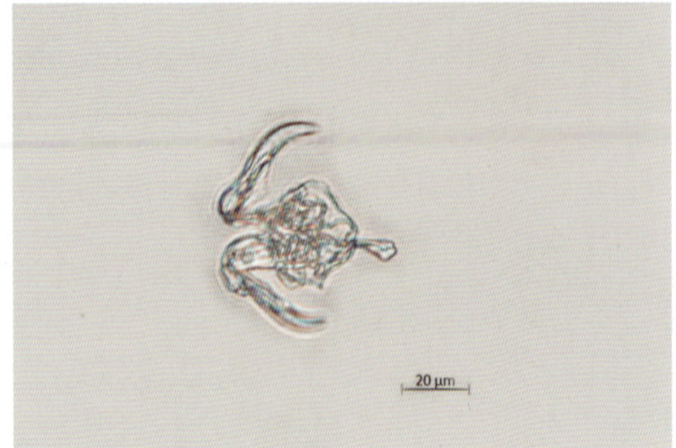

咀嚼器

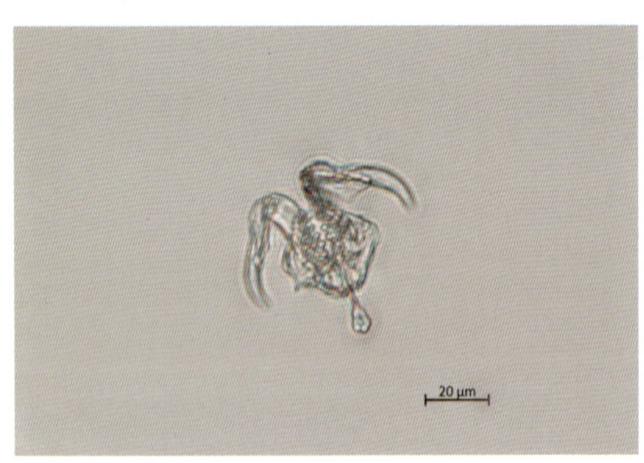

咀嚼器

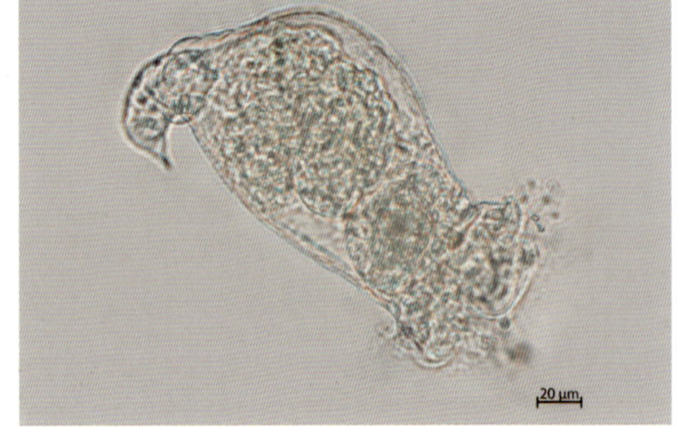

水轮属

4.2.2.4 鬼轮科 Trichotriidae Bartoš, 1959

咀嚼器槌型。颈、躯干及足(头除外)都被相当厚的被甲包裹,躯干部分被甲更坚硬。背甲上有由不同形状的小甲片构成的龟板,有些种类的背甲及足的基部还存在棘刺。

属检索表

1(2)被甲宽阔,躯干背面有不少成对的长棘刺伸出…………… 多棘轮属 *Macrochaetus*

2(1)被甲纵长,背甲无棘刺或仅在两侧有掩盖侧触手的一对小侧刺

3(4)背甲两侧有一对掩盖侧触手的短侧棘,趾短 ························ 伏嘉轮属 *Wolga*

4(3)背甲两侧无棘刺,趾长 ··· 鬼轮属 *Trichotria*

1. 多棘轮属 *Macrochaetus* Perty, 1850

(1)近矩多棘轮虫 *Macrochaetus subquadratus* Perty, 1850

被甲腹面扁平,背面稍隆起,整个轮廓呈六边形,布满了微小的锯齿。躯干前部形成两个侧角,每个前侧角具一些差异较大的刺状齿。头部被被甲包裹,略呈圆形,也有微小的锯齿。第一足节末端两侧有一对侧棘刺,整个被甲上有 6 对棘刺,总共 7 对棘刺。

采集地:漳江。

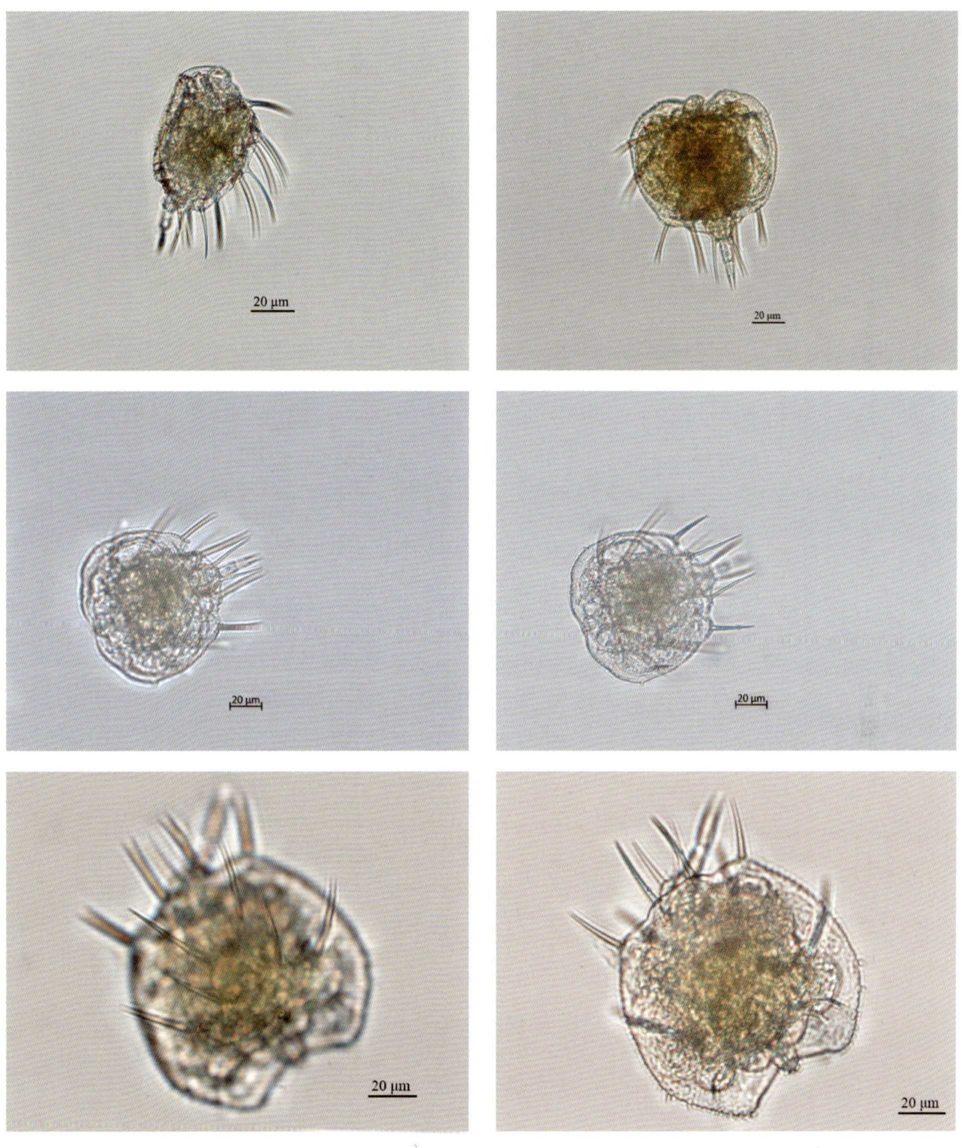

近矩多棘轮虫

2. 伏嘉轮属 *Wolga* Skorikov, 1903

(1)侧刺伏嘉轮虫 *Wolga spinifera* Western, 1894

咀嚼器槌型。体呈圆筒形或椭圆形,背面隆起,腹面平直或稍凹。背甲两侧有掩盖触手的一对短的侧棘,短侧棘下方有侧触手。足 3 节,趾 1 对。

采集地:丹江口水库。

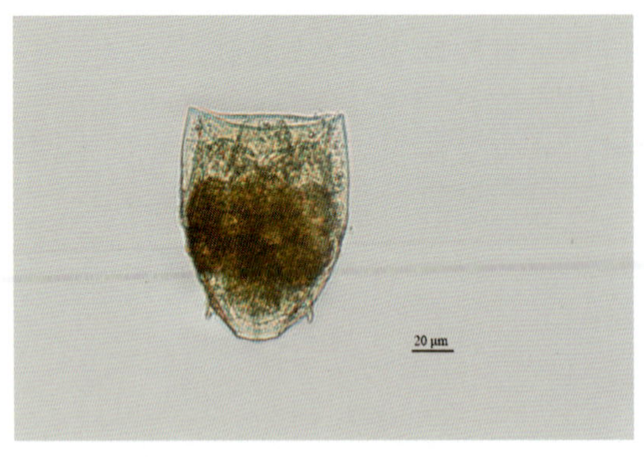

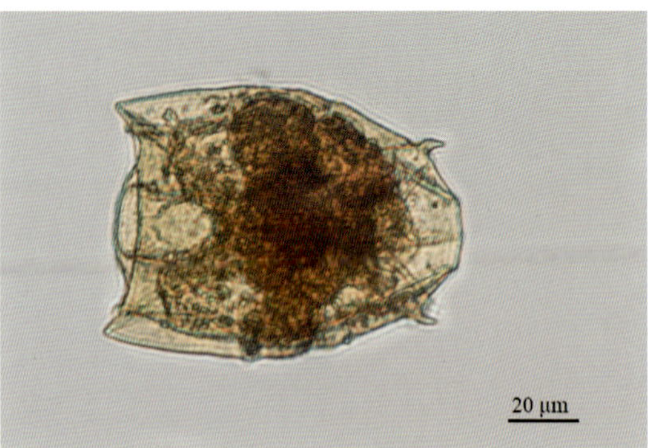

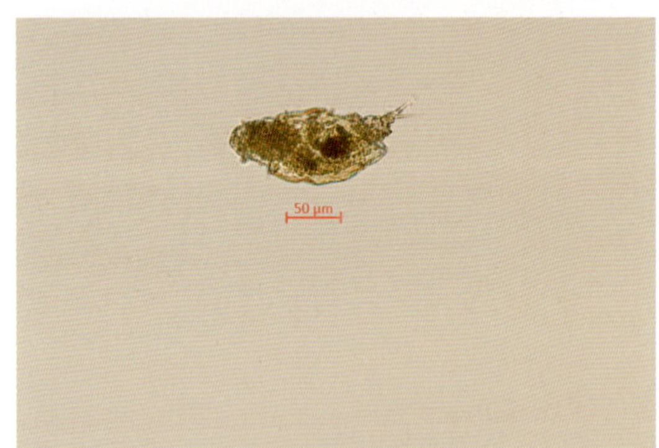

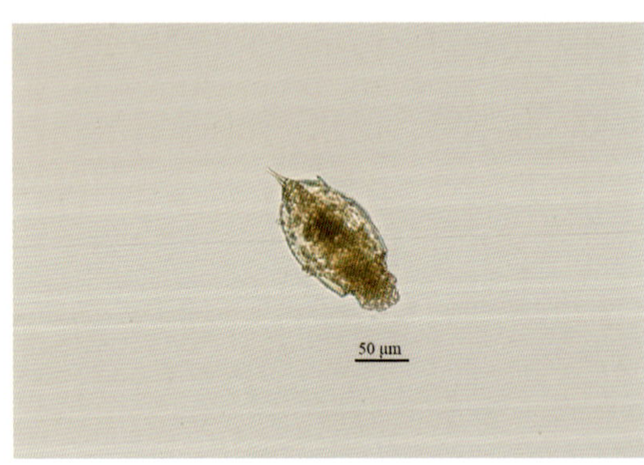

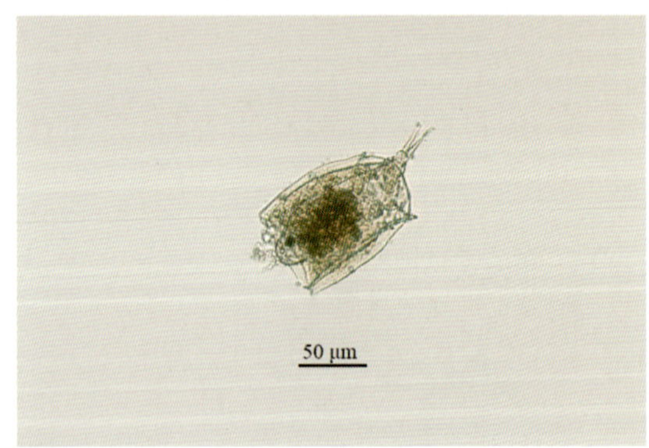

侧刺伏嘉轮虫

3. 鬼轮属 *Trichotria* Bory *de* St. Vincent, 1827

咀嚼器槌型。身体除头外,颈、足和躯干都被相当厚的被甲包裹,被甲表面有粒状突起,背甲上常有不同形状的甲片。足的基部有时有棘刺存在。趾 1 对,短或长。

种检索表

1(2)被甲薄而软,趾相对粗短 ………………………… 短趾鬼轮虫 *Trichotria curta*

2(1)被甲厚而坚硬,趾相对长

3(4)最后一足节的末端除了两个趾外,在背面还生出一根短而粗的棘刺 ………………………………………………………………………… 台杯鬼轮虫 *Trichotria pocillum*

4(3)最后一足节在趾之间无棘刺 …………………… 方块鬼轮虫 *Trichotria tetractis*

(1)短趾鬼轮虫 *Trichotria curta* Skorikov, 1914

被甲薄而软,表面有颗粒状的小突起;足 3 节,都很短,末端的足节相对长,在足基节上无附甲片;被甲前缘两端浑圆,不形成棘刺。

采集地:洞庭湖。

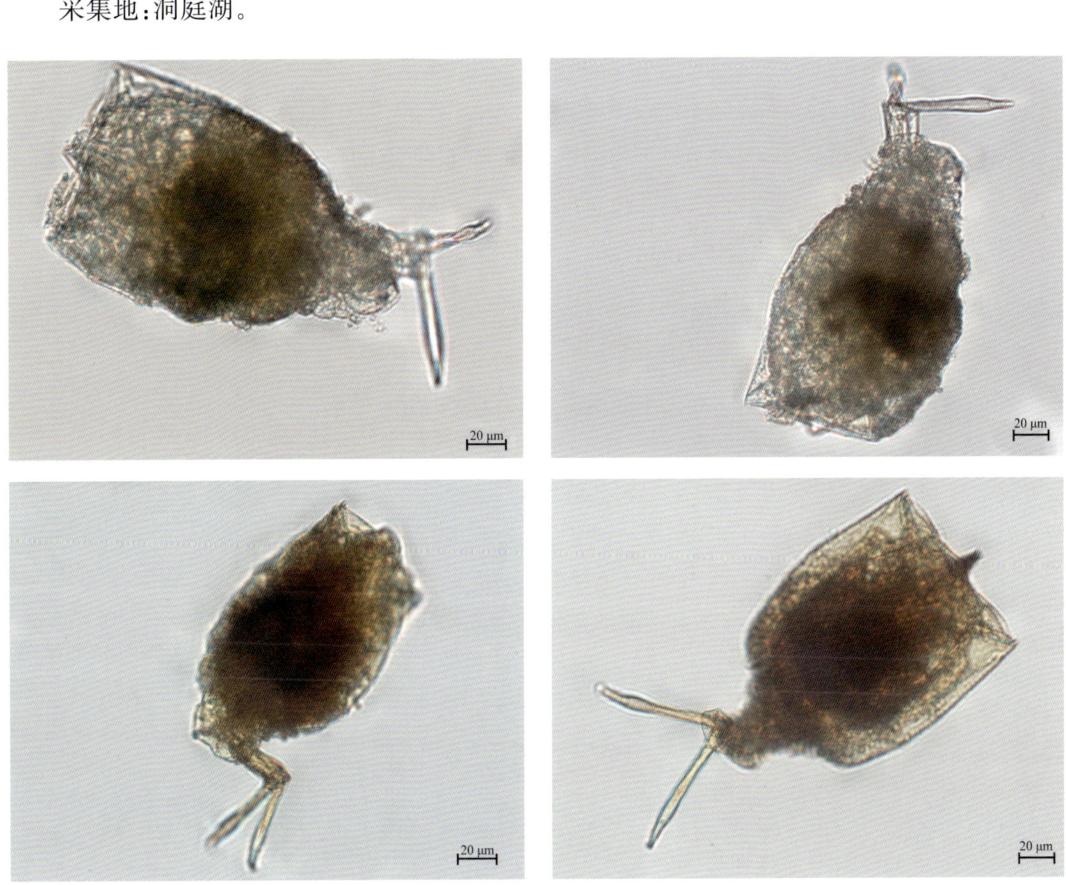

短趾鬼轮虫

(2)台杯鬼轮虫 *Trichotria pocillum* Müller, 1776

身体纵长,头和躯干圆筒形。足 3 节,第一足节短而宽,背面着生两根长而粗壮的棘刺,伸向下方或左右;第二足节最长;第三足节较短,末端长出一根短刺。趾 1 对,细长。

采集地:草海。

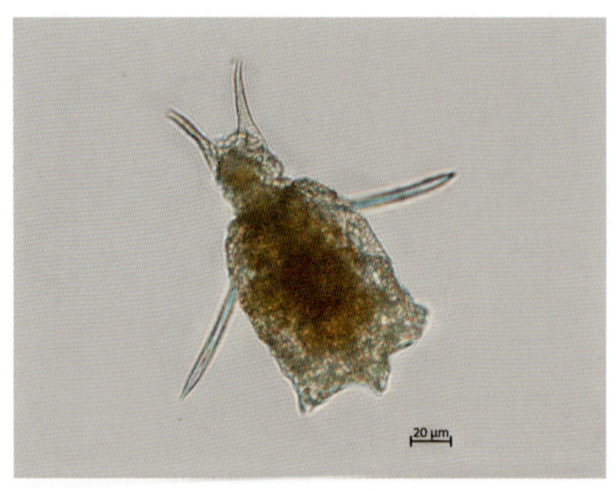

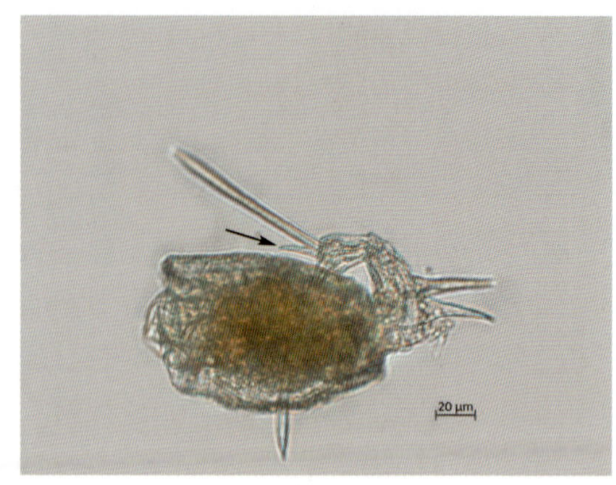

台杯鬼轮虫

(3)方块鬼轮虫 *Trichotria tetractis* Ehrenberg，1830

咀嚼器槌型。足3节，第一足节两侧有一对短而尖锐的侧刺，第三足节很短，末端无棘刺。

采集地：丹江口水库、鄱阳湖、洞庭湖。

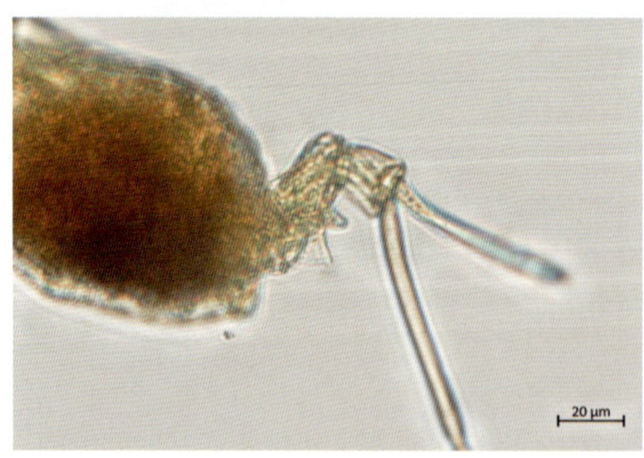

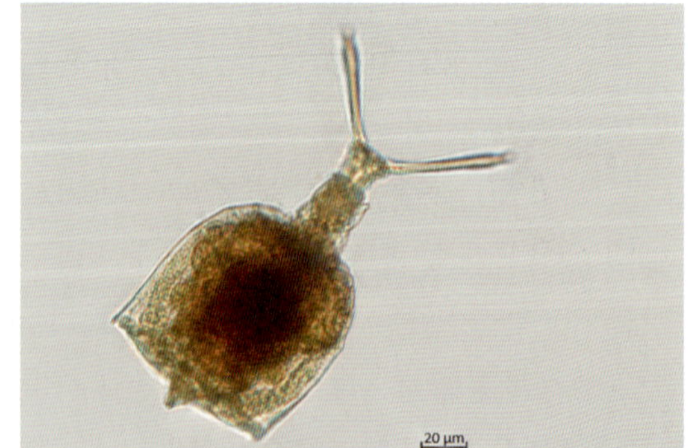

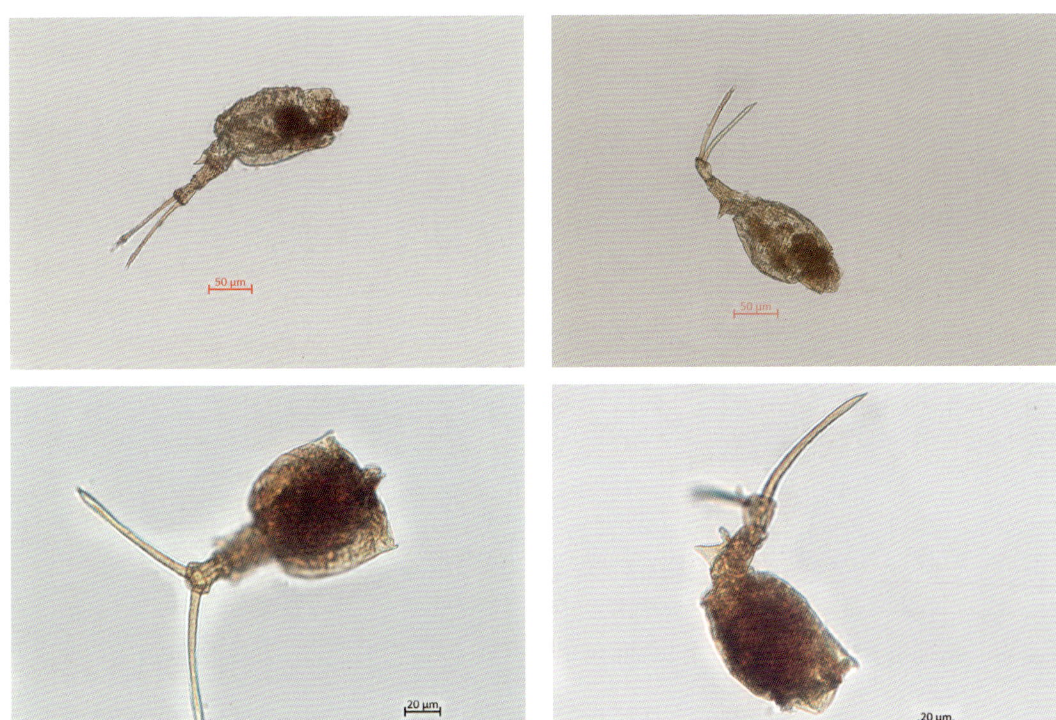

方块鬼轮虫

4.2.2.5　臂尾轮科 Brachionidae Wesenberg-Lund，1899

体通常有被甲，水轮型头冠，槌型咀嚼器，足有或无。

属检索表

1(6)有足

2(5)足分节；有眼或无眼，2 趾

3(4)足孔位于体末端；有眼；砧枝有前突，槌柄近基端无孔 ……… 扁甲轮属 *Plationus*

4(3)足孔位于腹面后端；无眼；砧枝无前突，槌柄近基端有孔 ……… 平甲轮属 *Platyias*

5(2)足不分节，有环形肌纹组成，可伸缩；有眼，2 趾 …………… 臂尾轮属 *Brachionus*

6(1)无足

7(8)背甲上有龟板或龟纹构造 ……………………………………… 龟甲轮属 *Keratella*

8(7)背甲上没有龟板和龟纹构造

9(10)被甲前端有 6 个棘刺，背甲上有时有纵向条纹或后端突起 …… 叶轮属 *Notholca*

10(9)被甲前端没有棘刺，被甲由背甲与腹甲构成，背甲隆起，腹甲扁平，在侧面由肌膜连接…………………………………………………………………… 龟纹轮属 *Anuraeopsis*

1. *扁甲轮属 Plationus* Segers, Murugan *et* Dumomt，1993

咀嚼器槌型。被甲硬，前后均有棘刺，背甲隆起，有或无龟板；腹甲前缘有 4 个棘刺；足分3节，有2个等长趾。

(1)十指扁甲轮虫 *Plationus patulus* Müller, 1786

咀嚼器槌型，砧枝有前突，槌柄近基端无孔。前端有10个棘刺，其中6个从背面伸出，4个从腹面伸出，后端具一对侧后棘刺，足管两侧有不对称的短棘。

分布广泛。

采集地：洞庭湖、鄱阳湖。

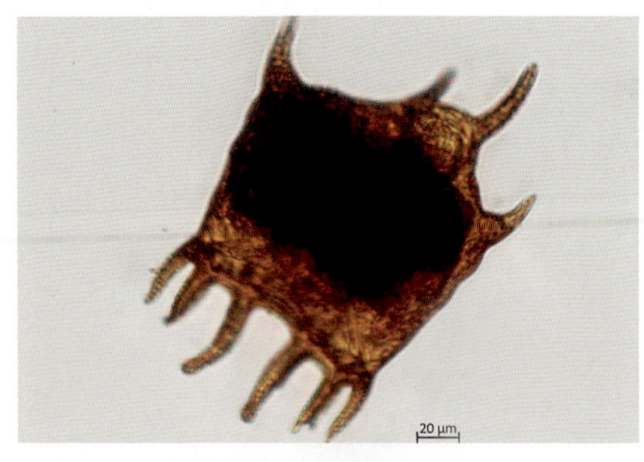

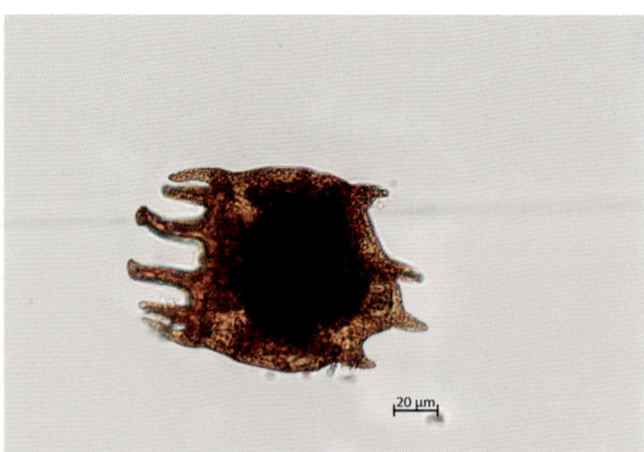

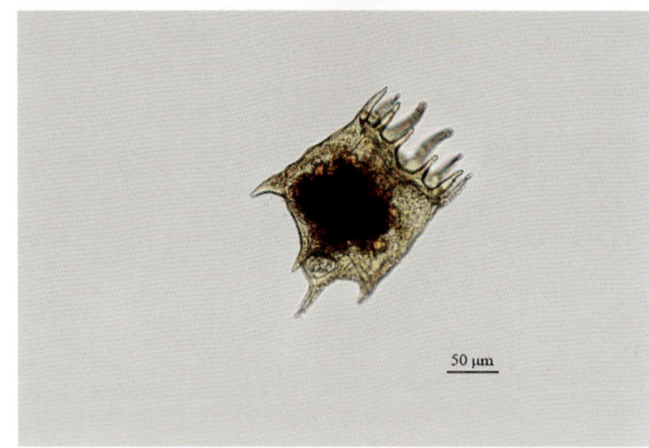

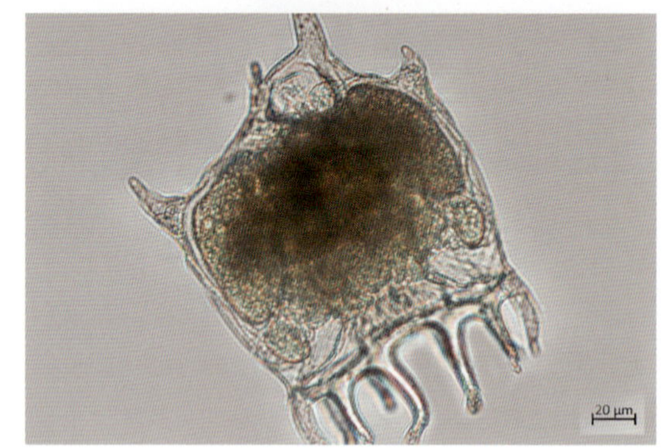

十指扁甲轮虫

2. 平甲轮属 *Platyias* Harring, 1913

咀嚼器槌型，砧枝无前突，槌柄近基端有孔。被甲是整块的，背腹扁平，表面有很多微小的颗粒物，并有明显的龟纹，背甲前端中央有2个长棘刺，末端有2个尖棘刺。足3节，足孔位于腹面后端，趾细。

(1)四角平甲轮虫 *Platyias quadricornis* Ehrenberg, 1832

前端中央棘刺呈拇指状，末端向腹面弯曲。

主要栖息在水生植物和有机质比较多的池塘等小水体，深水湖泊少见。

采集地：洞庭湖。

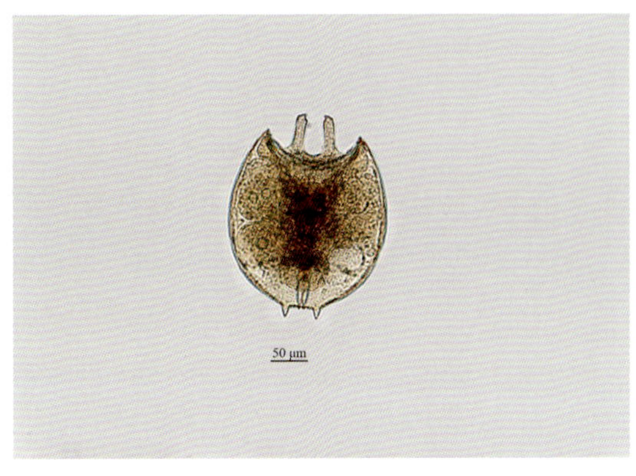

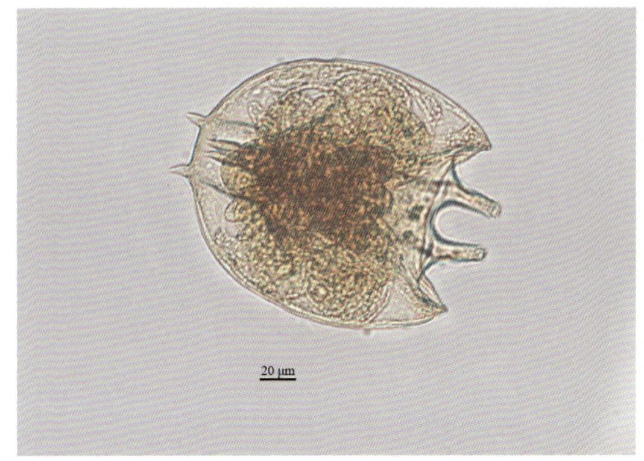

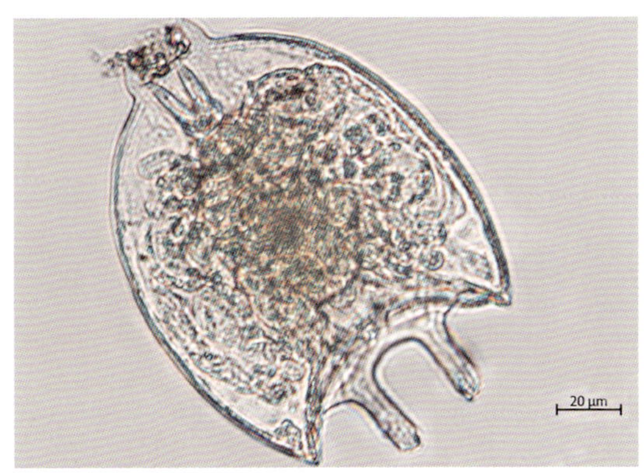

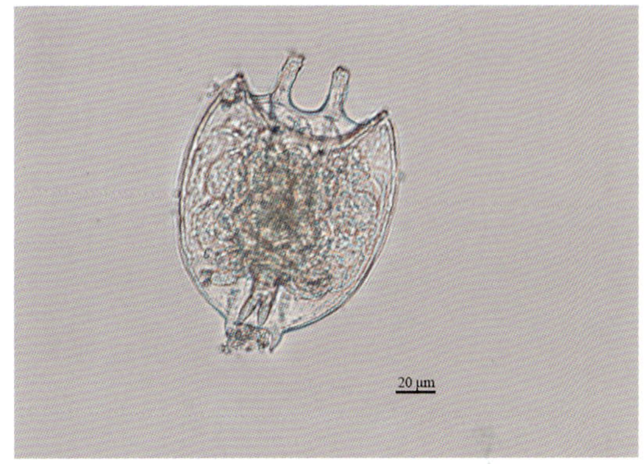

四角平甲轮虫

3. 臂尾轮属 *Brachionus* Pallas，1766

咀嚼器槌型。背甲宽阔，前端有2～6个棘刺，有的种类后端也出现棘刺。前棘刺和后棘刺的数量、形状、长短是重要的分类依据。背甲一般拱起，腹甲扁平。趾一对。

广布种，有时会形成优势种群。

采集地：孤山、璧山、襄阳沙河、随县漂水、丹江口、三峡库区、草海等。

种检索表

1(2)侧触手在一圆锥形瘤状突出上 ………………… 异棘臂尾轮虫 *Brachionus donneri*

2(1)侧触手基部无圆锥形瘤状突出

3(6)被甲后端具基板

4(5)背甲两侧的棘刺通常大于中央或亚中央的棘刺 ……………………………………………………………………………………………… 双棘臂尾轮虫 *Brachionus bidentatus*

5(4)背甲两侧棘刺不是最长，前中棘刺最长 ……… 矩形臂尾轮虫 *Brachionus leydigii*

6(3)被甲后端不具基板

7(8) 腹甲末端有管状足孔 ………………… 方形臂尾轮虫 *Brachionus quadridentatus*

8(7)腹甲末端没有管状足孔

9(20)背甲前端具 6 个棘刺

10(11)亚中央棘刺特别长而发达 ………………… 镰状臂尾轮虫 *Brachionus falcatus*

11(10)亚中央棘刺并不特别发达

12(13)被甲厚而粗糙，表面往往有排列整齐的颗粒，足孔在腹面呈三角形，在背面呈“M”形 …………………………………………………………… 肛突臂尾轮虫 *Brachionus bennini*

13(12)被甲表面光滑，无粗糙的颗粒

14(15)足孔有尖锐的棘刺 ………………………… 尼氏臂尾轮虫 *Brachionus nilsoni*

15(14)足孔没有尖锐的棘刺

16(19)足孔位于体末端，前端棘刺基部较窄

17(18)前端棘刺的两侧是平滑而对称的 ……… 壶状臂尾轮虫 *Brachionus urceolaris*

18(17)前端棘刺两侧不对称，在中棘刺和亚中棘刺具有一肩状突起 ……………………………………………………………………………… 红臂尾轮虫 *Brachionus rubens*

19(16)足孔在被甲腹面，孔口呈锚状 ……………… 杜氏臂尾轮虫 *Brachionus durgae*

20(9)背甲前端具有 2～4 个棘刺

21(28)背甲前端有 4 个棘刺，长度变异

22(23)被甲较薄，表面无纹状结构，前端 4 个棘刺长度变化较大 ……………………………………………………………… 萼花臂尾轮虫 *Brachionus calyciflorus*

23(22)被甲较厚，背甲上有纹状结构

24(27)被甲后端有棘刺

25(26)前端两侧棘刺不是很长，稍长于中间棘刺，后端一对棘刺向内弯曲 ……………………………………………………………… 剪形臂尾轮虫 *Brachionus forficula*

26(25)前端两侧棘刺很长，后端的棘刺向两侧弯曲且不对称 ……………………………………………………………… 裂足臂尾轮虫 *Brachionus diversicornis*

27(24)被甲相对较坚硬，前端 4 个棘刺大致等长，两侧棘刺伸向前方，后端无棘刺 ……………………………………………………………… 蒲达臂尾轮虫 *Brachionus budapestinensis*

28(21)背甲前端有 2 个棘刺，长度变异

29(30)被甲末端足孔两侧的棘刺很长，向外伸展呈圆规形，前端通常有 1 对棘刺，有时具备 2～3 对 …………………………………………… 尾突臂尾轮虫 *Brachionus caudatus*

30(29)被甲末端足孔两侧的棘刺很短且钝……… 角突臂尾轮虫 *Brachionus angularis*

(1)双叉异棘臂尾轮虫 *Brachionus donneri bifurcus* Wu，1981

被甲前端有 3 对近等长的棘刺，后端没有基板，被甲腹面前缘具有 4 个短而钝的棘突，足孔旁棘刺末端钝圆呈指状或球状。被甲外具胶被，末端有纤毛。

采集地：鄱阳湖。

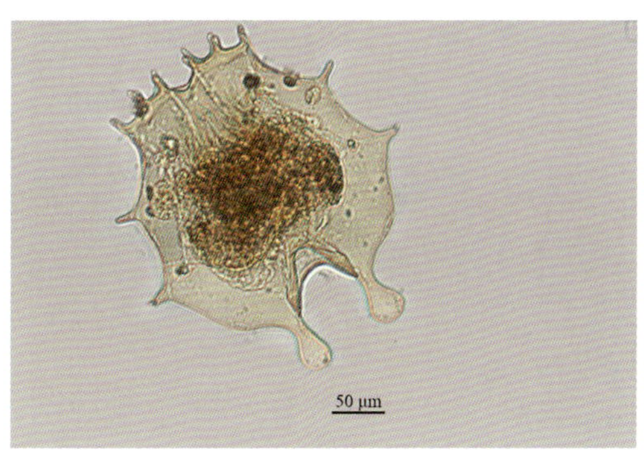
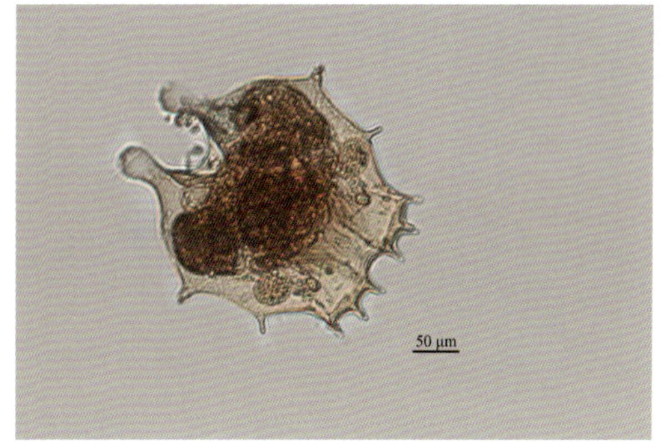

双叉异棘臂尾轮虫

(2)双棘臂尾轮虫 *Brachionus bidentatus* Anderson，1889

背甲两侧的棘刺通常比中间两对棘刺大。足孔形似一对括号，一般两侧不对称。

采集地：洪湖。

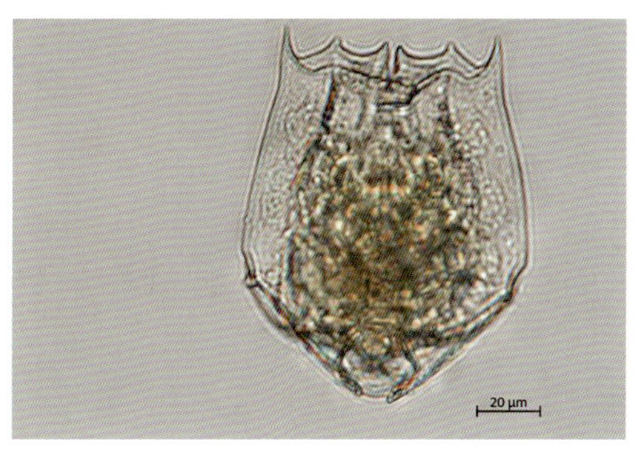
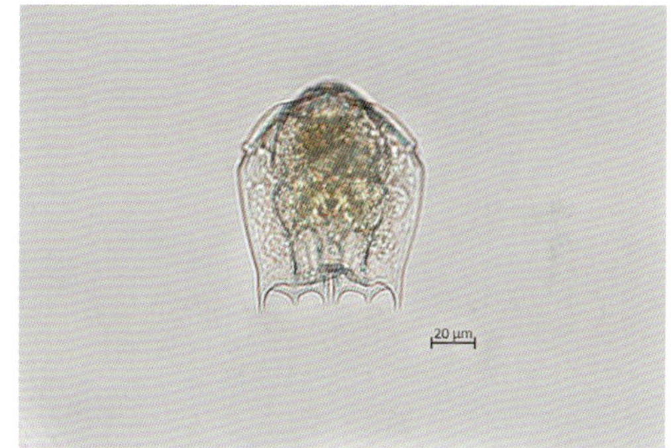

双棘臂尾轮虫

(3)矩形臂尾轮虫 *Brachionus leydigii* Cohn，1862

被甲后端稍向外展，近似矩形，被甲前端3对棘刺，前中棘刺最长。足孔两侧各有一侧棘刺，背侧有一背棘刺。

采集地：洞庭湖、鄱阳湖、四川德阳河流。

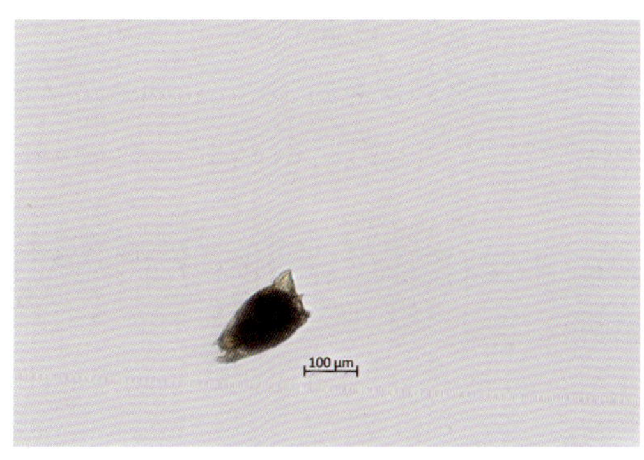
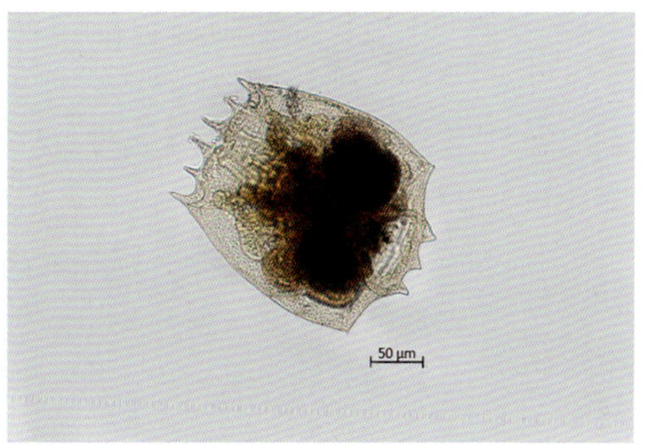

矩形臂尾轮虫

①圆形矩形臂尾轮虫 *Brachionus leydigii rotundus* Rousselet，1907

体呈卵圆形，体后端基板小，在两侧没有向外突出而形成的尖角；足孔有3个短棘，但是中间一个不明显，呈“M”形，背甲表面有一些刻纹。

采集地：洞庭湖。

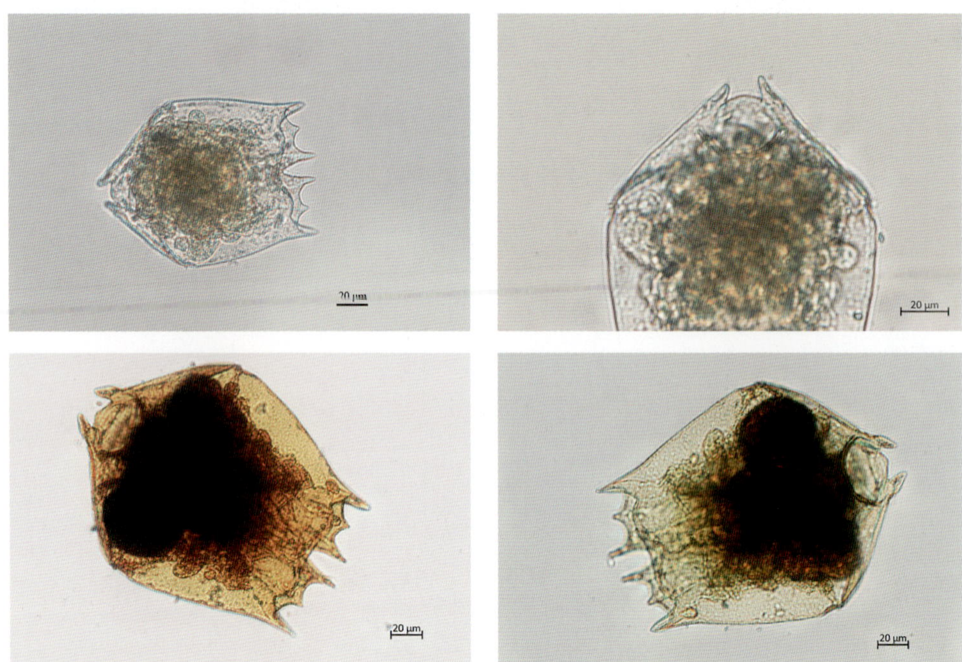

圆形矩形臂尾轮虫

(4)方形臂尾轮虫 *Brachionus quadridentatus* Hermann，1783

背甲前端有3对棘刺，前中棘刺最长且内弯，亚中棘刺最短，后棘刺平直或向内弯。被甲形态变化大，背甲和腹甲有纹饰，足孔管状，在腹面两侧有短的棘刺。

广生性种类，在淡水、咸水、半咸水体都有发现。

采集地：重庆河流、巢湖、洞庭湖、鄱阳湖。

①长棘方形臂尾轮虫 *Brachionus quadridentatus melheni* Barrois *et* Daday，1894

体后棘刺和中央棘刺特别长。

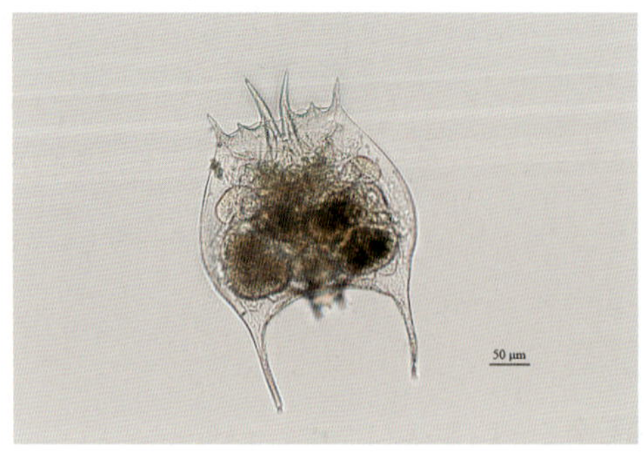

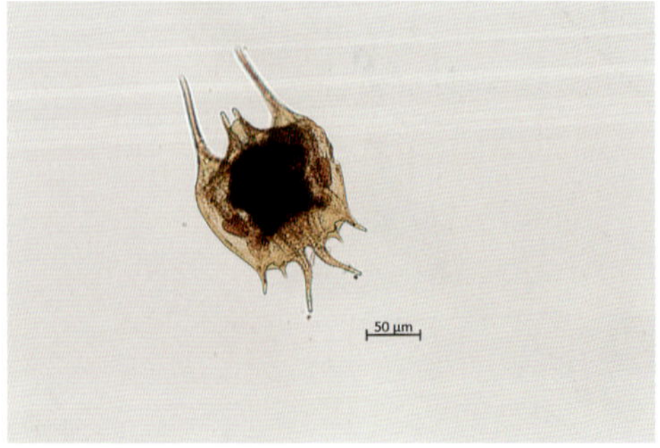

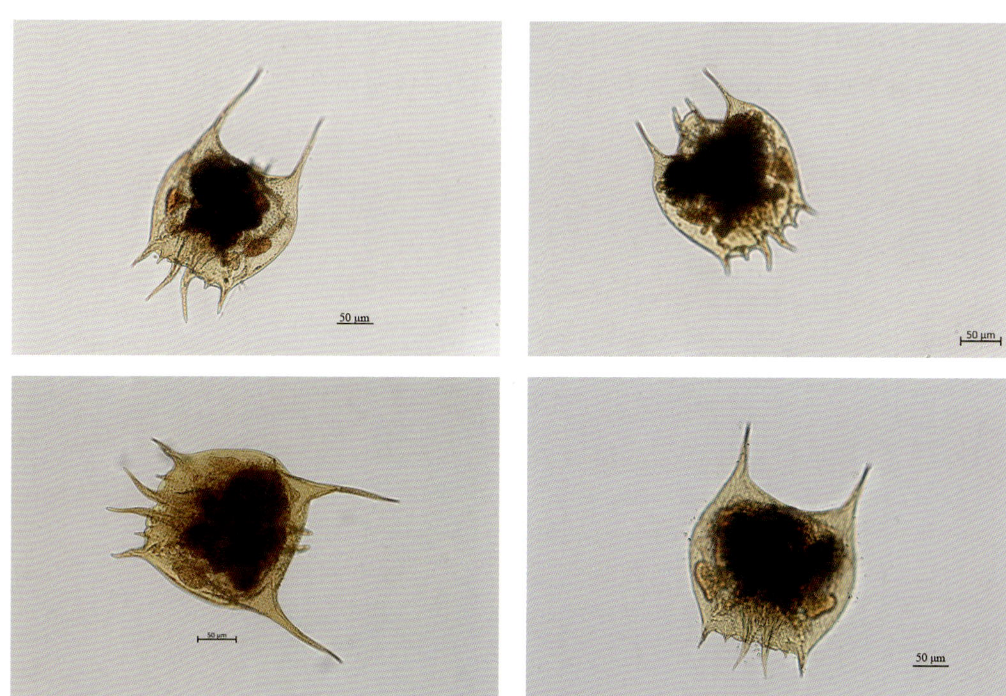

长棘方形臂尾轮虫

②短棘方形臂尾轮虫 *Brachionus quadridentatus brevispinus* Ehrenberg，1832

体后端两侧棘刺很短，常常小于体长的 1/3，前中棘刺短。

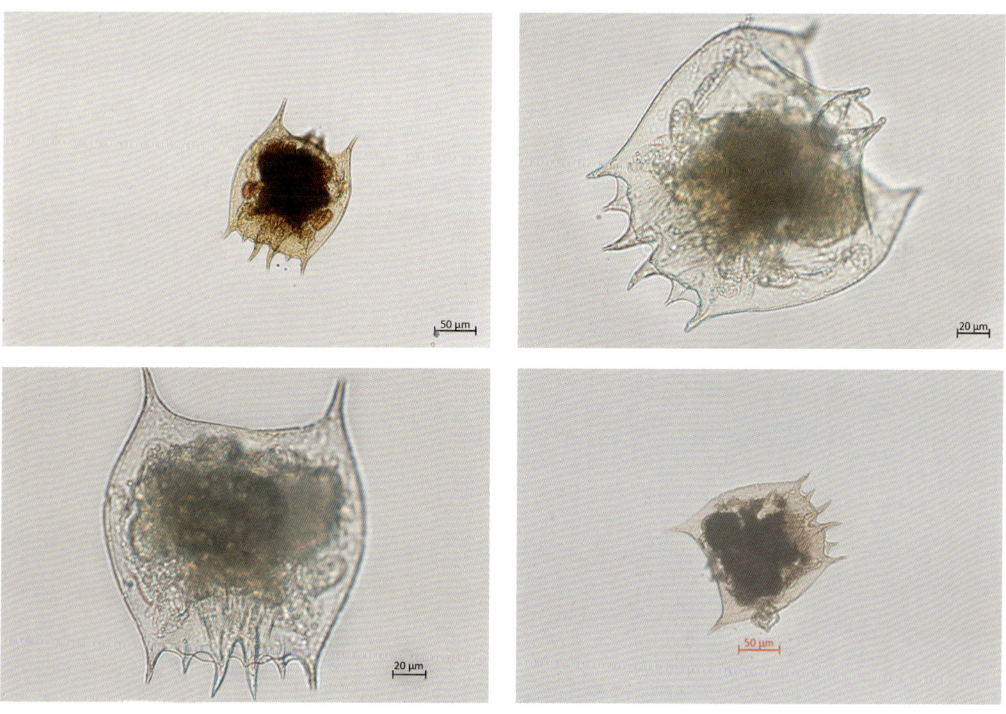

短刺方形臂尾轮虫

③无棘方形臂尾轮虫 *Brachionus quadridentatus cluniorbicularis* Skorikov，1894

被甲后缘半圆形，无后棘刺，足孔呈椭圆形。

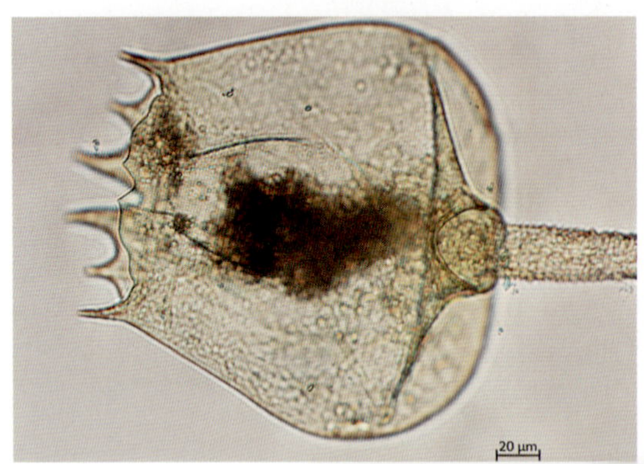

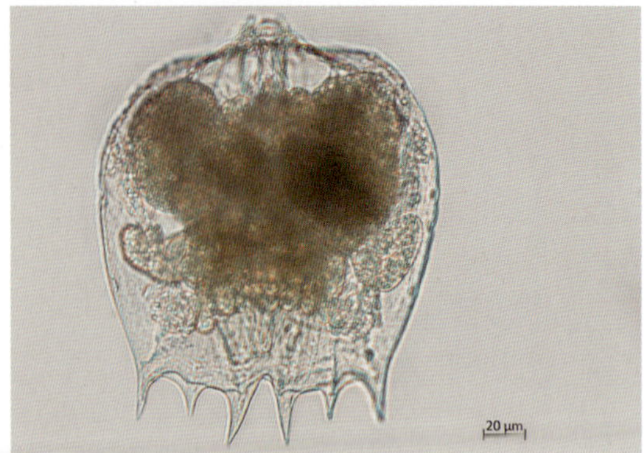

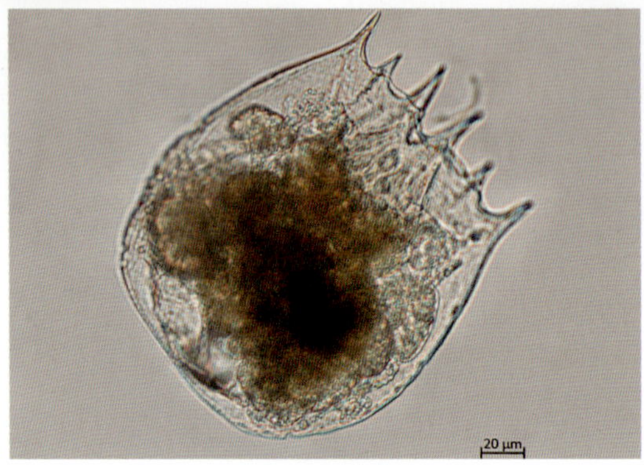

无棘方形臂尾轮虫

④异棘方形臂尾轮虫 *Brachionus quadridentatus rhenanus* Lauterborn，1893

被甲后端棘刺非常短，不明显，且不对称。

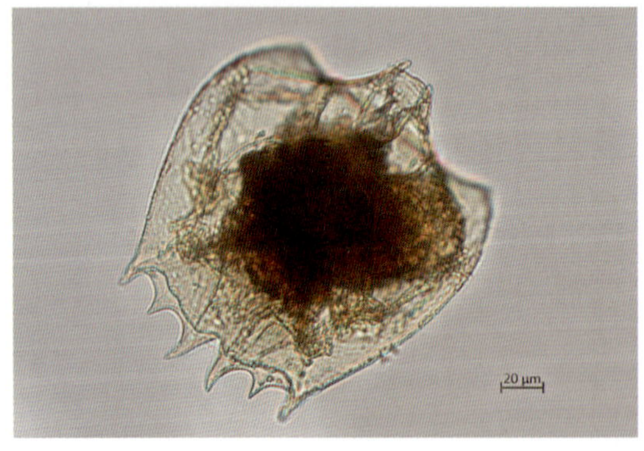

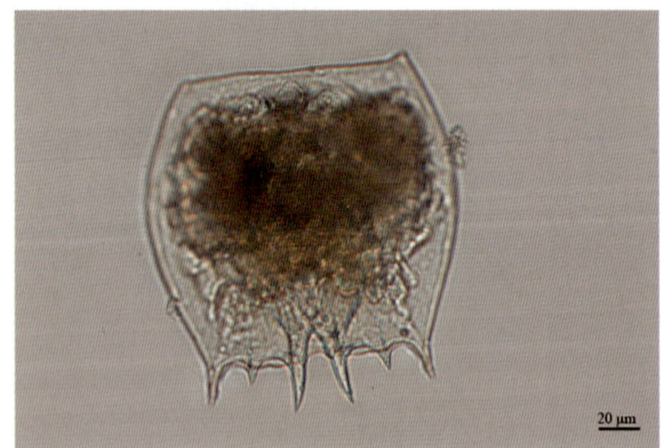

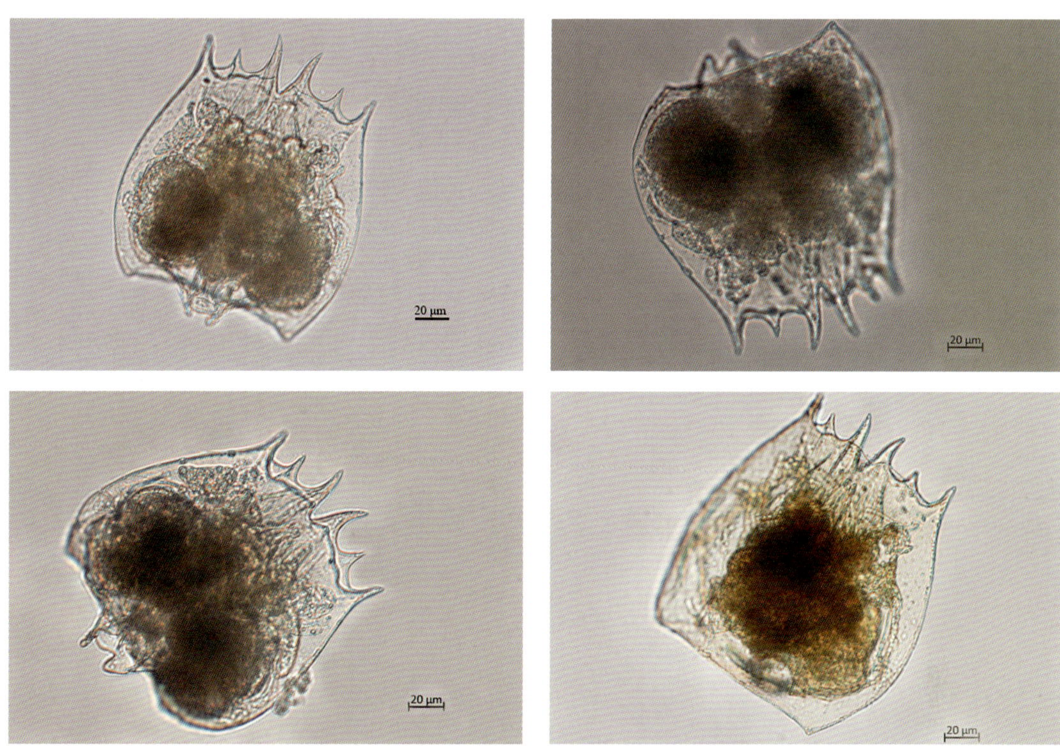

异棘方形臂尾轮虫

(5)镰状臂尾轮虫 *Brachionus falcatus* Zacharias，1898

背甲前端有 3 对棘刺，棘刺末端尖削。亚中棘刺特别长而发达，腹甲末端没有管状足孔，被甲后具一对发达侧后棘刺。

分布广泛。

采集地：鄱阳湖、随县漂水。

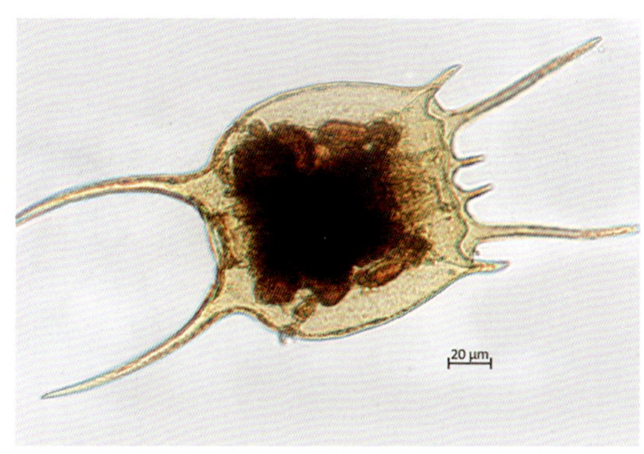

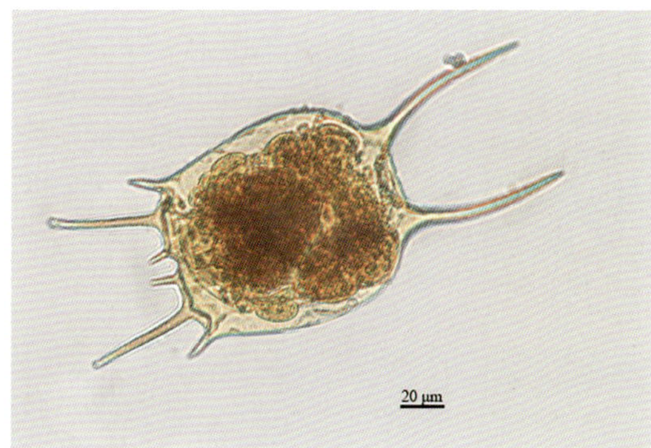

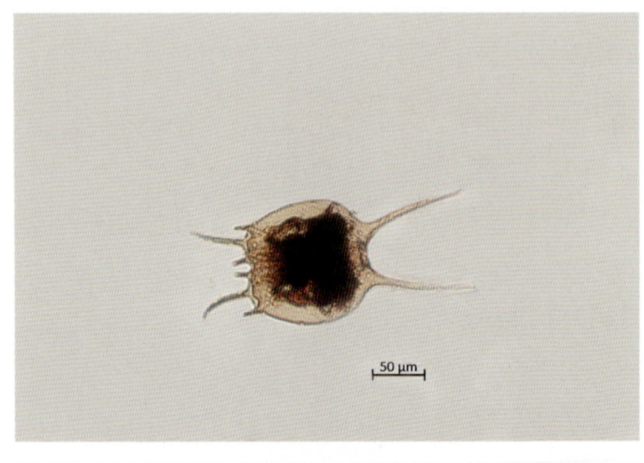

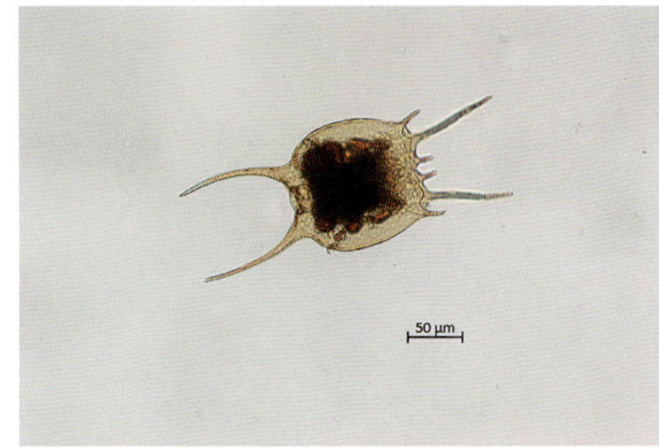

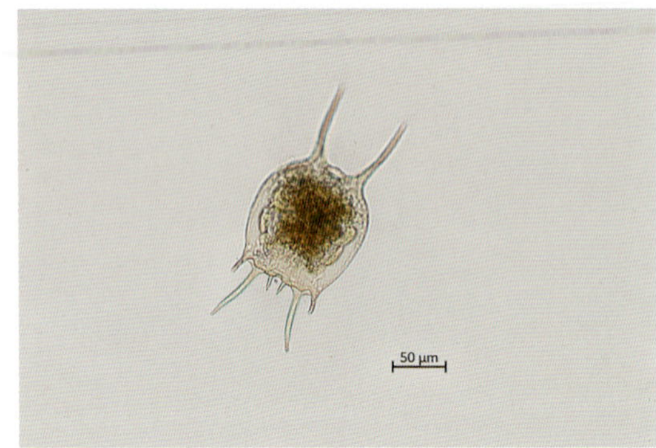

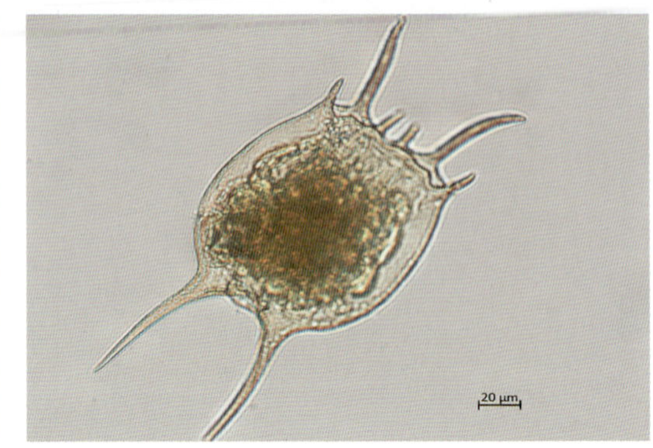

镰状臂尾轮虫

（6）肛突臂尾轮虫 *Brachionus bennini* Leissling，1924

前端有 6 个棘刺且中间一对棘刺最长，中间形成较深的“V”形凹痕；被甲表面具有颗粒状突起，体型类似壶状臂尾轮虫但是足孔形状有区别，前者足孔在腹面呈三角形，背面呈“M”形，足稍短。

采集地：巢湖、洞庭湖。

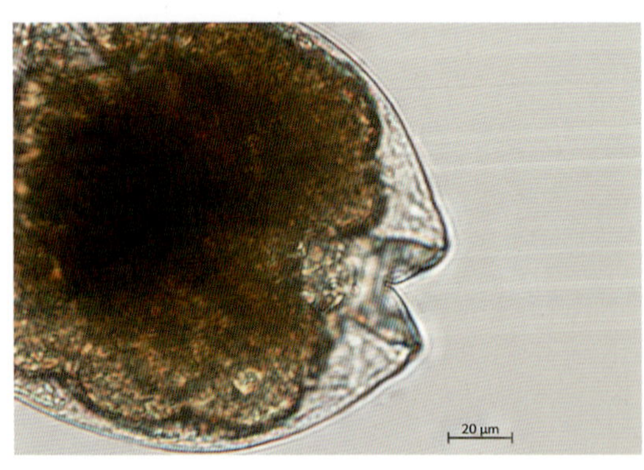

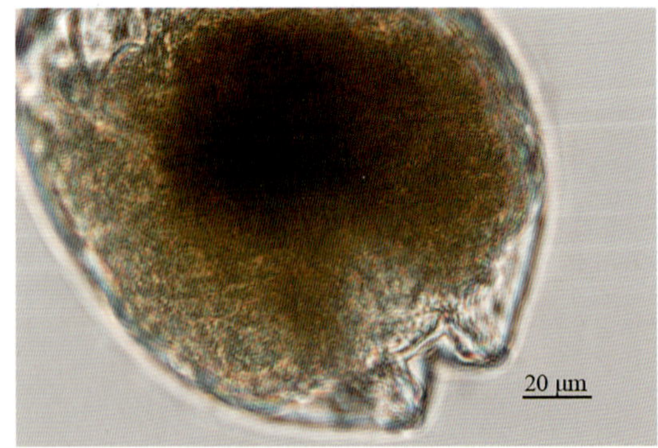

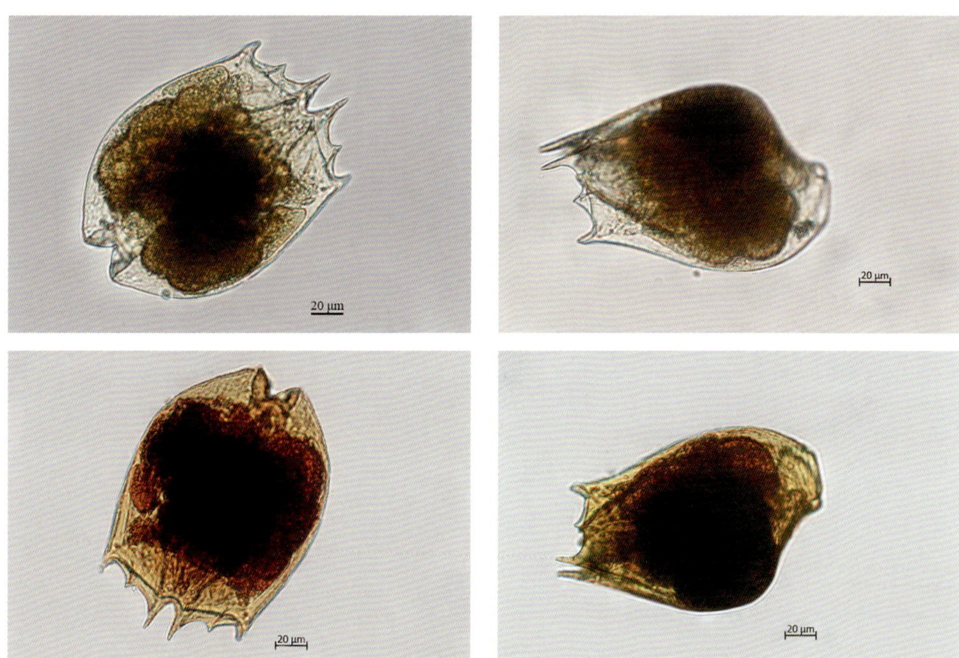

肛突臂尾轮虫

(7)尼氏臂尾轮虫 *Brachionus nilsoni* Ahlstrom，1940

足孔在腹面呈宽三角形，背面呈方形，两侧棘刺很直且非常尖；足孔在腹面很宽；前端中央棘刺也很尖，近等长，与壶状臂尾轮虫很相似。

采集地：鄱阳湖、洞庭湖。

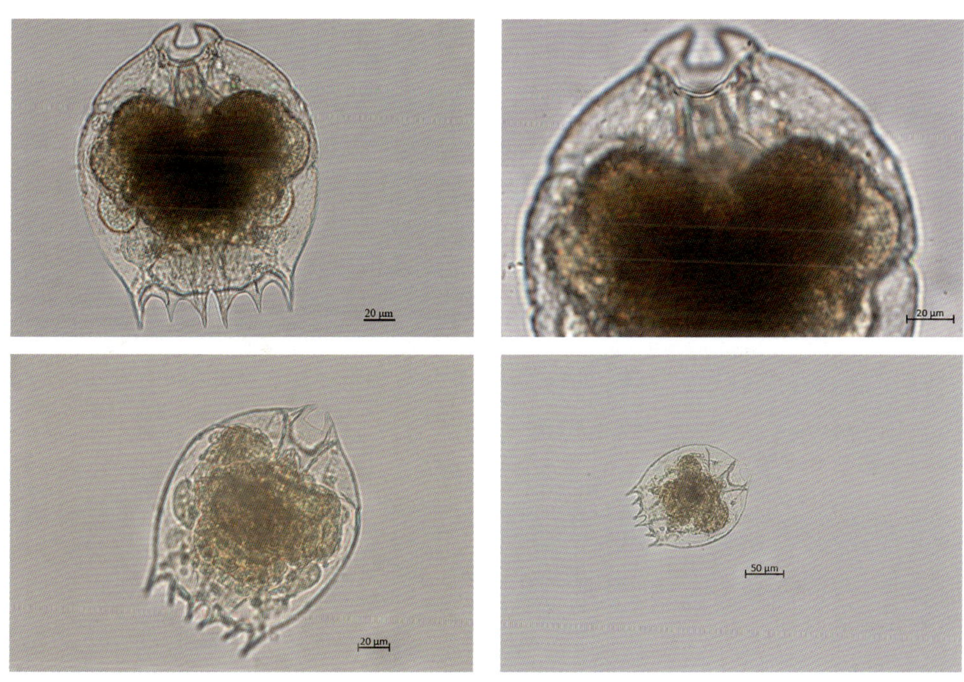

尼氏臂尾轮虫

(8)壶状臂尾轮虫 *Brachionus urceolaris* Müller，1773

身体后半部比前半部膨大，形如壶。被甲前端6个棘刺对称、相差不大，中间一对较长，棘刺基部较窄。足孔位于体末端，背面四边形，边缘圆钝，腹面半圆形。

广生性种类。

采集地：鄱阳湖、湖南。

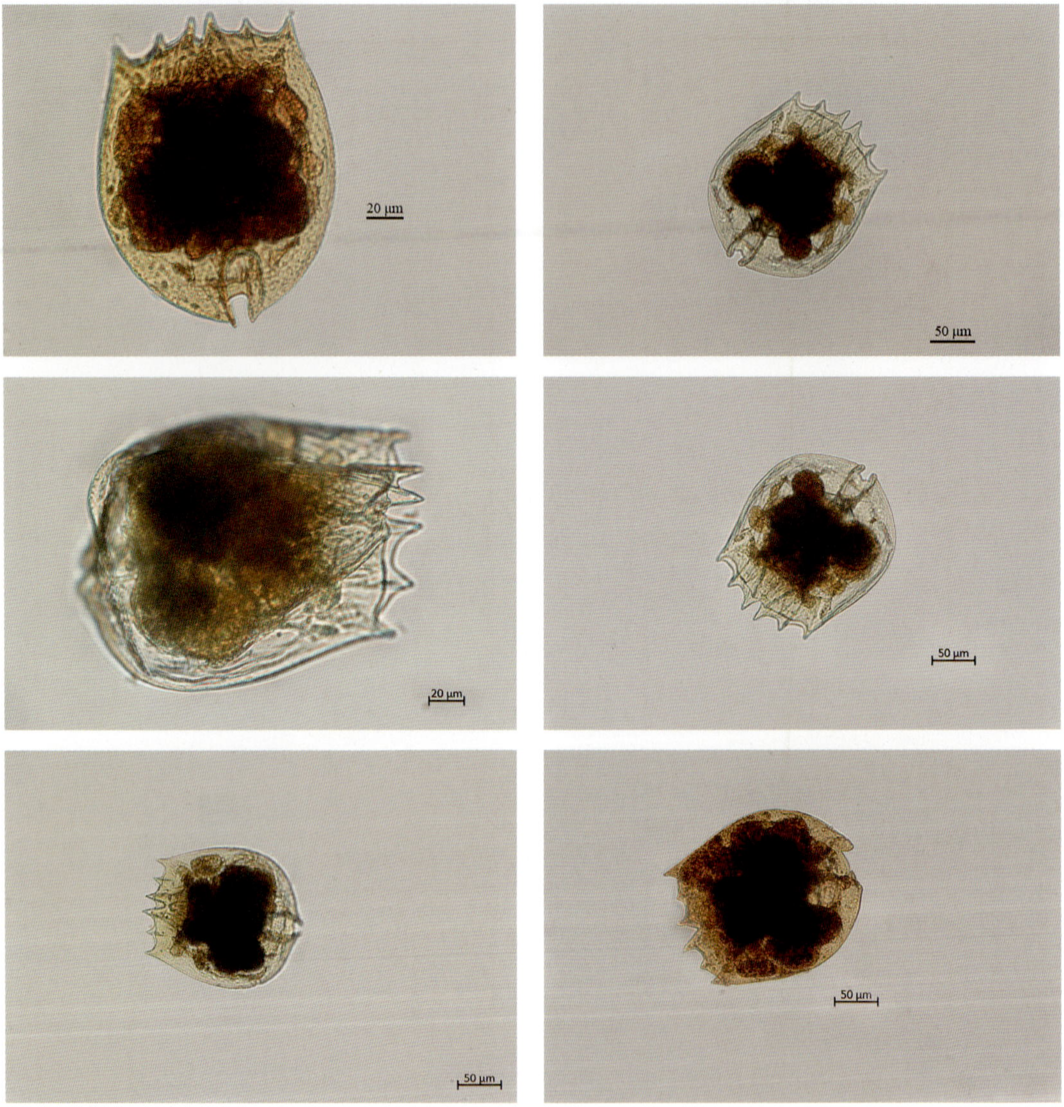

壶状臂尾轮虫

(9)红臂尾轮虫 *Brachionus rubens* Ehrenberg，1838

前端有3对棘刺，最中间一对棘刺之间的凹陷很深，在中棘刺和亚中棘刺之间有一肩状突起。足孔腹面观呈卵圆形，背面观呈长方形或“M”形。

采集地：巢湖、浏阳河、贵州。

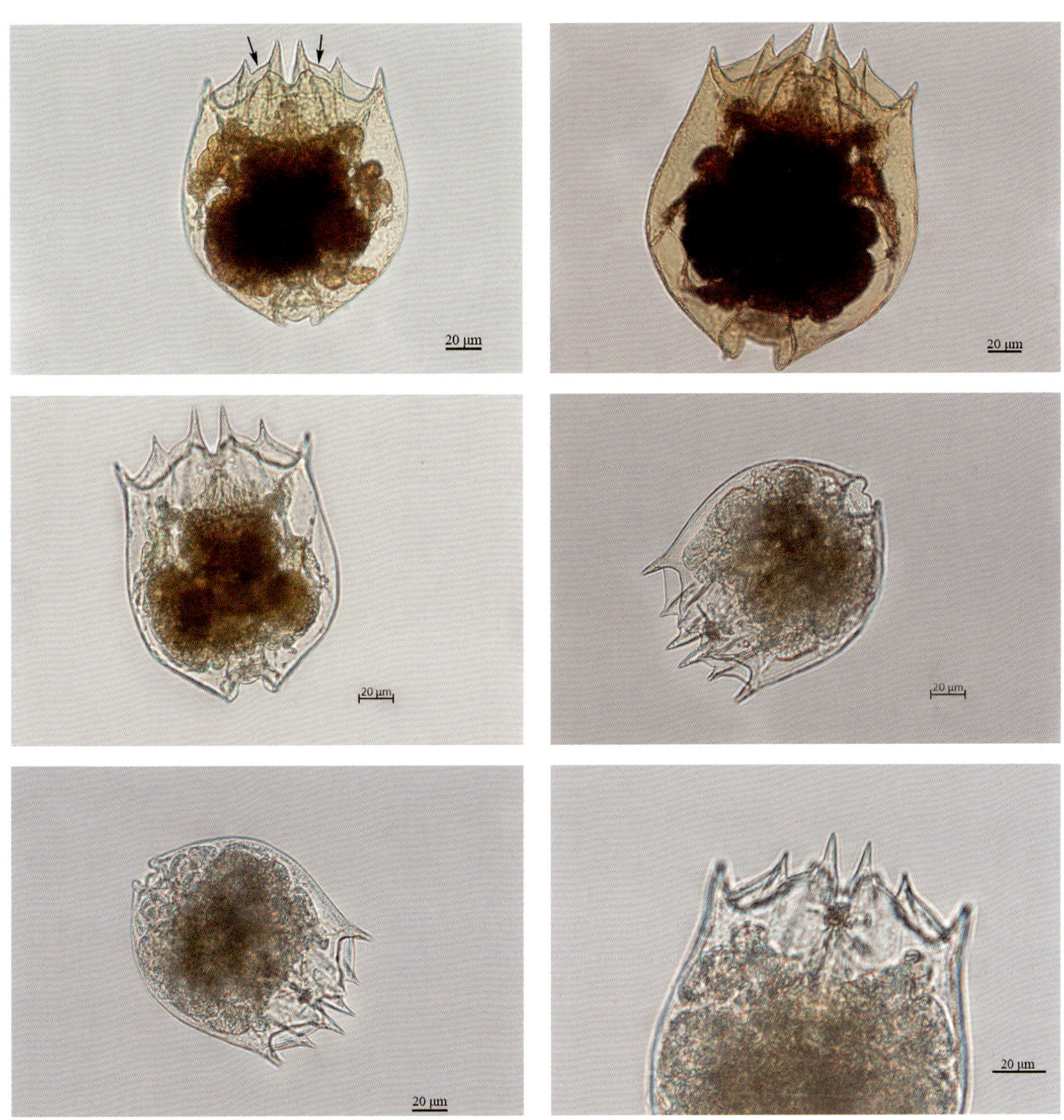

红臂尾轮虫

(10)杜氏臂尾轮虫 *Brachionus durgae* Dhanapathi，1974

个体大，透明。被甲卵圆形，侧面观前半部扁平，后半部明显膨胀。被甲前端有 3 对大小相似的短棘刺，后端浑圆无突起。足孔位于被甲腹面，孔口向前方延伸，在腹板形成一条狭长的裂隙(图中红色箭头标记处)，向两边的背侧方延伸，并与其背面的盖片连接。腹面观呈锚状。

采集地：鄱阳湖。

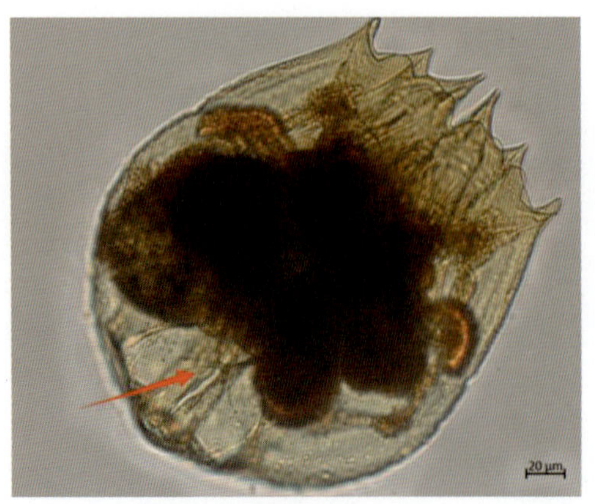
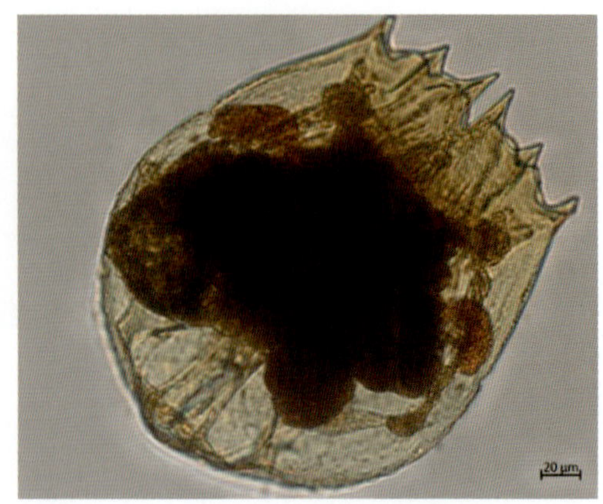

杜氏臂尾轮虫

(11)萼花臂尾轮虫 *Brachionus calyciflorus* Pallas, 1766

背甲前端有2对发达的棘刺,前棘刺通常等长或中间一对比两侧略长。被甲较薄,表面无纹状结构,后端浑圆或在其两侧有棘刺。足孔位于后端中央,两侧的棘刺有或无,且有周期变态现象发生。

分布十分广泛,常见于淡水体中,该种在水环境监测和水产活饵料的培养中被广泛应用,有重要的经济意义。

采集地:丹江口水库、东湖、随县漂水、洪湖。

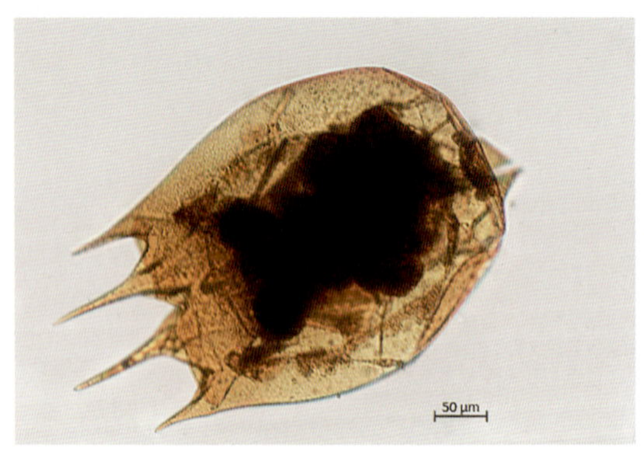
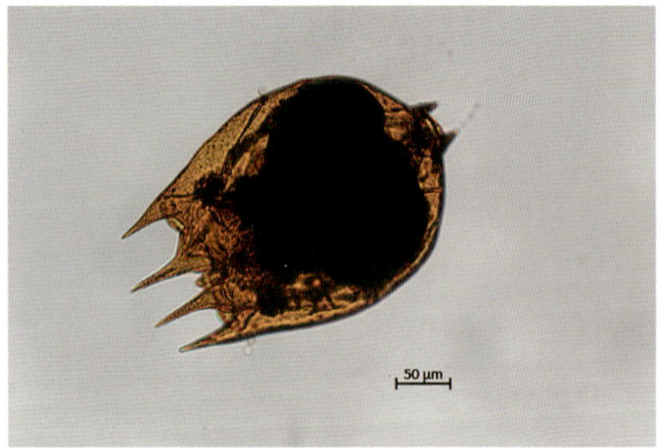
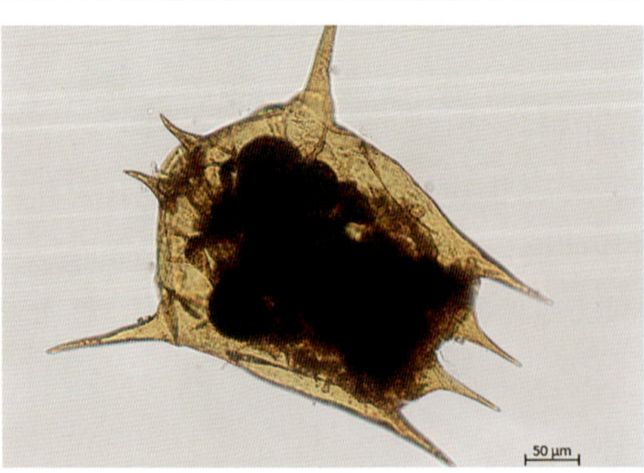
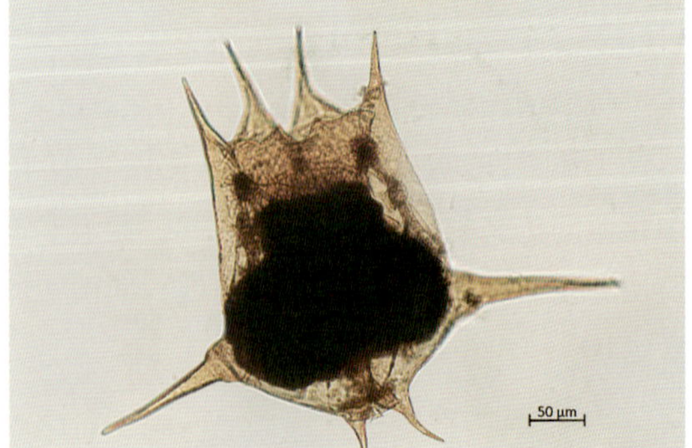

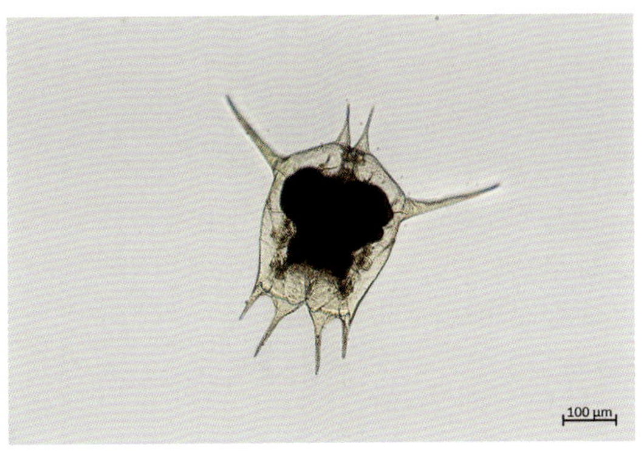

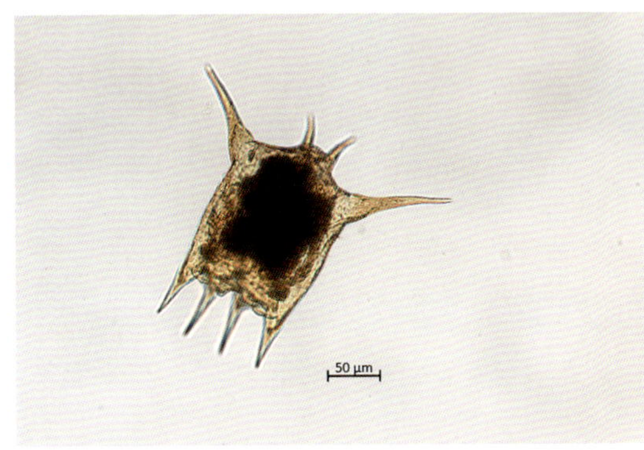

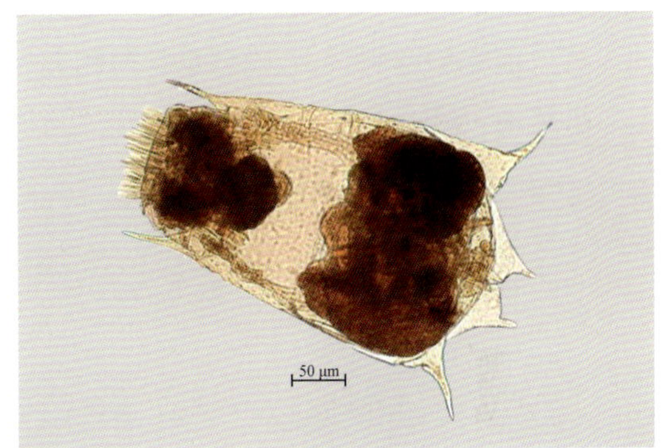

萼花臂尾轮虫

(12)剪形臂尾轮虫 *Brachionus forficula* Wierzejski, 1891

被甲前端有 4 个棘刺,外棘刺稍长于内棘刺,被甲后端有一对粗壮棘刺向内弯曲。

分布广泛。

采集地:孤山、璧山、滇池、洪湖、洞庭湖。

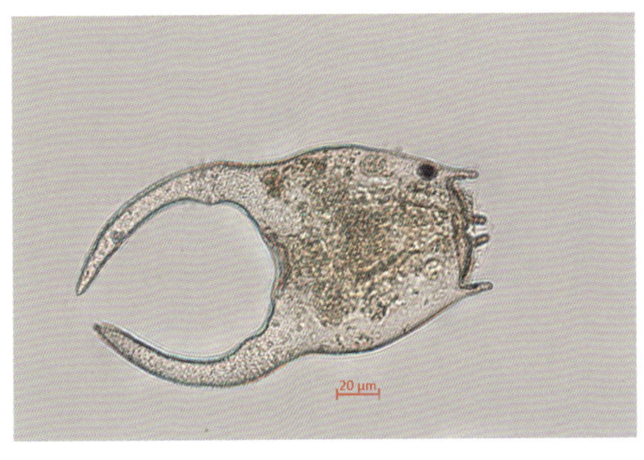

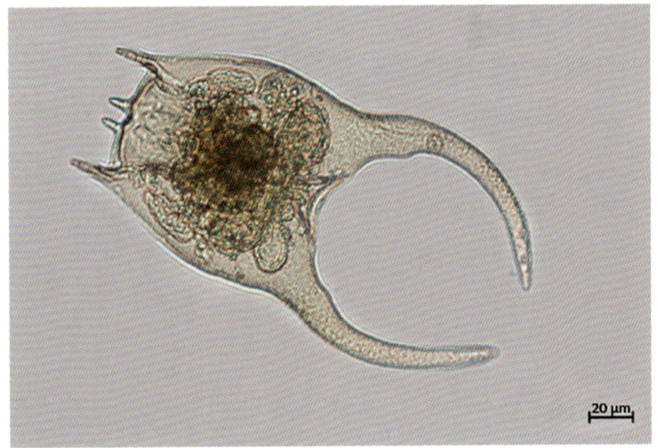

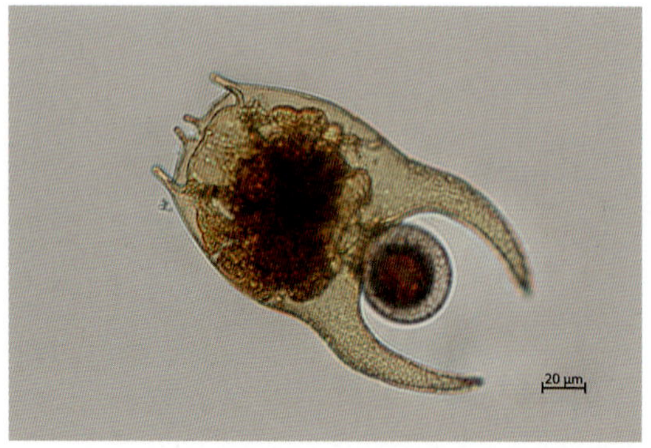
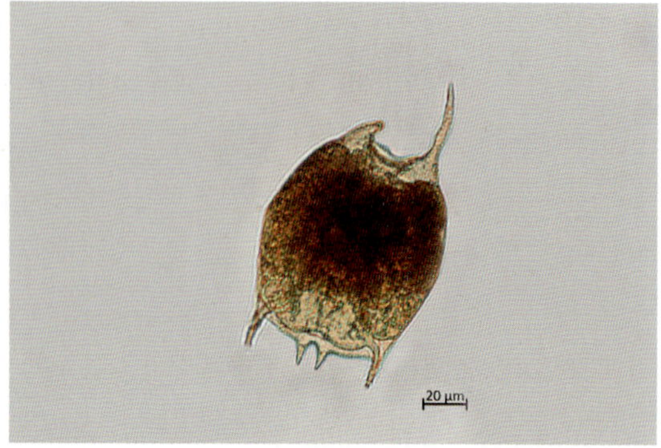

剪形臂尾轮虫

①展棘剪形臂尾轮虫 *Brachionus forficula divergens* Fadeew，1925

被甲前端侧棘刺长，后棘刺也长且稍向外叉开。

采集地：孤山。

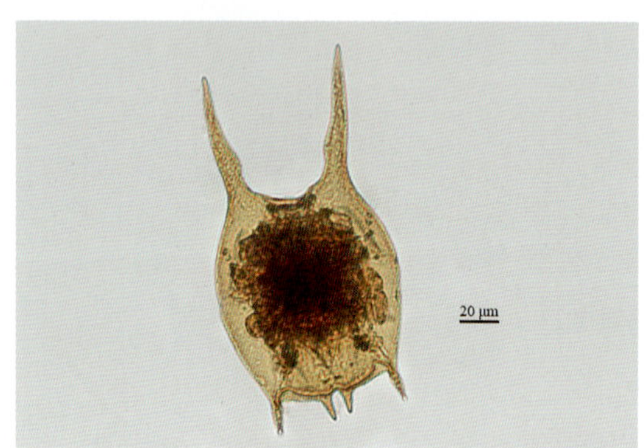
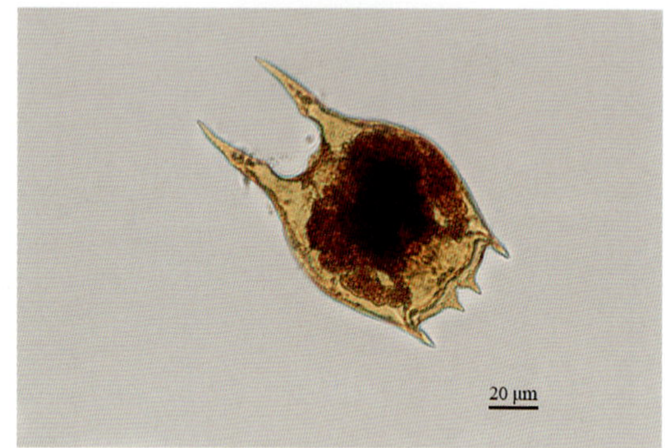

展棘剪形臂尾轮虫

②短棘剪形臂尾轮虫 *Brachionus forficula reducta* Grese，1926

被甲后棘刺退化，个体小。

采集地：鄱阳湖。

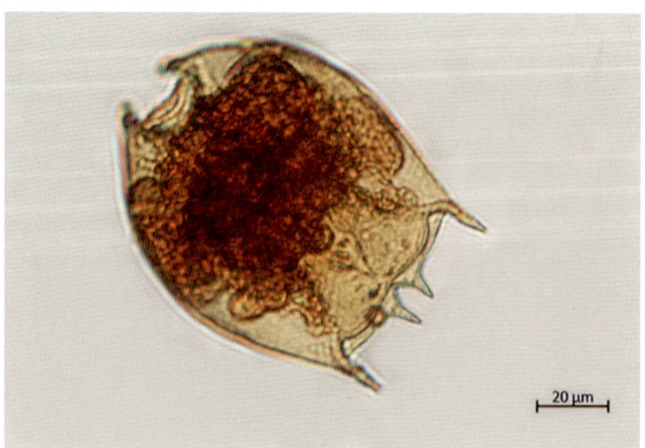

短棘剪形臂尾轮虫

(13)裂足臂尾轮虫 *Brachionus diversicornis* Daday, 1883

被甲长卵圆形,前端有 4 个棘刺,其中侧棘刺远长于中棘刺,后侧棘刺不对称,足可以伸出很长,后端 1/4 处裂开成叉形,末端有趾。

分布广泛,喜温性轮虫,夏季有时会大量出现。

采集地:重庆、洞庭湖、鄱阳湖。

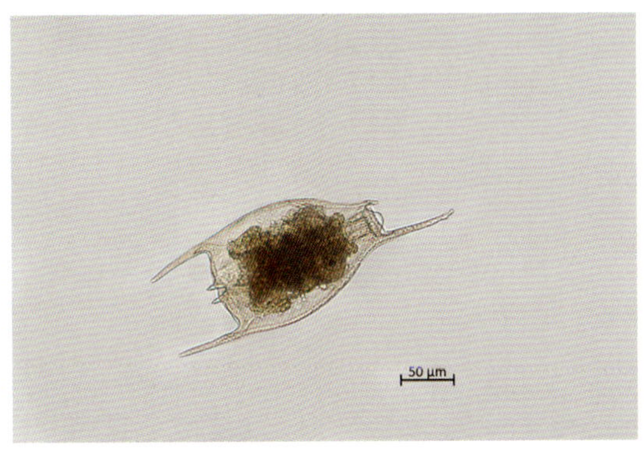

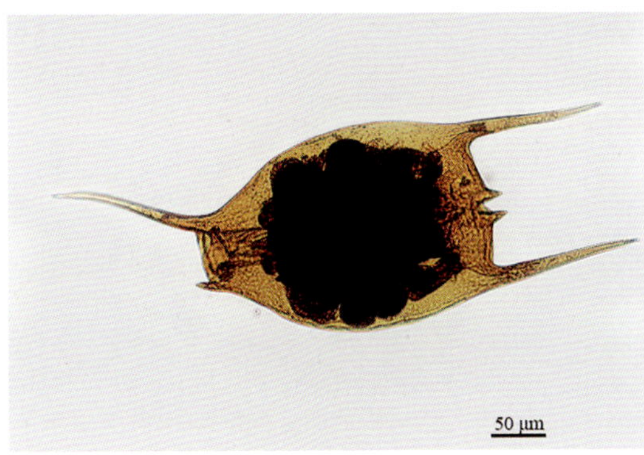

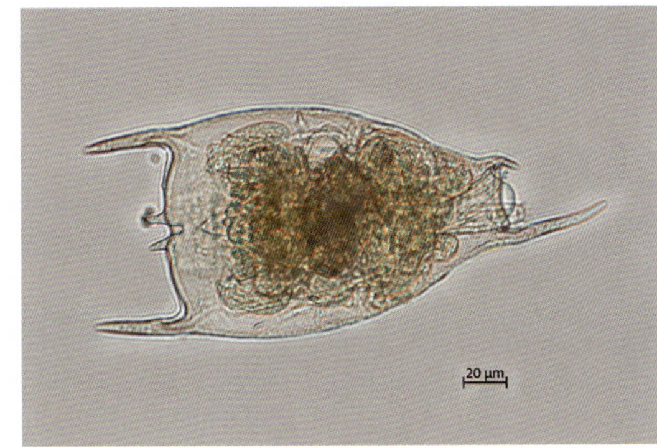

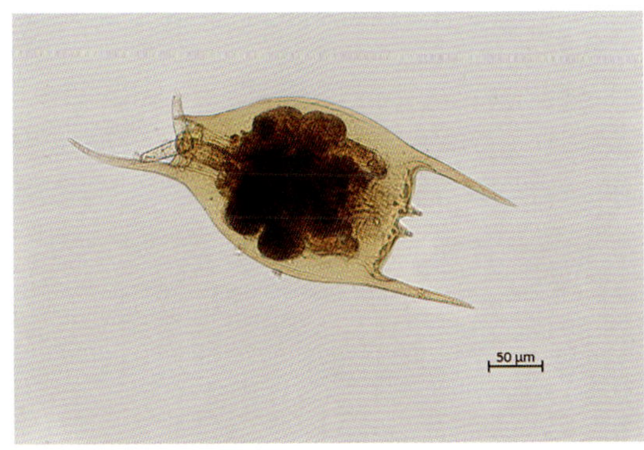

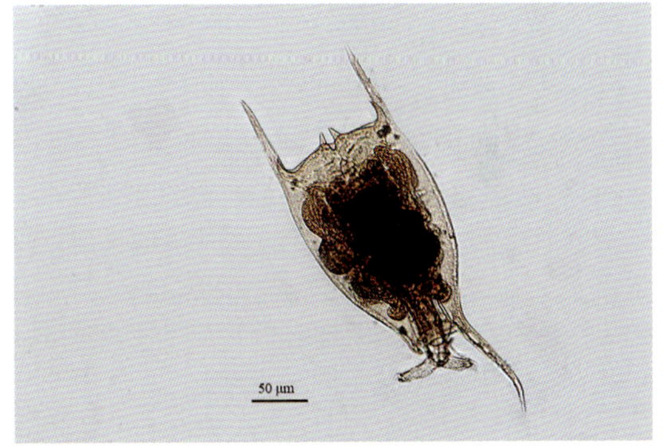

裂足臂尾轮虫

①短棘裂足臂尾轮虫 *Brachionus diversicornis brevispina* Sudzuki *et* Huang, 1997

被甲前端有 2 对棘刺,边缘一对比中间一对长,后端一对短小。

采集地:鄱阳湖。

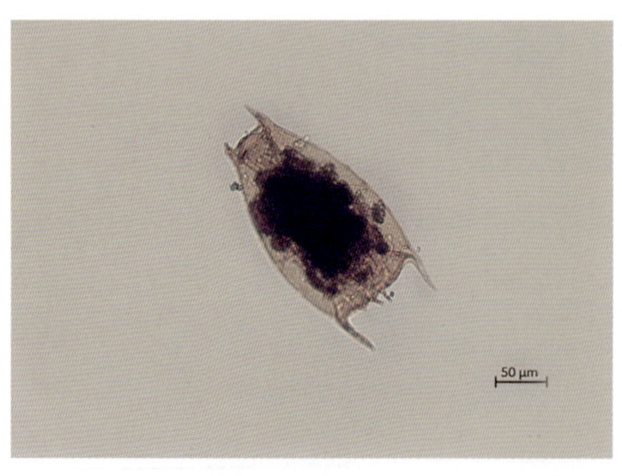
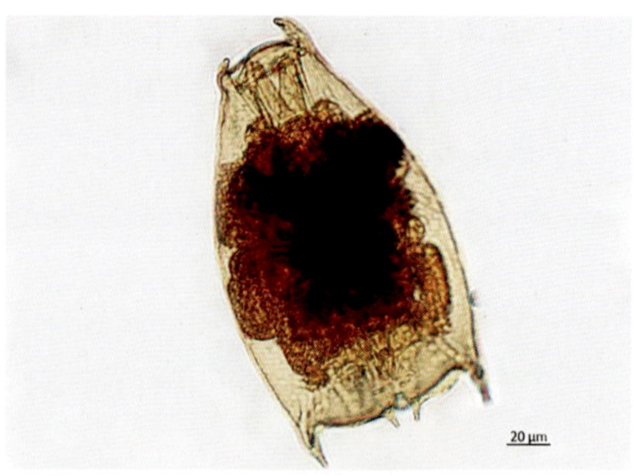

短棘裂足臂尾轮虫

(14)蒲达臂尾轮虫 *Brachionus budapestinensis* Daday，1885

前端 2 对棘刺大致等长，被甲后端两侧无棘刺，足孔两侧无棘刺或有很短的棘刺，被甲偶有点状孔文纹[2]。

广生性夏季种类。

采集地：青海、璧山、随县漂水。

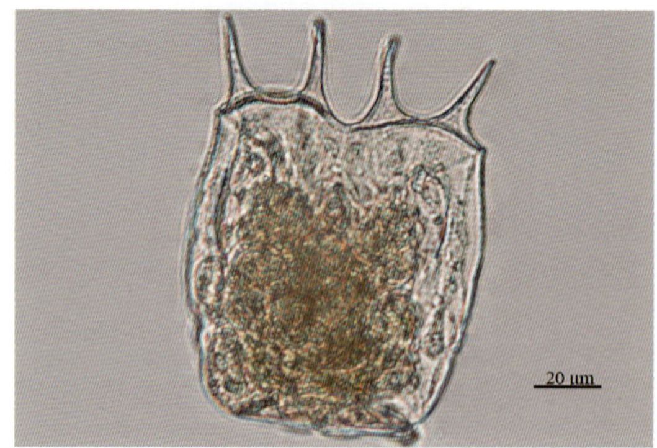

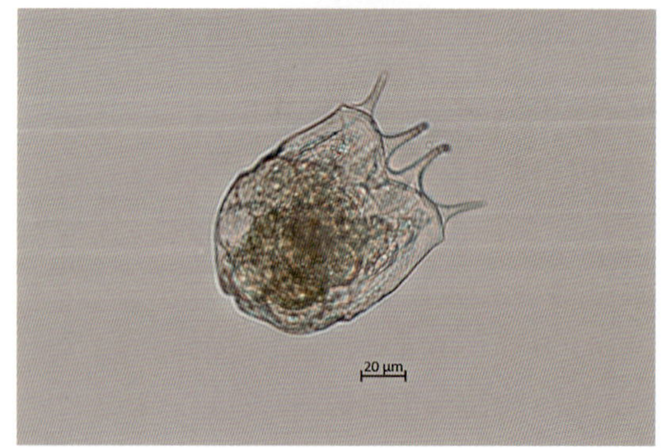

蒲达臂尾轮虫

(15)尾突臂尾轮虫 *Brachionus caudatus* Barrois *et* Daday，1894

被甲前端通常有 1 对棘刺，有时具备 2～3 对，内侧的一对与角突臂尾轮虫的相似，被甲较厚，表面有时有纹状结构，体后端棘刺较粗壮，足孔两侧的棘刺相对长，向外伸展呈圆规状。

常见于富营养水体。

采集地：丹江口水库、洪湖、洞庭湖、鄱阳湖。

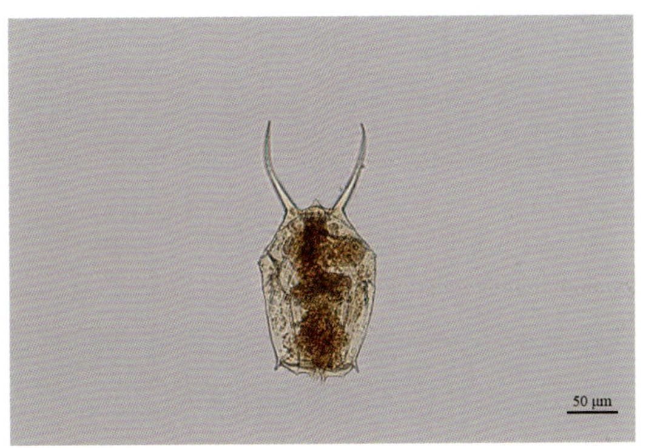

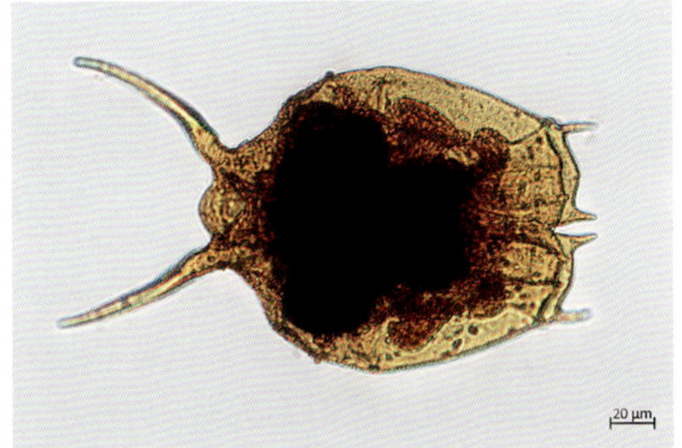

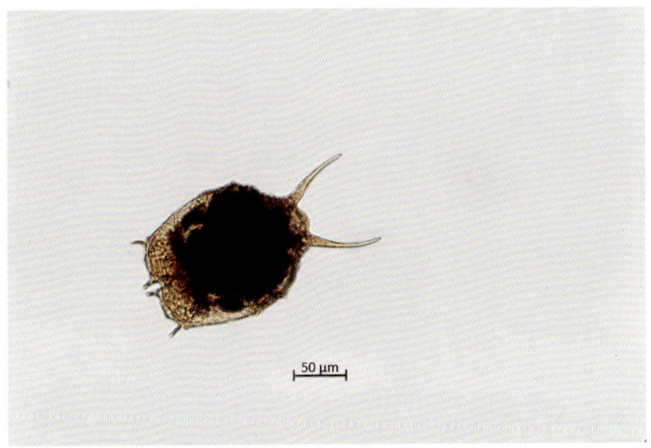

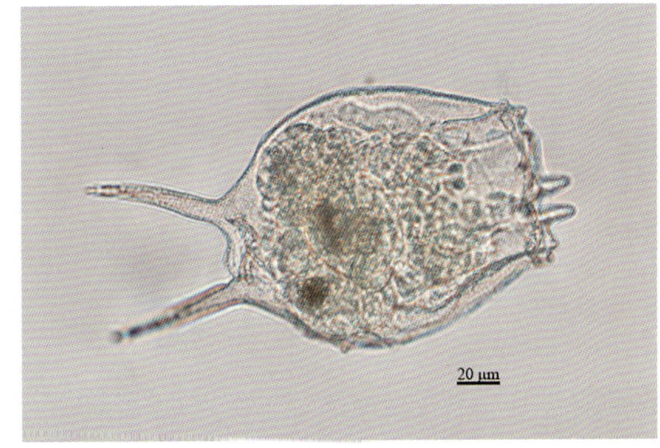

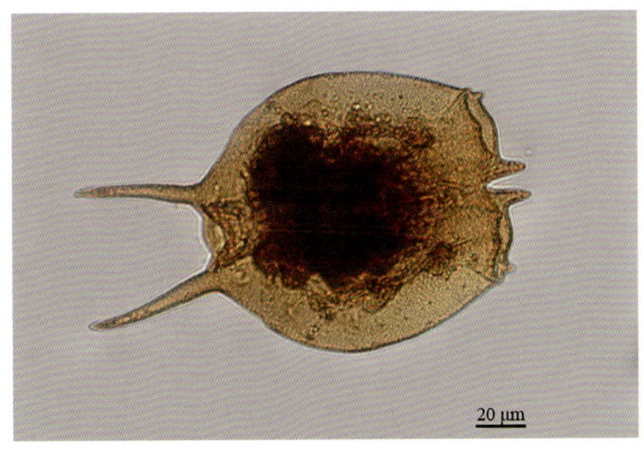

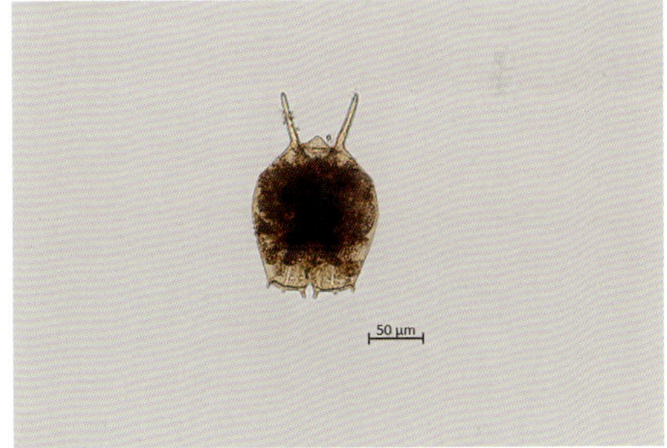

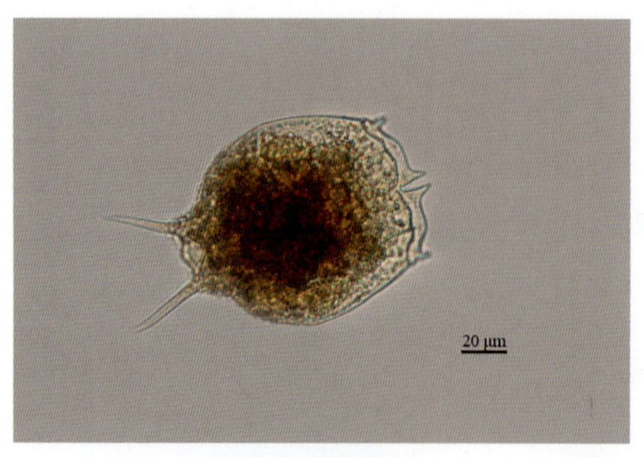

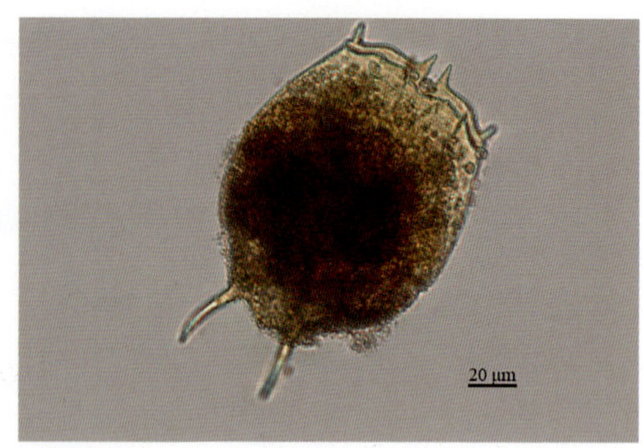

尾突臂尾轮虫

(16)角突臂尾轮虫 *Brachionus angularis* Gosse，1851

被甲呈不规则圆形，形态变化较大。被甲前端具有一对小棘刺，末端中央具马蹄形足孔，孔两边有一对刺状突起，尖端向内弯转。足孔背面观呈“M”形，腹面观呈半圆形。

广泛分布于各类淡水水域。

采集地：丹江口水库、洪湖、三峡、璧山、草海、洞庭湖。

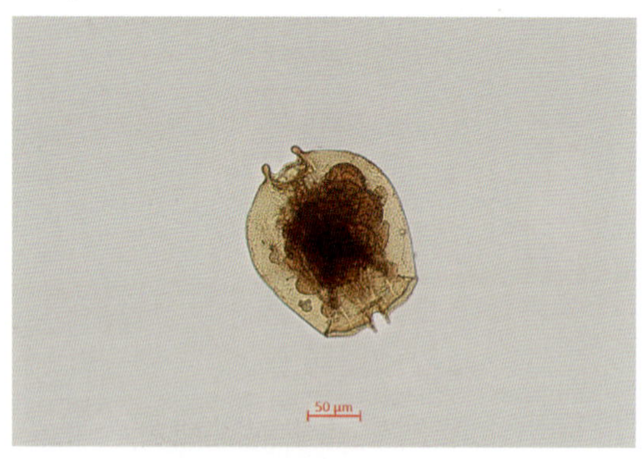

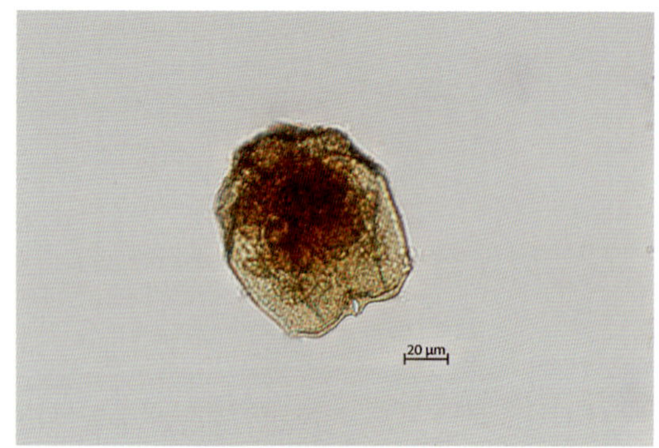

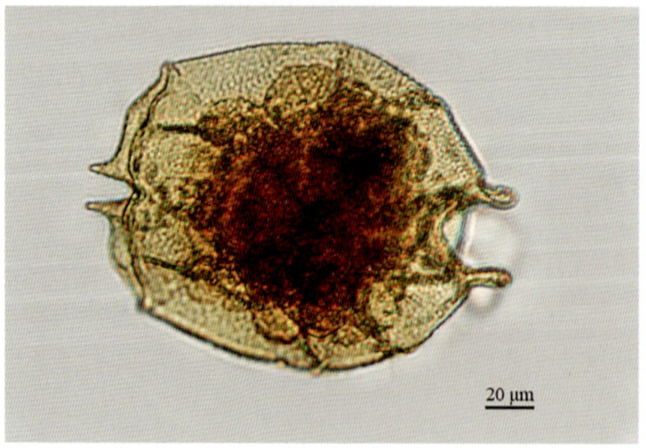

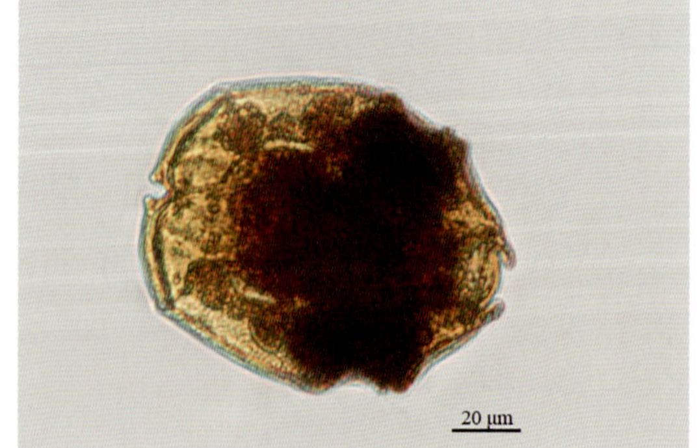

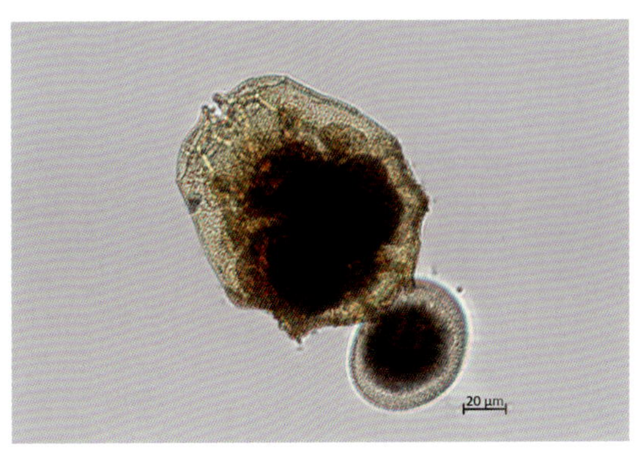
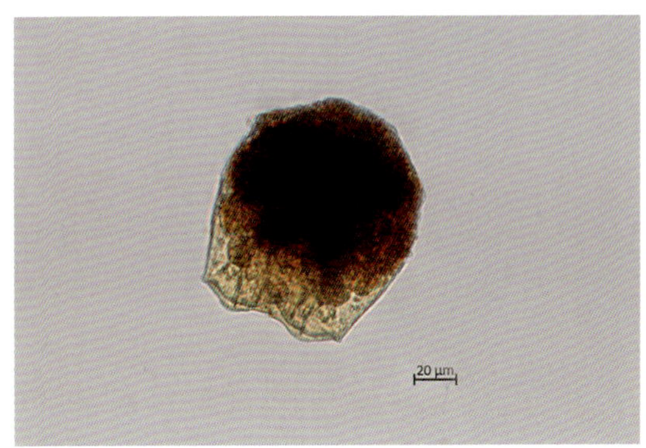

角突臂尾轮虫

(17)双齿角突臂尾轮虫 *Brachionus angularis bidens* Plate，1886

背甲前端中央的棘刺退化，不明显，足孔两侧的突起明显突出于身体后缘，足孔背面呈"M"形，腹面呈"A"形。

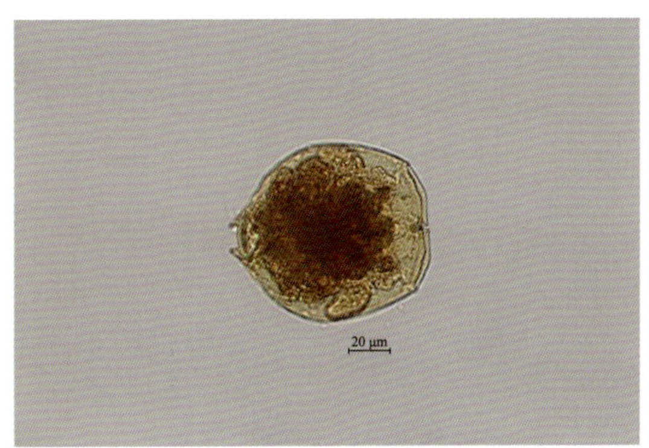

双齿角突臂尾轮虫

4. 龟甲轮属 *Keratella* Bory de St. Vincent，1822

咀嚼器槌型。背甲前端有6个棘刺，背甲后端有1～2个棘刺或光滑浑圆无棘刺。各个种的背甲上的龟板排列方式不同，是该属分类的重要依据。

采集地：丹江口水库、赤水河、三峡水库、孤山等。

种检索表

1(2)背甲中央有一条棘棱，背棱自背甲前端贯穿到后端 ………………………………………………………… 螺形龟甲轮虫 *Keratella cochlearis*

2(1)背甲中央有一列龟板，龟板呈六边形或近似六边形

3(4)被甲的最宽处在体中央或靠近前端，中央有2个封闭的六边形龟板，末端无方形的中央小甲片 ……………………………………………… 曲腿龟甲轮虫 *Keratella valga*

4(3)被甲的最宽处在体后端，前端中央有2个完全封闭的六边形龟板，龟板末端有两侧

线 ………………………………………………… 矩形龟甲轮虫 *Keratella quadrata*

(1)螺形龟甲轮虫 *Keratella cochlearis* Gosse, 1851

背甲前端有 6 个棘刺,侧棘刺正常,背甲中央有一条背棱贯穿到后端,脊棱两侧一般各有 2 个封闭的龟板,有时因脊棱较短,只有一个封闭的龟板。后端一般有后棘刺,但是有时会缺失。

分布广泛,为常见的种类。

采集地:赤水河、丹江口水库、孤山、滇池。

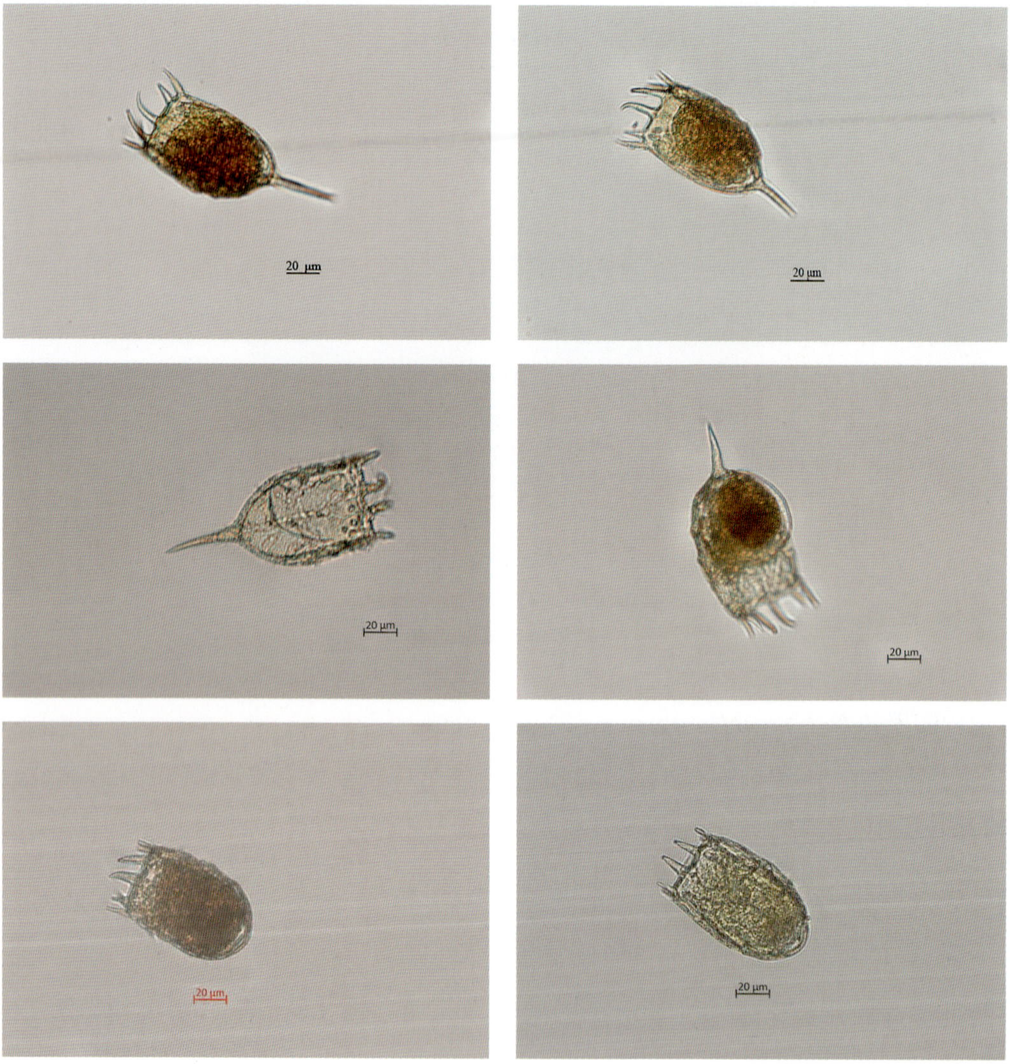

螺形龟甲轮虫

(2)曲腿龟甲轮虫 *Keratella valga* Ehrenberg, 1834

被甲最宽处在体中央或靠近体前端。有前棘刺 3 对,后棘刺 1 对,棘刺一般不等长。后棘刺的长度变化很大,由长度相差不大到有一侧棘刺几乎完全退化。背甲中央有 2 个封闭的六边形龟板，末端无方形的中央小甲片，有分叉的龟纹。

广温性浮游轮虫。

采集地：孤山、丹江口水库、三峡水库、洞庭湖。

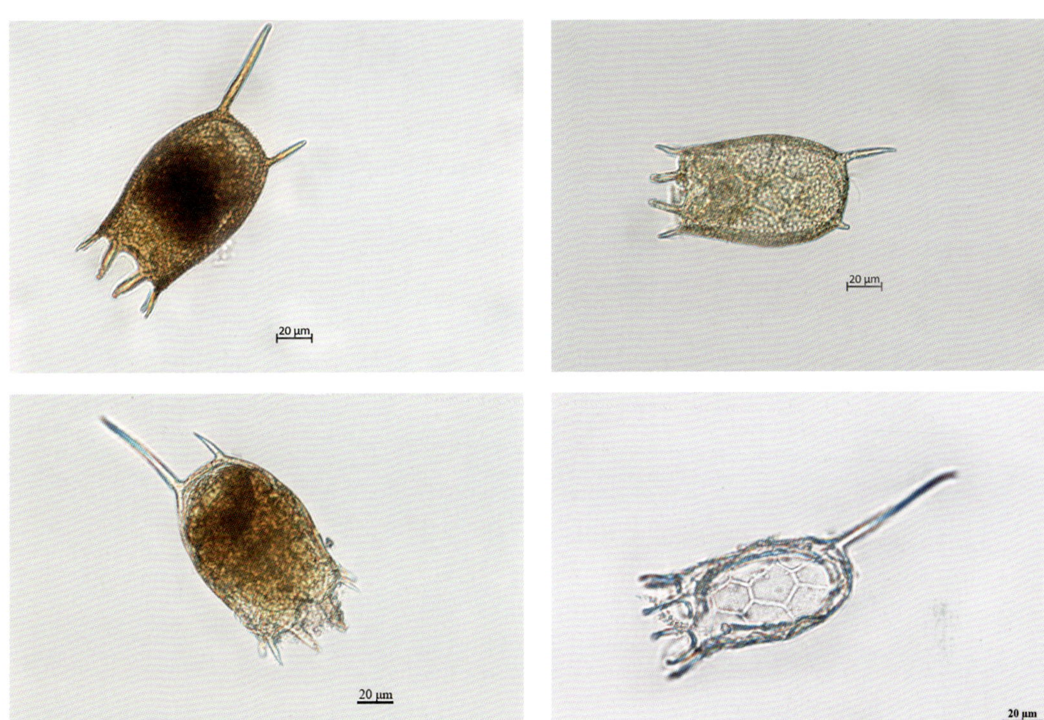

曲腿龟甲轮虫

(3)矩形龟甲轮虫 *Keratella quadrata* Müller，1786

被甲最宽处在体后端。前端的中央有 2 个全封闭的六边形龟板，最后端中央的龟板末端不封闭，末端有两侧线，后端有 1 对等长或不等长的棘刺。

分布广泛，为常见的种类。

采集地：赤水河、丹江口水库、孤山、巢湖。

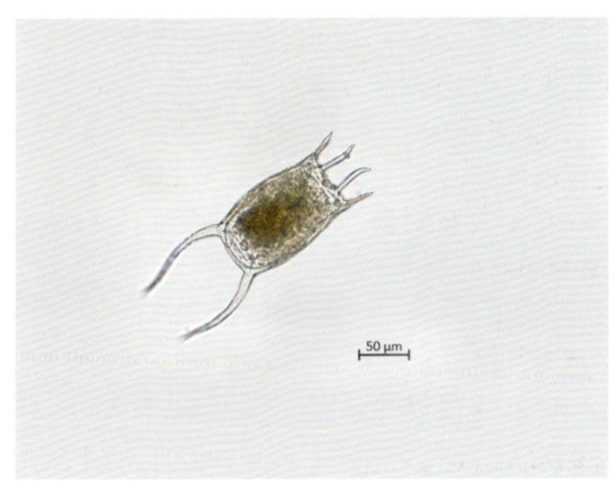

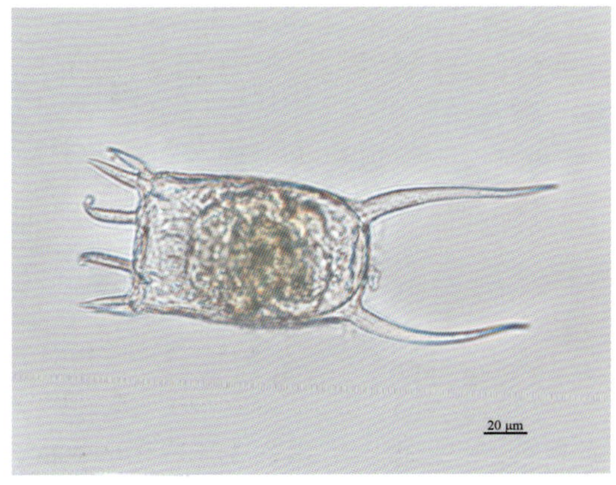

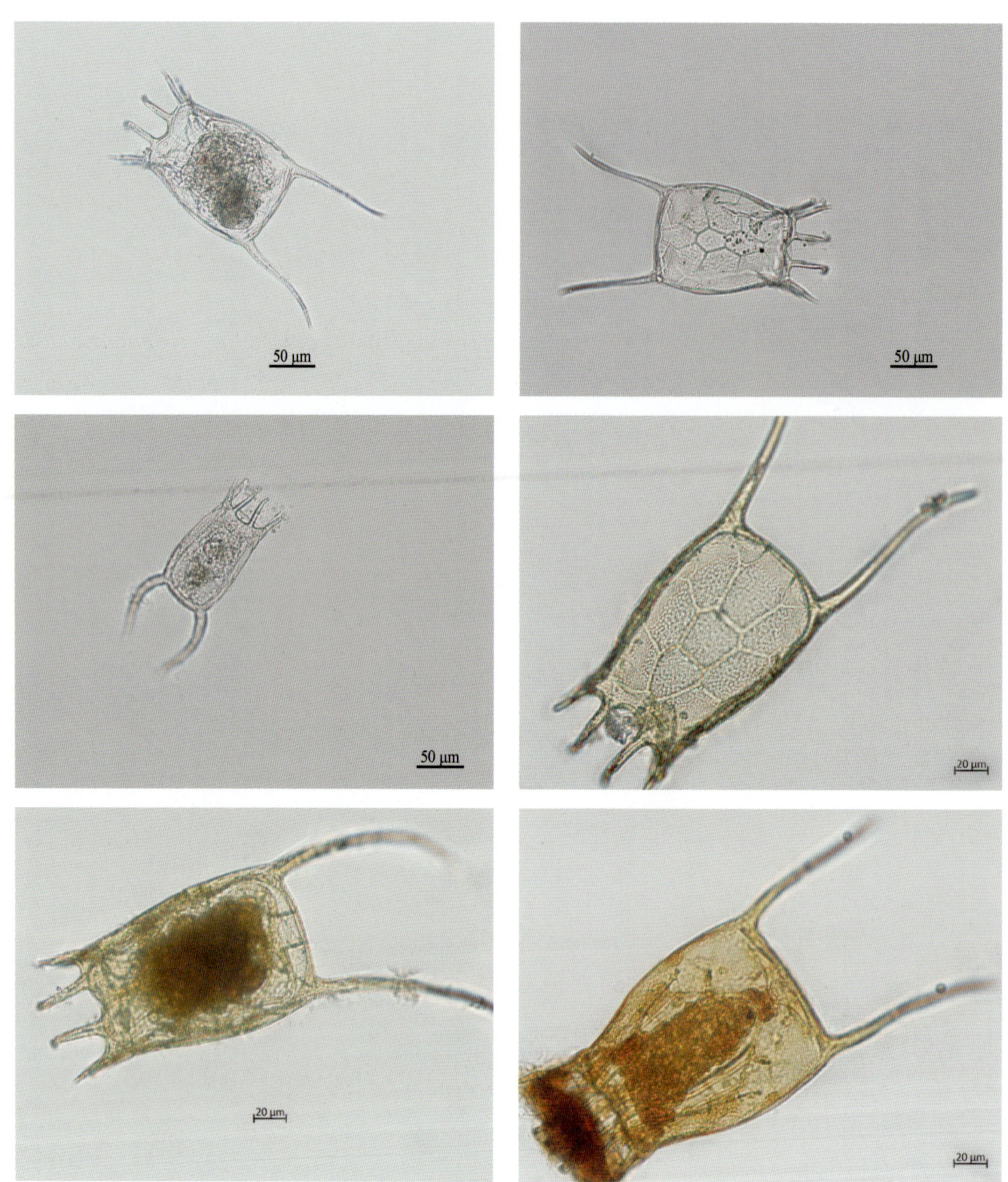

矩形龟甲轮虫

5. 叶轮属 *Notholca* Gosse，1886

咀嚼器槌型。被甲前端有6个棘刺，长度相差不大且对称，后端浑圆或形成一突出短柄。

大部分是广盐性和狭冷性的种。

采集地：丹江口、青海、赤水河。

种检索表

1(6)被甲宽阔

2(3)被甲后端浑圆无突起 ································ 鳞状叶轮虫 *Notholca squamula*

3(2)被甲后端形成或大或小的舌状突起或柄

4(5)被甲略呈卵圆形，前端两侧的棘刺伸向前方 ············ 唇形叶轮虫 *Notholca labis*

5 (4)被甲呈长方形，前端外侧棘刺伸向两侧，几乎呈水平状 ································ 洞庭叶轮虫 *Notholca dongtingensis*

6(1)被甲纵长，体后端的突起宽而圆钝·················· 尖削叶轮虫 *Notholca acuminata*

(1)鳞状叶轮虫 *Notholca squamula* Müller，1786

被甲透明，呈宽阔的卵圆形，被甲后端浑圆无突起，前端有 3 对几乎等长的棘刺，侧棘刺较尖，且不向腹面弯转。

采集地：西藏。

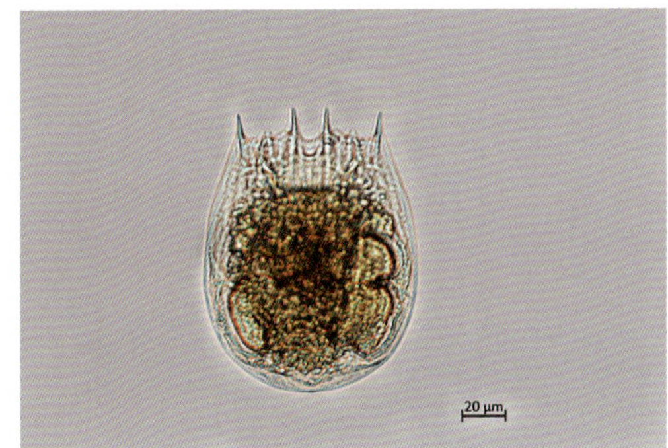

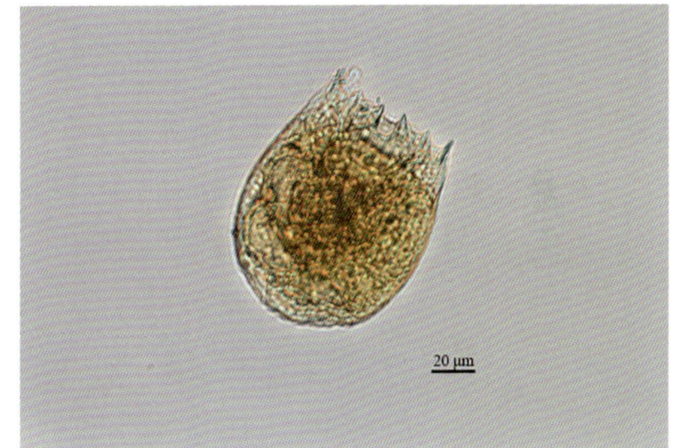

鳞状叶轮虫

(2)唇形叶轮虫 *Notholca labis* Gosse，1887

被甲前端有 6 个棘刺，中间一对最发达，前端侧棘刺伸向前方。被甲透明，略呈卵圆形，长约为宽的 2 倍。背面凸出，腹面扁平。尾突起基部较窄，远端或多或少有加宽。

常见的浮游性轮虫，分布广泛。

采集地点：丹江口水库。

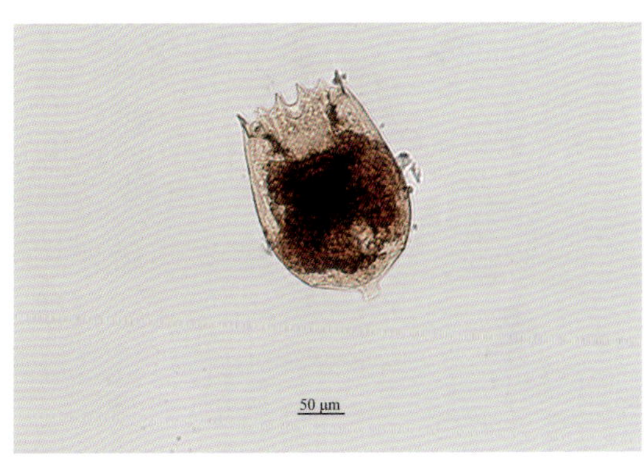

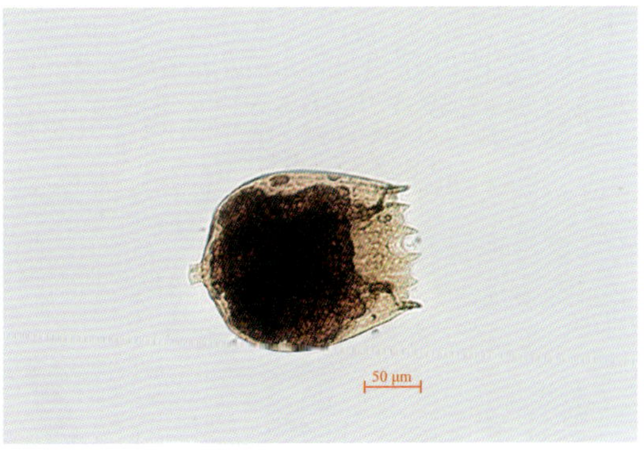

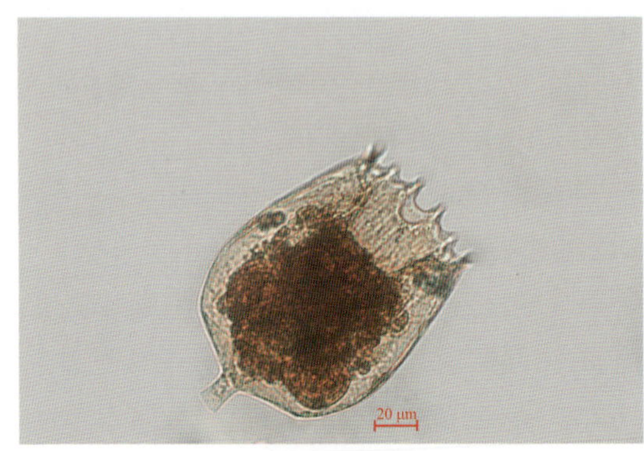

唇形叶轮虫

(3)洞庭叶轮虫 *Notholca dongtingensis* Zhuge,Kutikova *et* Sudzuki, 1998

咀嚼器槌型。被甲呈长方形,表面光滑,无纵长条纹;背甲的前端边缘有 6 个棘刺,均短而尖,前端外侧棘不伸向前方,而是非常明显地向两侧伸展,几乎呈水平状,腹甲前缘有 6 个波浪状突起,其中央的一个凹陷最宽,腹甲后缘有圆形突起,有时该突起延伸出体末端,背甲后缘有一柄状突起,基部窄,末端宽。

采集地:丹江口水库。

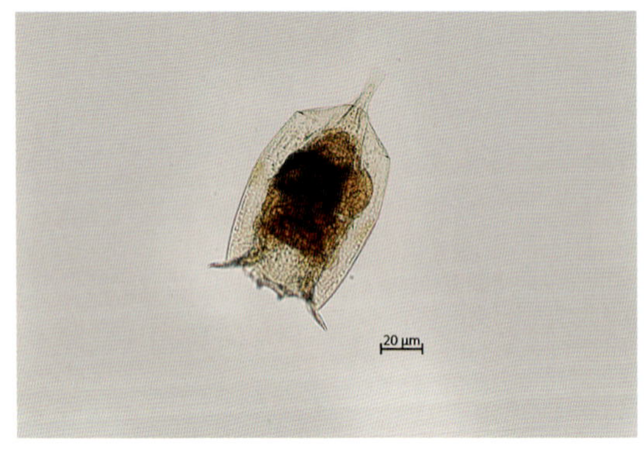

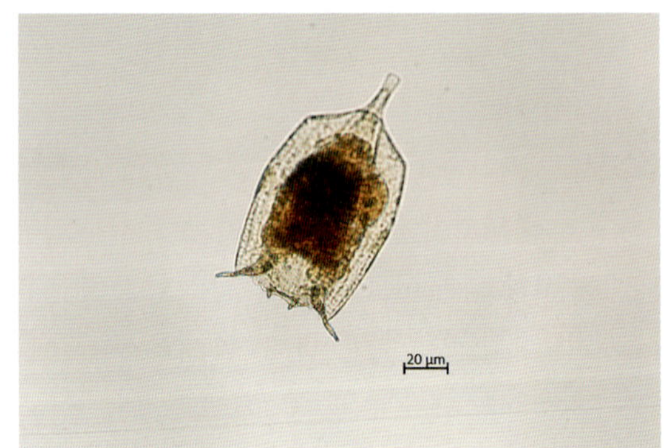

洞庭叶轮虫

(4)尖削叶轮虫 *Notholca acuminata* Ehrenberg, 1832

被甲透明,整体纵长,被甲前端有 3 对棘刺,亚中央棘刺最短。身体末端尖削,逐渐变窄形成一柄状尾突起,基部一般比末端稍宽。

采集地点:西藏。

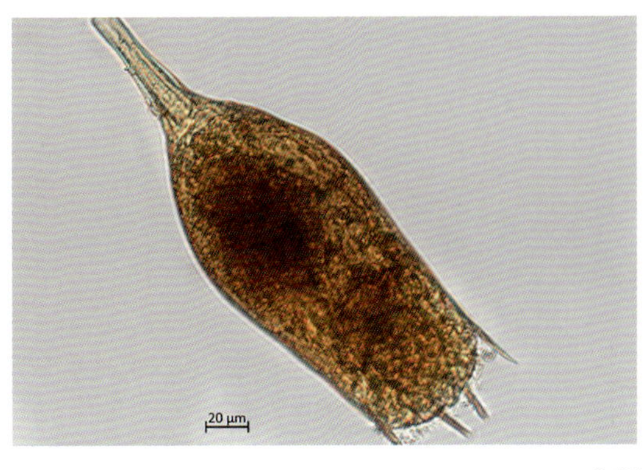

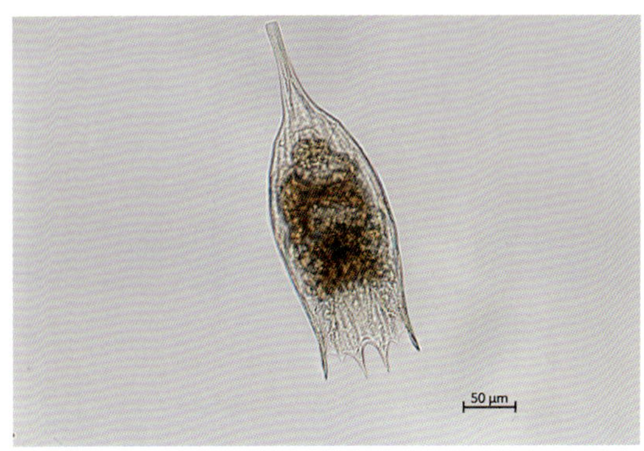

尖削叶轮虫

6. 龟纹轮属 *Anuraeopsis* Lauterborn，1900

咀嚼器槌型。身体舟形或卵形，背甲与腹甲愈合，两侧有柔韧的薄膜。前端边缘多呈锯齿状，无足和趾；体后端有一小而圆的泄殖腔孔口，通过该孔伸出泡状或囊状结构，且常有一细丝连着较大的卵。该属均为小型种类，分布广，大多是暖水性种。

种检索表

1(2)体呈卵形，被甲前端边缘光滑 ························ 裂痕龟纹轮虫 *Anuraeopsis fissa*

2(1)体呈舟形，被甲前端锯齿状，背甲上有棱或肋，体后缘和侧缘有龟纹结构 ·· 锯齿龟纹轮虫 *Anuraeopsis coelata*

(1)裂痕龟纹轮虫 *Anuraeopsis fissa* Gosse，1851

体呈卵形，被甲呈黄金色或褐色，是由1片腹甲和1片背甲愈合而成，两侧有柔韧的薄膜将其联络在一起。被甲前端下沉，边缘光滑，呈现"V"形凹痕迹，后端浑圆，背甲隆起而凸出，腹甲扁平。咀嚼器槌型，左右槌钩有7个或8个齿。

小型浮游动物种类，分布广。

采集地：鄱阳湖、孤山、丹江口水库。

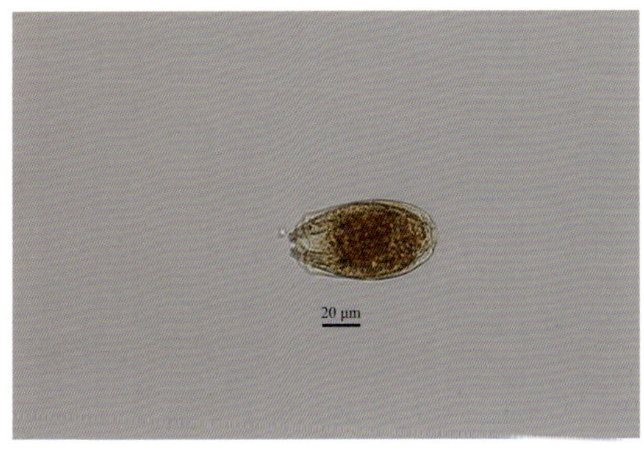

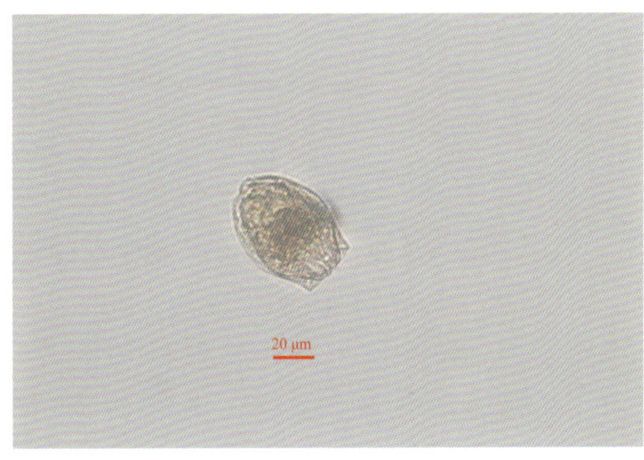

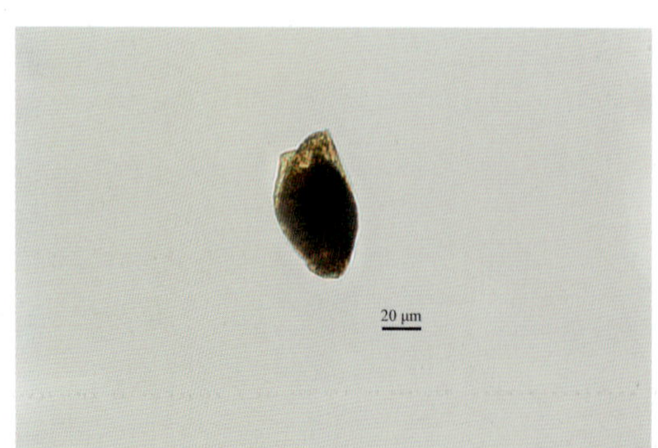

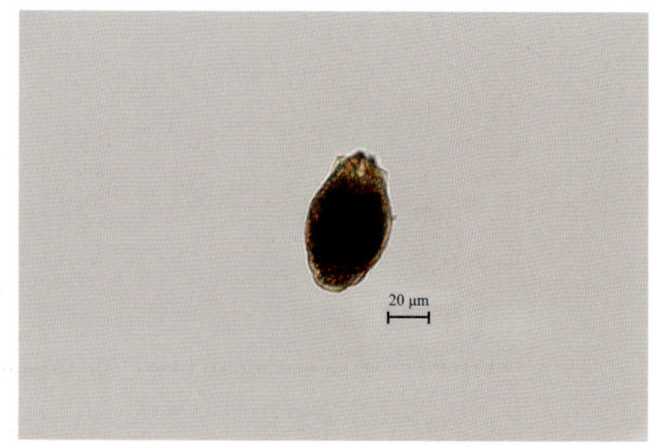

裂痕龟纹轮虫

(2)锯齿龟纹轮虫 *Anuraeopsis coelata* De Beauchamp，1932

体呈舟形，被甲前缘锯齿状，背板有肋或棱，背板上的 2 个肋脊在体后 1/3 处交接。在背甲的侧缘和后缘有龟纹结构。咀嚼器槌型。

暖水性种，分布于热带、亚热带的湖泊和池塘等水域。

采集地：云南。

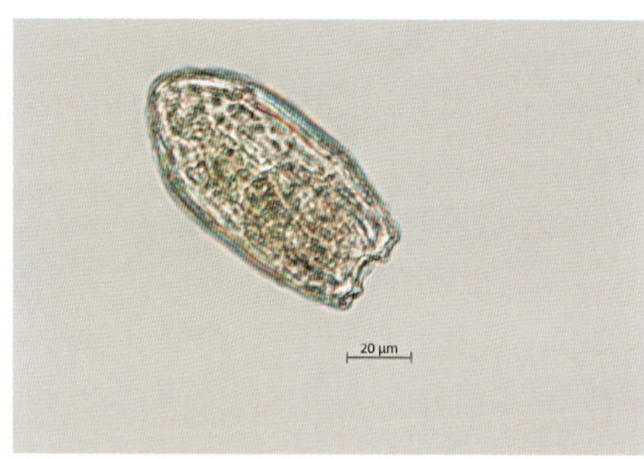

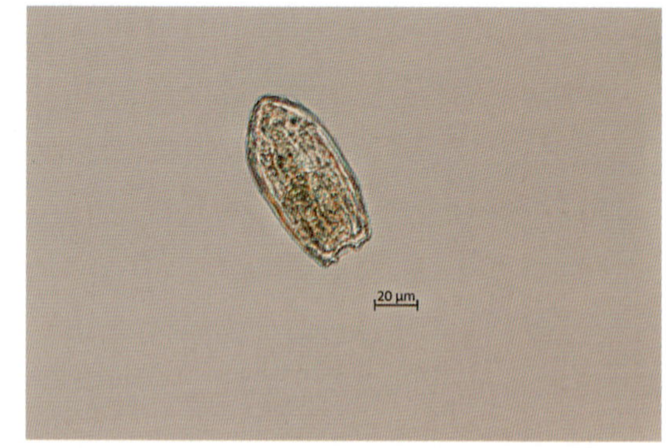

锯齿龟纹轮虫

4. 2. 2. 6　狭甲轮科 Colurellidae Bartoš, 1959

咀嚼器槌型。体有被甲，头部前端总有一掩盖头冠的半圆形或钩状的小甲片；体两侧无侧沟；腹甲后缘有足孔，趾细长而尖锐。

属检索表

1(2)被甲左右侧扁，有腹沟，无背沟，被甲是一完整的构造 ……… 狭甲轮属 *Colurella*

2(1)被甲背腹扁平，无背腹沟

3(4)头部前端的小甲片半圆形，不能收缩 ………………………… 鳞冠轮属 *Squatinella*

4(3)头部前端的小甲片钩状，能收缩 ………………………………… 鞍甲轮属 *Lepadella*

1. 狭甲轮属 *Colurella*

咀嚼器槌型。被甲左右侧扁，由两个甲片在背面愈合而成，腹面中央有腹沟，左右甲片常侧扁。侧面观前端浑圆,大多数种类后端向后瘦削,形成一钝角或尖突。头部顶端有一可收缩钩状小甲片。足3节,基节不容易被看见,趾细长而尖,长度变异。

有一定的游泳能力,生活方式以底栖为主,常出没于沉水植物之间。

采集地:丹江口水库、赤水河。

种检索表

1(2)被甲侧面观圆钝,趾相对短,总是弯曲 …………… 钝角狭甲轮虫 *Colurella obtusa*

2(1)被甲侧面观大多纵长,后端钝或具变异的尖突

3(4)被甲较粗壮,后端两旁的棘突显著地突出在末端,趾短 ……………………………………………………………………………… 钩状狭甲轮虫 *Colurella uncinata*

4(3)被甲末端较狭长,后端两旁有角状突起尖,趾长 ……………………………………………………………………………… 爱德里亚狭甲轮虫 *Colurella adriatica*

(1)钝角狭甲轮虫 *Colurella obtusa* Gosse, 1886

短而粗壮的小型个体,被甲侧面观圆钝,后面宽,不形成两个尖角。趾相对短,总是弯曲。

钝角狭甲轮虫

(2)钩状狭甲轮虫 *Colurella uncinata* Müller, 1773

被甲侧扁,侧面观前半部显著地隆起而突出,后端细削形成一尖锐粗壮的顶。

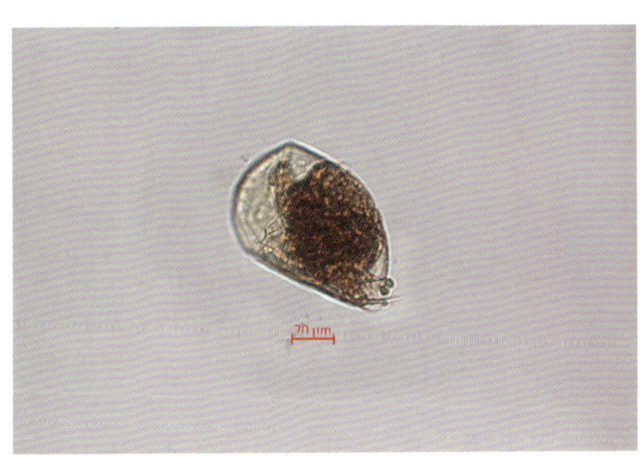

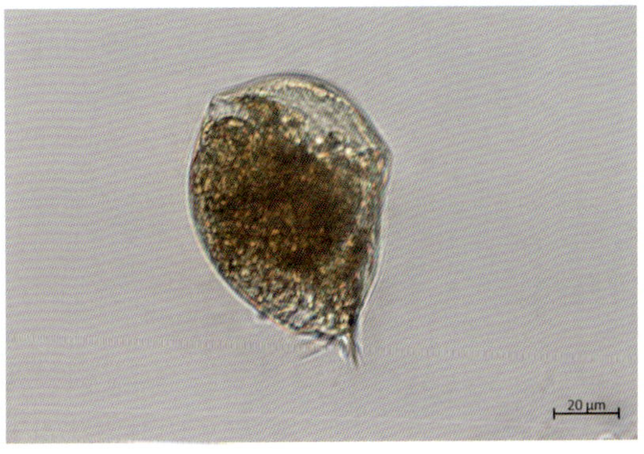

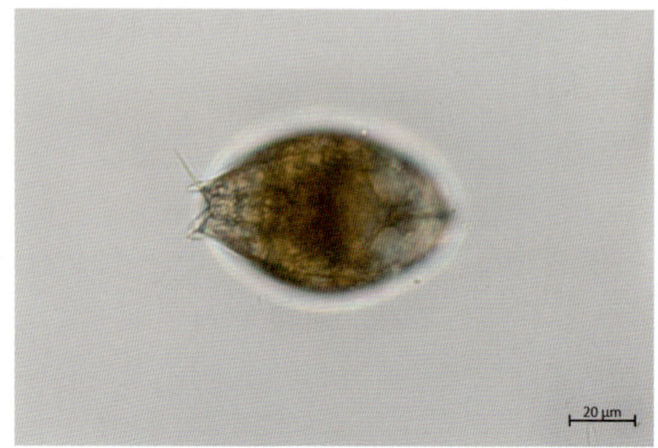

钩状狭甲轮虫

(3)爱德里亚狭甲轮虫 *Colurella adriatica* Ehrenberg，1831

被甲末端两旁有角状突起尖。腹有裂缝，其前端 1/3 处为头冠伸出处，后端 1/3 处为足伸出处。

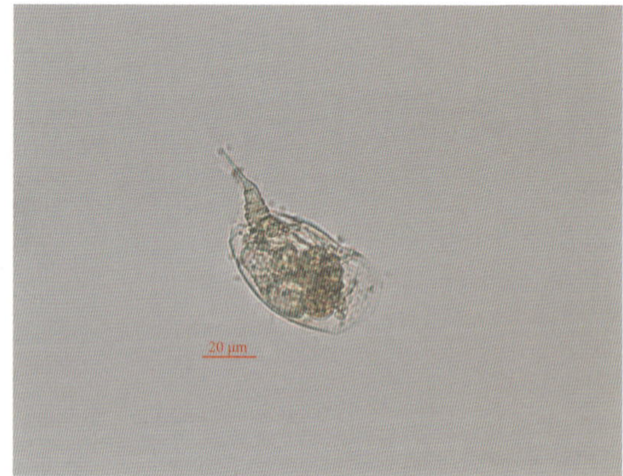

爱德里亚狭甲轮虫

2. 鳞冠轮属 *Squatinella* Bory de St. Vincent，1826

咀嚼器槌型。头部前端具一个半圆形薄而透明的盾状甲片，不能收缩。背甲光滑或有 1～2 根很长的背刺，后端浑圆，或形成缺刻，或有 2～3 根后刺。

生活方式以底栖为主，常出没于沉水植物和有机碎屑之间。

(1)薄片鳞冠轮虫 *Squatinella lamellaris* Müller，1786

咀嚼器槌型。头部和头冠前端有一个半圆形宽阔的盾状冠甲，冠甲薄而透明，头和躯干之间有一紧缩的颈。背面有 3 个尖锐的、形态基本相同的齿，被甲后端常具 2 根稍短侧后棘刺。足 3 节，足末端有 1 根细长的刺。

该种营底栖生活。

采集地：丹江口水库。

薄片鳞冠轮虫

3. 鞍甲轮属 *Lepadella* Bory de St. Vincent，1826

咀嚼器槌型。被甲背腹扁平，腹甲和背甲的除前端孔口和后端的足孔以外，四周边缘完全愈合在一起。被甲前端有明显的颈圈，头部前端的小甲片。足 3 节，趾 1 对，细而尖，等长或不等长。

采集地：洞庭湖、江西、丹江口水库、三峡水库。

种检索表

1(2)背甲上具有棱脊或龙骨突起，后端有一向后伸展的尖尾突出 ……………………………………………………………… 尖尾鞍甲轮虫 *Lepadella acuminata*

2(1)背甲上不具有棱脊或龙骨突起

3(4)背甲略拱起，腹甲扁，足孔呈卵圆形……………… 卵形鞍甲轮虫 *Lepadella ovalis*

4(3)被甲横切面凸出，呈半圆形拱起，后端圆钝无棘，头孔前端形成凹窦 ……………………………………………………………… 盘状鞍甲轮虫 *Lepadella patella*

(1)尖尾鞍甲轮虫 *Lepadella acuminata* Ehrenberg，1834

被甲卵圆形，背甲后端有一向后伸展的锐尖尾形突出，足孔末端两侧不延伸成棘突。

采集地：丹江口水库。

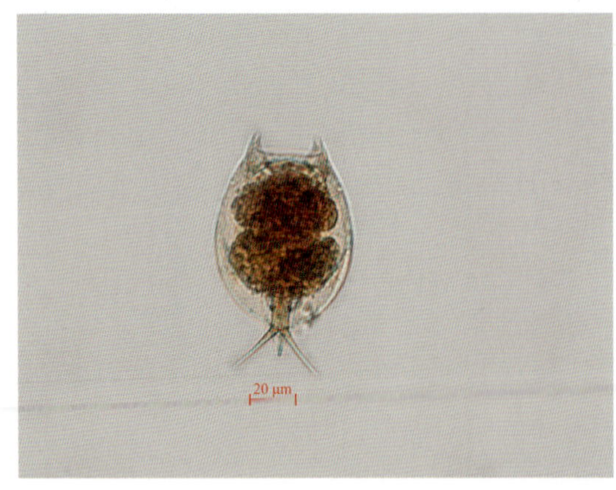

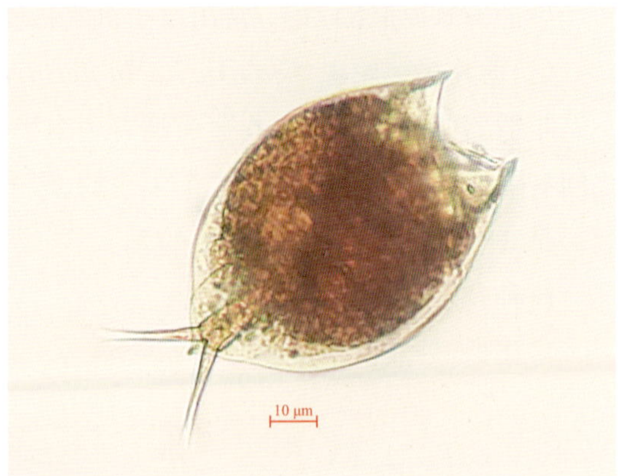

尖尾鞍甲轮虫

(2)卵形鞍甲轮虫 *Lepadella ovalis* Müller，1786

咀嚼器槌型。背甲略拱起，腹甲扁平，横切面略棱形。背凹窦呈"U"形，两侧缘稍向内弯，腹凹比背凹大且深，前端孔口较小。足孔有变异，呈卵圆形，足粗壮，第三足节至少有一部分总是在背甲之外，趾 1 对，长度一般，末端尖削。

采集地：丹江口水库、太平溪、滇池、江西。

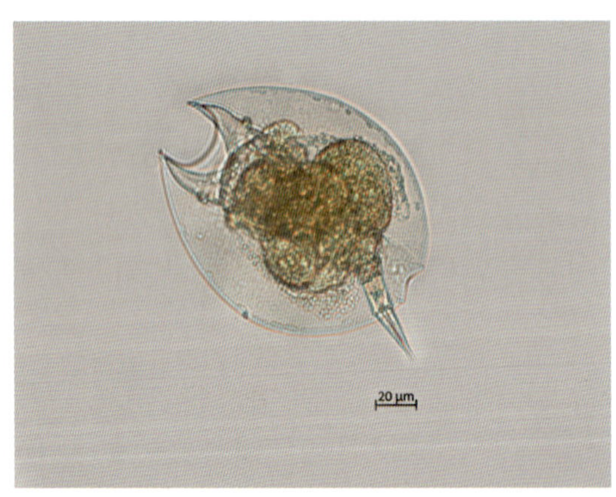

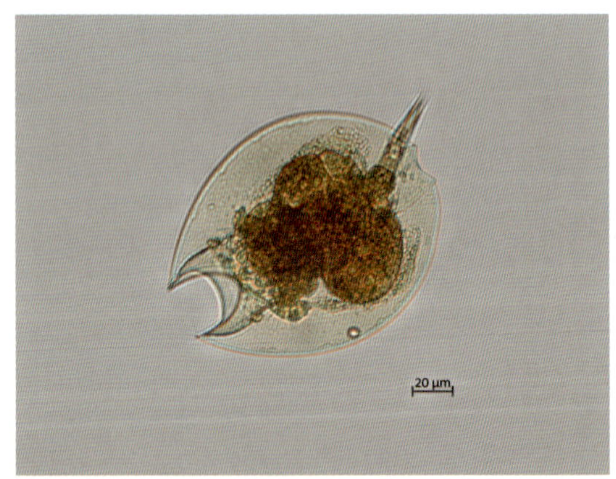

卵形鞍甲轮虫

(3)盘状鞍甲轮虫 *Lepadella patella* Müller，1786

咀嚼器槌型。背甲显著隆起，腹面扁平，横切面呈半圆形。与卵形鞍甲轮虫相比，盘状鞍甲轮虫前端孔口较大，背凹窦是宽阔的"U"形，腹凹近似"V"形。足孔卵圆形或长方形，长大于宽，两侧尖削。

采集地：丹江口水库、太平溪、江西。

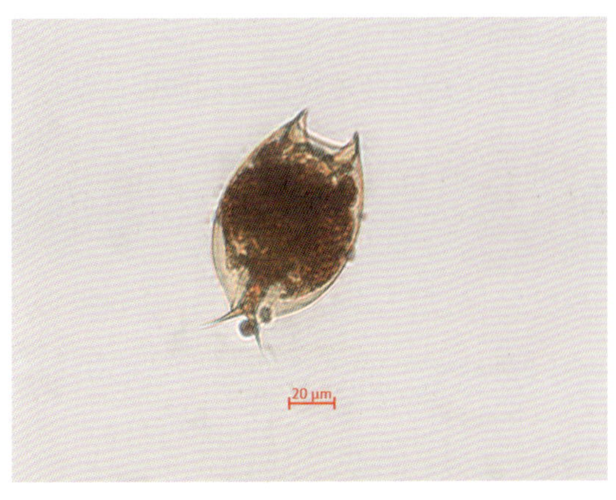

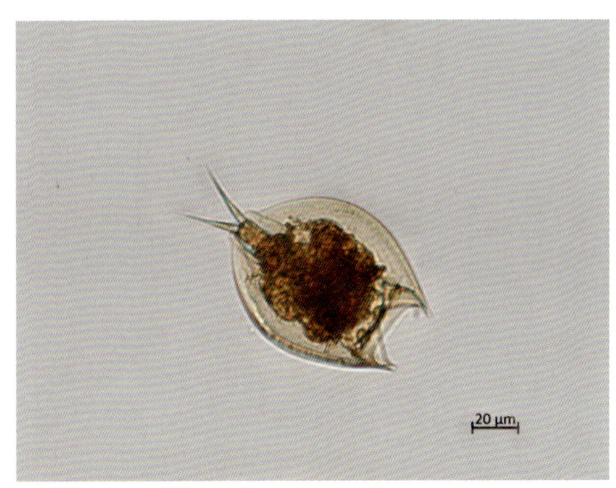

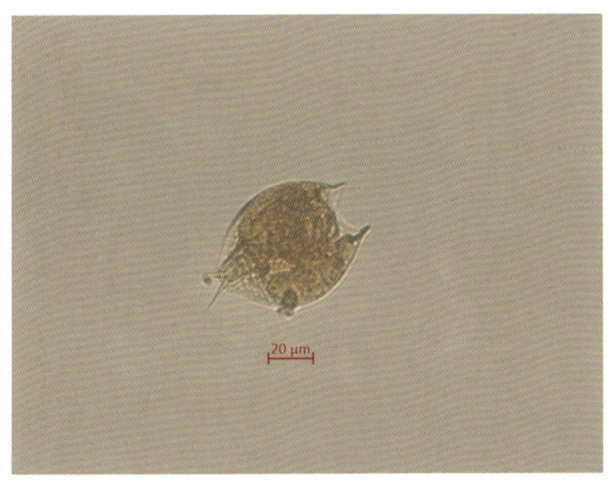

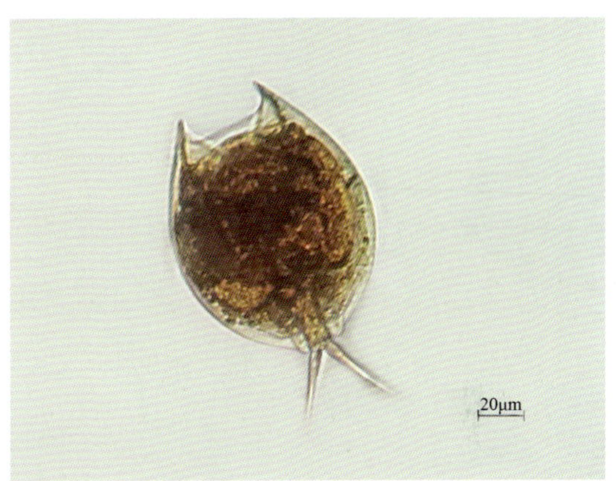

盘状鞍甲轮虫

4.2.2.7 棘管轮科 Mytilinidae Bartoš, 1959

咀嚼器槌型。体一般有坚厚的被甲。背板中央具或高或低的龙骨状隆棘贯穿,或背甲中央显著地裂开,形成一纵长的脊沟。有的种类被甲前后两端有棘刺,有的没有,足 2～3 节。

属检索表

1(2)背甲中央显著地裂开,形成一纵长的背沟,趾长 ················ 棘管轮属 *Mytilina*

2(1)背甲中央无背沟,只有一条龙骨状的脊贯穿,趾短 ········ 细脊轮属 *Lophocharis*

1. 棘管轮属 *Mytilina*

被甲有厚有薄,被甲横截面为圆形或三棱形,前后两端有棘刺或无棘刺。背甲中央显著裂开形成一纵长的背沟。趾硬或柔软弯曲。

种检索表

1(2)被甲前端只有腹面的一对短棘刺 ···················· 腹棘管轮虫 *Mytilina ventralis*

2(1)被甲前端无棘刺,边缘有褶横,背沟脊凹入 ······ 凹脊棘管轮虫 *Mytilina bisulcata*

(1)腹棘管轮虫 *Mytilina ventralis* Ehrenberg，1832

被甲前端只有腹面的一对短棘刺。被甲后端有 3 个比较长的棘刺，1 对腹后棘刺很长；1 个单独的后背棘刺比较短。咀嚼器槌钩形。

常见种，底栖习性为主，出没于沉水植物之间。

采集地：洞庭湖、丹江口水库、鄱阳湖、草海。

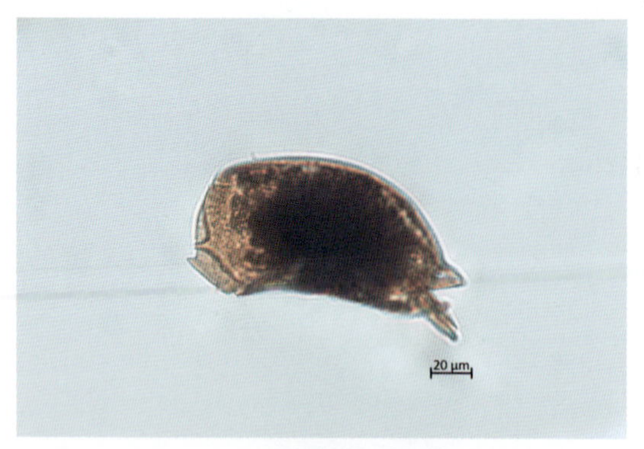

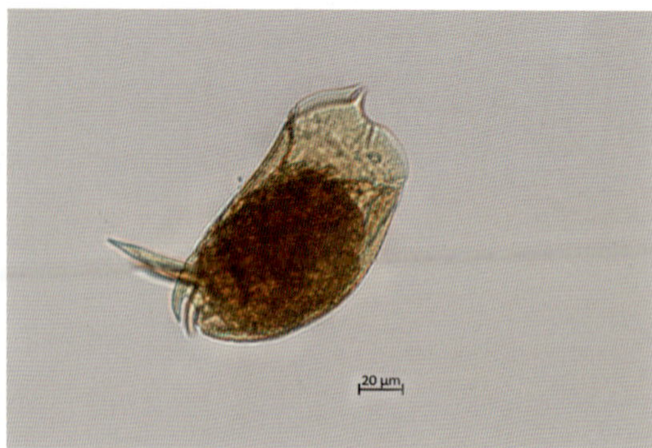

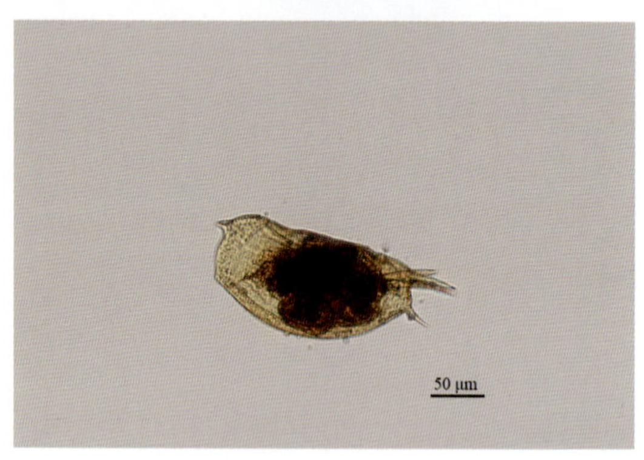

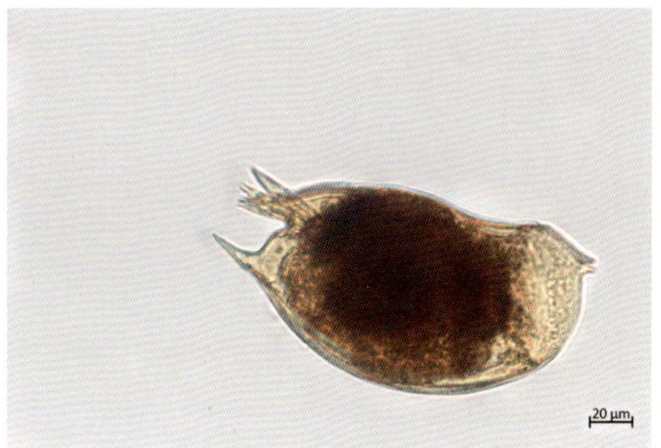

腹棘管轮虫

(2)凹脊棘管轮虫 *Mytilina bisulcata* Lucks, 1912

被甲前端边缘有褶横;横切面圆形;被甲薄而透明;前后端无棘刺;趾细长而直。

采集地:鄱阳湖。

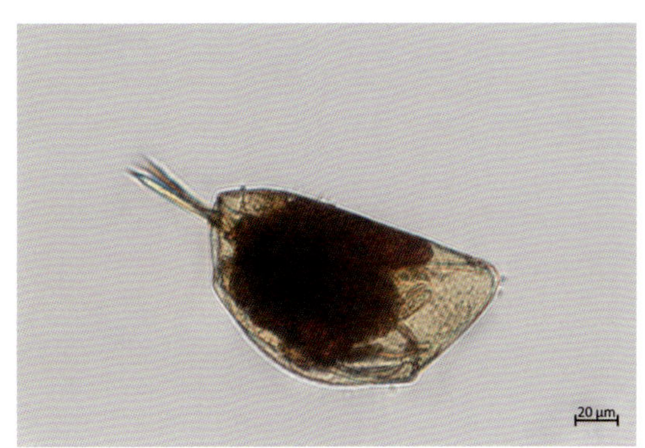

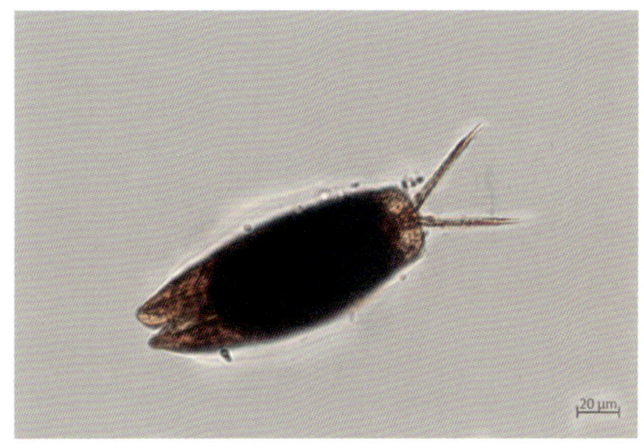

凹脊棘管轮虫

2. 细脊轮属 *Lophocharis* Ehrenberg, 1838

咀嚼器槌型。被甲为一整套坚硬的匣状结构。背甲中央有一龙骨状的脊,纵贯于背部中央。足3节,趾1对,短而尖削。

种检索表

1(2)被甲前缘锯齿状,背中央脊具横褶 ………… 管板细脊轮虫 *Lophocharis salpina*

2(1)被甲前端不呈锯齿状,背面头孔呈"V"形,腹面头孔呈"U"形,背中央脊的两侧有一些纵褶纹 ………………………………………………… 平滑细脊轮虫 *Lophocharis naias*

(1)管板细脊轮虫 *Lophocharis salpina* Ehrenberg, 1834

咀嚼器槌型。背面和腹面隆起而凸出。被甲前缘锯齿状,足孔卵圆形或心形,足3节长且粗,趾1对较短。

采集地:丹江口水库。

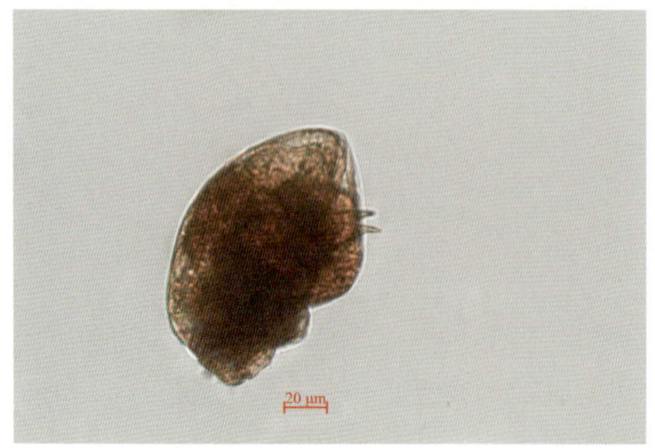

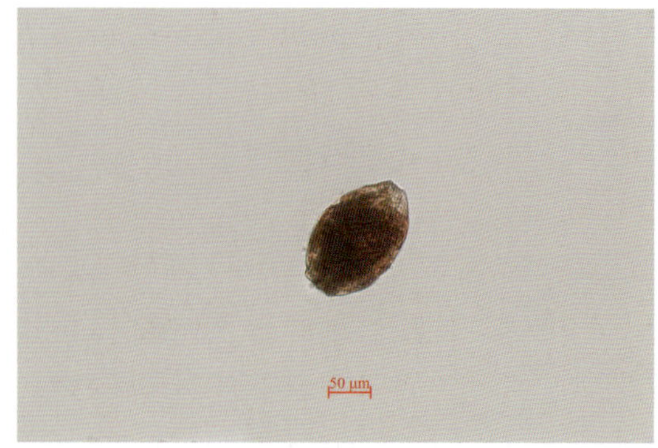

管板细脊轮虫

(2)平滑细脊轮虫 *Lophocharis naias* Wulfert，1942

咀嚼器槌型。被甲表面光滑或轻微饰以颗粒状的小突起，在中央脊的两侧有一些纵褶纹，背甲中央脊明显，但没有管板细脊轮虫那样发达。头孔在被甲前端背面呈现“V”形，腹面呈“U”形。

采集地：丹江口水库、贵州。

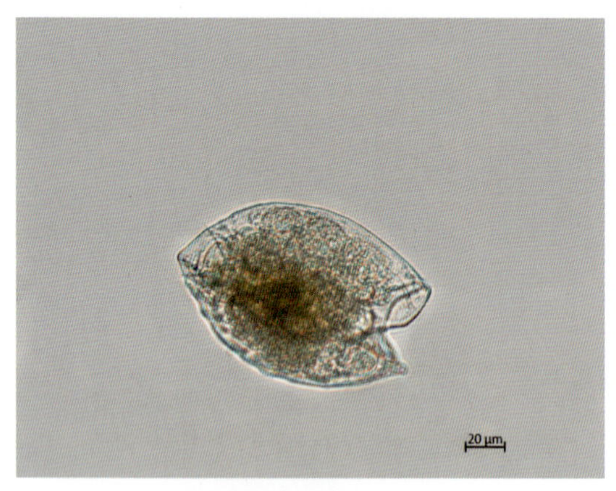

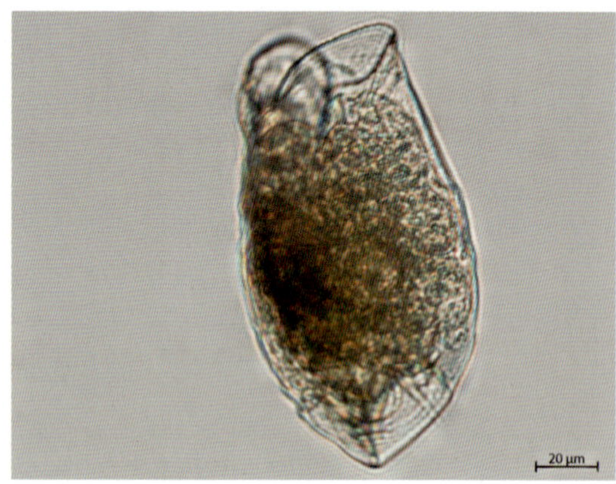

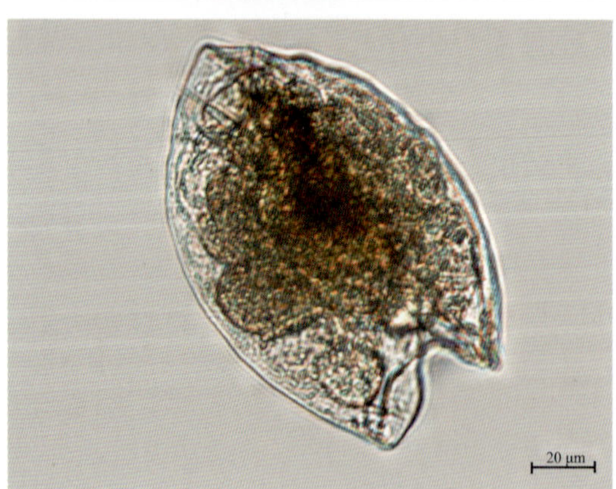

平滑细脊轮虫

4.2.2.8 须足轮科 Euchlanidae Bartoš, 1959

咀嚼器槌型。被甲由一块背甲和一块腹甲愈合而成,形成纵长的侧沟和后侧沟。背甲与腹甲之间由一薄而柔韧的皮层相连接。

属检索表

1(2)背甲表面浅凹,明显窄于腹甲 ………………………… 迭须足轮属 *Dipleuchlanis*

2(1)背甲隆起,背甲大于腹甲,侧沟较窄,中间无纵长的突起 …… 须足轮属 *Euchlanis*

1. 迭须足轮属 *Dipleuchlanis de* Beauchamp, 1910

背甲窄于腹甲;足三节;趾长,杆状,末端有时膨大或肿起。

(1)豁背迭须足轮虫 *Dipleuchlanis propatula* Gosse, 1886

被甲呈卵圆形,前端边缘平直,后端浑圆。背甲背面下沉凹入,比腹甲小,背甲后端明显地比腹甲狭,且逐渐向后瘦削,到了末端形成一钝角。腹甲比背甲大。背甲与腹甲之间有一个很深的纵长的侧沟。头冠须足轮型,斜向腹面。趾一对,细长,长度一般为被甲长度的2/3,但有可能变化较大,趾尖而两侧平行。

采集地:漳江。

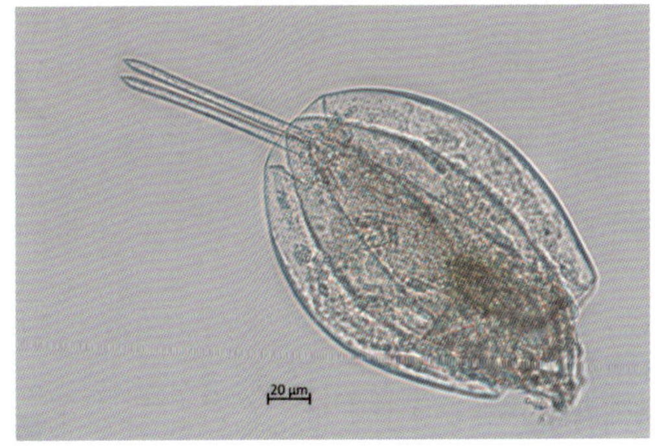

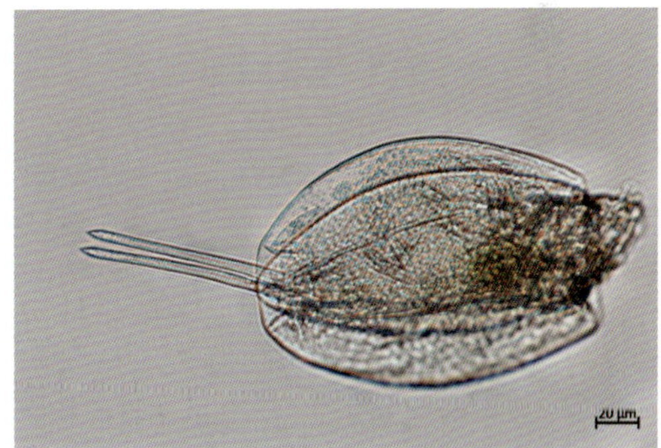

豁背迭须足轮虫

2. 须足轮属 *Euchlanis* Ehrenberg, 1832

咀嚼器槌型。被甲由一片背甲和一片腹甲愈合而成,腹甲一般窄于背甲,侧沟较窄,中间无纵长的突起。头冠须足轮型。

采集地:洞庭湖、滇池、鄱阳湖。

种检索表

1(2)背甲后端深深地凹入,形成"V"形或"U"形缺刻,足和趾细长,趾长约为背甲长的1/3 ……………………………………………………… 大肚须足轮虫 *Euchlanis dilatata*

2(1)背甲后端不形成缺刻或只有浅凹,背甲在中部两侧有缢缩,两侧翼膜超过侧缘 ………………………………………………………… 梨形须足轮虫 *Euchlanis pyriformis*

(1)大肚须足轮虫 *Euchlanis dilatata* Ehrenberg，1832

背甲前端边缘明显下沉，形成凹陷，后端浑圆，中央凹入，形成“V”形或“U”形缺刻，两侧透明。足 2 节，趾 1 对。

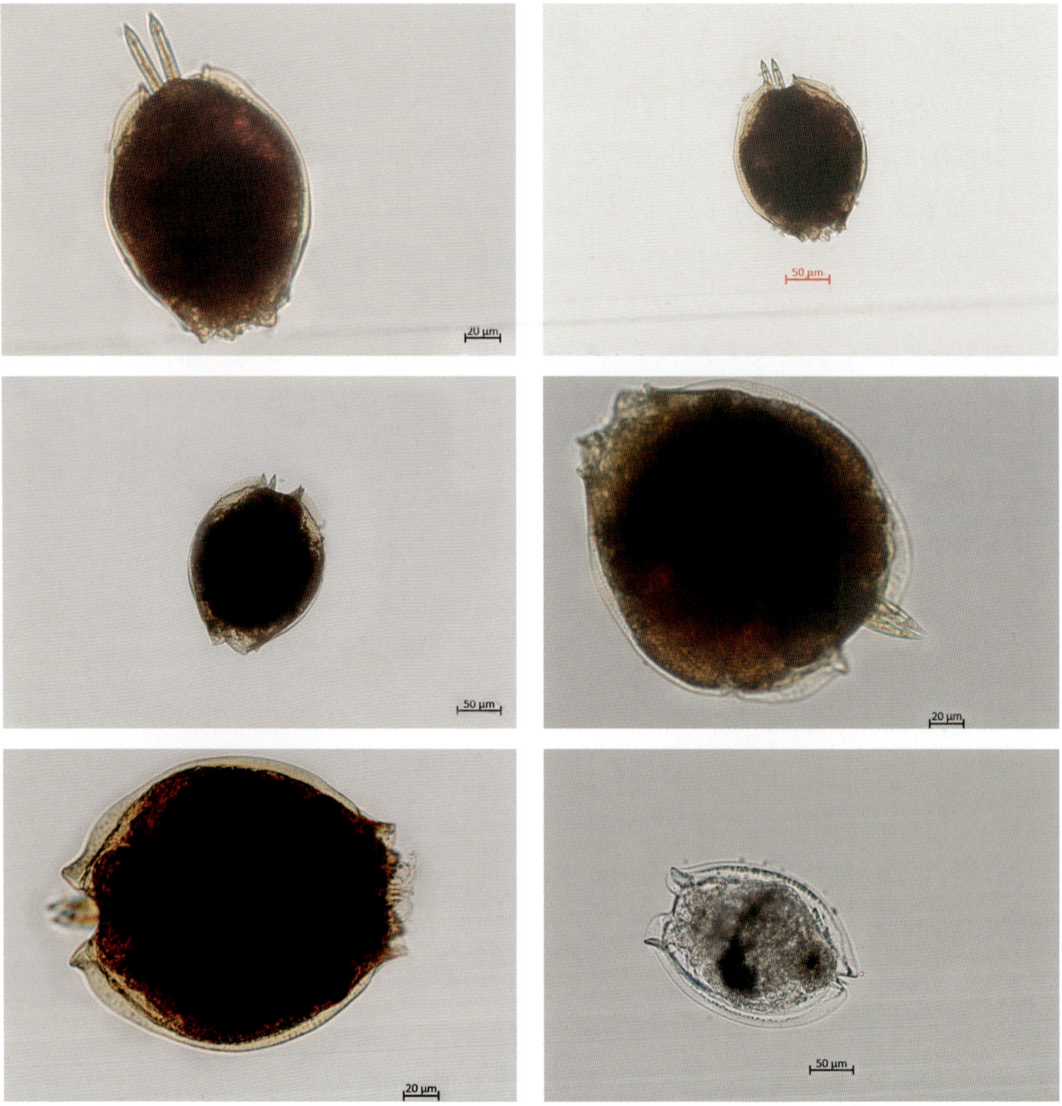

大肚须足轮虫

(2)梨形须足轮虫 *Euchlanis pyriformis* Gosse，1851

背甲后端不形成缺刻或只有浅凹。腹板退化或膜状，背甲在中部两侧有缢缩，两侧翼膜超过侧缘。从横切面看，背甲隆起呈弓形，两侧边缘向内旋转，形成透明薄翼。

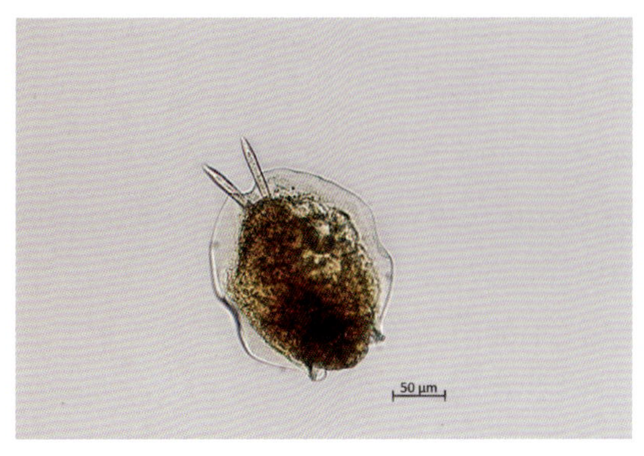

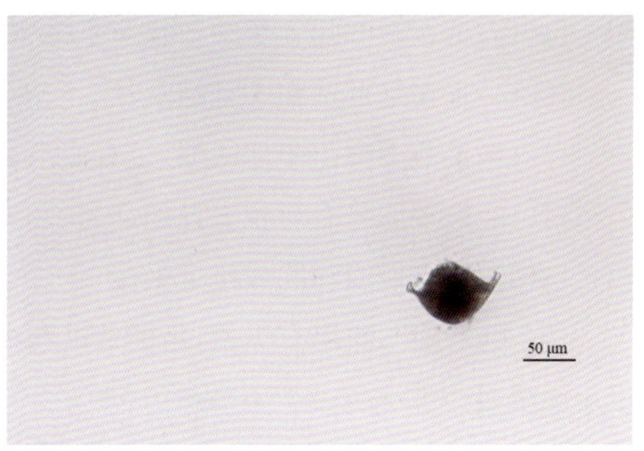

梨形须足轮虫

4.2.2.9　腔轮科 Lecanidae Bartoš, 1959

被甲呈卵圆形、长圆形或圆形，背腹面扁平，趾 1 个或 1 对，或 2 个趾部分融合。

1. 腔轮属 *Lecane* Nitzsch，1827

趾 2 个或 2 个趾部分融合，或趾完全融合成 1 个，一般有背甲和腹甲，极少数种类没有真正的被甲。

种检索表

1(26)趾 2 个，完全分离

2(9)趾末端很尖削，没有爪或假爪的存在

3(4)被甲前端两侧外角浑圆呈钝角状，趾逐渐变细，足节在两侧有乳状突起，趾形状很特殊……………………………………………………………… 矮小腔轮虫 *Lecane nana*

4(3)被甲前端两侧外角各形成一个尖刺或齿

5(6)足节不突出于体末端，足板后缘浑圆

6(5)背甲前端窄于腹甲，趾在中部由外侧突然削尖 …… 莱韦腔轮虫 *Lecane levistyla*

7(8)背甲前端与腹甲等宽 ……………………………… 显志腔轮虫 *Lecane signifera*

8(7)足节不突出于体末端，足板后缘有突起 …………… 罗氏腔轮虫 *Lecane ludwigii*

9(2)趾末端有爪或假爪

10(13)被甲前端两侧外角浑圆或成钝角，腹甲没有长褶，横褶完全或不完全，足上节宽，末端圆，趾具假爪，大型种类

11(12)腹甲前端中央有一浅而宽的凹痕，前端两侧各有 1 个隆起的圆片 ……………
……………………………………………………… 凹顶腔轮虫 *Lecane papuana*

12(11)腹甲前端中央有一浅凹陷，前端两侧无圆形隆起 …… 爱沙腔轮虫 *Lecane elsa*

13(10)被甲前端两侧外角各形成一个尖刺或齿

14(15)爪在基部膨大呈结节状…………………………………… 矛趾腔轮虫 *Lecane hastata*

15(14)爪在基部不膨大呈结节状

16(17)足节不突出于体末端,趾有假爪

17(18)腹甲后缘有形状变异的突起 ………………………… 尾片腔轮虫 *Lecane leontina*

18(25)腹甲后缘浑圆或接近平截

19(20)背甲与腹甲有纵褶,足前节末端中央形成小突,小型种类,头孔前缘稍微外凸,腹甲后缘平截………………………………………………………………… 柔韧腔轮虫 *Lecane flexilis*

20(19)腹甲上没有纵褶,足前节末端圆,大型种类

21(22)假爪长于 20μm ……………………………………… 蹄形腔轮虫 *Lecane ungulata*

22(21)假爪短于 20μm

23(24)背甲前端边缘比腹甲窄很多,头孔边缘凹成半月形,前端棘刺一般呈微小尖头,不向内弯曲 …………………………………………………………………… 月形腔轮虫 *Lecane luna*

24(23)背甲前端边缘仅稍窄于腹甲,头孔边缘平直或轻微内凹,前端棘刺较尖且向内弯转 ……………………………………………………………… 弯角腔轮虫 *Lecane curvicornis*

25(18)足节突出体末端,趾具假爪,假爪小弯曲,足节长 …… 棘腔轮虫 *Lecane stichaea*

26(1)趾 1 个,完全融合

27(28)趾末端有爪

28(29)被甲呈卵形,有时柔软,头孔有深凹陷,趾末端有假爪或附爪 ……………………………………………………………………………………… 囊形腔轮虫 *Lecane bulla*

29(28)被甲非卵圆形,被甲扁平

30(31)头孔中央有一对长而弯曲的长棘,腹甲前缘形成深凹陷 ……………………………………………………………………………… 四齿腔轮虫 *Lecane quadridentata*

31(30)头孔背缘无棘刺

32(33)背甲稍宽于腹甲,腹缘中央有凹窦 ……………… 盔形腔轮虫 *Lecane galeata*

33(32)背甲前端窄于腹甲或与腹甲等宽

34(37)背甲中央宽于腹甲,背甲两侧在前端到达头孔边缘,趾两侧平行

35(36)趾相对短,侧沟浅,背甲与腹甲前缘平直或微凹…… 盾形腔轮虫 *Lecane scutata*

36(35)趾相对长,侧沟深,背甲与腹甲前缘形成凹窦……… 似月腔轮虫 *Lecane lunaris*

37(34)背甲在中央窄于或等宽于腹甲,头孔背缘直或外凹,腹甲前端两侧各有一短而粗壮并向内弯曲的短棘,爪短,趾基部最宽 ……………… 史氏腔轮虫 *Lecane stenroosi*

38(27)趾末端无爪,逐渐尖削

39(40)背甲与腹甲前端一样宽,头孔边缘平直或稍外凸 ……………………………………………………………………………… 梨形腔轮虫 *Lecane pyriformis*

40(39)背甲前端比腹甲窄,背甲前端两侧有棘

41(42)背甲前缘有凹痕,足节不突起于体末端 ················ 尖角腔轮虫 *Lecane hamata*

42(41)背甲前缘平直,足节突起于体末端 ················ 忝氏腔轮虫 *Lecane thienemanni*

(1)矮小腔轮虫 *Lecane nana* Murray, 1913

被甲近似圆形,前端平直无侧刺。背甲两侧略凸起,后端浑圆,整个背甲似圆形,表面光滑无刻纹,背甲长略大于宽,尾突小,后端浑圆稍微超过背甲之后。趾细长,末端尖,不向外弯曲,末端无爪。

采集地:巢湖。

矮小腔轮虫

(2)莱韦腔轮虫 *Lecane levistyla* Olofsson, 1917

背甲前端平直;中部呈弧形,宽于腹甲;后端浑圆。头孔背缘平直,腹缘轻微外凸,前端两侧有尖棘。腹甲纵长,表面光滑,横褶不完全,侧缘光滑,轻微弯曲。第一足节不明显,第二足节呈方形。趾长,两侧平直至中部,然后开始尖削,无爪。

采集地:洞庭湖。

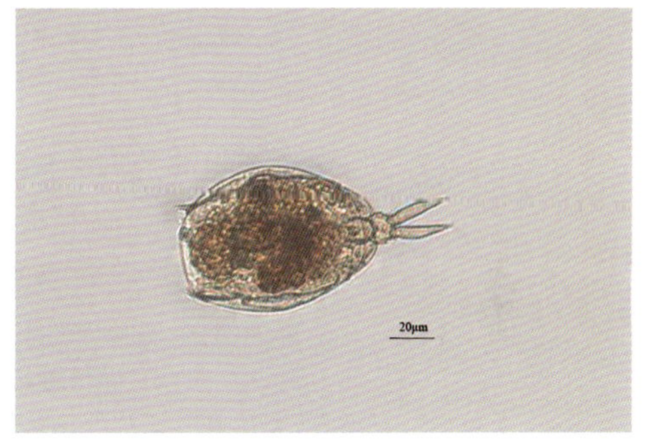

莱韦腔轮虫

(3)显志腔轮虫 *Lecane signifera* Jennings, 1896

被甲呈长椭圆形。背甲宽于腹甲,前端两侧有小棘刺。背甲与腹甲前端等宽且平直,侧缘稍呈弧形。背甲与腹甲有明显的纵行或其他规则的刻纹,刻纹向上突起,呈半圆形。尾突超过背甲末端。第二足节呈方形。趾细长无爪。

采集地:漳江。

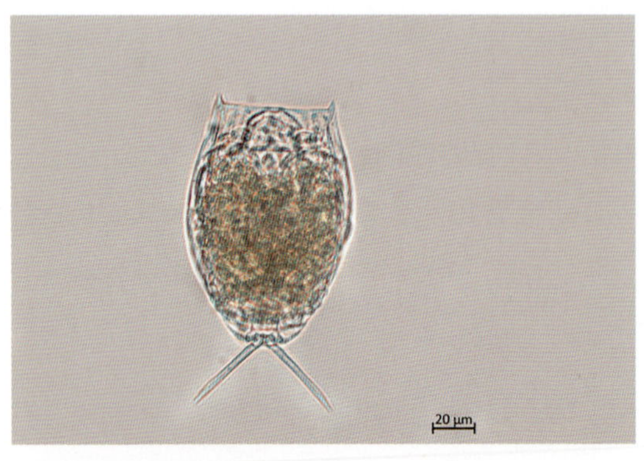

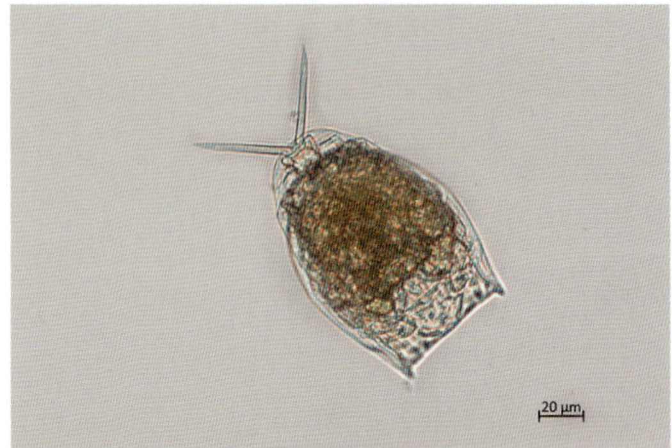

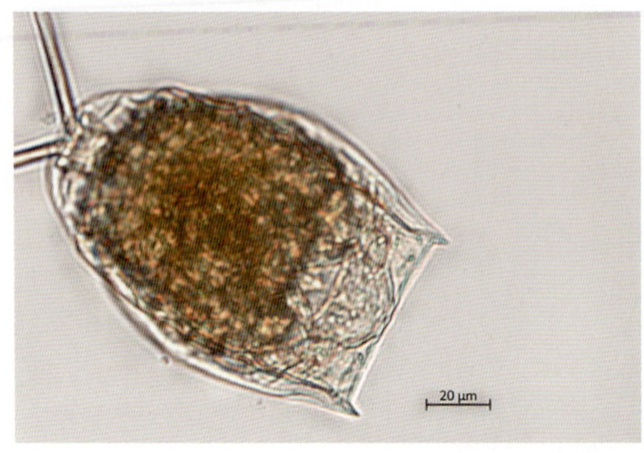

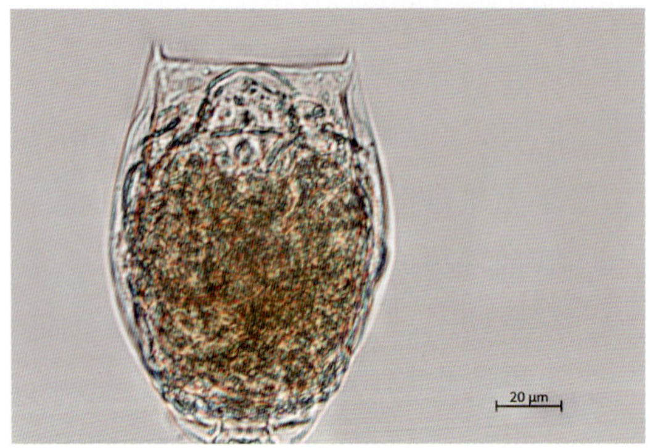

显志腔轮虫

(4)罗氏腔轮虫 *Lecane ludwigii* Eckstein, 1893

背甲和腹甲前端略凹,前端两侧角各形成1个短的粗壮尖棘刺。腹甲比背甲长,向后延伸,骤然变窄形成三角形尖刺。足2节,第一足节长,末端呈乳头状;第二足节没有突出体末端。趾1对,两侧平行,末端尖锐,无爪。

采集地:鄱阳湖。

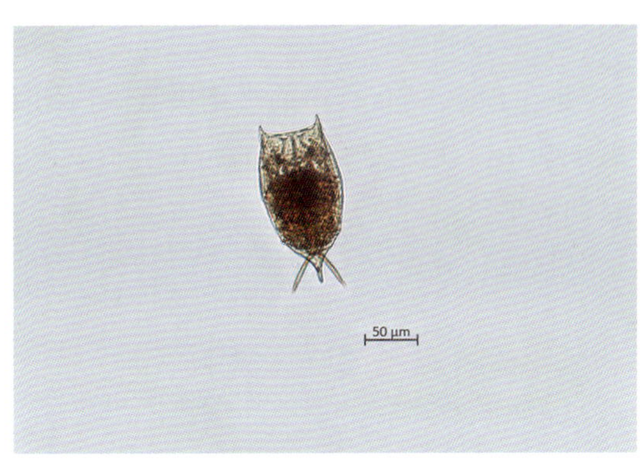

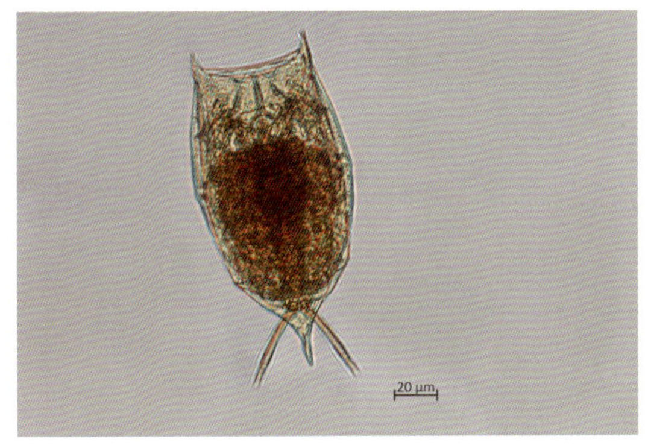

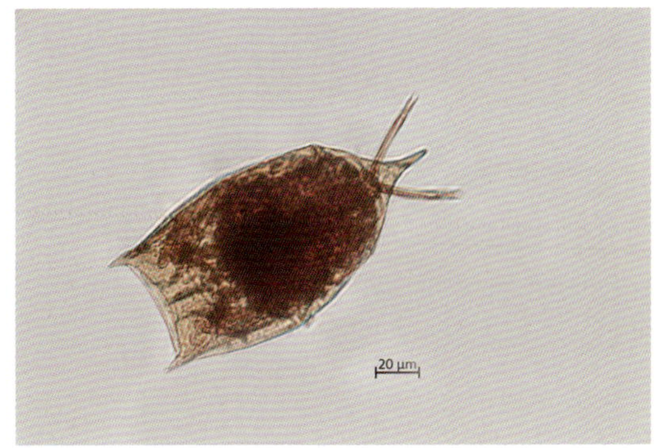

罗氏腔轮虫

(5)凹顶腔轮虫 *Lecane papuana* Murray, 1913

被甲轮廓卵圆形或接近圆形，背甲前端边缘平直或接近平直，背甲与腹甲前边缘中部下沉，形成一比较浅而宽的"V"形凹痕，凹痕底部钝圆或浑圆，两侧稍浮起。前端两侧棘刺的位置各有 1 个隆起的超大圆片，明显地突出于背甲前缘。足的第一节长，后端比前端阔；第二节粗壮，呈宽阔的卵圆形，不突出于被甲末端。趾细而长，两侧几乎平行，爪尖锐，基部有一小弯转基刺。

采集地：鄱阳湖。

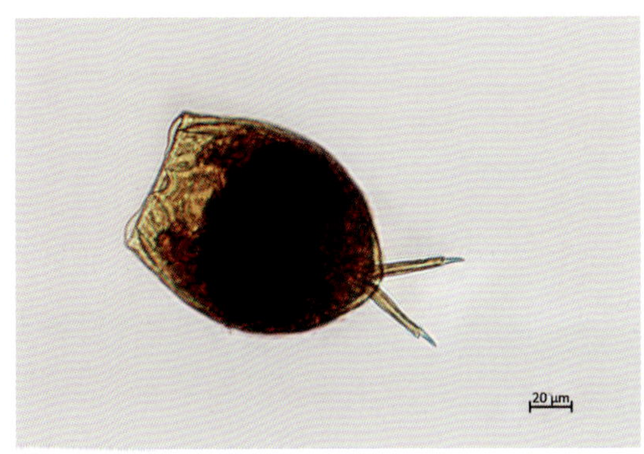

凹顶腔轮虫

(6)爱沙腔轮虫 *Lecane elsa* Hauer，1931

头孔背缘平直,腹甲前端中央有一浅凹陷,腹甲前端侧缘无圆形隆起。腹甲有一明显横褶,末端呈舌状突起,超过第二足节。第一足节短而宽,第二足节梯形,不超过体末端。趾直,两侧平行;有爪,爪略弯曲并有一附刺。

采集地:漳江。

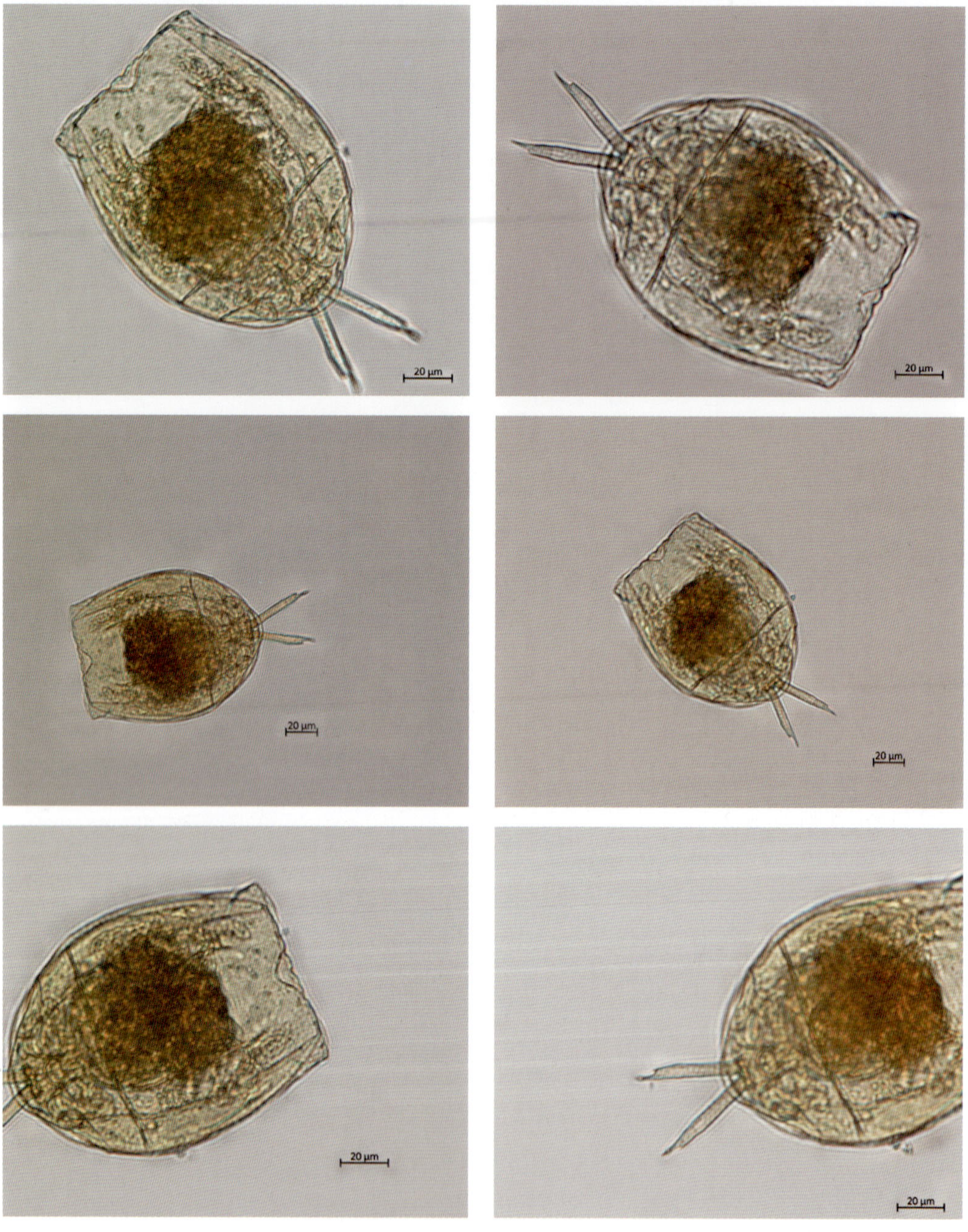

爱沙腔轮虫

(7)矛趾腔轮虫 *Lecane hastata* Murray，1913

被甲前端有尖锐的侧棘刺，有爪，第二足节突出于被甲末端，趾与爪连接处膨大呈结节状。

采集地：漳江。

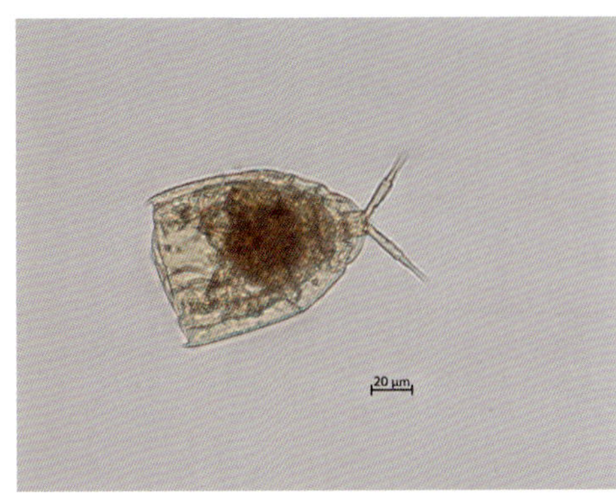

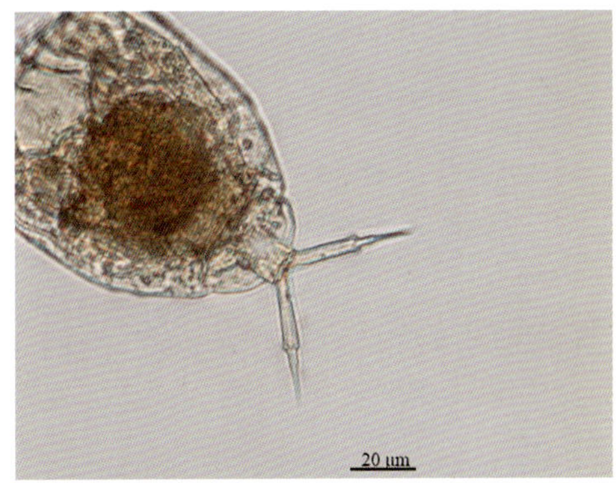

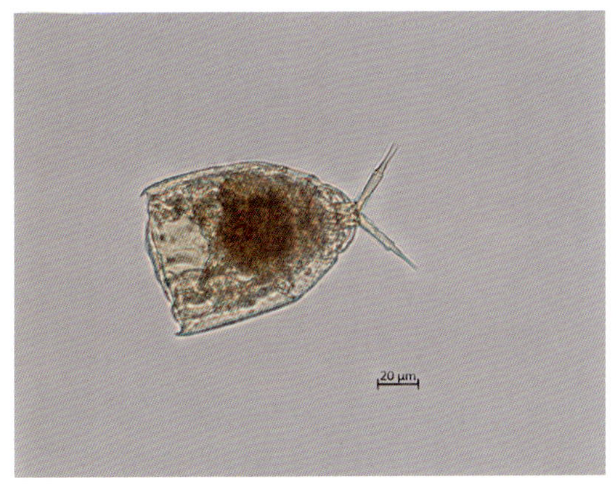

矛趾腔轮虫

(8)尾片腔轮虫 *Lecane leontina* Turner，1892

被甲近梨形，前端有三角形尖锐的棘刺，背甲与腹甲前端边缘凹陷呈三角形；有近长方形尾突，尾突两侧形成2个小尖角；第二足节不突出于被甲末端，趾长而细，有爪。本种的重要特征是突出于甲后的节片和与甲近长的趾。

采集地：漳江。

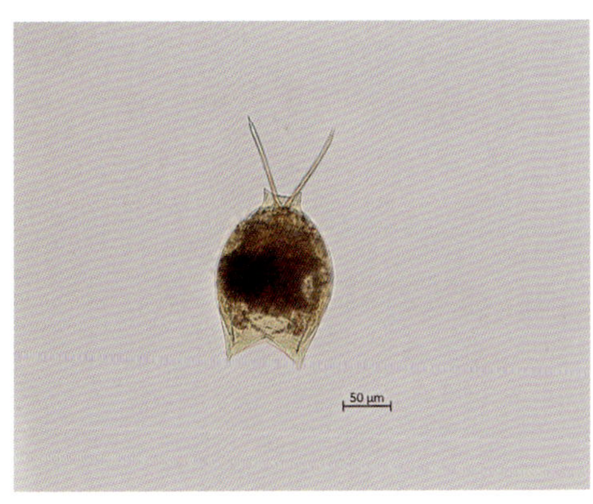

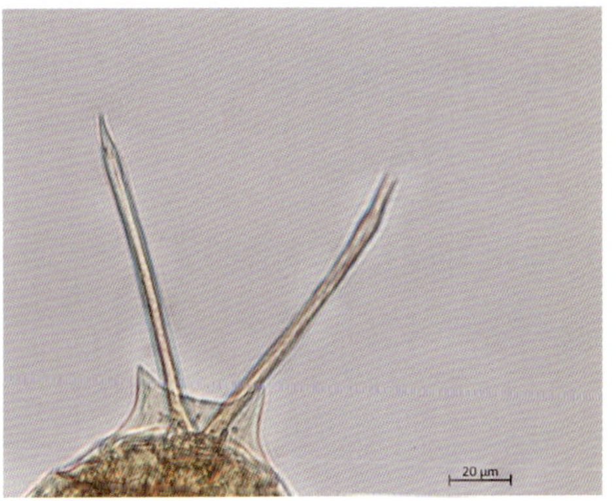

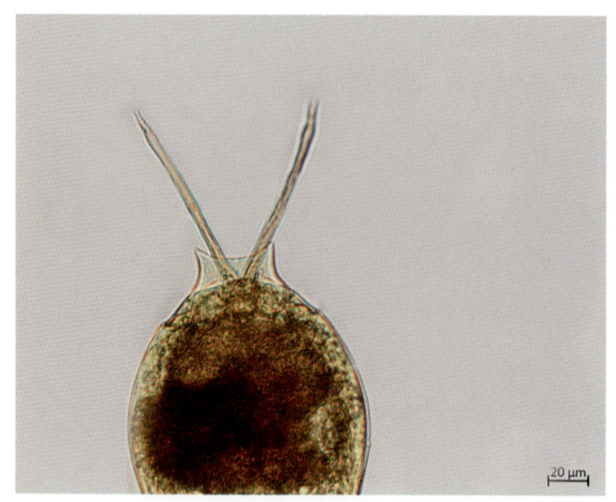
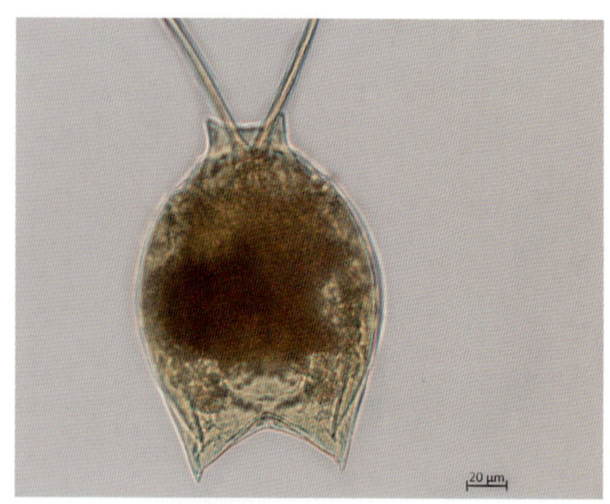

尾片腔轮虫

(9)柔韧腔轮虫 *Lecane flexilis* Gosse，1886

被甲椭圆形，背面隆起。被甲前端明显宽，前棘刺向外伸展且较粗壮。背甲与腹甲前端边缘基本一致，少许向上浮起而突出。背甲与腹甲表面均有明显刻纹，尾突起突出于背甲之后。第一足节呈纵长卵圆形，第二足节常呈四边形，不突出于被甲末端；趾 1 对，细长，约占身体的 1/4，两侧平行，有爪细尖。

采集地：漳江。

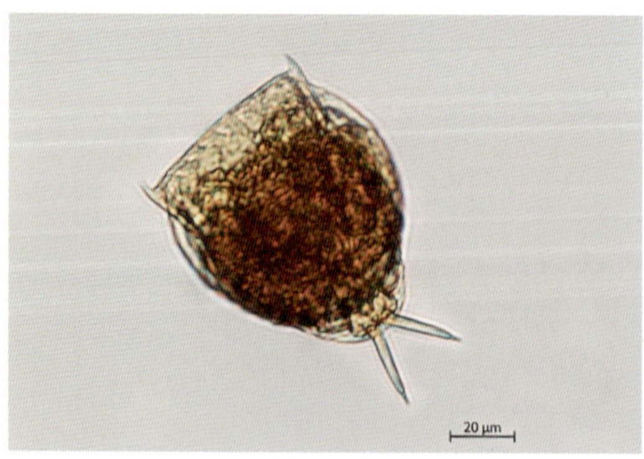
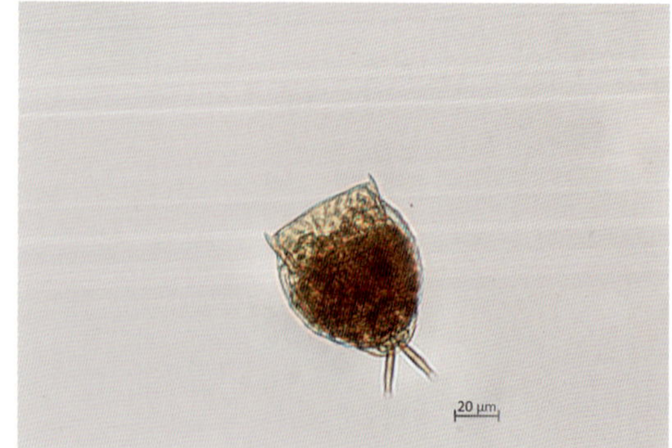

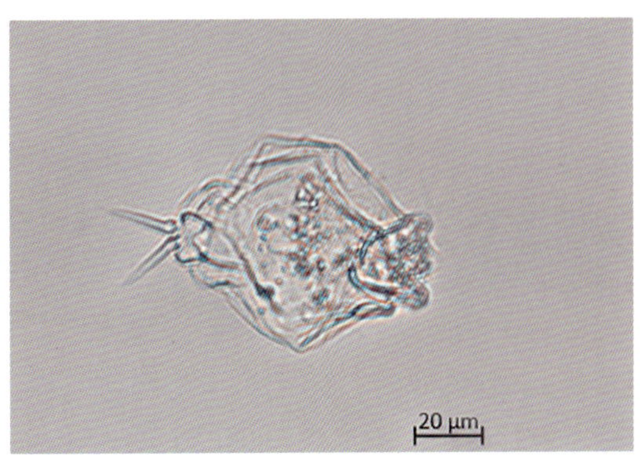

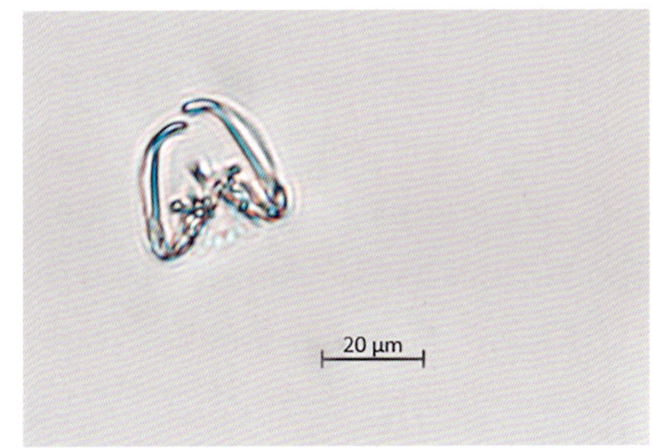

咀嚼器

柔韧腔轮虫

(10)蹄形腔轮虫 *Lecane ungulata* Gosse，1887

被甲呈卵圆形。头孔腹缘呈凹面或平直，背缘微凸。前侧角具棘刺。背甲无纹饰，中间有时为拱顶状突起。腹甲稍窄于背甲，腹甲在后端骤然变窄，在第二足节变小并向下形成一突起的舌形尾，超过第二足节。假爪细长，一般超过 20μm。

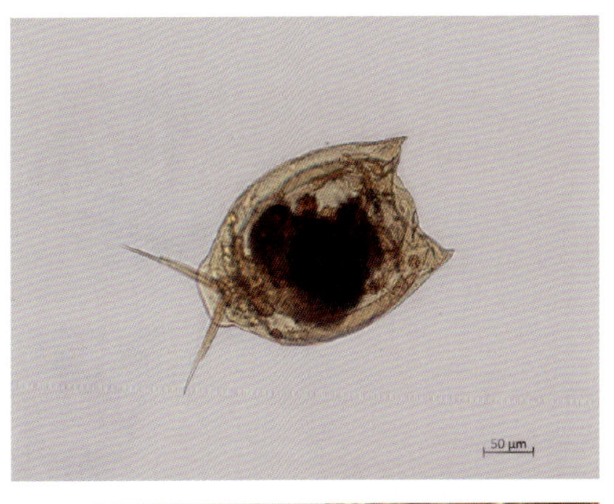

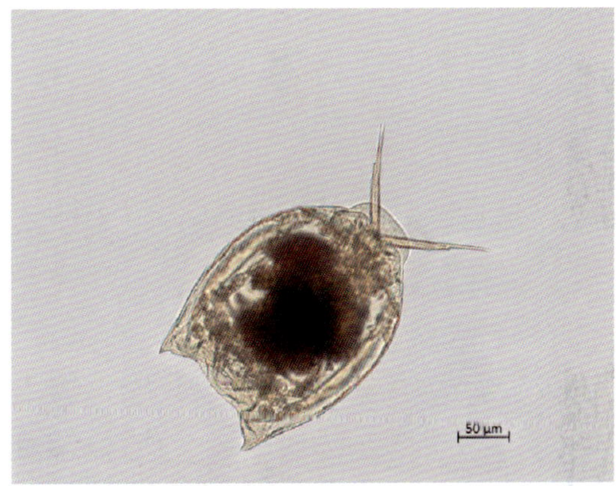

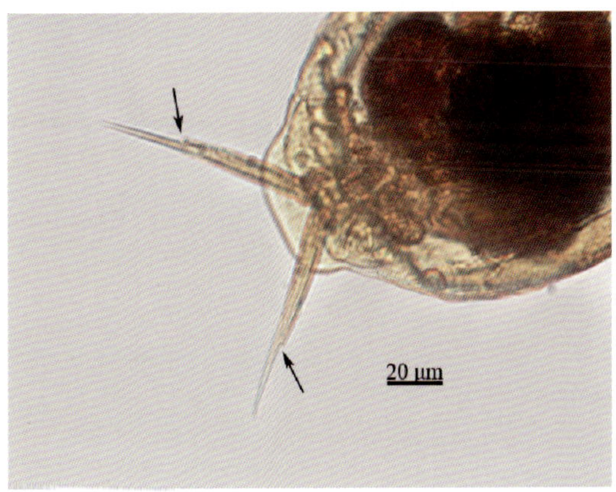

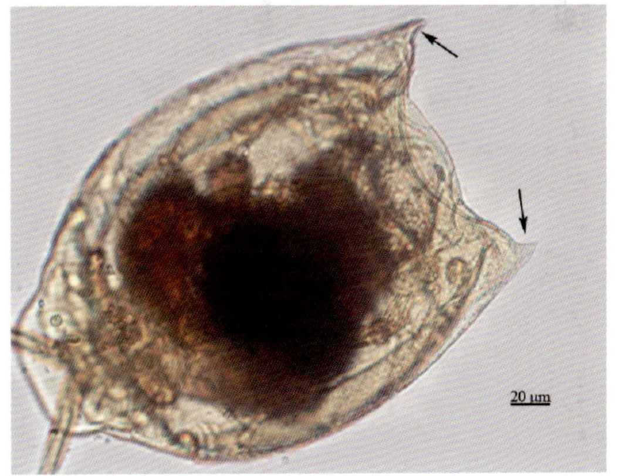

蹄形腔轮虫

(11)月形腔轮虫 *Lecane luna* Müller, 1776

背甲和腹甲的前缘皆形成一月牙形下沉的凹痕,二者深浅几乎相等,背甲前端边缘总比腹甲的前端边缘狭,腹甲前端边缘两侧外角形成一尖角,不向内弯曲。背甲接近圆形,表面光滑。腹甲呈卵圆形,表面光滑,后端浑圆,只有少许突出于背甲之后。趾一对,较长,两侧平行,有爪,爪的基部有一很小的、向外弯转的棘刺。

采集地:草海、洞庭湖、鄱阳湖。

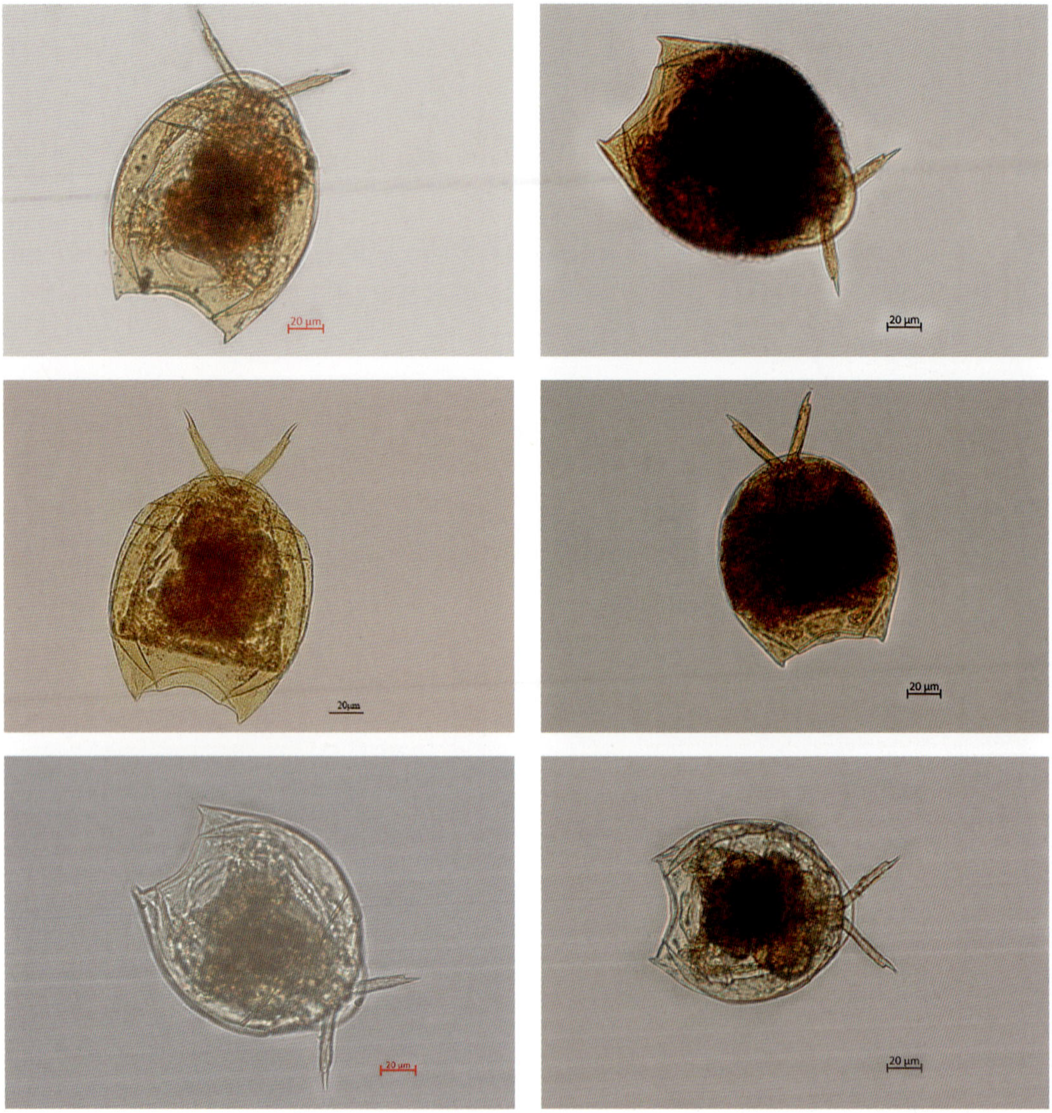

20 μm

月形腔轮虫

(12)弯角腔轮虫 *Lecane curvicornis* Murray，1913

背甲与腹甲前端边缘稍微凹陷，前侧棘刺短而尖并向内弯曲。腹甲上有一条非常明显的折痕横贯于足的前面；第二足节呈四边形，不突出体末端。趾细而长，爪短小。

采集地：漳江。

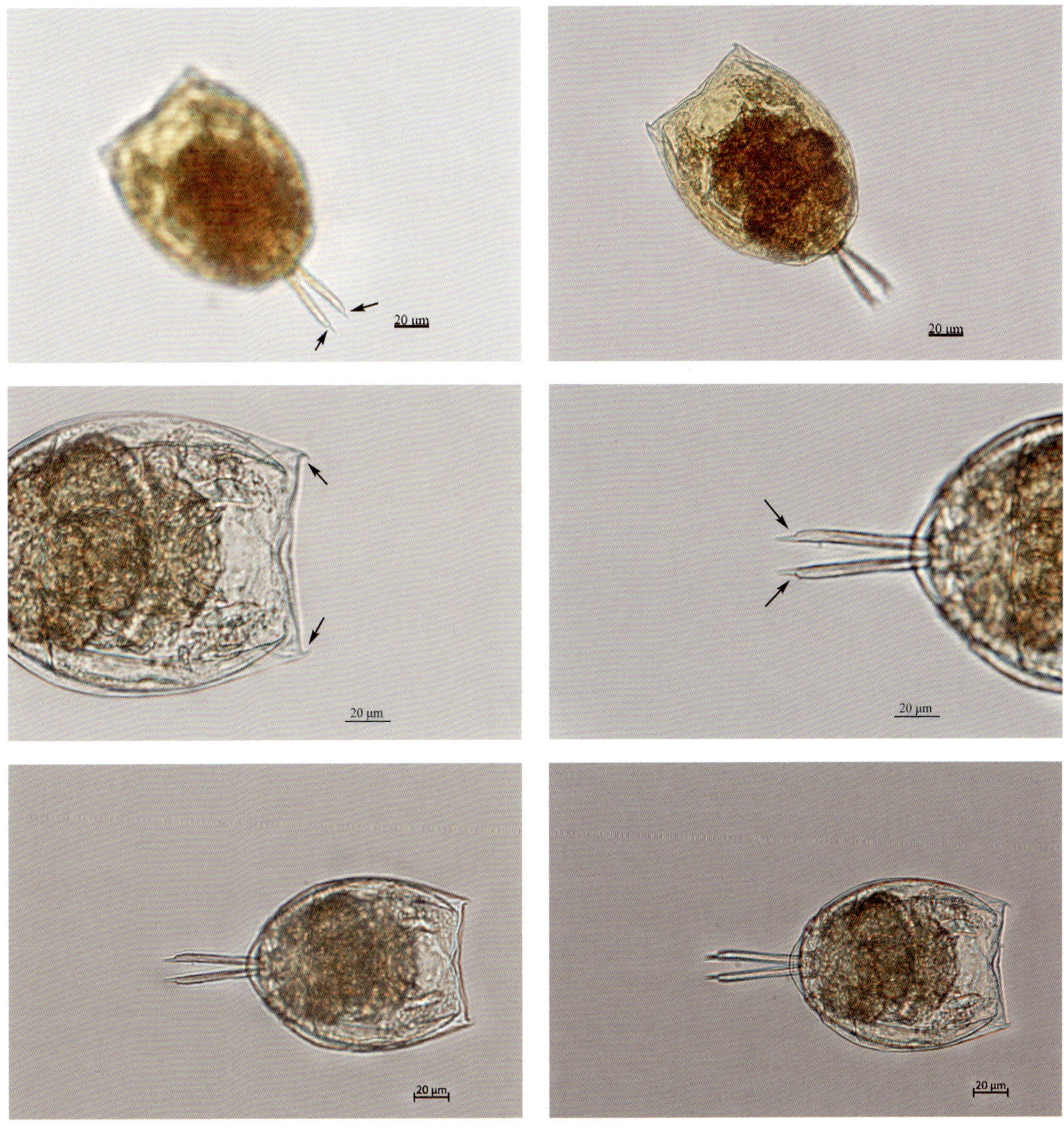

弯角腔轮虫

(13)棘腔轮虫 *Lecane stichaea* Harring，1913

背甲与腹甲前端边缘彼此吻合而平直。背甲比腹甲宽，腹甲狭长，前端两侧各有一粗壮且内弯的短棘刺。第二足节突出体末端。趾细长，有假爪。

采集地：洞庭湖。

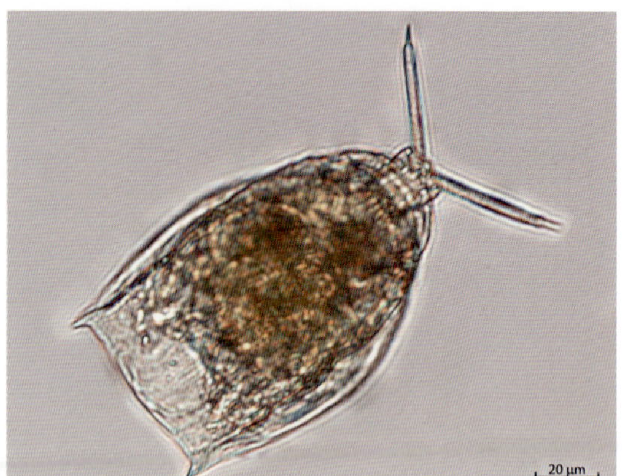

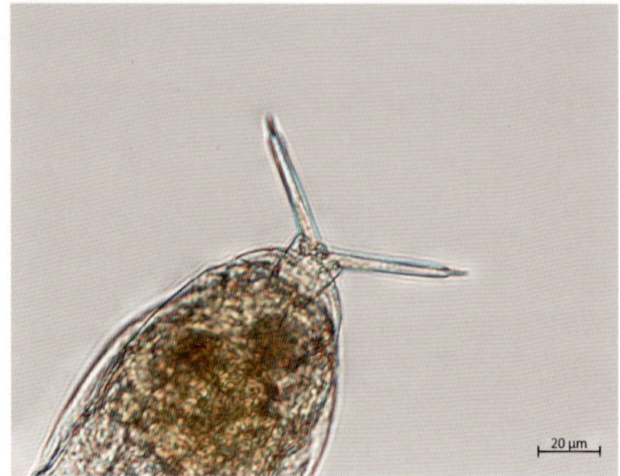

棘腔轮虫

(14)囊形腔轮虫 *Lecane bulla* Gosse, 1851

被甲坚硬,卵形,背甲与腹甲的区别不明显。头孔背面和腹面有深凹陷,前侧角浑圆或尖锐。趾长,两侧平行,假爪或附爪。

采集地:洪湖。

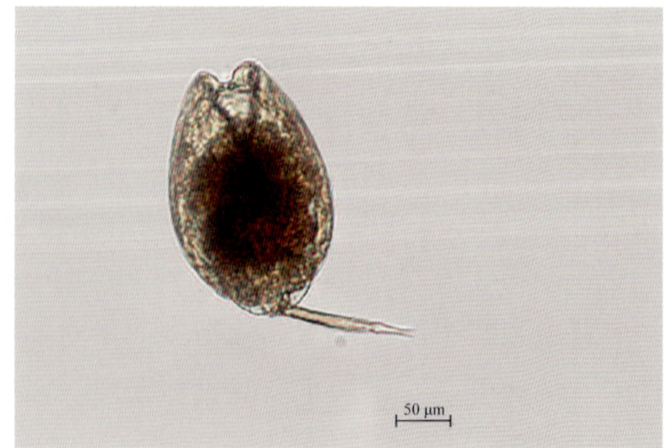

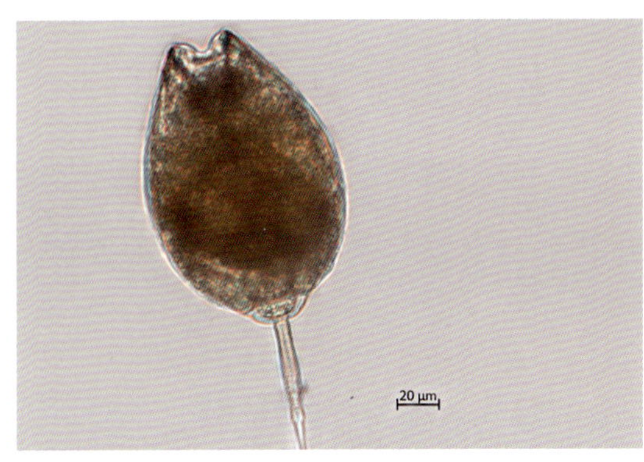

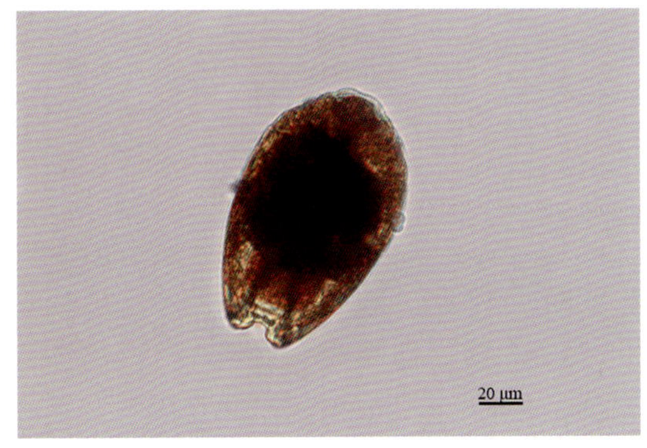

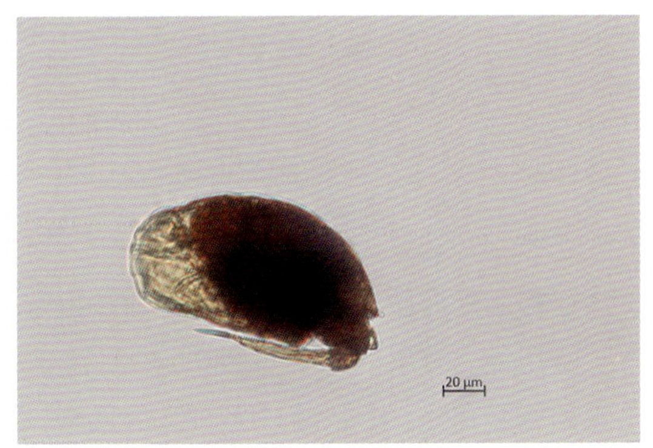

囊形腔轮虫

(15)四齿腔轮虫 *Lecane quadridentata* Ehrenberg，1830

趾 1 个，趾末端有爪，背甲前端中央有一对明显弯曲的侧棘和一对镰状长棘，顶端稍向外弯转。

采集地：鄱阳湖。

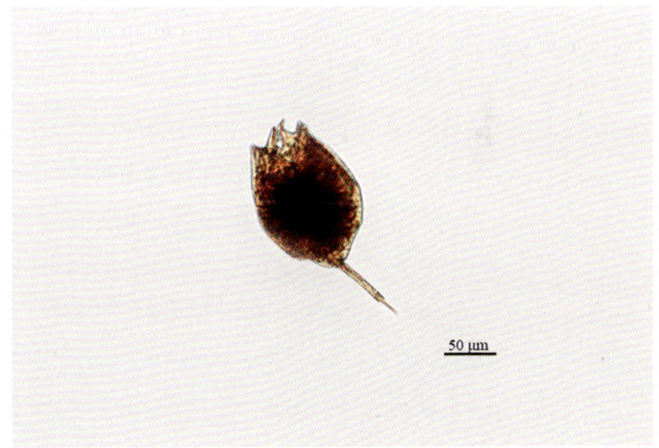

四齿腔轮虫

(16)盔形腔轮虫 *Lecane galeata* Bryce，1892

整个背甲稍宽于腹甲，光滑或仅有一些不规则的褶，头孔背缘平直或轻微凸起；腹缘中央形成凹窦，两边凸起，前端两侧浑圆无棘。腹甲长大于宽，没有或稍有饰纹，侧缘光滑，几近平行，侧沟不明显。足板宽，末端圆，足上节长而宽；足节简单，不突出于体末端。趾单个，两侧平直，有爪。

采集地：洞庭湖。

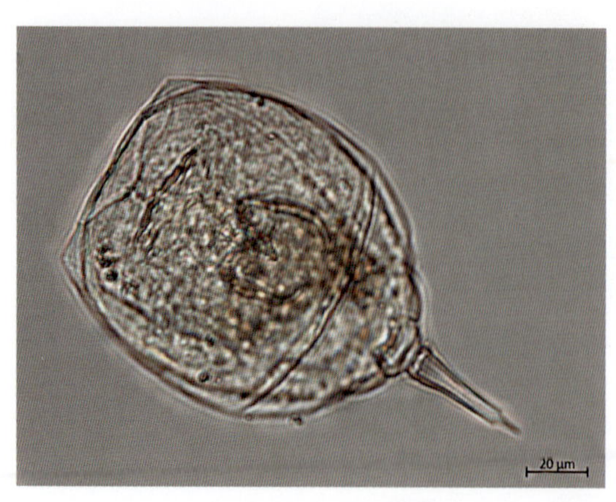

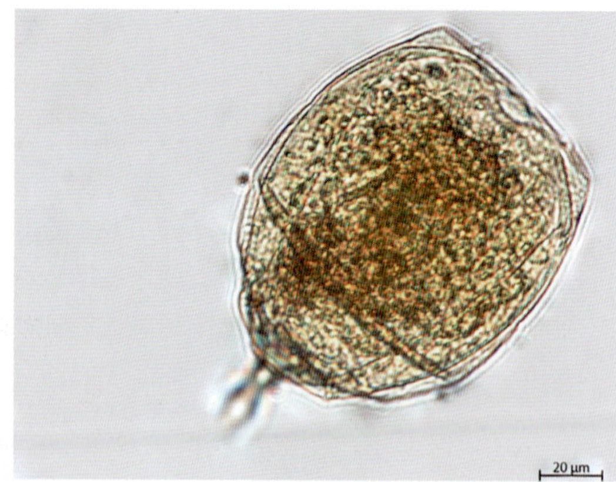

盔形腔轮虫

(17)盾形腔轮虫 *Lecane scutata* Harring *et* Myers, 1926

被甲硬。背甲前端窄于腹甲，中间宽于腹甲；背甲与腹甲前端几乎重叠，平直或微凹。前端两侧呈角状，无棘。趾 1 个，基部最宽，逐渐变细，有 1 个爪，爪和趾分界明显。

采集地：丹江口水库、漳江。

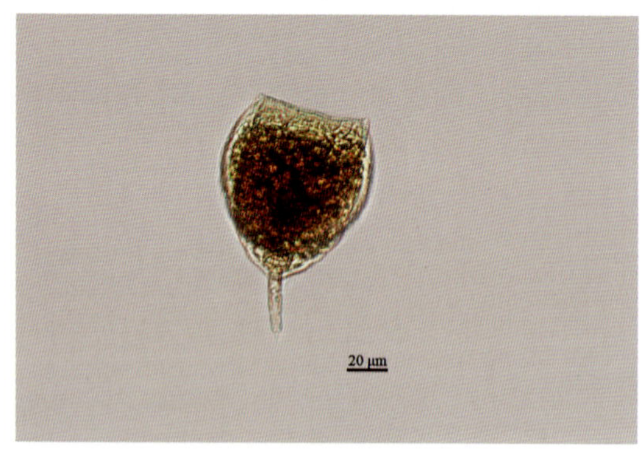

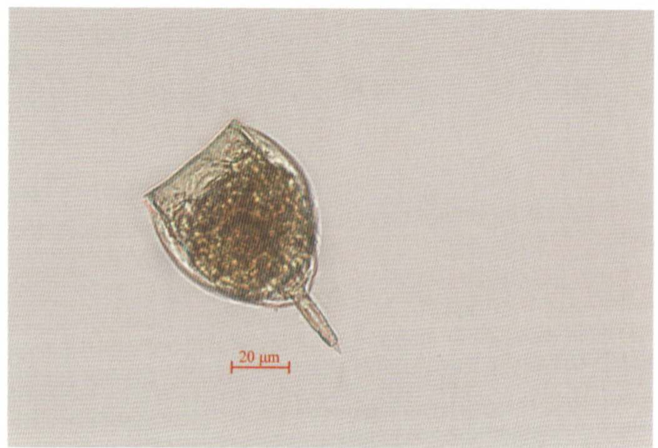

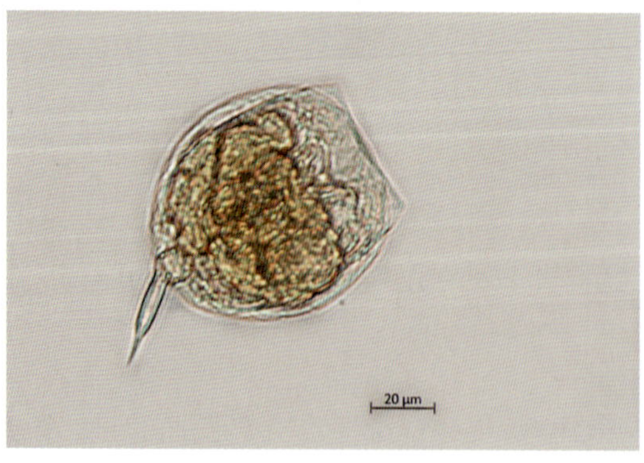

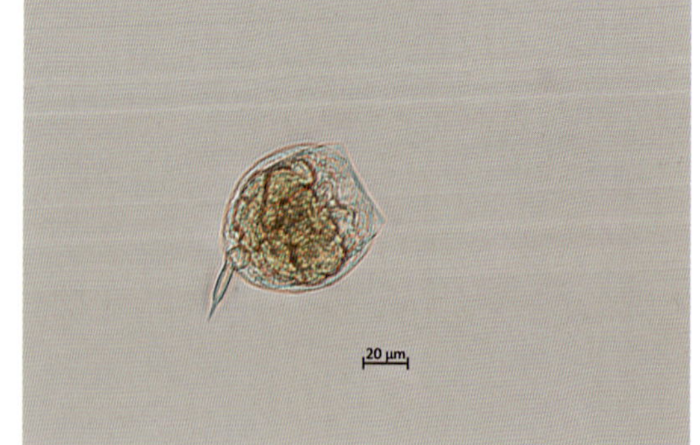

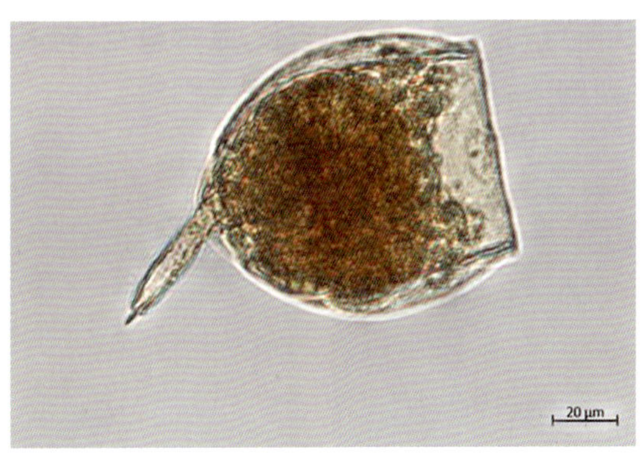

盾形腔轮虫

(18)似月腔轮虫 *Lecane lunaris* Ehrenberg，1832

被甲呈宽阔的卵圆形。背甲呈宽卵圆形或近圆形，表面光滑，后端浑圆。前端边缘显著狭于腹甲，呈半月形下沉凹陷，腹甲前端边缘较宽，呈"V"形凹窦。趾细长，两侧平行；爪细长而尖锐，大多数融合，极少数分离。

采集地：草海。

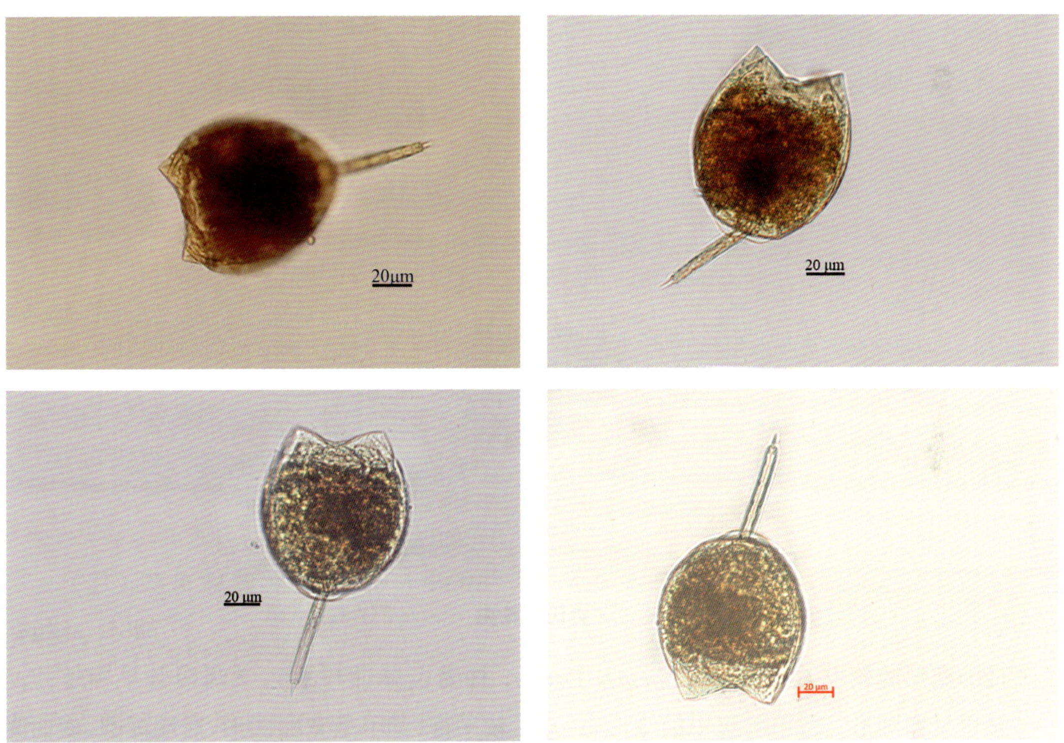

似月腔轮虫

(19)史氏腔轮虫 *Lecane stenroosi* Meissner，1908

被甲坚硬光滑。背甲呈卵圆形，前缘平直，比腹甲狭，两侧到达头孔边缘。腹甲前端边缘中央有一浅而浑圆的凹痕，自凹痕向两旁显著地突起并分别向上弯转，在两侧各形成一短

(2)刺盖异尾轮虫 *Trichocerca capucina* Wierzejski *et* Zacharias，1893

头部背面有一较大的三角形盖状物，并显著地弯向被甲的腹面。头部有 5 对褶片和 2 个乳突，当头部收缩时，这些褶片的顶端都凸出而集合在一起，形成扇形边缘。

采集地：巢湖。

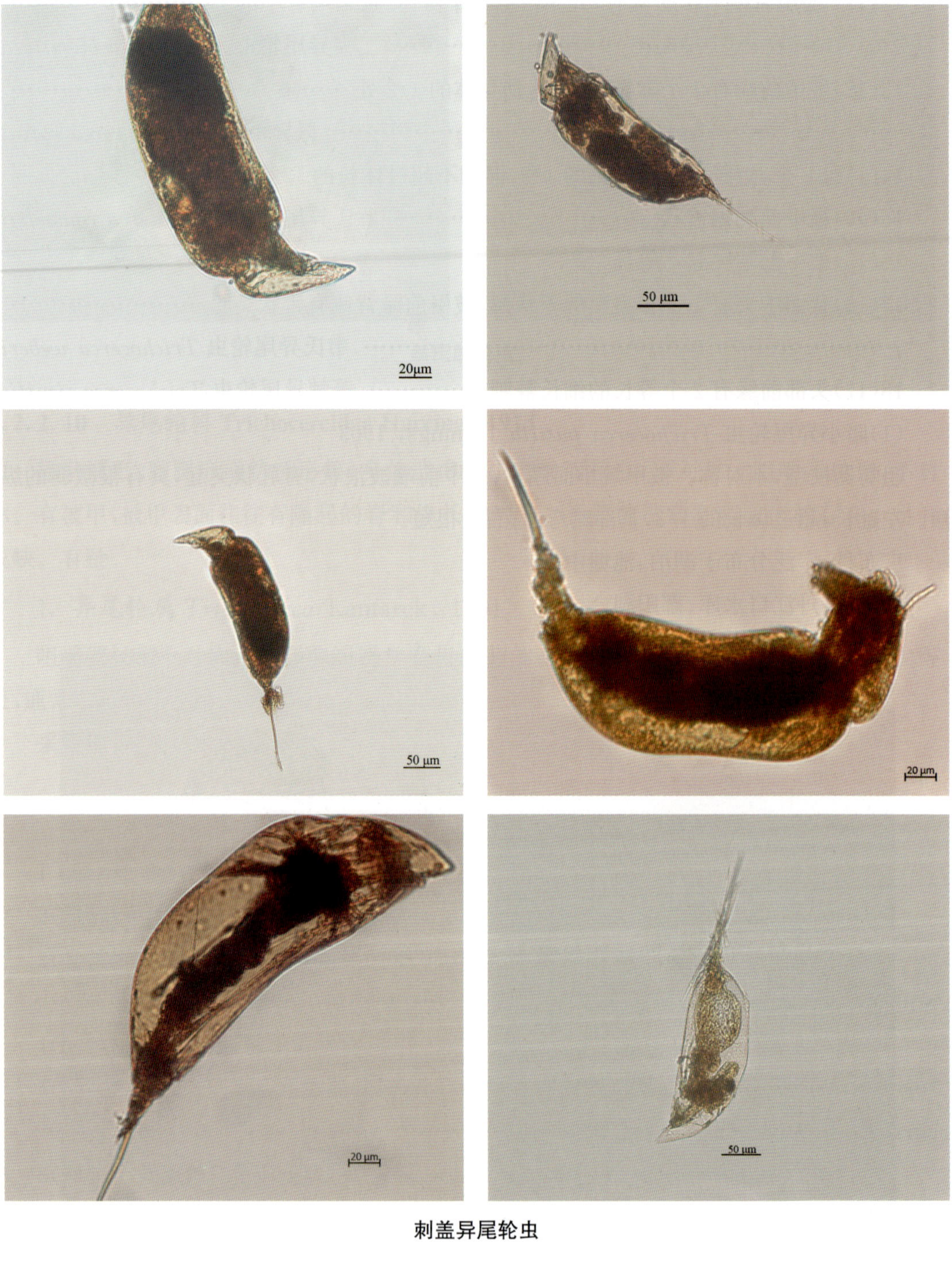

刺盖异尾轮虫

(3)圆筒异尾轮虫 *Trichocerca cylindrica* Imhof，1891

被甲轮廓接近圆筒形，腹面平直，背面略拱起。头部前端有 1 个相当细而长的刺沟，从背面伸出后，向腹面弯曲。与垂毛异尾轮虫相比，圆筒异尾轮虫身体后半部分没有削尖，略有膨大。后端具 2 个趾，其中一趾与躯干近等长。

采集地：洞庭湖、鄱阳湖。

圆筒异尾轮虫

(4)垂毛异尾轮虫 *Trichocerca chattoni* Beauchamp，1907

体呈圆筒形，当个体收缩时，头部有许多指状褶痕。背侧有 1 个长棘，向腹面弯曲，该长棘的基部较宽，与增厚的脊状突起相连，脊状突起有横纹并延伸至体中部。与圆筒异尾轮虫相似，但是垂毛异尾轮虫前端的长棘刺更加突出。

采集地:丹江口水库。

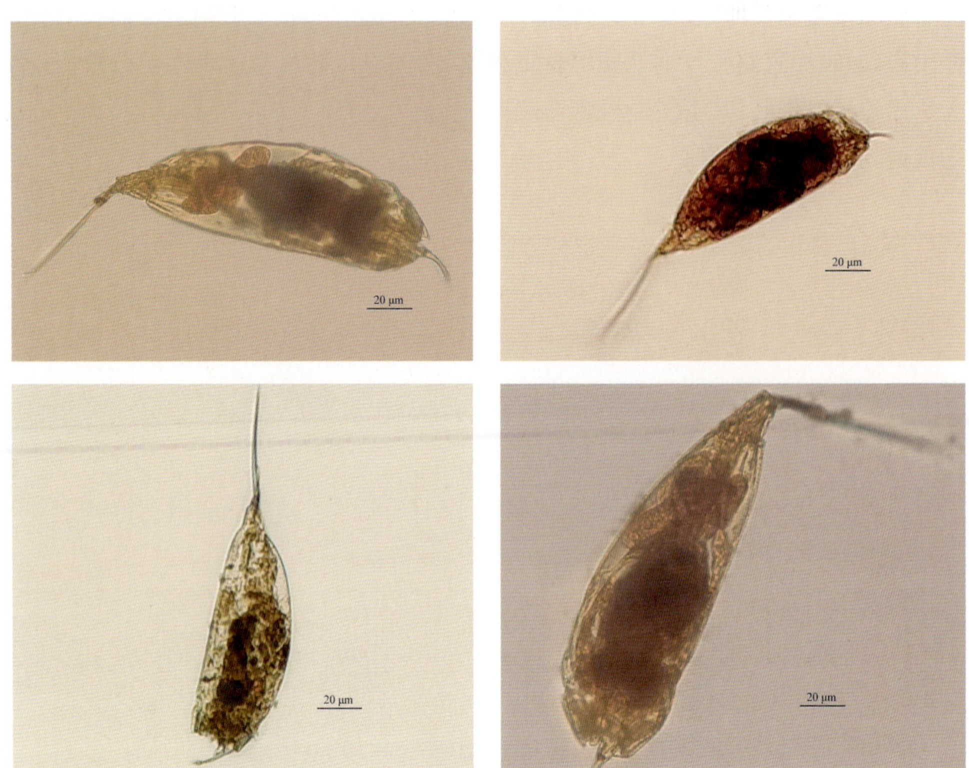

垂毛异尾轮虫

(5)长刺异尾轮虫 *Trichocerca longiseta* Schrank, 1802

被甲纵长,纺锤形;最宽处在中部或略在中部前方;前半段较宽,后半段向后渐削。头部背面有 2 个发达的棘刺,不等长,两者向上伸出后略向腹面弯转。长刺从下面偏右的被甲背面两条隆起的脊中伸展出来,两脊之间形成一纵长的浅沟,浅沟从被甲最前端一直延伸到躯干中部。被甲头部有若干纵长褶皱。足短,倒圆锥形。左趾长,超过身体全长的 2/3;右趾短。

采集地:隆宝滩。

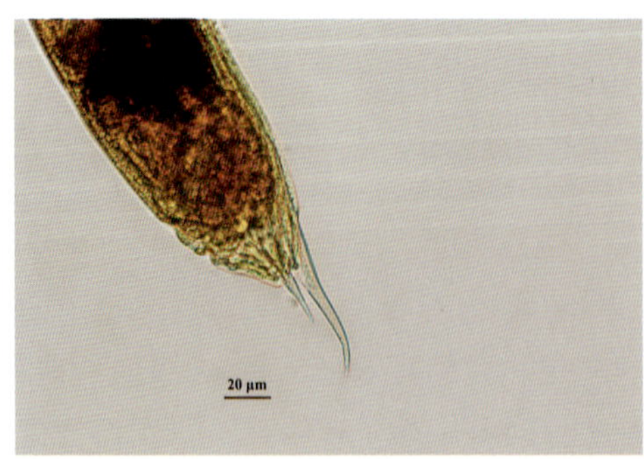

长刺异尾轮虫

(6)二突异尾轮虫 *Trichocerca bicristata* Gosse，1887

被甲侧面观略呈长卵圆形，背面具有 2 个很高很长并且有横纹的脊状隆起，自头部最前端少许向左斜行，一直到后端 1/3 处，它们中间形成一宽的“V”形纵长凹陷。被甲头部前端孔口边缘光滑。足粗壮。左趾长但比本体略短，且总是有些弯曲；右趾短。

采集地：洪湖。

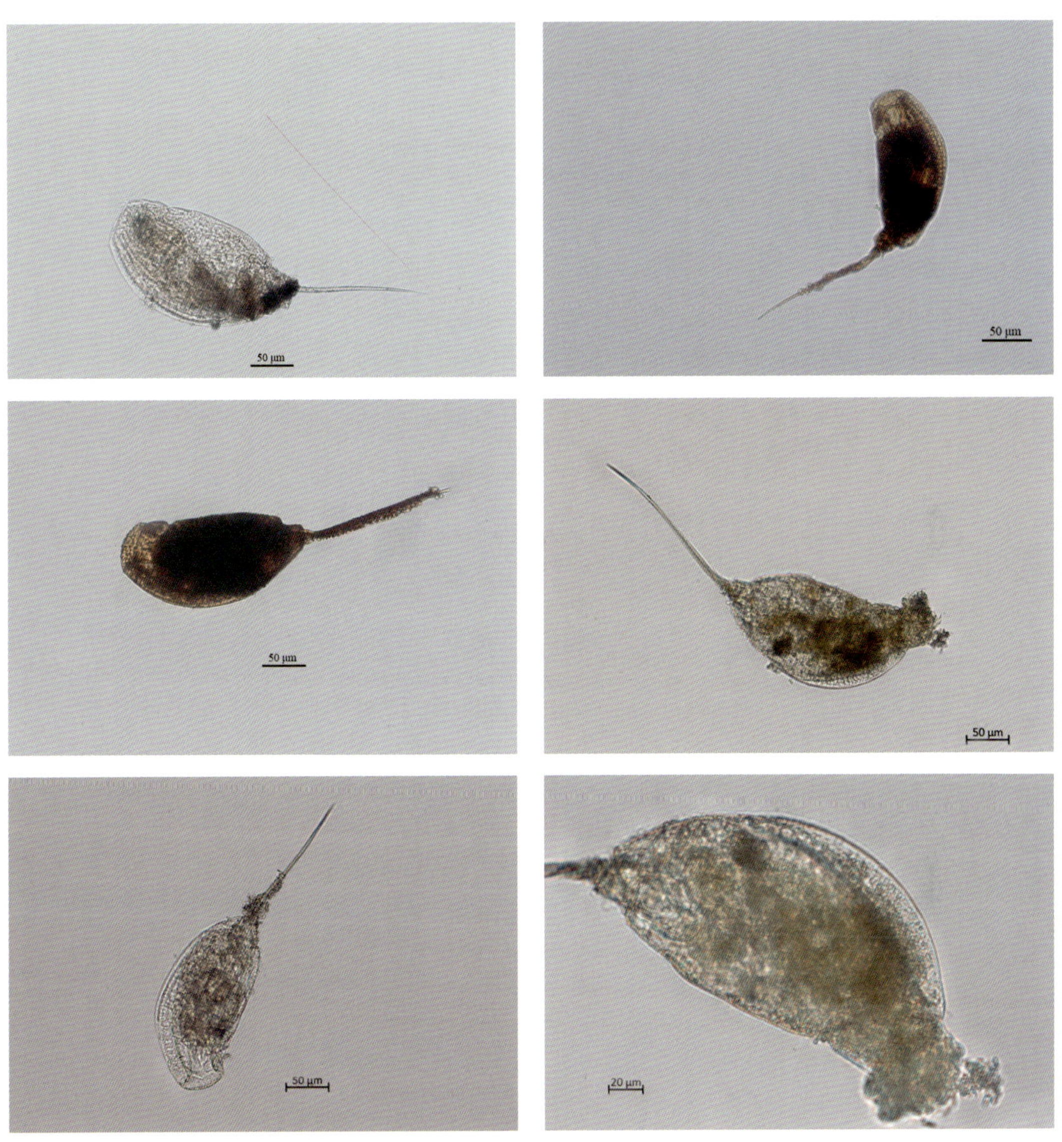

二突异尾轮虫

(7)鼠异尾轮虫 *Trichocerca rattus* Müller，1776

被甲呈长卵圆形，具有一高而薄的隆脊，自被甲最前端背面的左侧起，一直向后斜行地伸展到中部背面的右侧为止，但也有龙骨退化的现象；背部隆起，上有片状分叉的横纹。足较短，呈倒圆锥形，它的前端背部和两侧为被甲所掩盖。左趾笔直且长，长度与本体长度相等或超过本体；右趾短。

采集地：武汉。

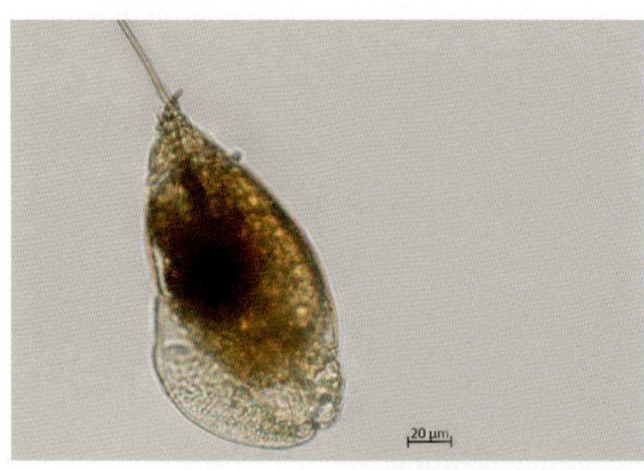

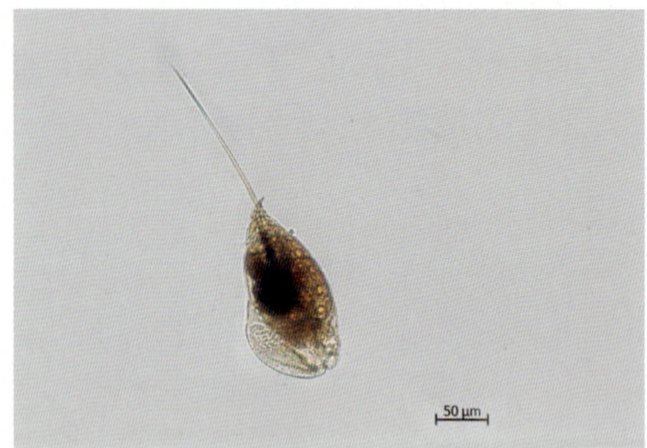

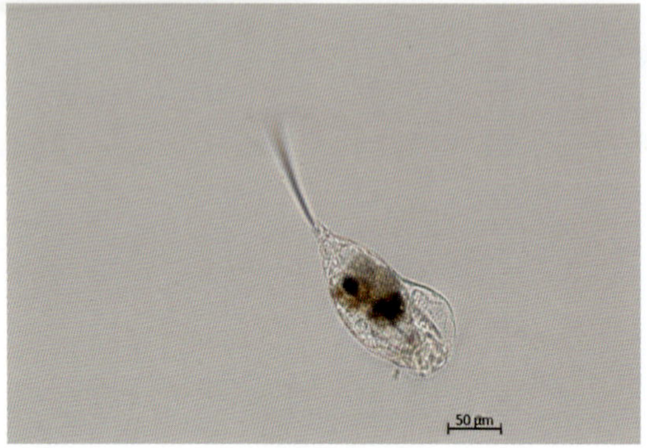

鼠异尾轮虫

(8)罗氏异尾轮虫 *Trichocerca rousseleti* Voigt，1902

体型较小。被甲短而厚，背面凸起，腹面凹入或接近平直，后半部末端尖削。头部被甲具有明显的纵长沟状折痕。足短而小，呈倒圆锥形。趾一对，短趾长不超过长趾的1/3，但均不超过体长的1/2。

采集地：鄱阳湖。

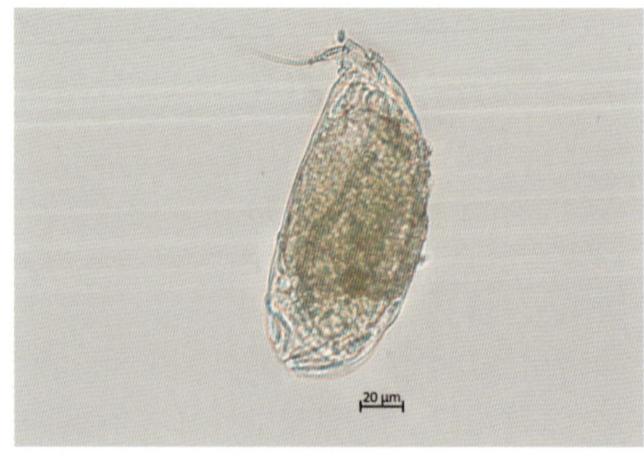

罗氏异尾轮虫

(9)韦氏异尾轮虫 *Trichocerca weberi* Jennings，1903

被甲短而粗壮，后半段比前半段瘦弱。被甲前缘背侧有一接近半圆形的舌状突起，背面中央有 1 个很突出的矛状齿。

采集地：四川德阳。

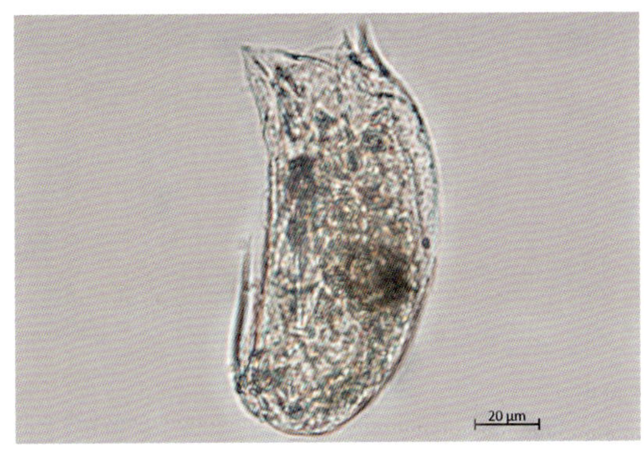

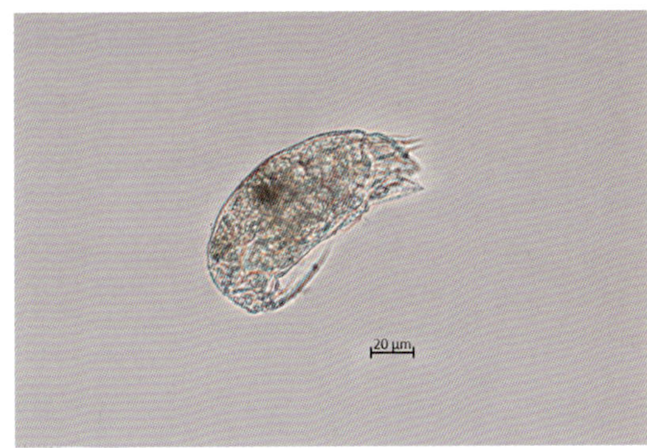

韦氏异尾轮虫

(10)等棘异尾轮虫 *Trichocerca similis* Wierzejski，1893

被甲纵长，末端较细，呈倒圆锥形。头部前端有 2 个等长的细长棘刺。

采集地：滇池。

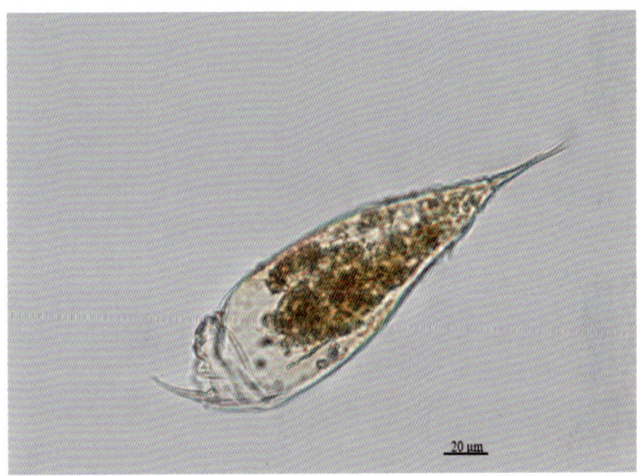

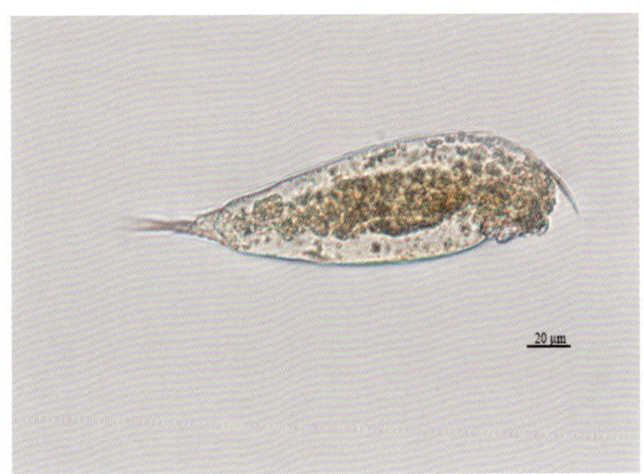

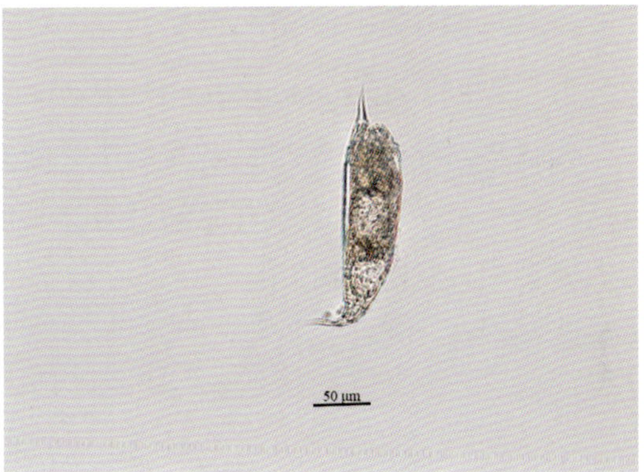

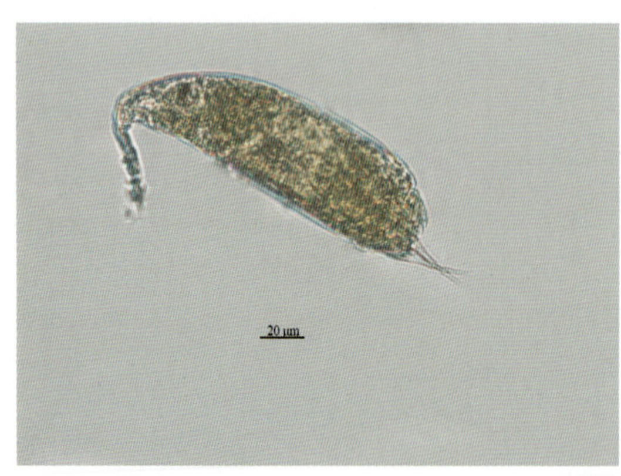

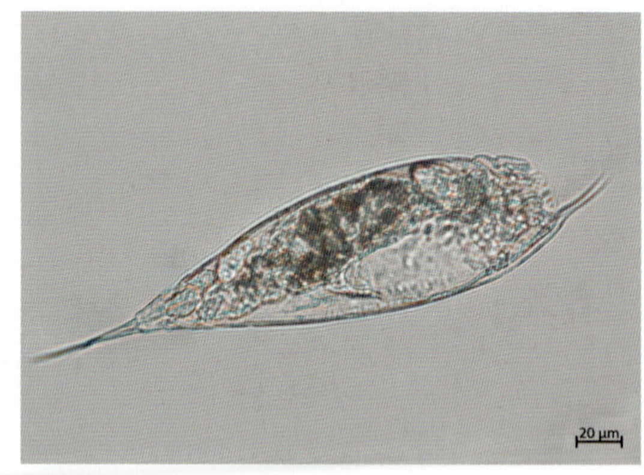

等棘异尾轮虫

4.2.2.11 椎轮科 Notommatidae Remane, 1933

咀嚼器杖型，槌钩前端伸向内侧，足与身体分界不太明显。椎轮科分类较难，固定后形态差异较大。

属检索表

1(2)趾较身体长，且长度不相等 …………………………………… 长肢轮属 *Monommata*

2(3)趾比身体要短，且一般长度相等

3(4)体有被甲，3～5个背板与腹板，背板与腹板光滑，角质化不明显 ……………………………………………………………………………………… 巨头轮属 *Cephalodella*

4(3)体柔软，无被甲

5(6)躯干在背侧有许多深的横褶痕 ……………………………… 沟栖轮属 *Taphrocampa*

6(5)躯干光滑，无横褶

7(8)头部无端眼，轮冠腹向，两侧有纤毛 ……………………………… 椎轮属 *Notommata*

8(7)头部有端眼和脑眼，咀嚼器有一对唾液腺 ……………………… 柱头轮属 *Eosphora*

1. 长肢轮属 *Monommata* Bartsch, 1870

身体呈纺锤形或卵圆形，头与躯干之间有颈环，皮层薄但很柔韧，足较短但趾细长。有不等长的长趾一对，其长度总是超过身体长度，通常左趾短于右趾。趾基部粗壮，自粗壮的基部逐渐向针状的后端尖削。

采集地：四川德阳。

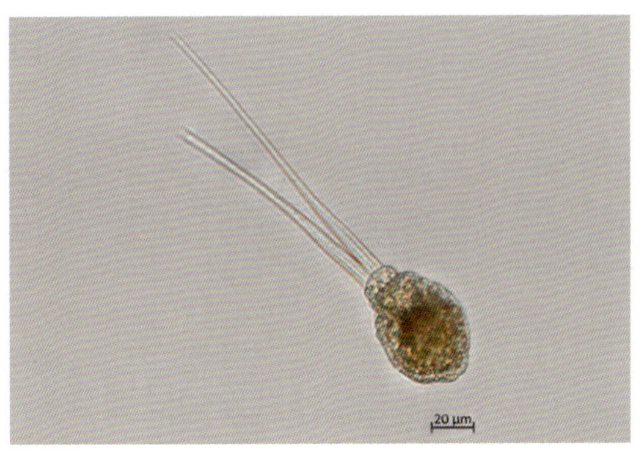

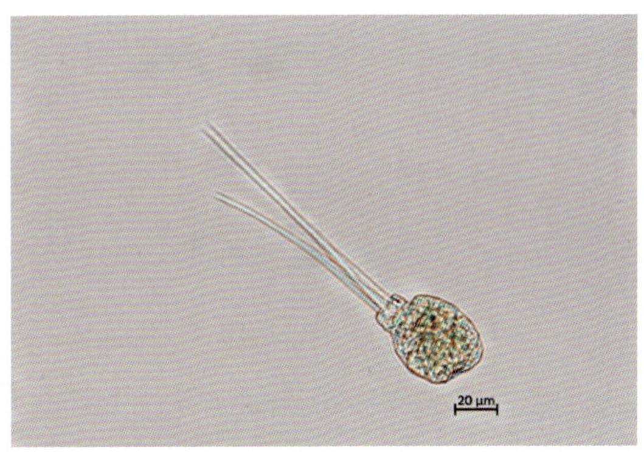

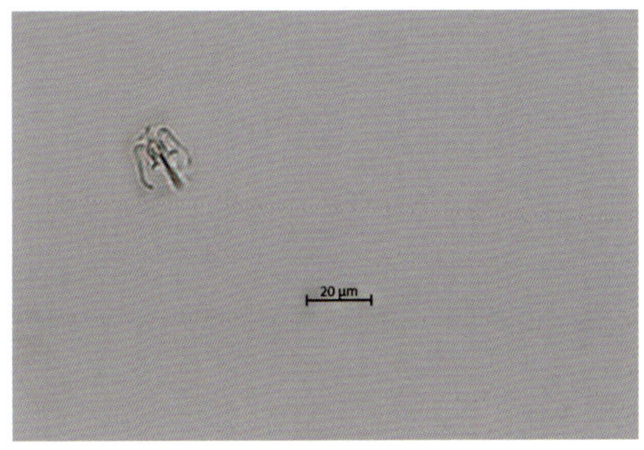

咀嚼器

长肢轮属

2. 巨头轮属 *Cephalodella* Bory *de* St. Vincent，1826

咀嚼器杖型。背甲与腹甲角质化不明显，表面光滑。头颈与躯干间具紧缩颈圈。足上有一对趾。

采集地：丹江口水库、洞庭湖。

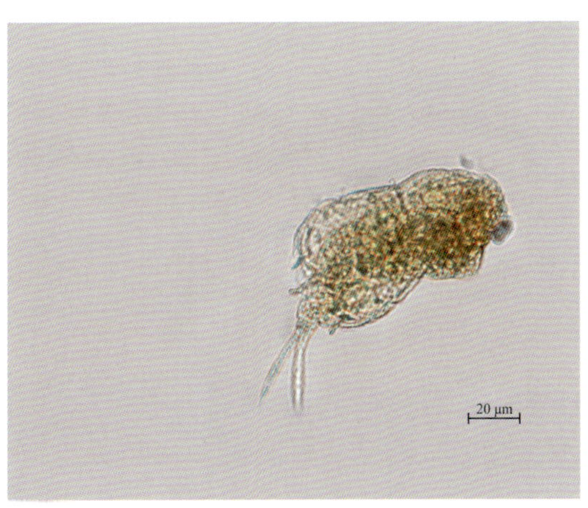

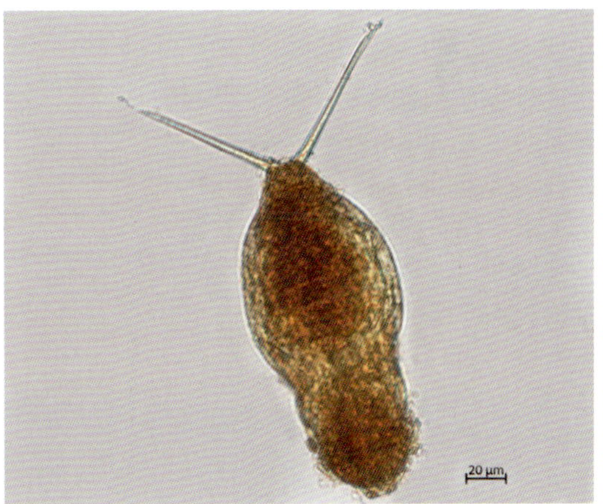

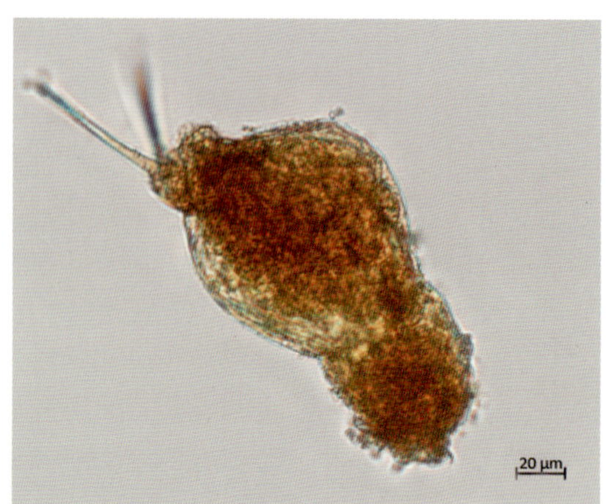

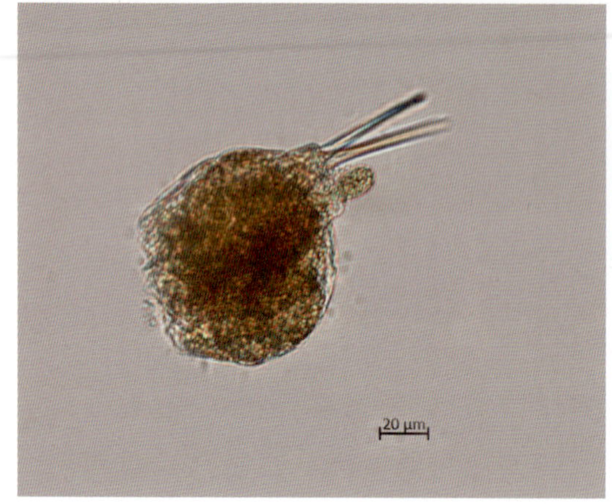

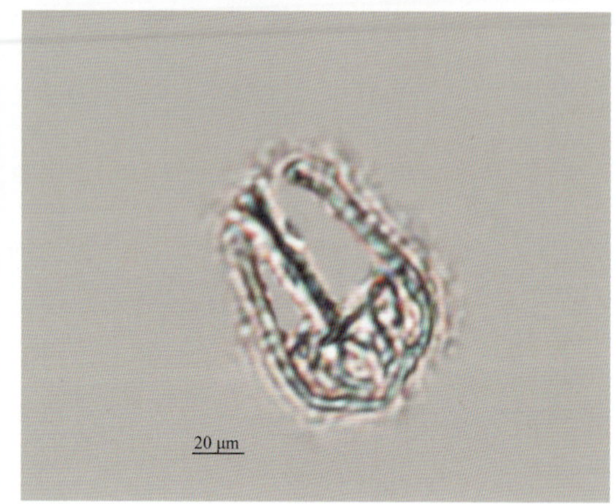

咀嚼器

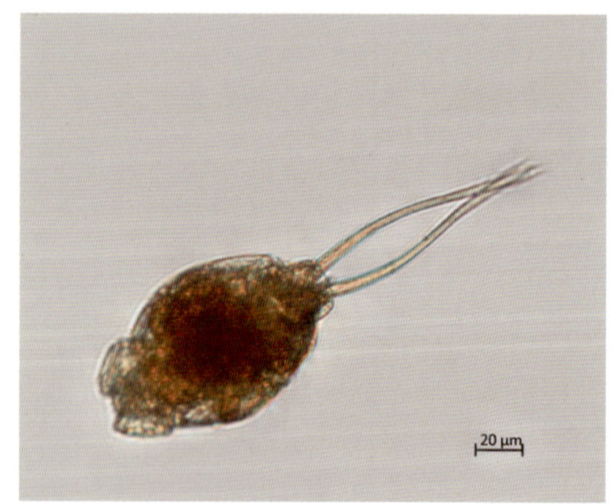

巨头轮属

3. 沟栖轮属 *Taphrocampa* Gosse，1851

身体纵长，蠕虫状，可伸缩；身体的背腹面具 9 条或 10 条横褶痕，躯体两边也有 9 条或 10 条褶痕，且一般与背腹面褶痕相互交替排列。头冠倾向腹面，在两侧形成纤毛簇，头部中央有 1 个脑眼；咀嚼器杖型，不对称。

采集地：武汉东湖。

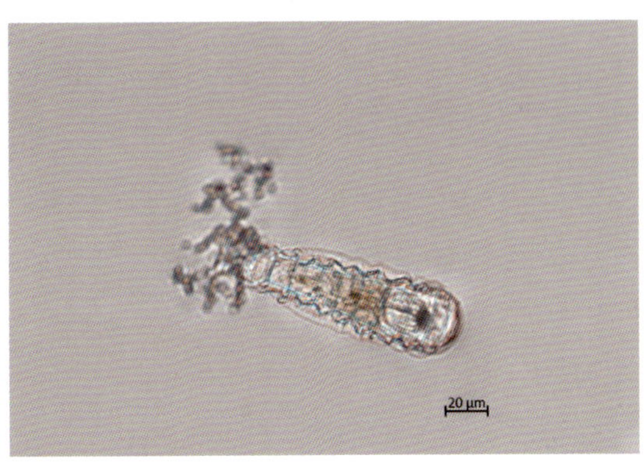

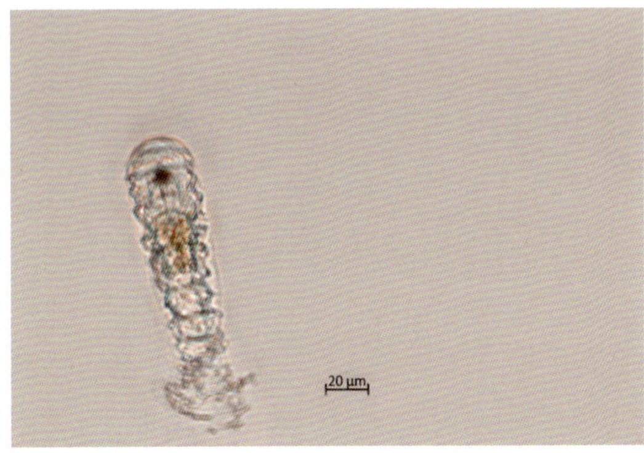

沟栖轮属

4. 椎轮属 *Notommata* Ehrenberg，1930

身体呈纵长的纺锤形，头、颈、躯干和足一般都很明显。头冠面向腹面，它的中央有一狭长的凹沟，头冠两侧有能伸缩的耳，耳末端有长而发达的纤毛。咀嚼器杖型，左右不对称。

采集地：武汉东湖。

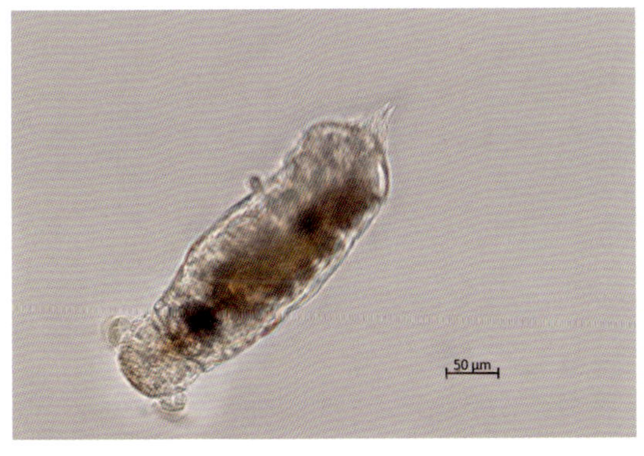

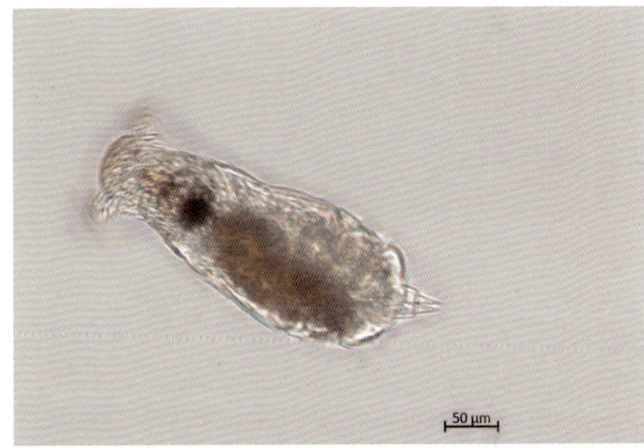

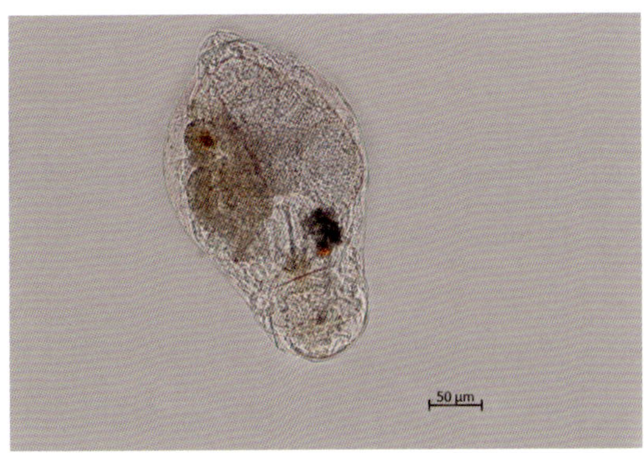

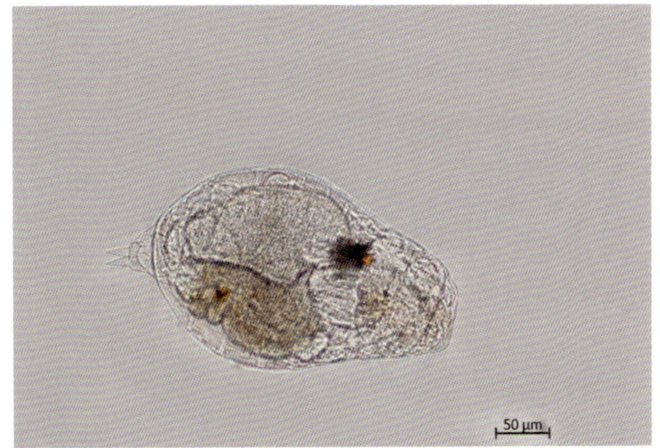

压片后形态

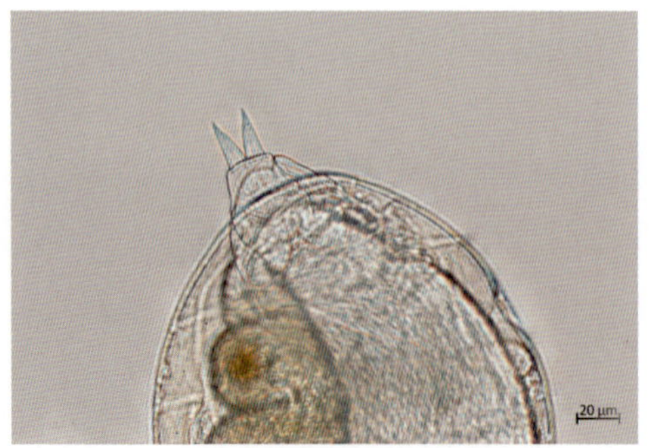

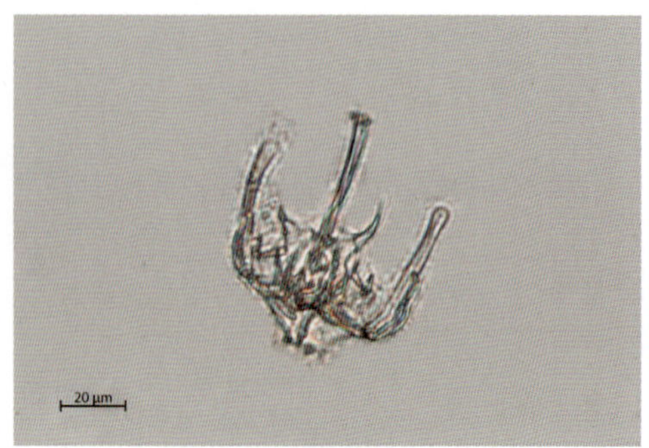

咀嚼器

椎轮属

5. 柱头轮属 *Eosphora* Ehrenberg，1930

身体粗壮，有假节，在体末端形成圆形或叶突状的尾突起。足分节或不分节，趾一对。头冠位于前端，纤毛环在背面中断，在侧面形成纤毛簇。脑眼位于脑后端的神经节上方，此外还有一对辅助眼点，分别位于头冠两端的乳状突起上。咀嚼器杖型，槌钩通常单齿，砧枝三角形，上面有许多孔隙，砧枝内侧有齿，在其两侧基部常有基翼突起，砧基宽，板状，有上咽板一对及附着在砧枝背面的一对短而直的侧棍。

采集地：武汉东湖。

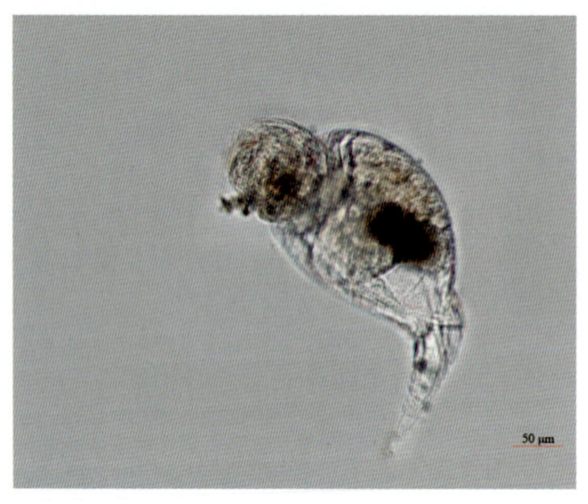

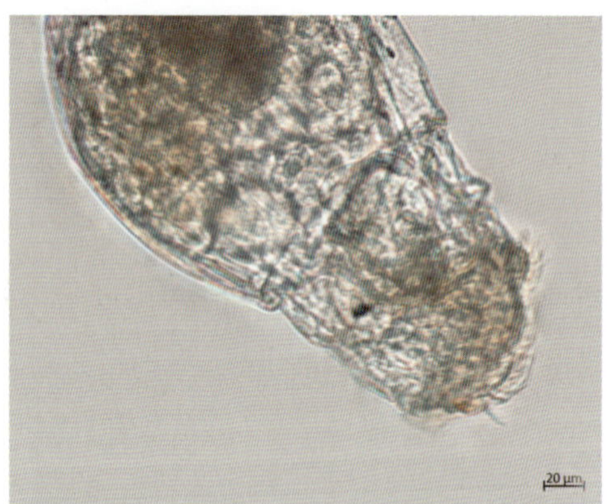

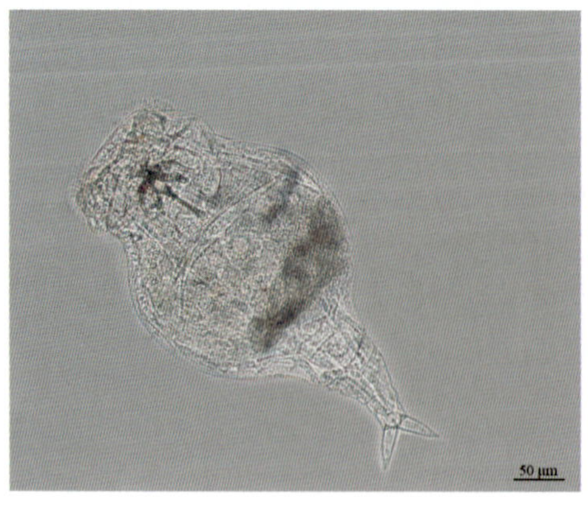

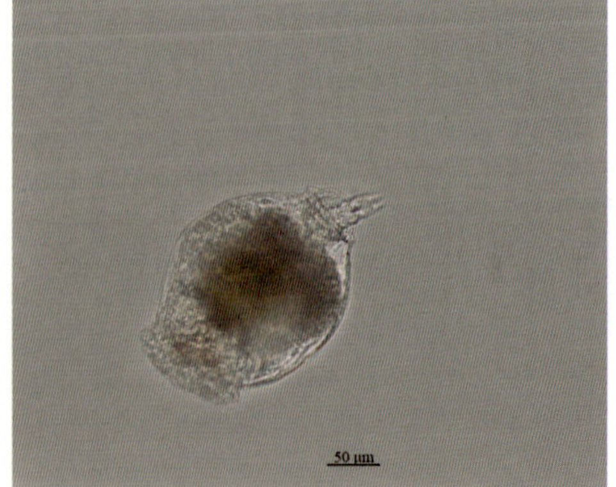

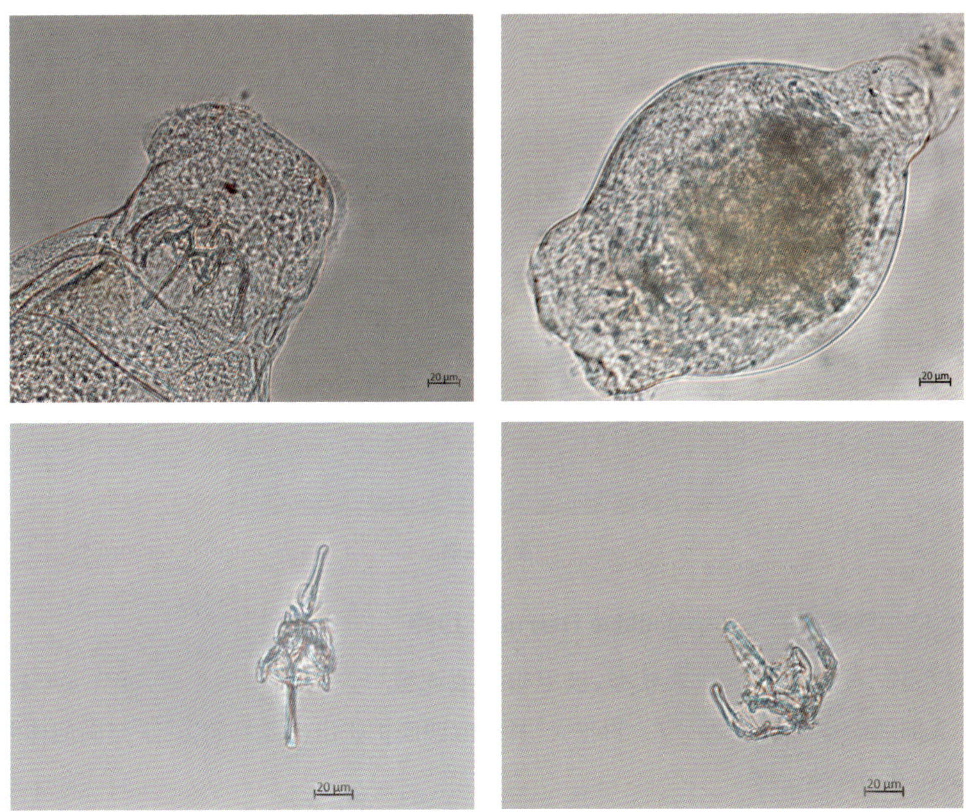

咀嚼器

柱头轮属

4.2.2.12 高跷轮科 Scaridiidae Manfredi, 1927

咀嚼器杖型，槌钩的齿端一般突出在口的外面，伸向两侧。头冠是变异的椎轮型头冠，略向腹面，可伸缩，头部两侧有成对的叶突。轮冠上有硬刚毛。

1. 高跷轮属 *Scaridium* Ehrenberg，1830

体纵长，有薄薄的被甲。足与身体分界明显。咀嚼器杖型，槌钩前端伸向外侧。

采集地：丹江口。

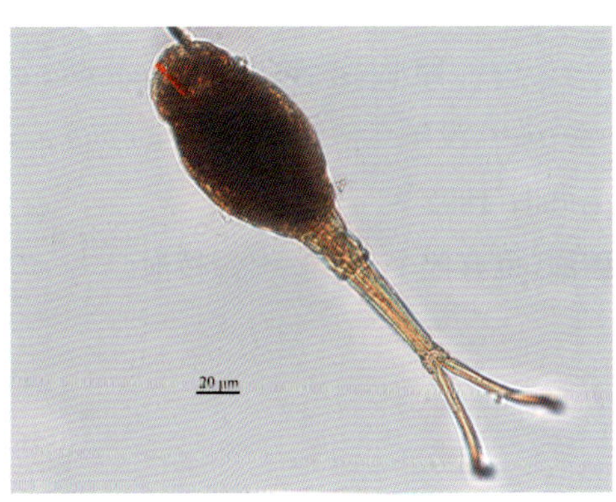

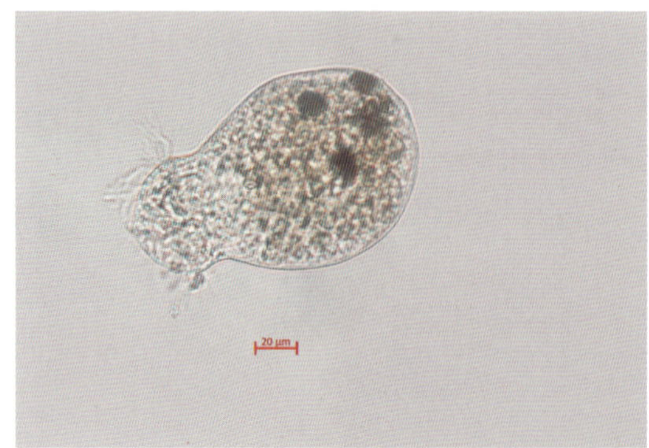

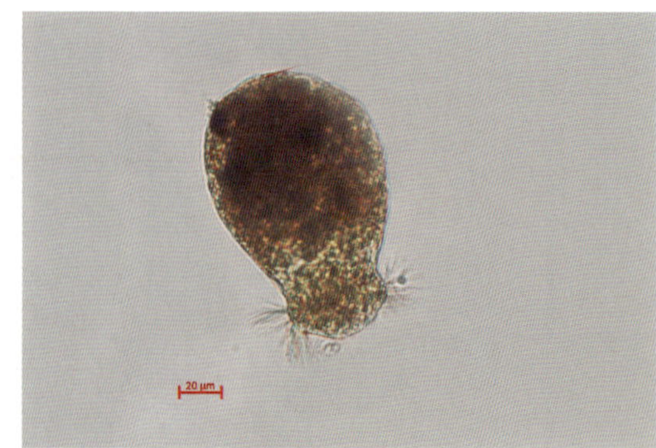

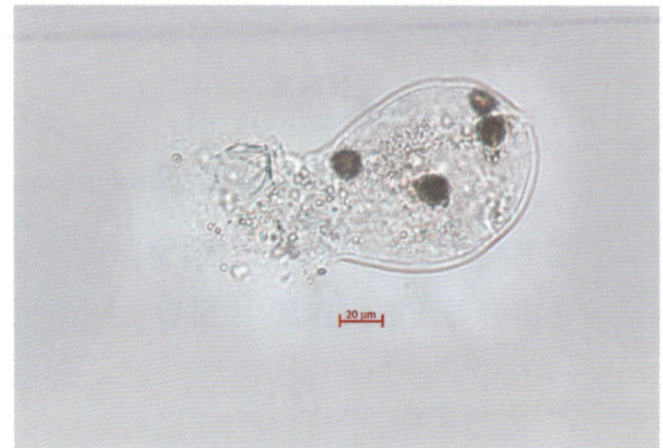

没尾无柄轮虫

2. 腹尾轮属 *Gastropus* Imhof, 1888

咀嚼器杖型。身体侧扁，具有薄的被甲。足分节或具横褶沟痕，总是偏向腹面，不是从躯干最后端伸出的。趾1个或1对，短而尖削。

采集地：江苏。

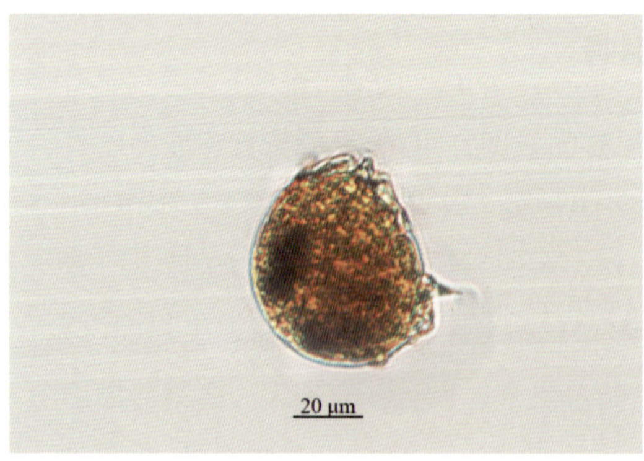

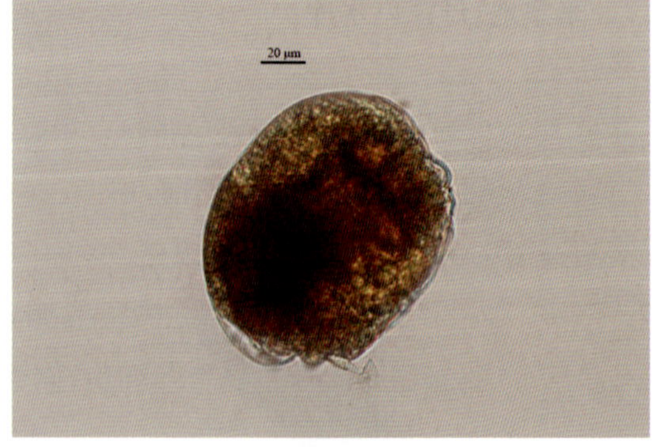

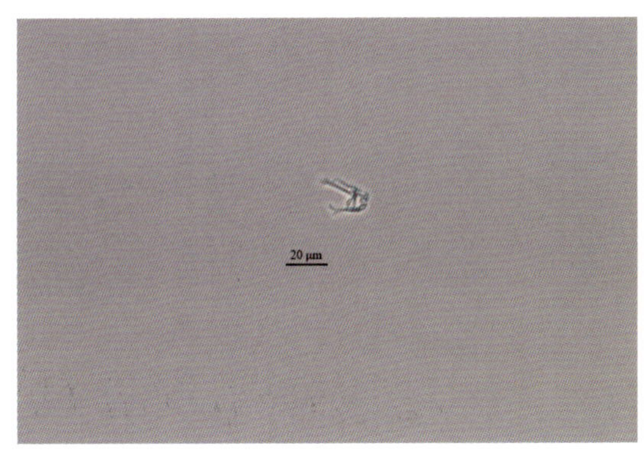

咀嚼器

腹尾轮属

4.2.2.14 疣毛轮科 Synchaetidae Hudson *et* Gosse, 1886

咀嚼器杖型，有发达咽下肌。体被柔软，少数种类有被甲；体呈梨形、圆锥形、钟形或囊袋形。

属检索表

1(2)无足，体呈长方形或囊袋形；有发达而能动的附肢 ………… 多肢轮属 *Polyarthra*

2(1)有足；体呈钟形、倒圆锥形或梨形；无附肢

3(4)无被甲，头冠两旁各有一很突出的纤毛耳 …………………… 疣毛轮属 *Synchaeta*

4(3)有被甲，其上往往有网状刻纹或沟和肋；无纤毛耳 …………… 皱甲轮属 *Ploesoma*

1. 多肢轮属 *Polyarthra* Ehrenberg, 1834

无足，体呈长方形或囊袋形。背面与腹面两侧各有 3 对发达而能动的附肢。

种检索表

1(2)身体腹面有一对短的“腹小鳍”，附肢宽大于 15μm，口器砧枝内侧有齿 1～2 个 ……………………………………………………………… 广生多肢轮虫 *Polyarthra vulgaris*

2(1)身体腹面无一对短的“腹小鳍”

3(4)附肢宽 20～37μm，卵黄核 8 个 …………………… 较大多肢轮虫 *Polyarthra major*

4(3)附肢宽 40～62μm，卵黄核 12 个 …………… 真翅多肢轮虫 *Polyarthra euryptera*

(1)广生多肢轮虫 *Polyarthra vulgaris* Carlin, 1943

附肢披针形，附肢有中央及侧脊，边缘锯齿状。

采集地：滇池。

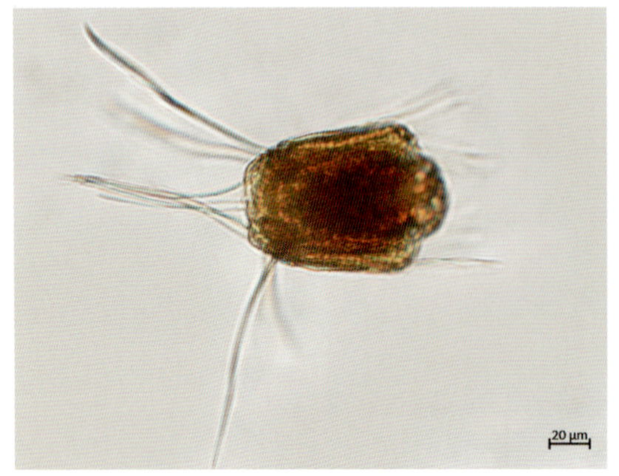

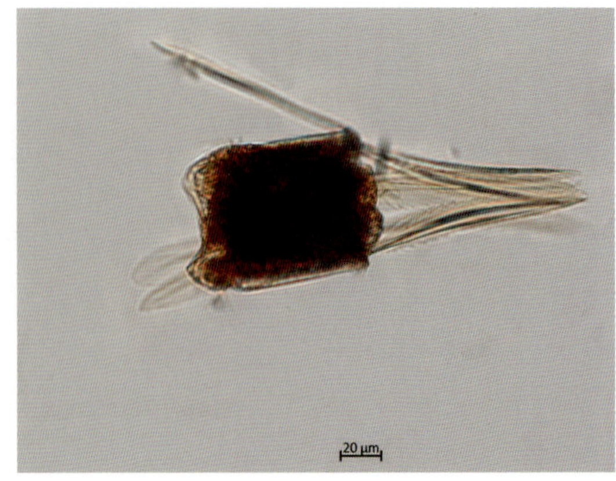

广生多肢轮虫

(2)较大多肢轮虫 *Polyarthra major* Burckhardt，1900

身体透明呈长方形；附肢较身体短，叶片状，宽度小于 40μm，边缘有细齿。

采集地：鄱阳湖、滇池

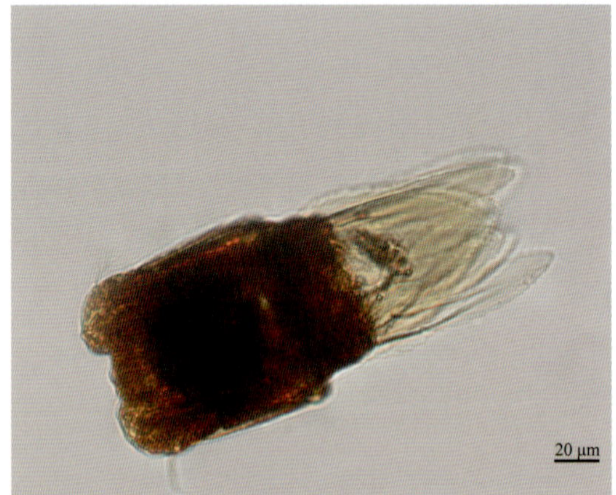

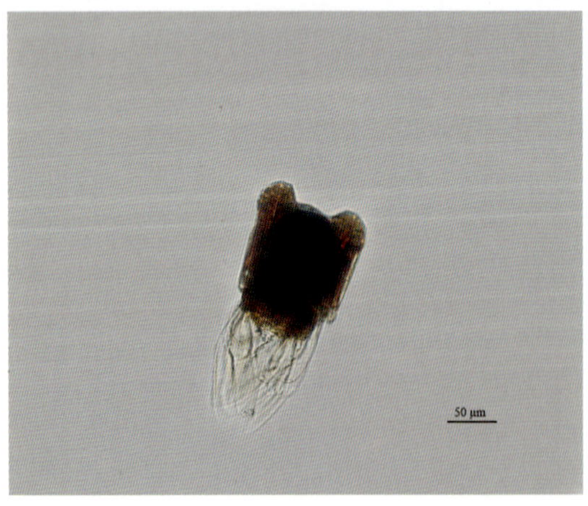

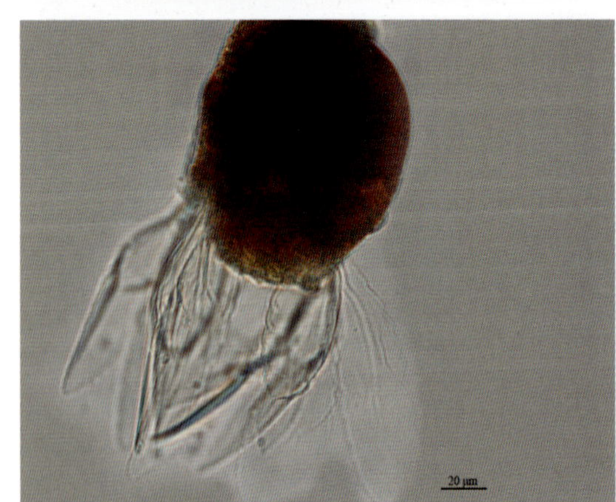

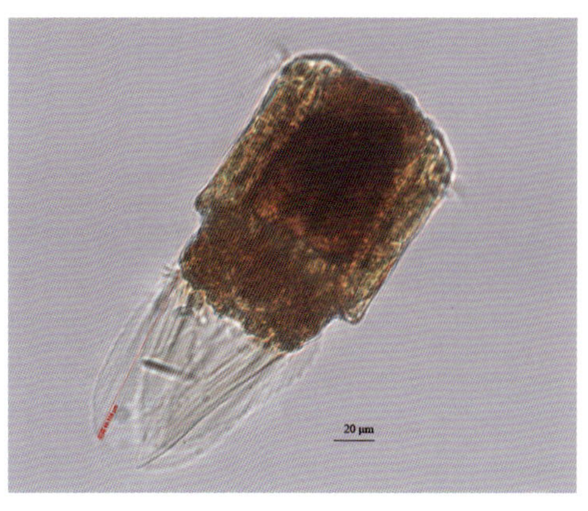

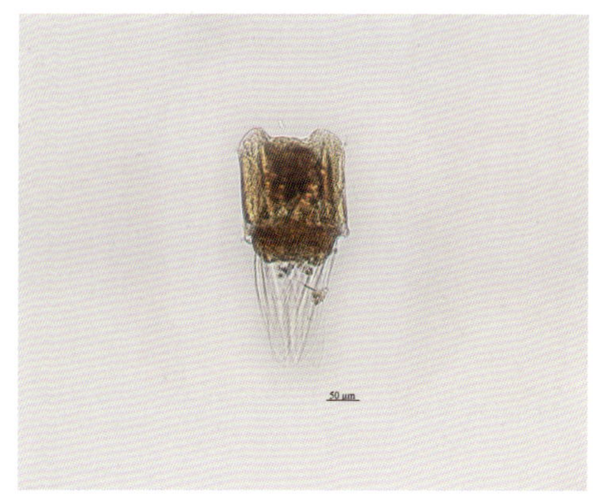

较大多肢轮虫

(3)真翅多肢轮虫 *Polyarthra euryptera* Wierzejski，1891

附肢较身体短，叶片状，宽度大于 40μm，边缘有细齿。

采集地：滇池、四川德阳。

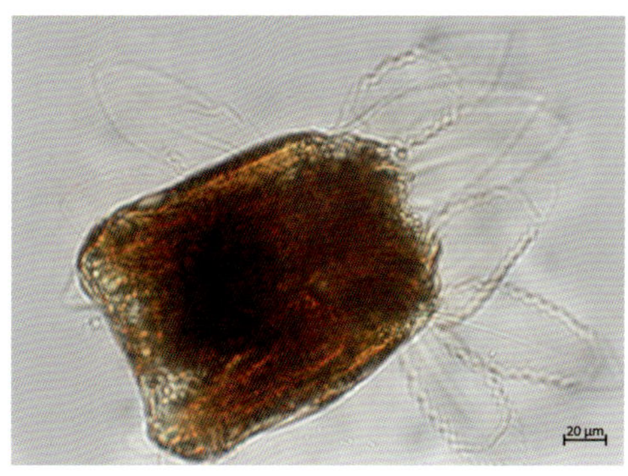

真翅多肢轮虫

2. 疣毛轮属 *Synchaeta* Ehrenberg，1832

咀嚼器杖型。有足。体呈钟形、倒圆锥形或梨形，体态柔软而透明。无附肢，无被甲，头冠两旁各有一很突出的耳，其上着生纤毛。

采集地：丹江口水库、鄱阳湖、洞庭湖。

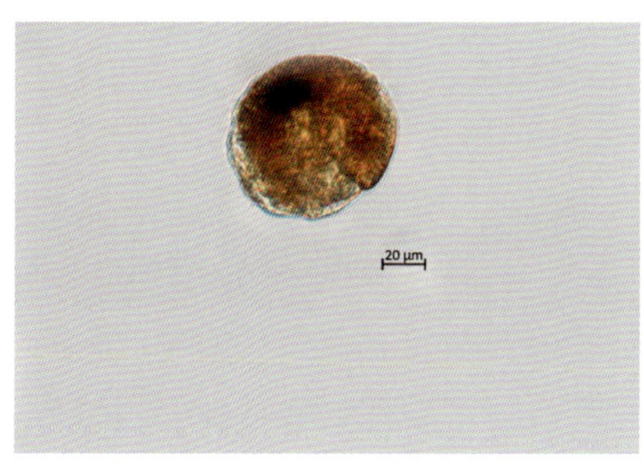

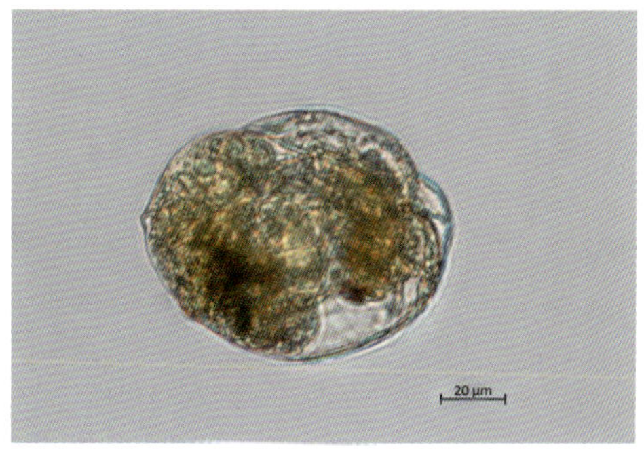

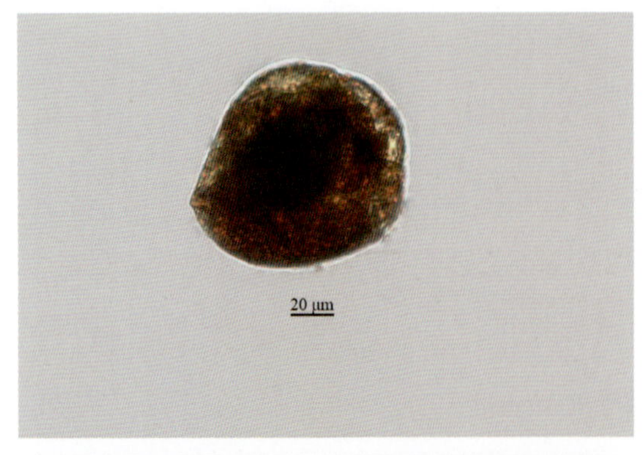

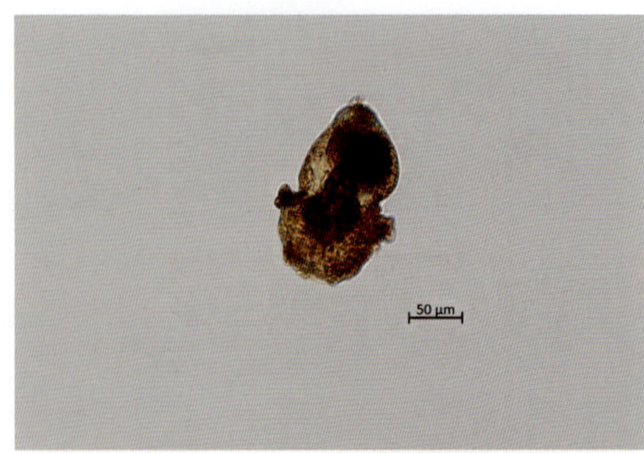

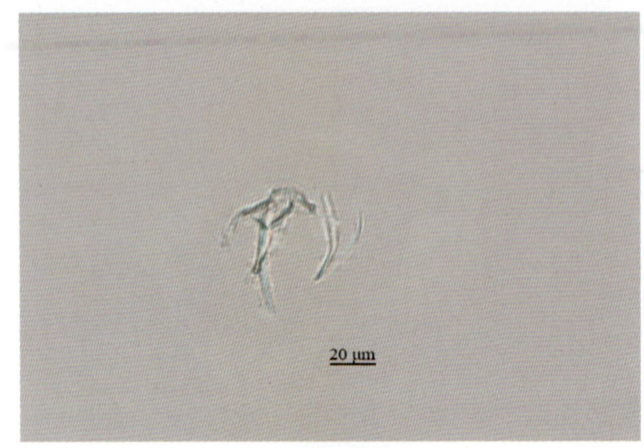

咀嚼器

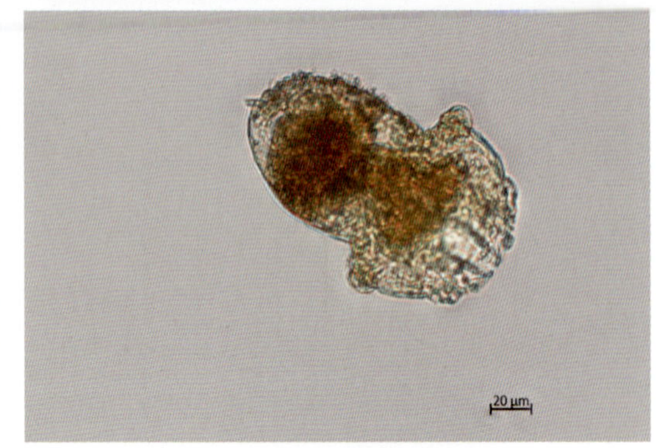

疣毛轮属

3. 皱甲轮属 *Ploesoma* Herrick, 1885

有被甲，被甲呈倒圆锥形、卵圆形或椭圆形，甲上往往有网状刻纹或沟和肋，无纤毛耳。足总是从躯干腹面靠近中央处射出，足不分节，很长，有环形沟痕。有一对发达的趾。

种检索表

1(2)被甲腹面无纵长裂痕。背面前半部有圆丘形隆起盾饰 ……………………………………………………………………………………………… 郝氏皱甲轮虫 *Ploesoma hudsoni*

2(1)被甲腹面有纵长裂痕，背面前半部没有圆丘形隆起盾饰，被甲背面前端接近平直，或呈很平稳的波浪式的起伏，不会形成尖尖的凸出…… 截头皱甲轮虫 *Ploesoma truncatum*

(1)郝氏皱甲轮虫 *Ploesoma hudsoni* Imhof, 1891

被甲呈圆锥形，两侧稍许紧压，后端浑圆，前端平直。腹面无纵长裂缝，背面前半部有圆丘形隆起盾饰。被甲背面和腹面有凸出，侧面观呈椭圆形。

采集地：鄱阳湖。

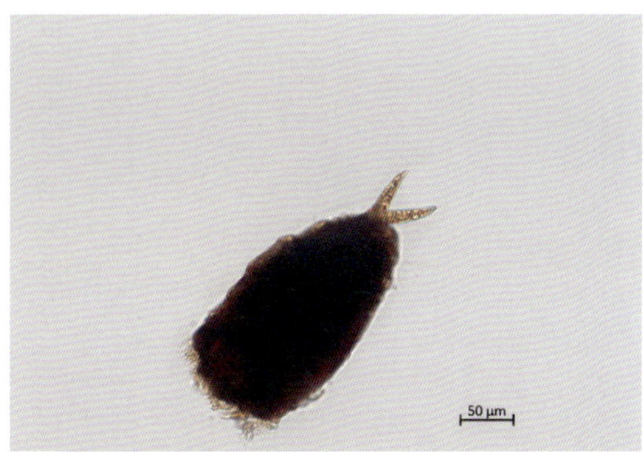

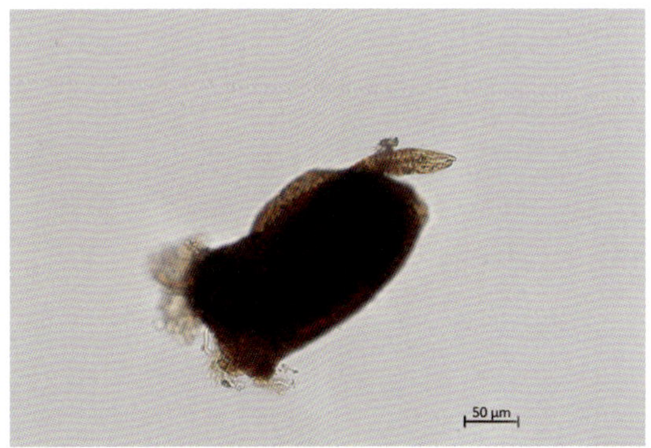

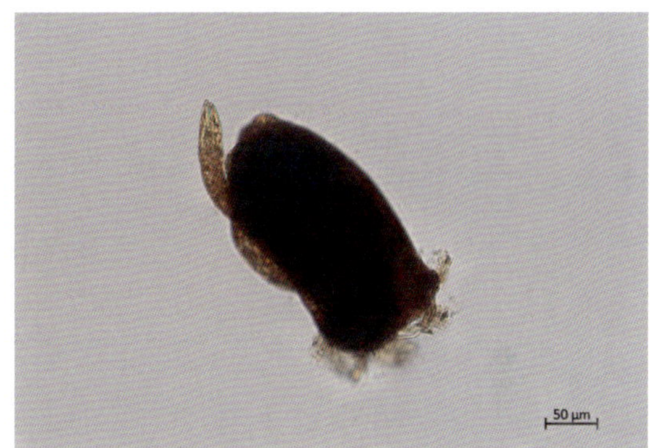

郝氏皱甲轮虫

(2)截头皱甲轮虫 *Ploesoma truncatum* Levander，1894

被甲呈宽阔的卵圆形，前端接近平直，呈很平稳的波浪式的起伏。足总是从躯干腹面靠近中央射出，足不分节，很长，有环形沟痕。有一对发达的趾。

采集地：鄱阳湖、巢湖、洞庭湖。

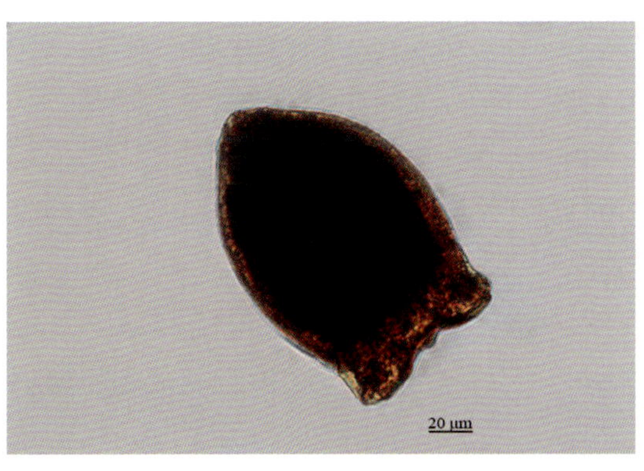

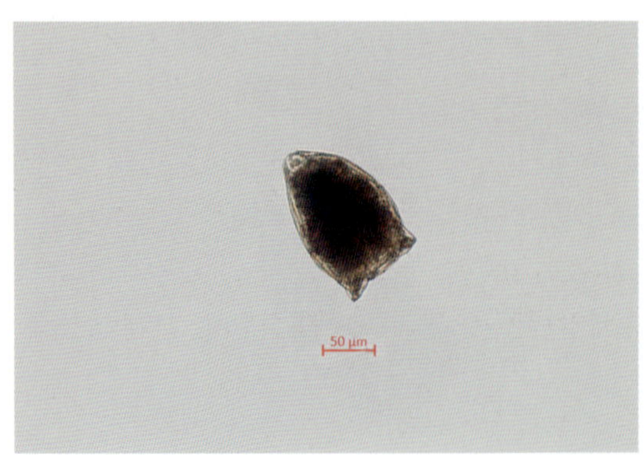

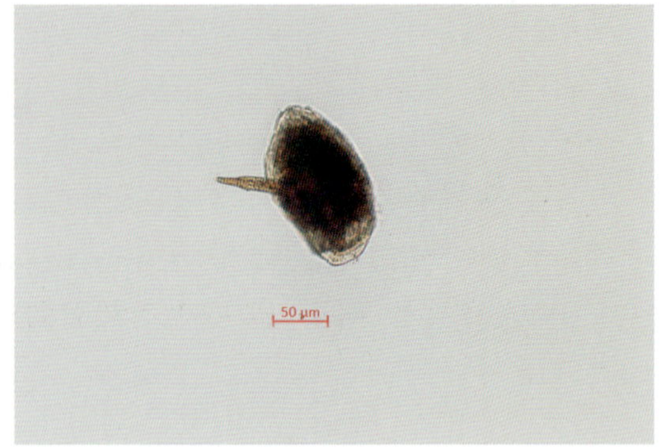

截头皱甲轮虫

4.2.3 簇轮目 Flosculariacea Harring，1993

科检索表

1(2)身体有被甲 ………………………………………………… 镜轮科 Testudinellidae
2(1)身体无被甲，常具有胶鞘或管室
3(6)体末端有足
4(5)轮冠呈圆形或分成 2～8 裂，成体大多固着生活 …………… 簇轮科 Flosculariidae
5(4)轮冠马蹄形，个体或群体生活 ………………………………… 聚花轮科 Conochilidae
6(3)体末端无足
7(8)体具 6 根腕状附肢，附肢上有刚毛 ………………………… 六腕轮科 Hexarthridae
8(7)体具 3～4 根附肢，附肢上有刚毛 ………………………………… 三肢轮科 Filiniidae

4.2.3.1 镜轮科 Testudinellidae Harring，1913

咀嚼器槌枝型。被甲或薄或厚，六腕轮虫型头冠。具足或无，若有足，足孔在体腹面后端或中央，无趾。

属检索表

1(2)被甲比较厚且坚硬，有足 ………………………………………… 镜轮属 *Testudinella*
2(1)被甲比较薄且柔软，无足 ………………………………………… 泡轮属 *Pompholyx*

1. 镜轮属 *Testudinella* Bory de St. Vincent，1826

被甲较厚且坚硬，有足。

种检索表

1(2)被甲纵长，后端延伸呈细柄或管状 ………… 三齿镜轮虫 *Testudinella tridentata*

2(1)被甲浑圆，背甲与腹甲在后端愈合，足孔在腹甲的中部或离后端近 1/3 处 ………………………………………………………………………… 盘镜轮虫 *Testudinella patina*

(1)三齿镜轮虫 *Testudinella tridentata* Smirnov，1931

被甲透明，呈狭长的卵圆形，体中部最宽，后端延伸呈细柄或管状。头冠伸出的孔口是一个宽阔的横裂缝，两侧各有一个粗壮而向外弯曲的刺，中央有一个很发达的尖刺，比两侧的刺要长。

采集地：丹江口水库。

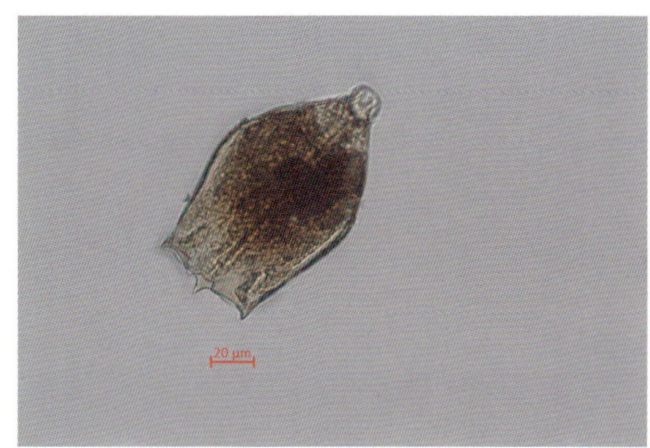

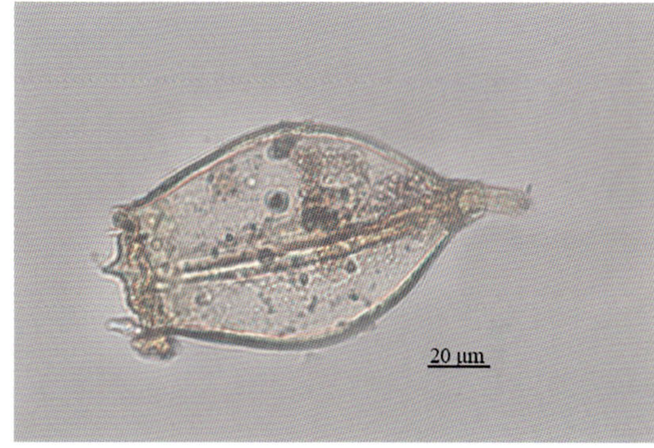

三齿镜轮虫

①无棘三齿镜轮虫 *Testudinella tridentata edentata*

被甲透明，背面或腹面呈卵圆形或瓶形，横切面的背面扁平，腹面中央隆起，被甲前端有短棘，中央平直而无短棘，腹甲前缘中央有 2 个钝齿，被甲后端的腹面有一圆形足孔。

采集地：湖南。

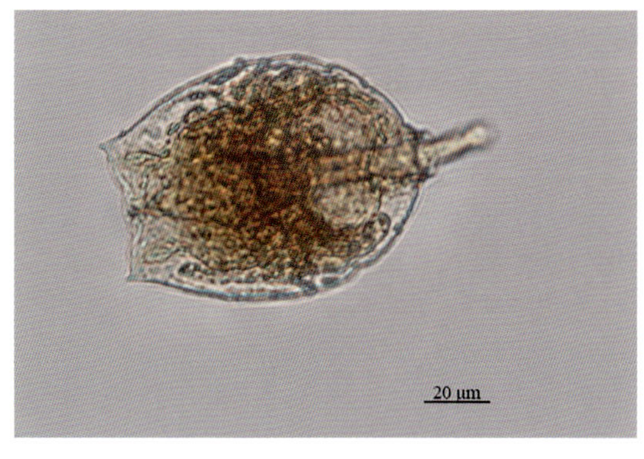

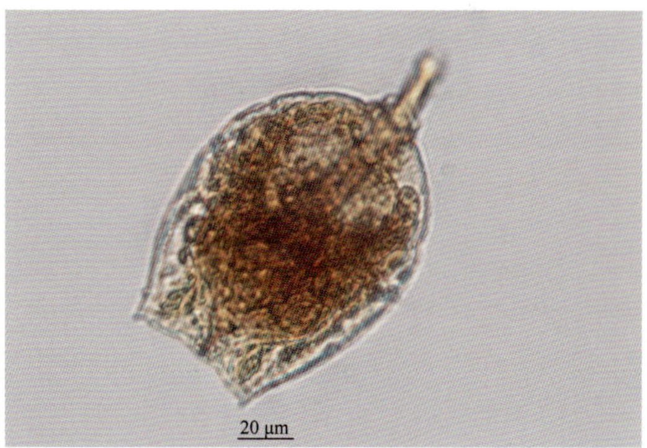

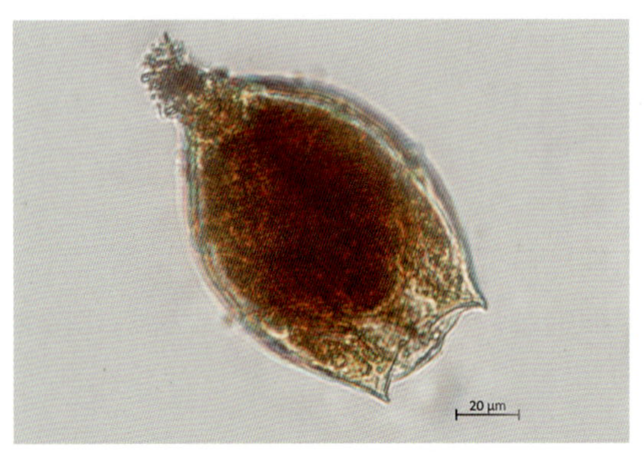

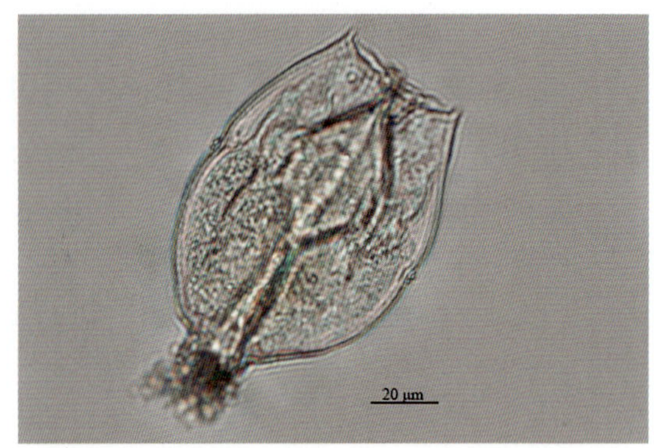

无棘三齿镜轮虫

(2)盘镜轮虫 *Testudinella patina* Hermann，1783

被甲非常透明，由两片扁平的背甲与腹甲在两侧和后端彼此愈合在一起而形成。侧面观呈扁圆盘状。被甲前端腹面呈深“V”形，背面边缘则很平稳或少许呈波状的弯曲，足孔在腹甲的中部或离后端近 1/3 处。

采集地：草海。

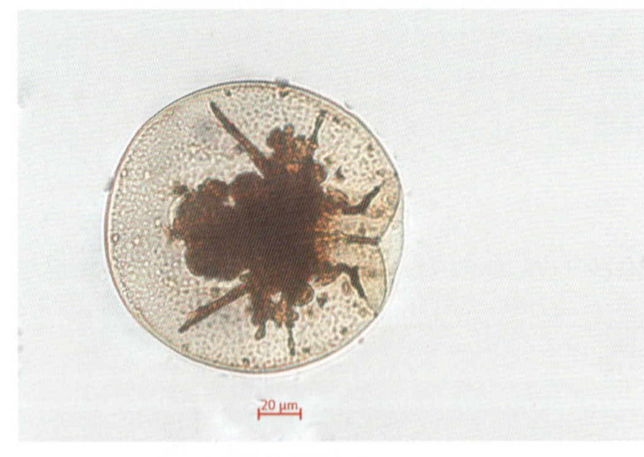

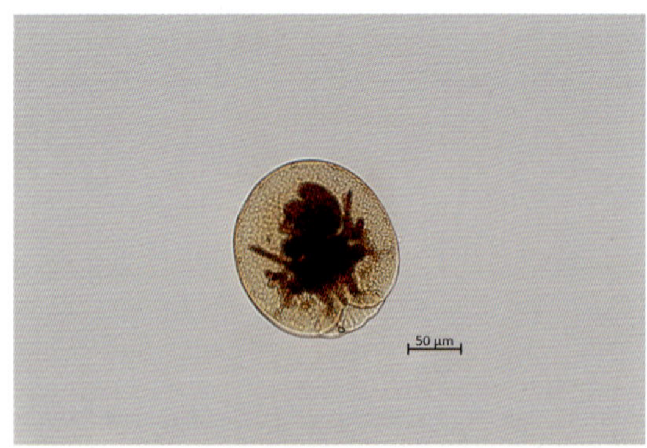

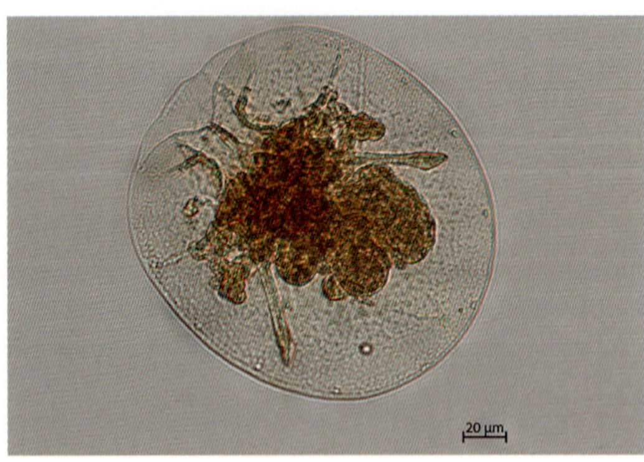

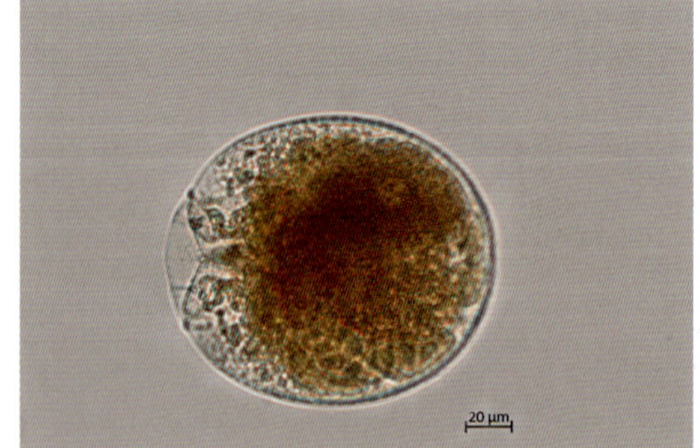

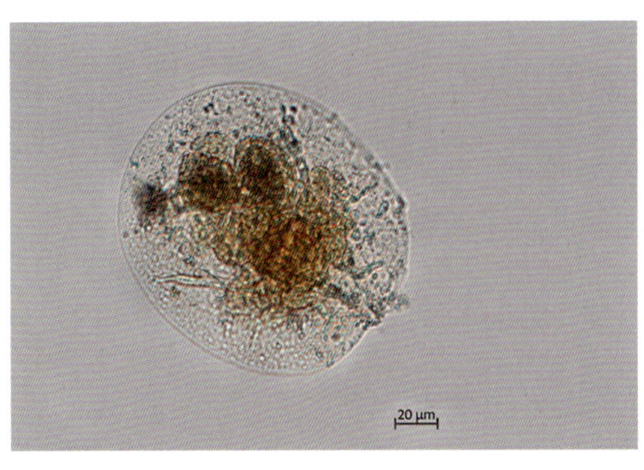

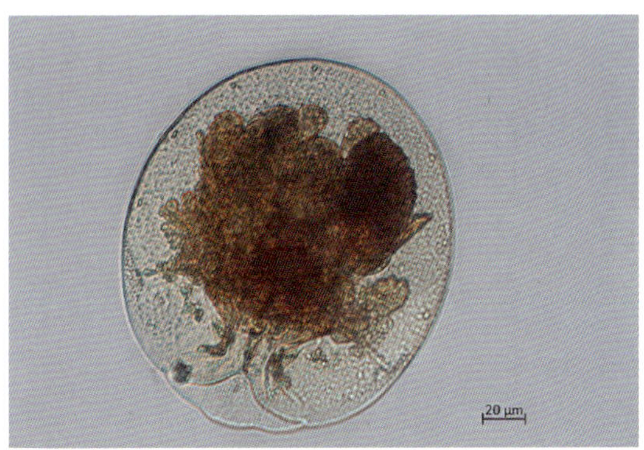

盘镜轮虫

2. 泡轮属 *Pompholyx* Gosse，1851

被甲较薄且柔软，无足。

(1)沟痕泡轮虫 *Pompholyx sulcata* Hudson，1885

被甲腹面及两侧都突出而隆起，有 4 条纵长的沟痕，与扁平泡轮虫相比，沟痕泡轮虫侧面较厚。

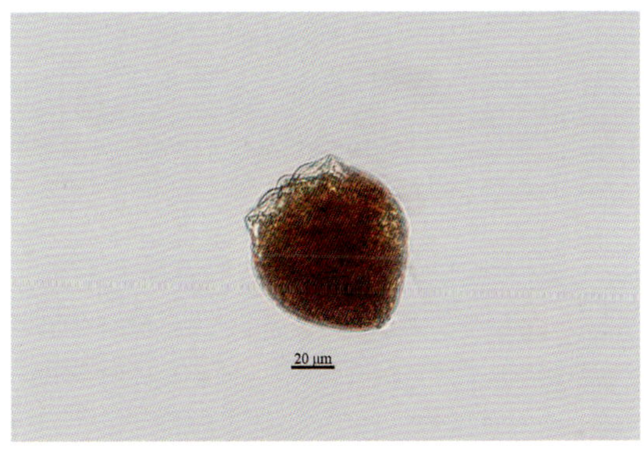

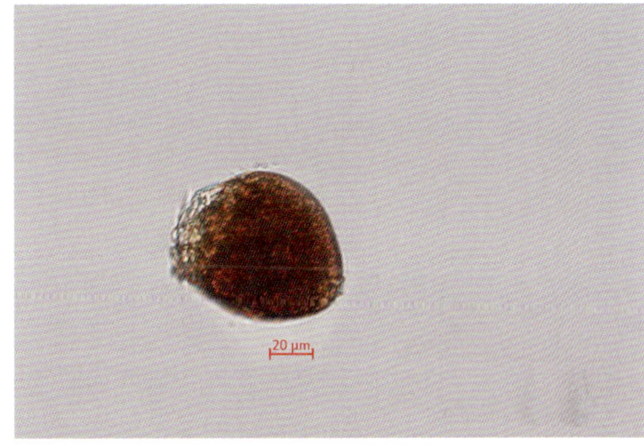

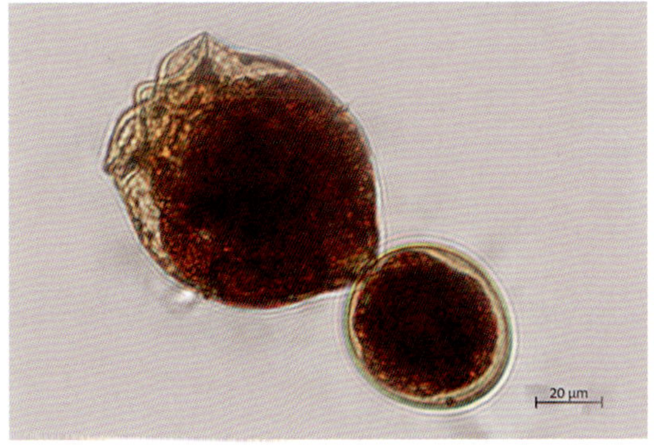

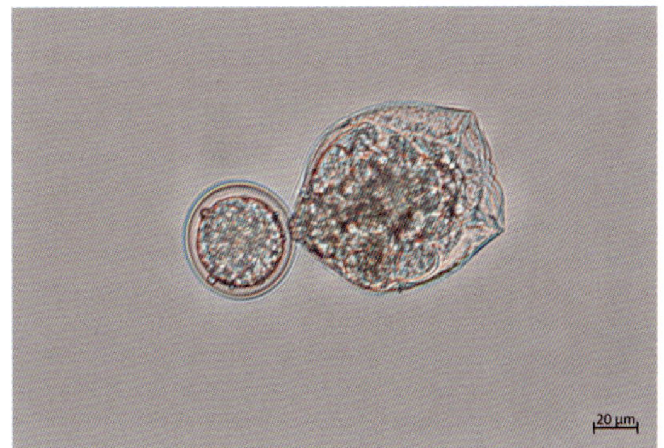

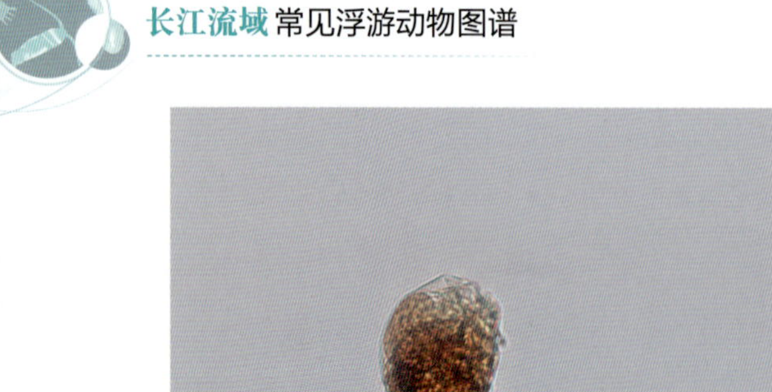

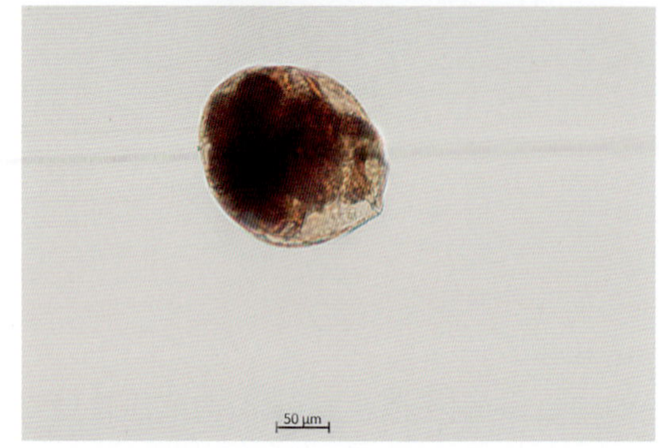

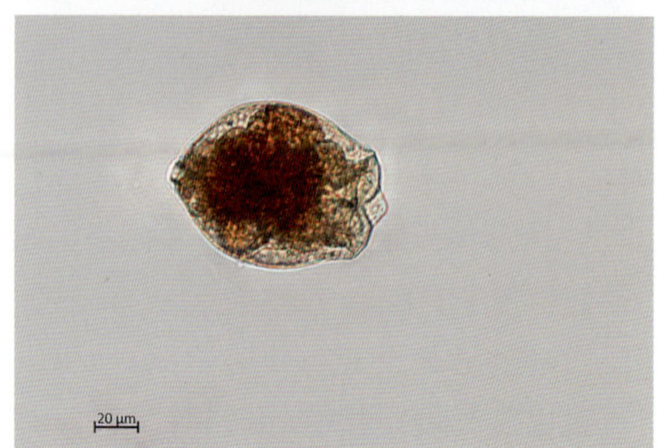

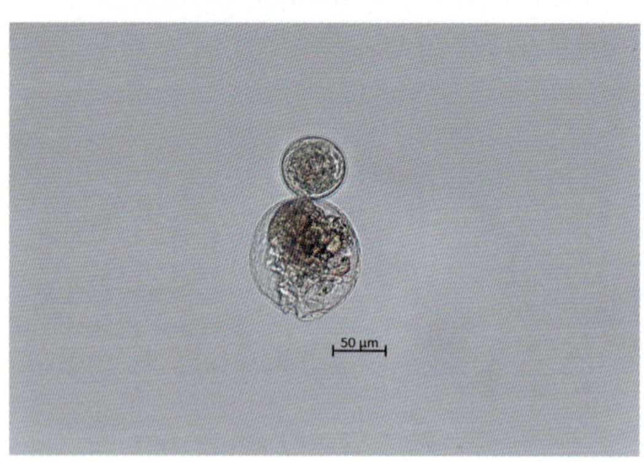

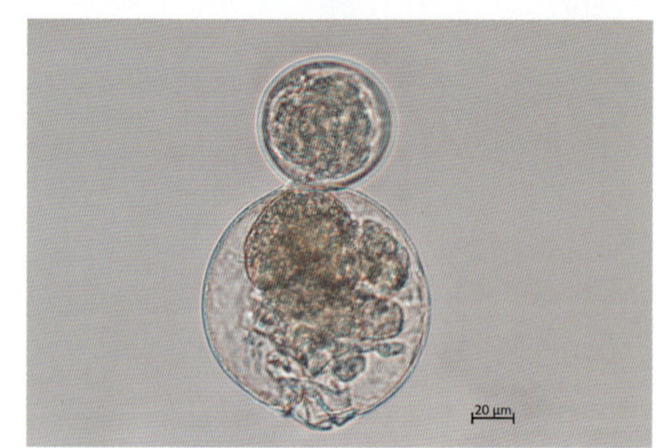

沟痕泡轮虫

4.2.3.2 簇轮科 Flosculariidae Ehrenberg, 1838

轮冠呈圆形或分成 2～8 裂，成体大多固着生活。

属检索表

1(2)头冠一般呈圆形，有时在背面轻微凹陷 ………………………… 细簇轮属 *Ptygura*

2(1)头冠心形、肾形或宽卵圆形，肛门后靠近足基部处有卵托的存在 ……………………………………………………………………… 巨冠轮属 *Sinantherina*

1. 细簇轮属 *Ptygura* Ehrenberg, 1832

本属有群体也有单独存在的个体，有固着的也有少数自由浮游运动的。管室长度、软硬因种类而异。头冠一般呈圆形,但有时呈卵圆形或不明显地分成 2 裂,有些种类头冠后端背面有尖角形钩状突起。足很长,表面有环形折痕或肋纹,足末端有一细管状的柄。背触手小,附触手或小或大,成熟个体无眼点。口器槌枝型。

采集地:鄱阳湖。

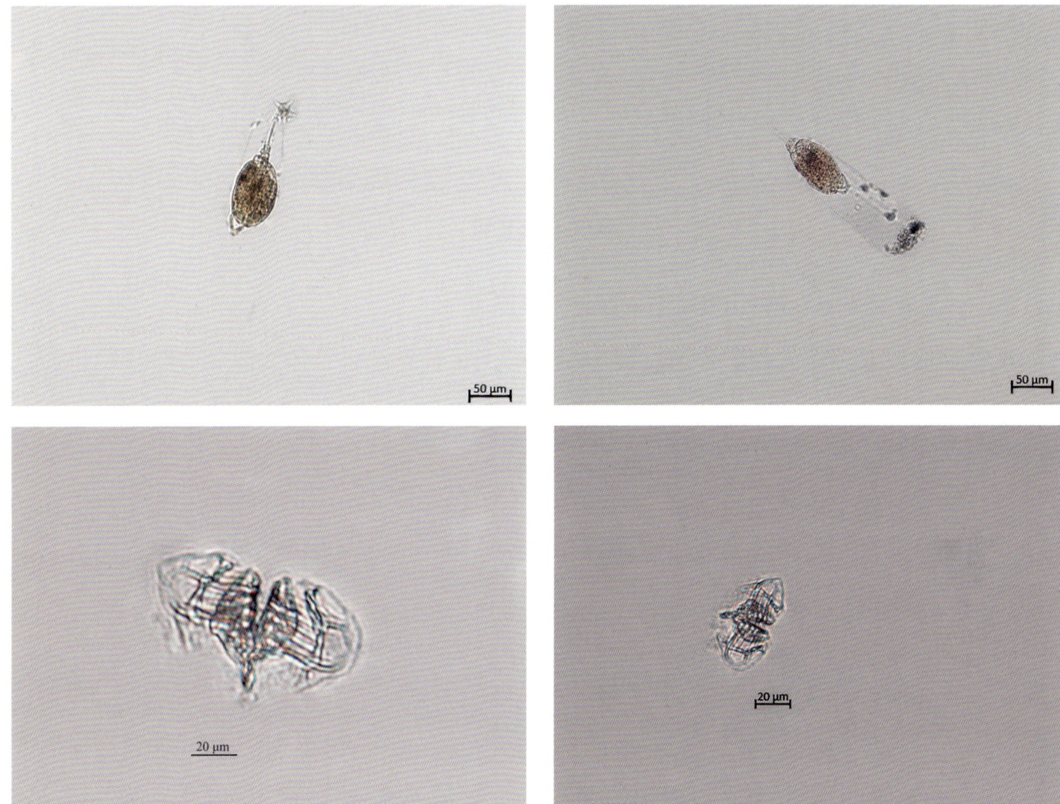

咀嚼器

细簇轮属

2. 巨冠轮属 *Sinantherina* Bory de St. Vincent, 1826

(1)胸刺巨冠轮虫 *Sinantherina spinosa* Thorpe, 1893

群体呈圆球形,自由浮游于水中,虽然并不黏着在水生植物的上面,但是有时会停息在水生植物的茎叶或其他物体上。个体很长,收缩呈"S"形,分为头冠、躯干、足三部分,其中躯干部分比较宽阔,背面接近平直或少许突出,腹面明显突出并布满钩状尖锐的刺,颈部下面无疣突存在。

采集地:汉江。

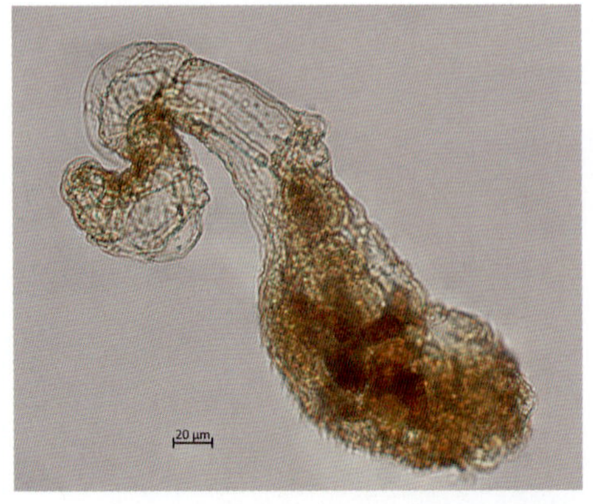
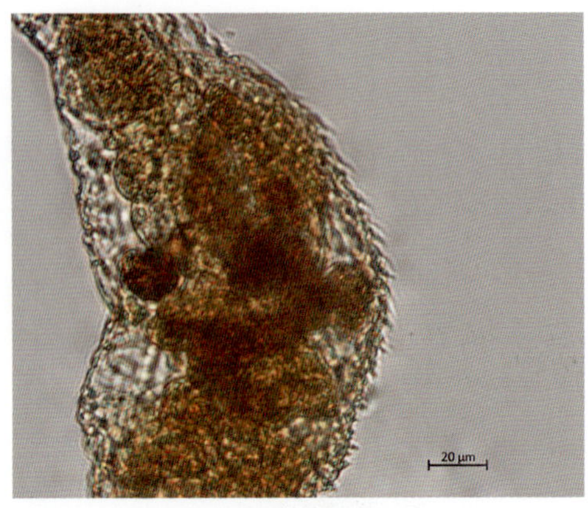

胸刺巨冠轮虫

4.2.3.3 聚花轮科 Conochilidae Harring, 1913

咀嚼器槌枝型。体无被甲,柔软,圆形后瓶形。足长无趾。身体大部分有胶质鞘包裹。

属检索表

1(2)腹触手位于头冠的盘顶上 ……………………………………… 聚花轮属 *Conochilus*

2(1)腹触手位于躯干前端的腹面 ……………………………… 拟聚花轮属 *Conochiloides*

1. 聚花轮属 *Conochilus* Ehrenberg, 1834

腹触手位于头冠的盘顶上。

种检索表

1(2)两个腹触手很靠近,但是明显分开 ……… 团状聚花轮虫 *Conochilus hippocrepis*

2(1)两个腹触手合为一个单独的触手 …………… 独角聚花轮虫 *Conochilus unicornis*

(1)团状聚花轮虫 *Conochilus hippocrepis* Schrank, 1830

群体靠足分泌胶质物聚集形成放射状,群体数量较多。两个腹触手很靠近,但是明显分开。采集地:巢湖。

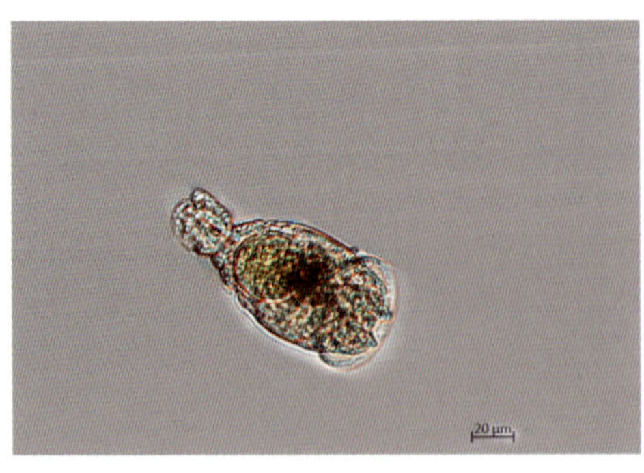
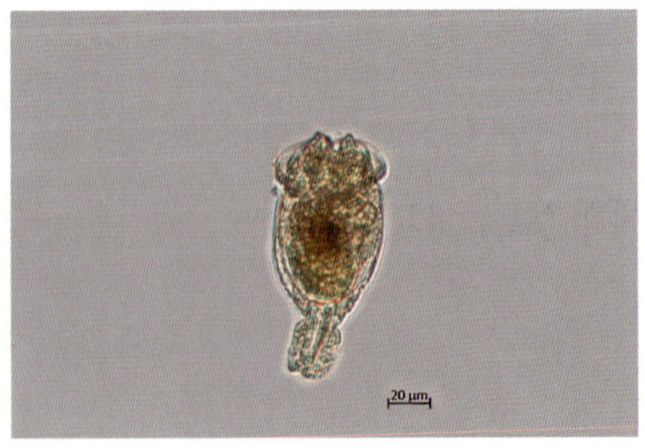

团状聚花轮虫

(2)独角聚花轮虫 *Conochilus unicornis* Rousselet，1892

单个体足短而粗壮，两个腹触手合为一单独的触手，位于头冠腹面。群体较小，靠足分泌胶质物聚集在一起。

采集地：鄱阳湖，洪湖。

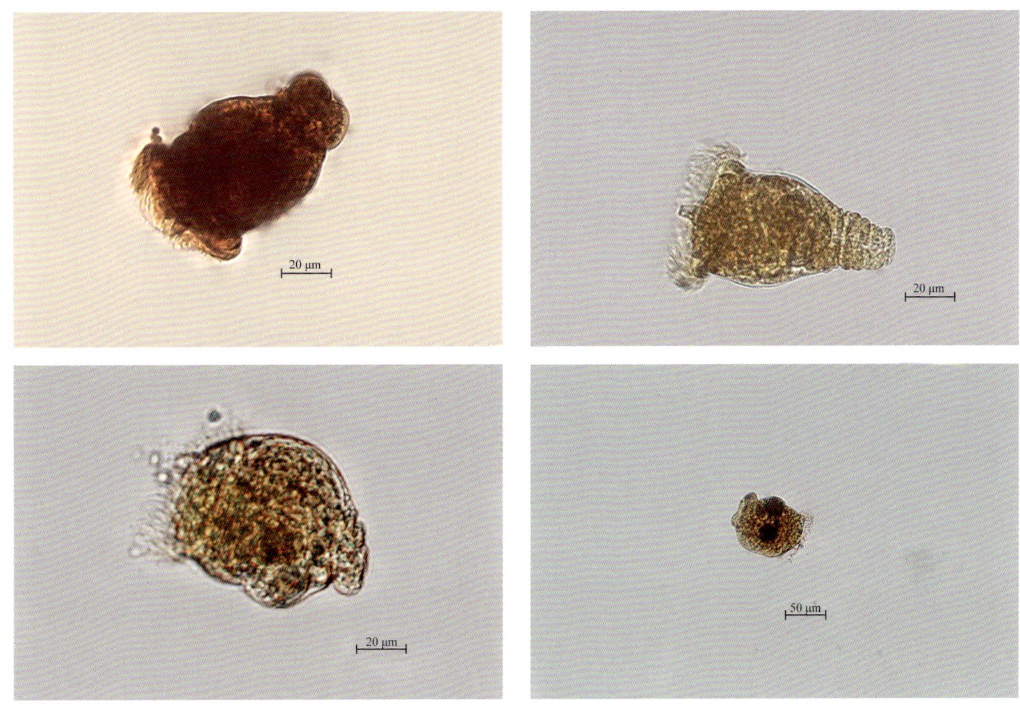

独角聚花轮虫

2. 拟聚花轮属 *Conochiloides* Hlava，1904

腹触手位于躯干前端的腹面。

(1)叉角拟聚花轮虫 *Conochiloides dossuarius* Hudson，1885

两个腹触手合为一个，但在末端有些分离。

采集地：洞庭湖。

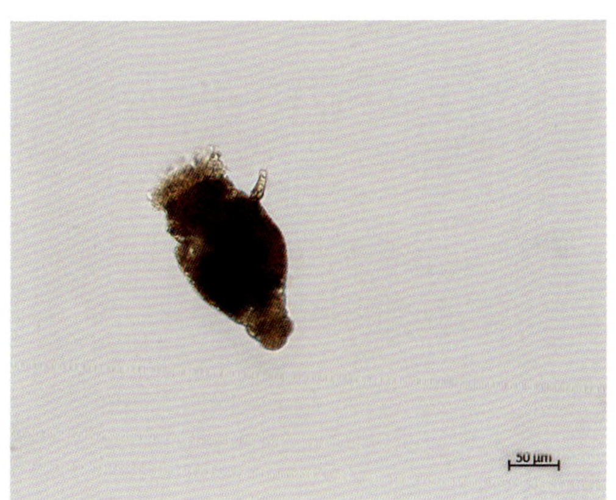

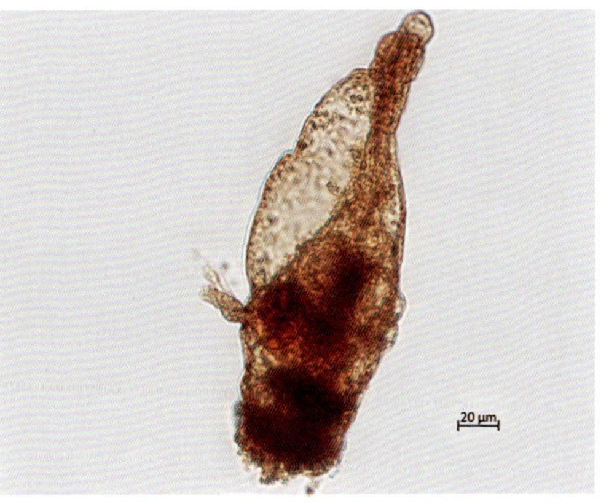

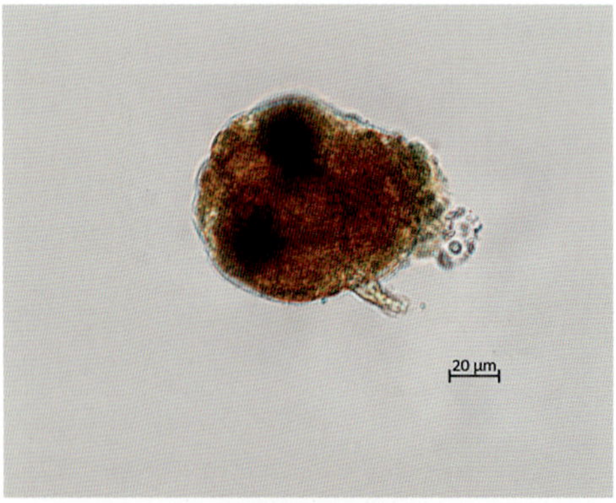

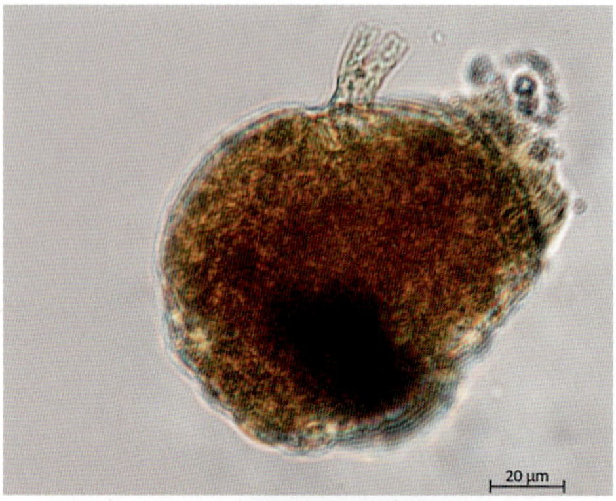

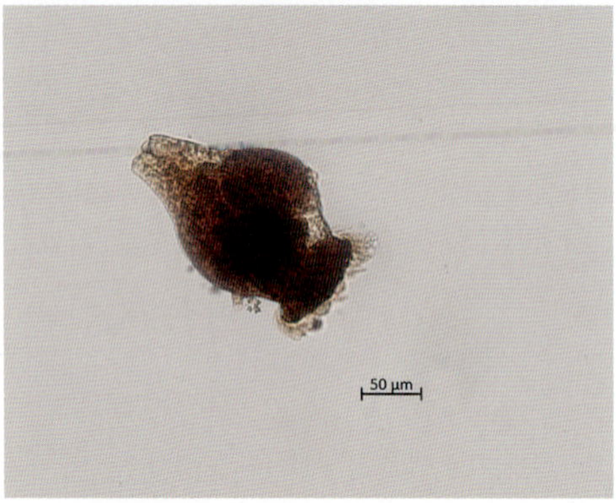

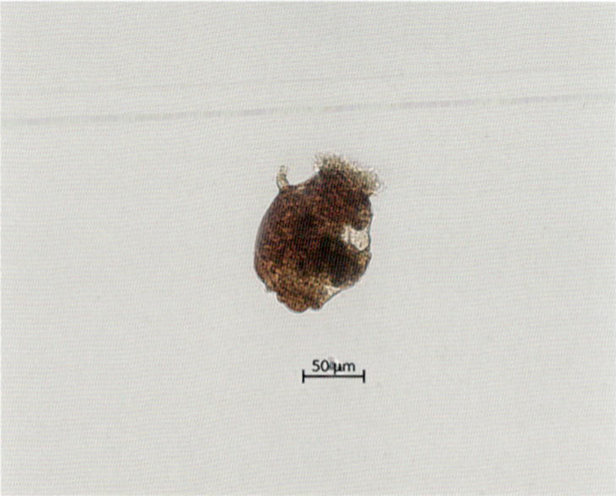

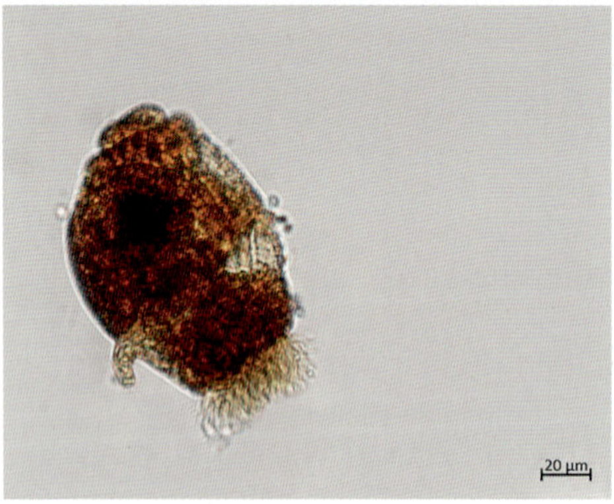

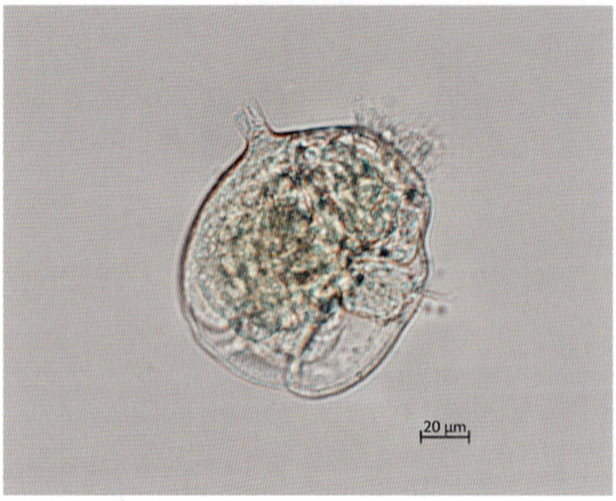

咀嚼器

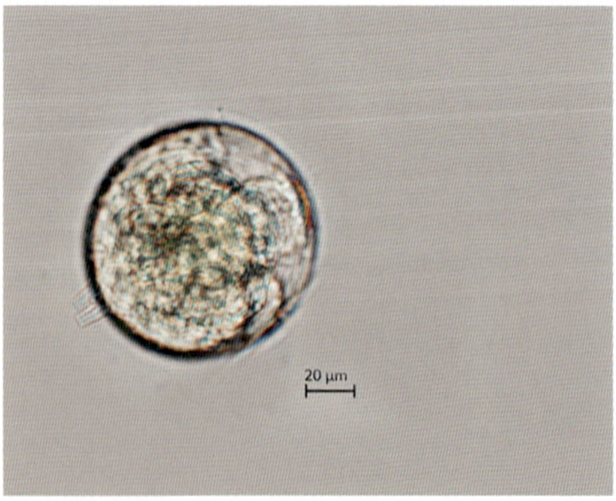

叉角拟聚花轮虫

4.2.3.4 六腕轮科 Hexarthridae Bartoš, 1959

身体两侧有6根具刚毛的腕状附肢。

1. 六腕轮属 *Hexarthra* Schmarda, 1854

咀嚼器槌枝型。身体前上部有6根腕状附肢，一根腹肢最粗壮，一根背肢短，两根背侧肢和两根腹侧肢短而宽，每个附肢上面有发达的羽刚毛，没有足和趾的存在。

采集地：巢湖。

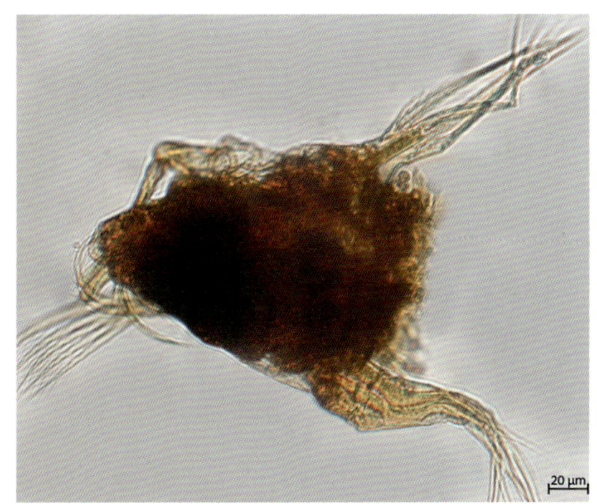

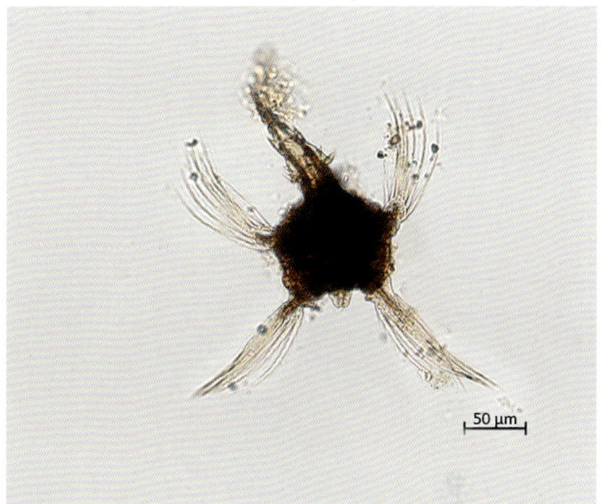

六腕轮属

4.2.3.5 三肢轮科 Filiniidae Bartoš, 1959

身体有2根前附肢和1根或2根后附肢。

1. 三肢轮属 *Filinia* Bory de St. Vincent, 1824

咀嚼器槌枝型。身体前端两侧各有1根附肢，称为前肢，能自由滑动；身体后端一般有1根后附肢，有的有2根。

种检索表

1(10)身体后端的附肢有1根

2(7)后肢可动

3(4)身体前端两侧肢短于体长，但长度大于体长的1/3 ………………………………………………………… 臂三肢轮虫 *Filinia brachiata*

4(3)体前端两侧肢长于体长，后肢相对长

5(6)前端附肢长度为体长的2～3倍，卵黄核15～21个，后端附肢从躯干腹面伸出 ………………………………………………………… 长三肢轮虫 *Filinia longiseta*

6(5)附肢特别长，其长度大于体长的4倍，卵黄核8～14个 ………………………………………………………… 沼三肢轮虫 *Filinia limnetica*

7(2)后肢僵硬不能动

8(9)身体的侧枝从头冠下两侧伸出 ………………… 端生三肢轮虫 *Filinia terminalis*

9(8)身体的侧肢从体中部两侧伸出 ………………… 泛热三肢轮虫 *Filinia camasecla*

10(1)身体后端的附肢有 2 根

11(12)后端的 2 根附肢一长一短,短的有时看不见 ……………………………………………………………………………………………………… 脾状三肢轮虫 *Filinia opoliensis*

12(11)后端的 2 根附肢基本等长 ……………………… 微小三肢轮虫 *Filinia minuta*

(1)臂三肢轮虫 *Filinia brachiata* Rousselet,1901

体呈卵圆形,前端两侧肢短于体长,但是长度大于体长的 1/3。

采集地:丹江口水库。

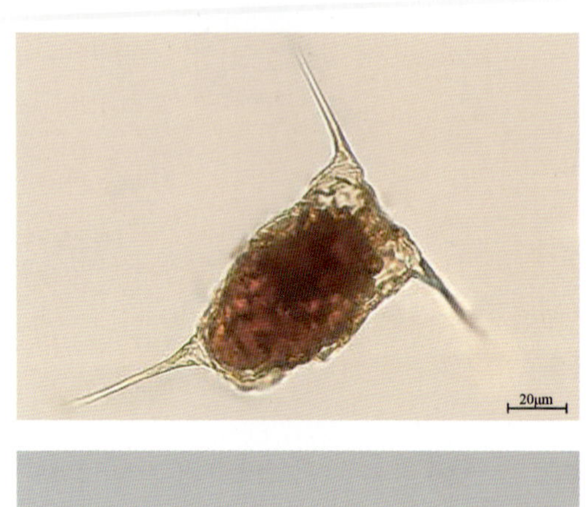

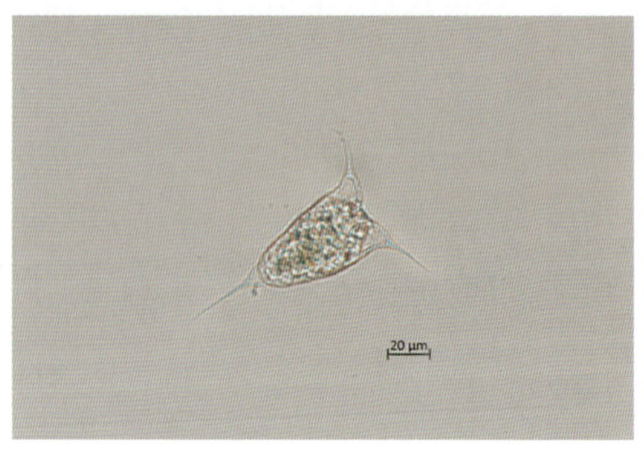

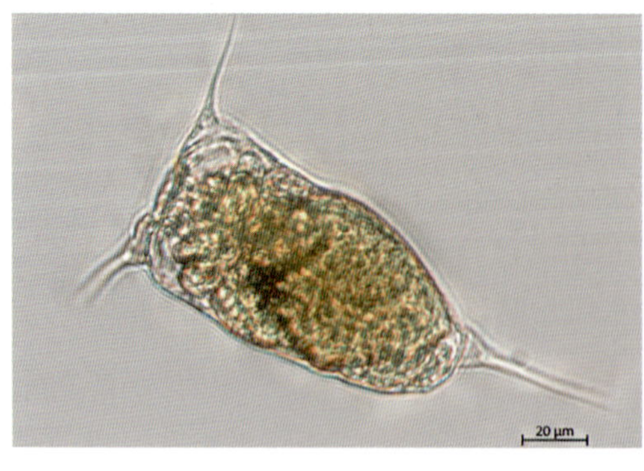

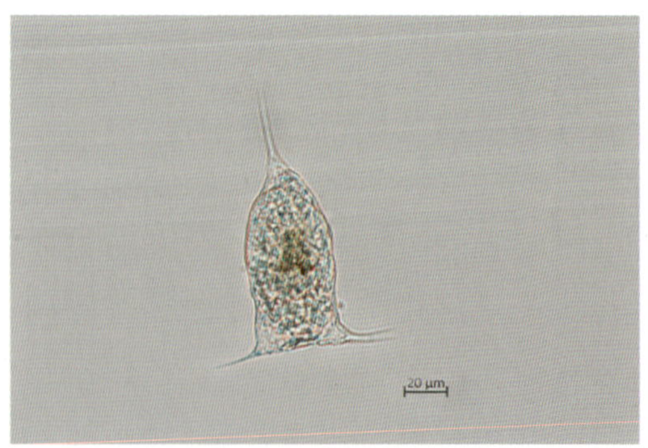

臂三肢轮虫

(2)长三肢轮虫 *Filinia longiseta* Ehrenberg，1834

后端附肢较长，可动，前端附肢从头冠下两侧伸出，长度为体长的 2～3 倍。后端附肢从躯干腹面伸出。

采集地：太湖。

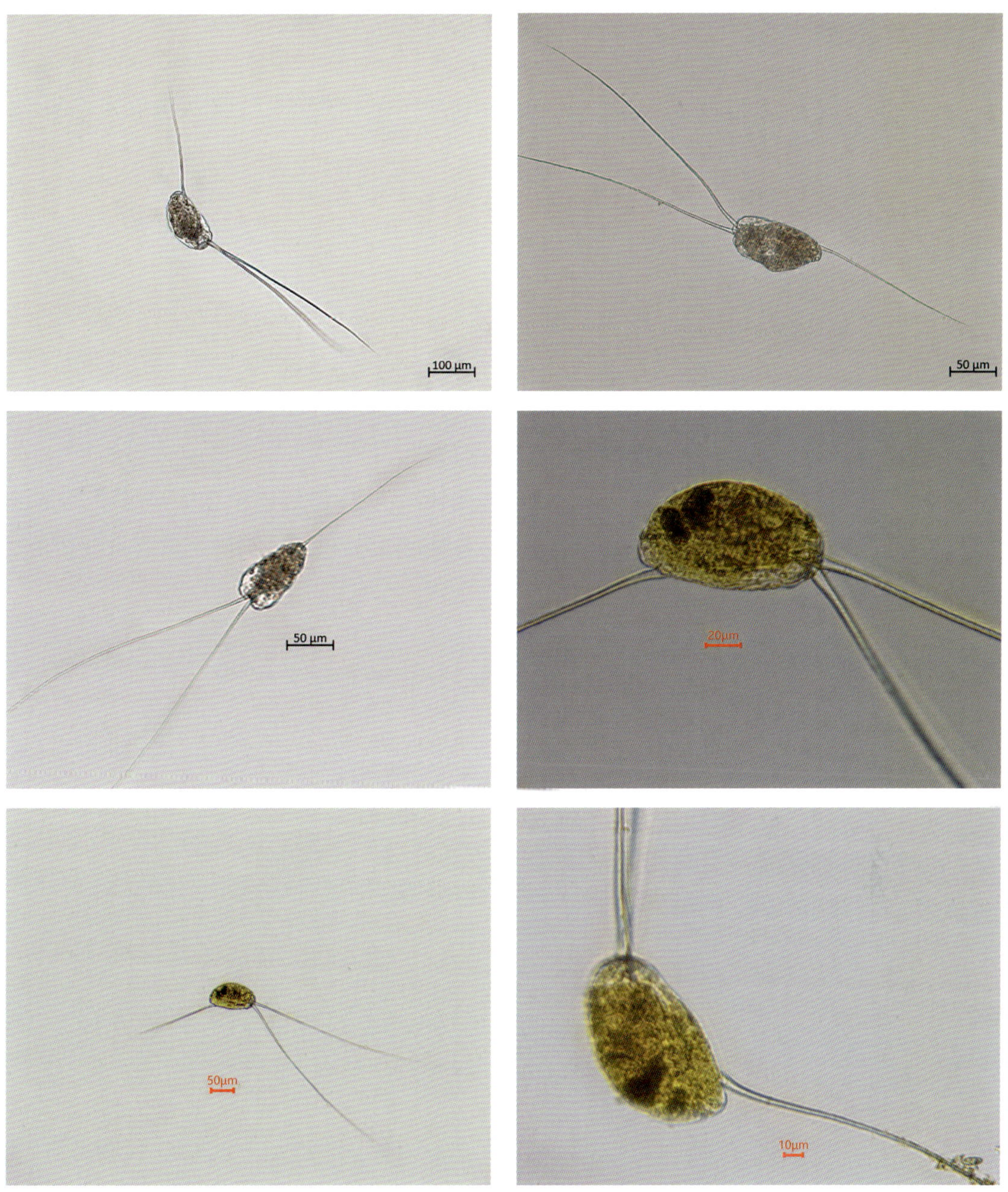

长三肢轮虫

(3)沼三肢轮虫 *Filinia limnetica* Zacharias, 1893

身体比长三肢轮虫略小，侧肢长为体长的 4 倍多，后肢从腹面伸出，卵黄核 8～14 个。

采集地：巢湖。

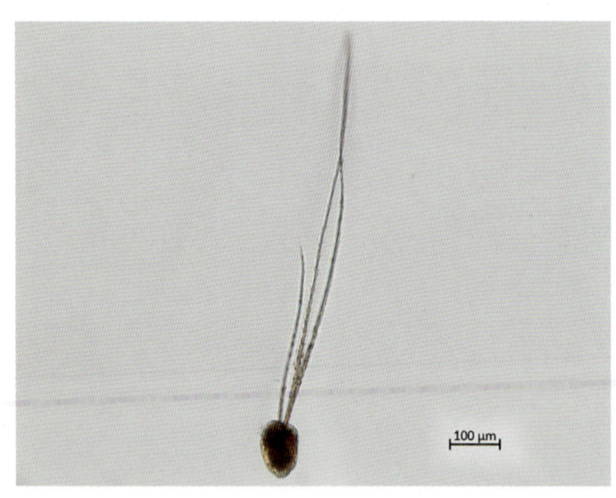

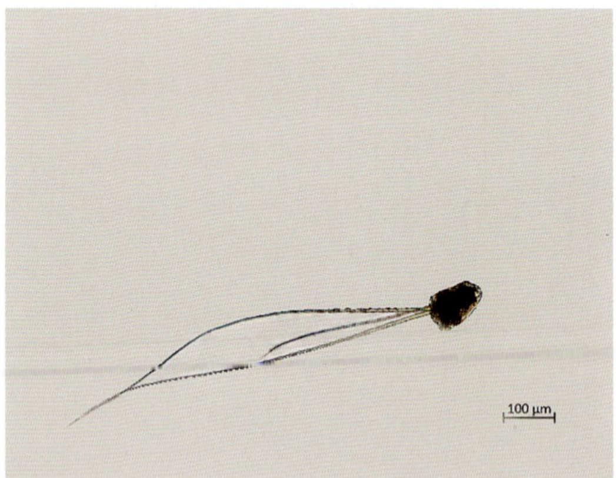

沼三肢轮虫

(4)端生三肢轮虫 *Filinia terminalis Plate*, 1886

后端附肢相对较长；前端的附肢从头冠下两侧伸出，长度超过体长 2 倍，与长三肢轮虫相比，端生三肢轮虫后端的附肢从体末端或接近末端处伸出，鲁哥试剂固定后有可能会稍微上移，后肢不能自由活动。

采集地：草海、鄱阳湖。

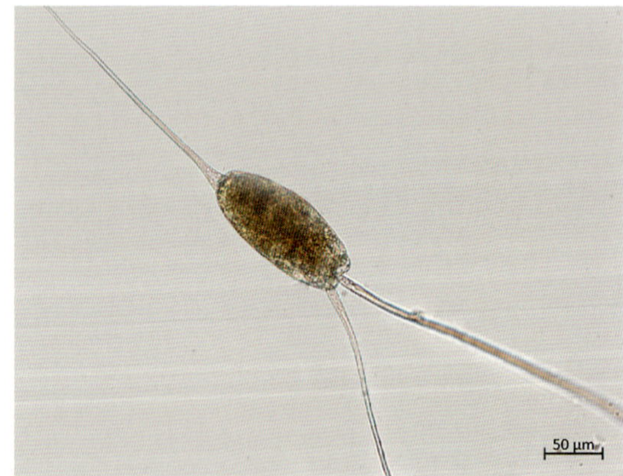

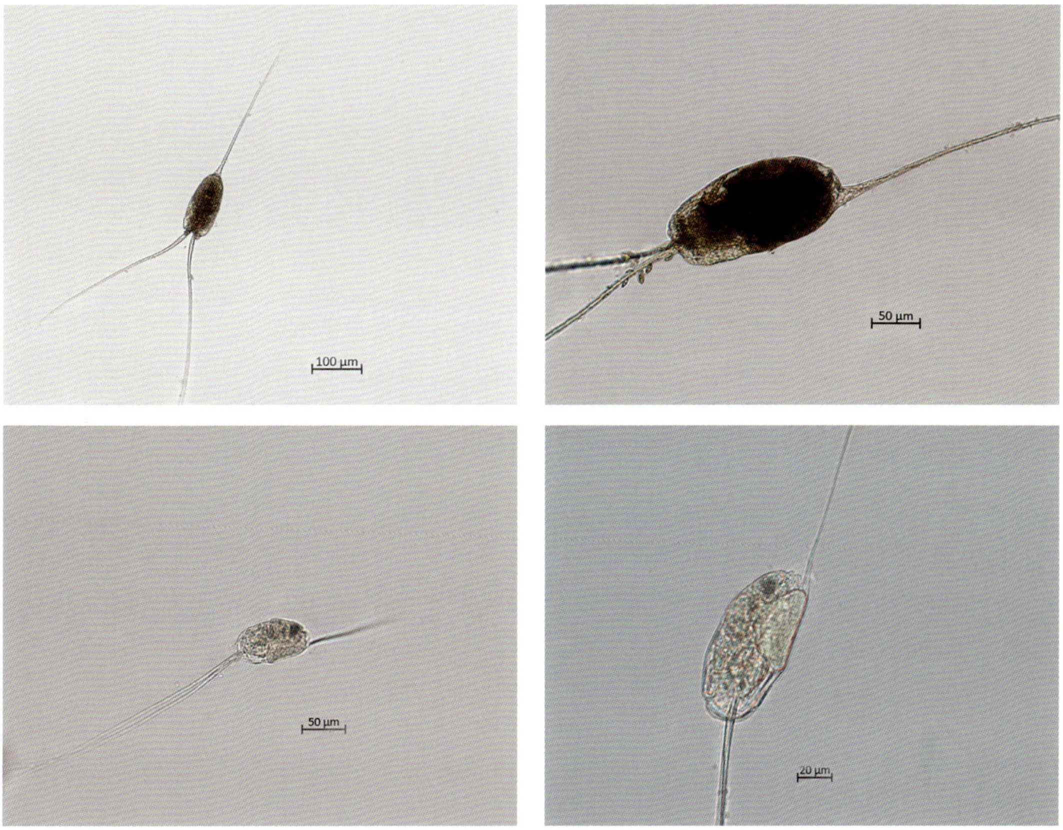

端生三肢轮虫

(5)泛热三肢轮虫 *Filinia camasecla* Myers，1938

体呈卵圆形，头部前端两个眼点，两根前侧肢从体中部两侧伸出，后肢从身体末端伸出，较硬，不可动；肢的基部都加宽，侧肢长度大于体长。

采集地：长江下游。

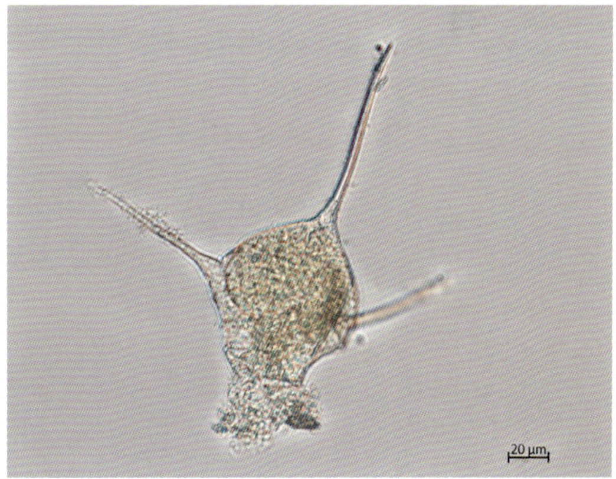

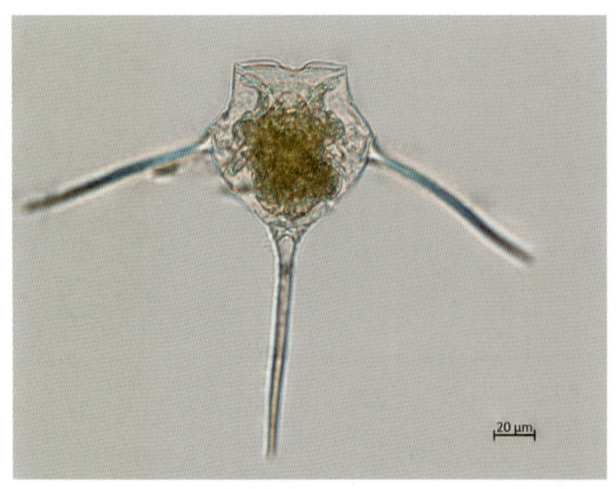

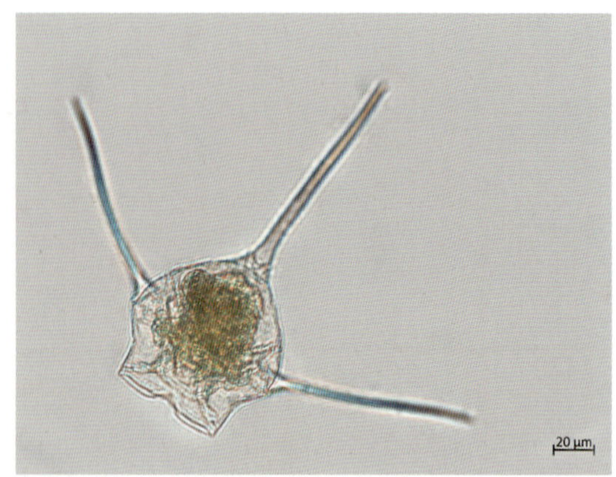

泛热三肢轮虫

(6)脾状三肢轮虫 *Filinia opoliensis* Zacharias，1898

体纵长，呈纺锤形，后端显著细削而呈倒圆锥形。2 根前肢从躯干最前端左右两侧伸出，基部膨大呈三角形；2 根后肢从体后端生出，长度超过体长，其中一根长而粗壮，另一根短小，有时被挡住看不见。

采集地：巢湖、鄱阳湖。

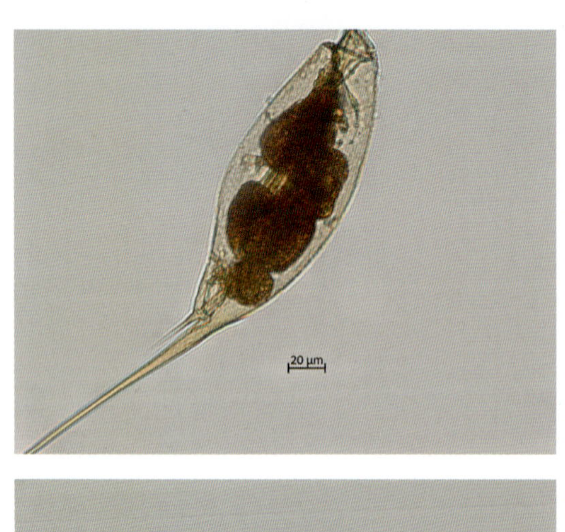

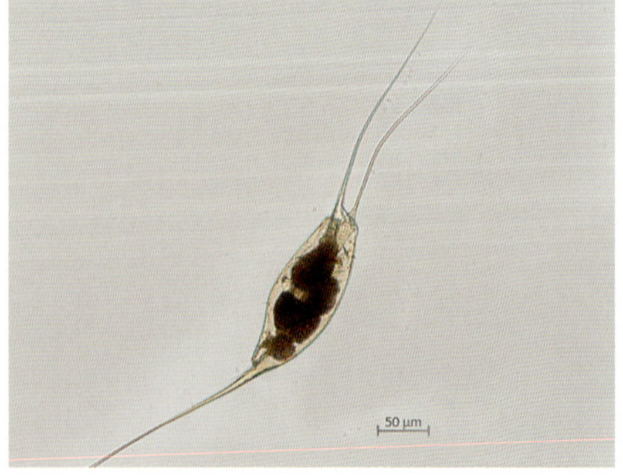

脾状三肢轮虫

(7)微小三肢轮虫 *Filinia minuta* Smirnov，1928

体呈球形，体前端和后端一共伸出 4 根刚毛样的几乎等长的附肢。

采集地：鄱阳湖。

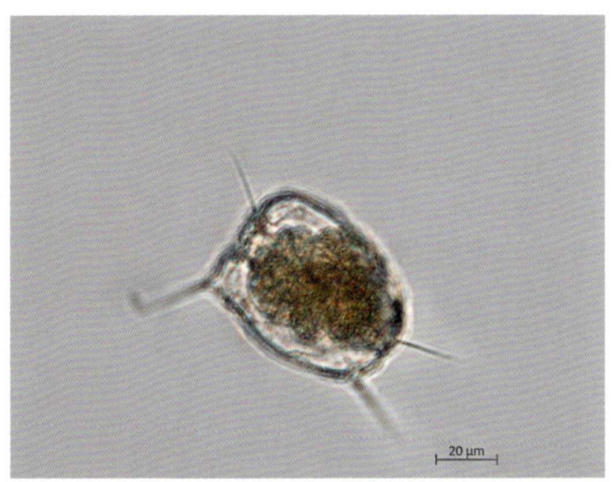

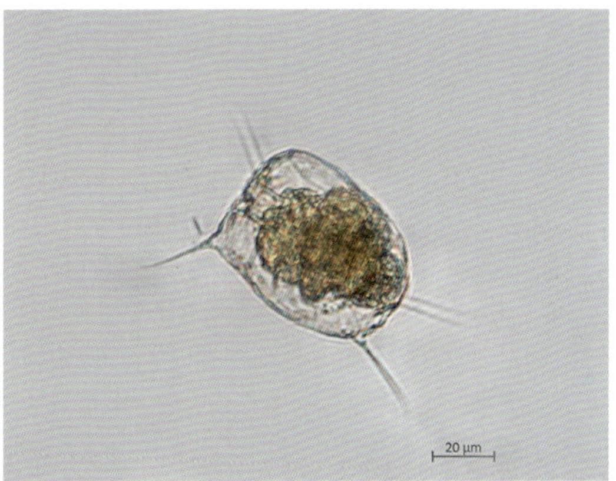

微小三肢轮虫

4.2.4 胶鞘目 Collothecacea Remane，1933

4.2.4.1 胶鞘轮科 Collothecidae Harring，1913

口器钩型。头冠周围具有裂片。

1. 胶鞘轮属 *Collotheca* Harring，1913

口器钩型。头冠边缘分成 1～7 裂。

采集地：洞庭湖。

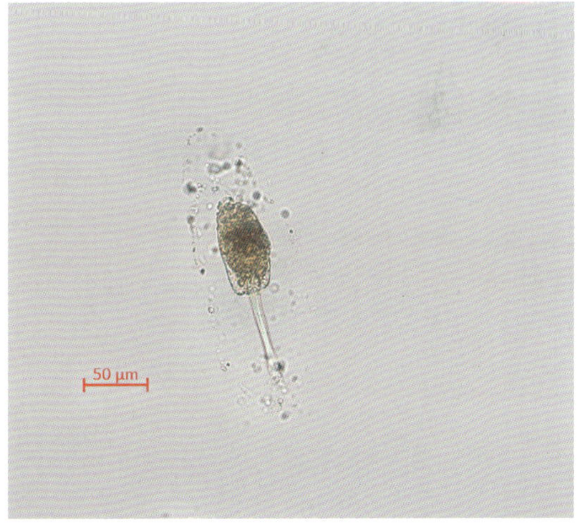

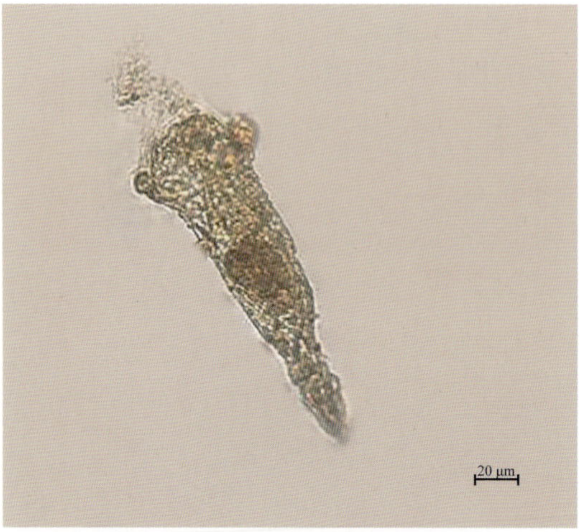

20 μm
20 μm 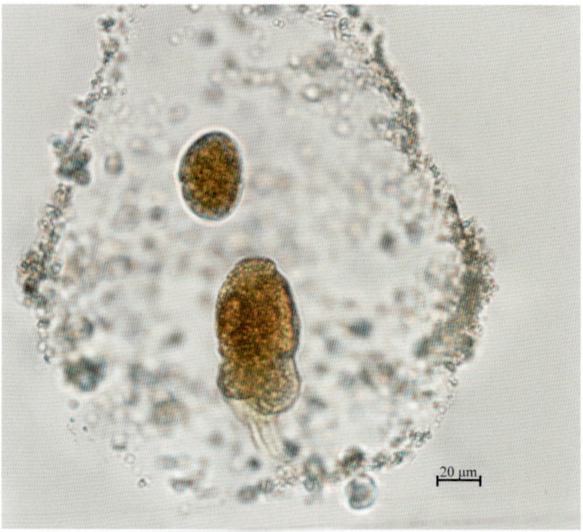
20 μm 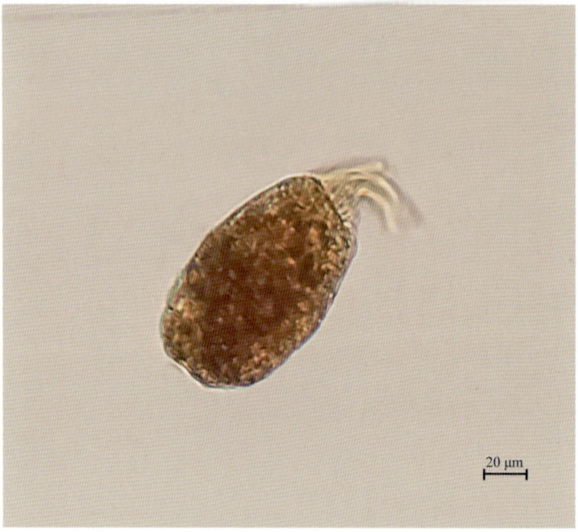
20 μm 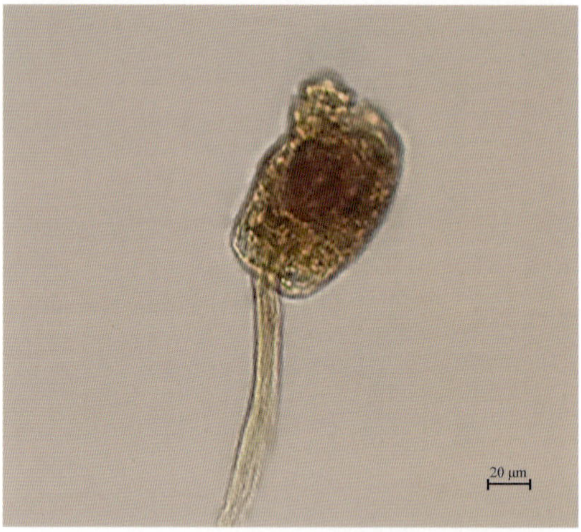
20 μm 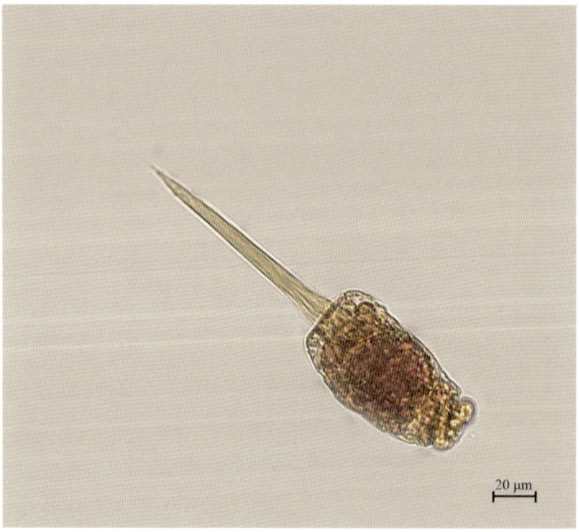
20 μm

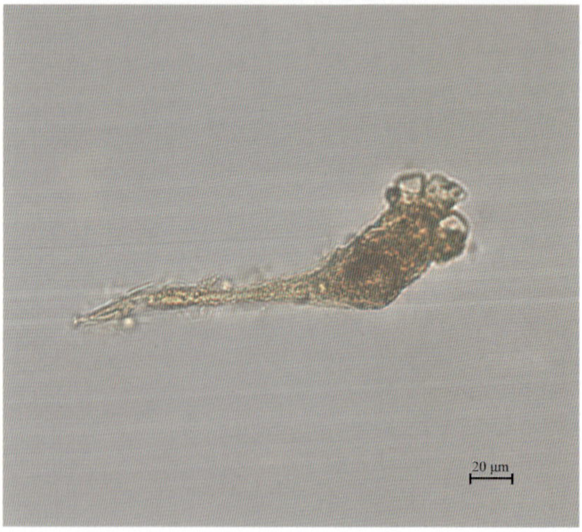

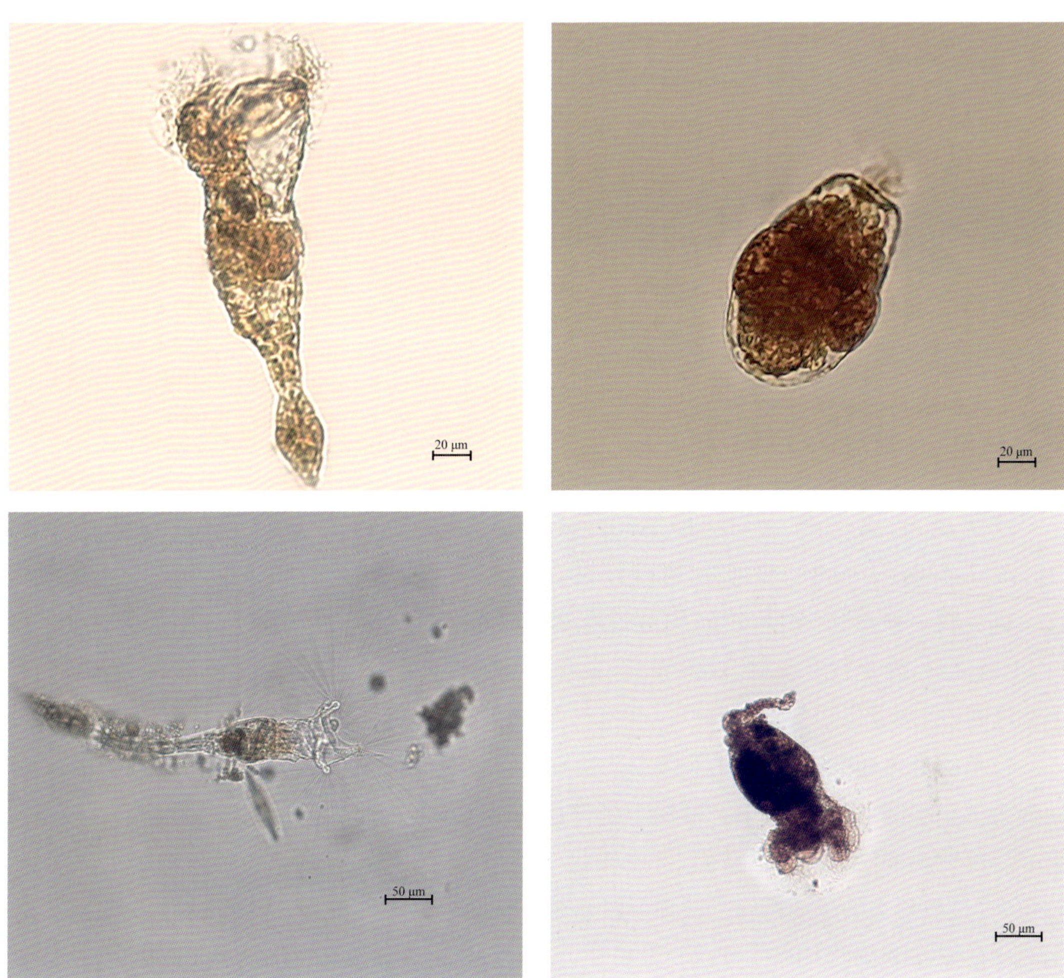

胶鞘轮属

第5章　长江流域常见枝角类分类及检索

5.1　枝角类简介及检索

枝角类隶属节肢动物门(Arthropoda)、甲壳动物纲(Crustacea)、腮足亚纲(Branchiopoda)。再进一步划分,可以分为单足目、钩足目、栉足目和异足目。其中,单足目仅一科一属一种,为透明薄皮溞;钩足目有圆囊溞科、大眼溞科、长棘溞科;栉足目有仙达溞科、单肢溞科;异足目有溞科、裸腹溞科、象鼻溞科、泥溞科、粗毛溞科、杜氏溞科、刺毛溞科、多刺溞科、底栖溞科和盘肠溞科。

枝角类身体通常短小,左右侧扁,呈长圆形。体长0.2～21mm,通常不超过1mm。侧面观头部呈半圆形,弯曲向下。额向下延伸成鸟喙状凸起的吻,部分种类无吻。第一触角从吻下后部背侧伸出,较小,单肢型,常呈棒状,通常不超或略超吻端;第二触角位于头部两侧,较粗大,是枝角类的运动器官。头顶一般呈圆弧形,部分种类突起。躯干部由胸部与腹部合成。胸部具有4～6对附肢,其完全丧失运动机能,为摄食器官。腹部背侧有1～4个指状突起称为腹突。腹突之后,有一小节突,上身有一对羽状的尾刚毛。躯干部由壳瓣包裹,侧面观壳瓣呈圆形、椭圆形或方形,壳瓣表面或光滑或有花纹,有些种类的壳瓣向后延伸成壳刺。枝角类的鉴定和分类主要参考《中国动物志 节肢动物门 甲壳纲 淡水枝角类》[12]和《长江流域的枝角类》[13]。

枝角类的生殖方式有两种:孤雌生殖(单性生殖)与两性生殖。在温暖季节,当条件适宜时,枝角类进行孤雌生殖,此时的卵称为夏卵,孵育出来的夏卵几乎都是雌性。当环境条件恶劣时,枝角类进行两性生殖。

淡水中枝角类种类较多,海洋以及咸水中枝角类种类较少。枝角类主要分布在湖泊中,浅水沿岸带种类丰富,敞水区种类较沿岸带少,但是数量通常较大。河流中,由于无机悬浮物较多,枝角类赖以生存的细菌较少,因此枝角类种类和数量都较贫乏。

枝角类是水体中常见的种类,也是浮游植物最主要的摄食者,在无鱼或少鱼的水体中,大型的枝角类通常所占的比例很大,但是在大量养殖鱼的水体中,大型枝角类通常受到严重抑制。因此,在很多温带的湖泊中,通常会放养凶猛性鱼类来控制浮游生物食性鱼类,以减少浮游生物食性鱼类对于浮游动物的捕食,尤其是减少对大型枝角类的捕食,从而控制藻类。在温带湖泊中,鱼类对浮游动物的捕食可以通过营养级联效应传递到浮游植物,从而改变浮游植物的生物量。但是这种关系在亚热带和热带水体中不太明显，因为在热带水体中，浮游动物主要是小型的种类，并且生物量低，对浮游植物的控制有限。

另外，在营养水平高的湖泊中，由于富营养化，水体恶化，湖泊通常由水生植物占优势的湖泊变成藻型湖泊，浮游动物也由大型枝角类占优势变成由小型浮游动物占优势。由于大型浮游动物的消失，浮游动物对所摄食藻类的控制能力降低。

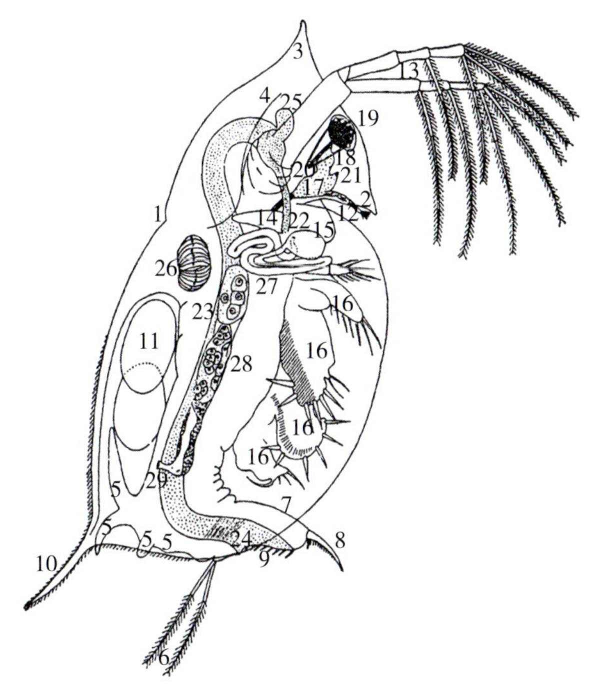

枝角类模式图(雌性)

1—颈沟；2—吻；3—头盔；4—壳弧；5—腹突；6—尾刚毛；7—后腹部；8—尾爪；9—肛刺；10—壳刺；11—夏卵；12—第一触角；13—第二触角；14—大颚；15—上唇；16—胸肢；17—脑；18—视觉神经；19—复眼；22—食道；23—中肠；24—直肠；25—盲囊；26—心脏；27—颚腺；28—卵巢；29—生殖孔

目检索表

1(2)体长大，不侧扁；具6对近乎圆柱形的游泳肢，其外肢完全退化；冬卵间接发育，先孵出后期无节幼体 ………………………………………………………… 单足目 Haplopoda

2(1)体较短，侧扁状；具5～6对叶片状的胸肢或4对近似圆柱状的游泳肢；冬卵直接发育，不孵出无节幼体。大部分躯干和胸肢被壳瓣包裹。

3(4)游泳肢4～6对，均为叶片状 ………………………………………… 栉足目 Ctenopoda

4(3)游泳肢5～6对，前两对呈执握状，其余呈叶片状 …………… 异足目 Anomopoda

5.2 枝角类种类介绍

5.2.1 单足目 Haplopoda Sars, 1865

个体呈圆柱形,分节,壳瓣短小,不包裹躯干和游泳肢。第一触角细小,第二触角粗壮。复眼较大。具圆柱形游泳肢6对。后腹部具有一对粗壮的尾爪。

5.2.1.1 薄皮溞科 Leptodoridae

体长,分节,近似圆柱形。

1. 薄皮溞属 *Leptodora* Lilljeborg, 1861

(1)透明薄皮溞 *Leptodora kindti* Focke, 1844

雌性个体较大,长4.7mm左右。个体呈圆柱形,头胸部分节明显。头部具发达复眼,复眼后方具第一触角,能活动,短小不分节。第二触角位于头部后端,粗壮,游泳刚毛多。胸部一节,其后端侧生不发达壳瓣,壳瓣不包裹游泳肢,其前端腹侧生6对游泳肢,第一对游泳肢特别长,然后逐渐减小,腹部分4节,第二节最短,最末一节在后腹部,其末端有一对粗大的尾爪,上有10余个大刺和多根小刺。

采集地:巢湖、滇池。

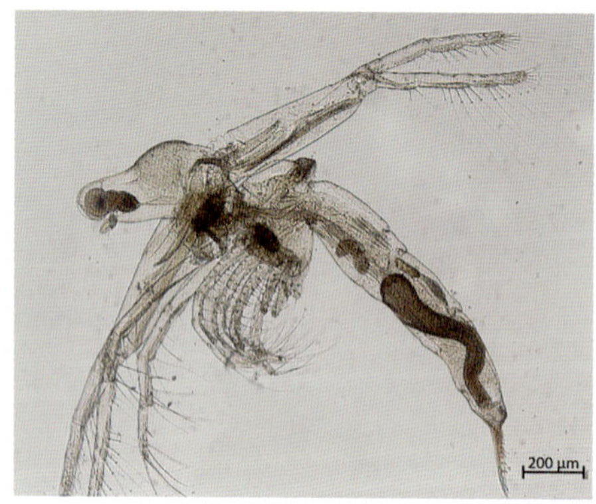

雌性成体侧面观

雌性成体俯面观

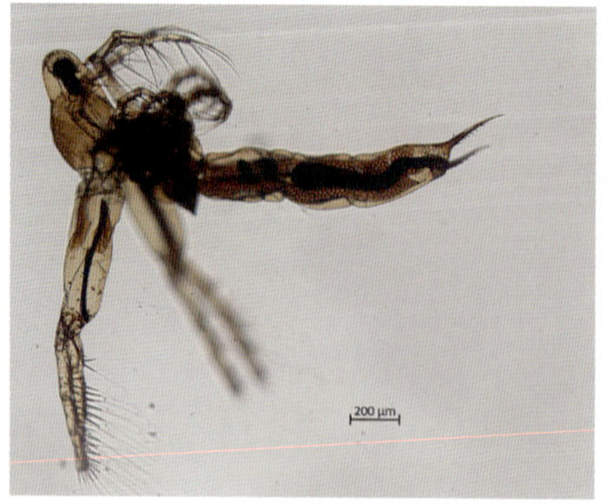

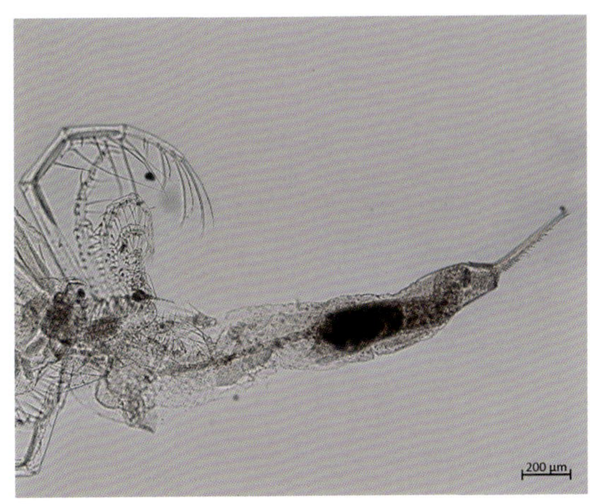

雌性成体后端

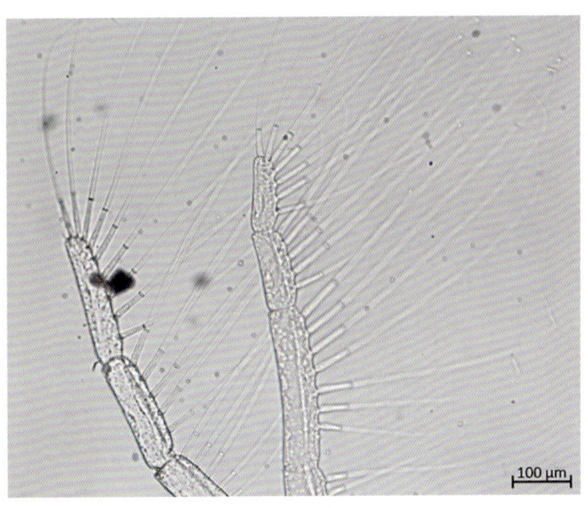

雌性成体游泳肢

透明薄皮溞

5.2.2 栉足目 Ctenopoda Sars，1865

个体呈侧扁状，大部分种类的躯干和游泳肢被壳瓣包裹。具叶片状游泳肢5～6对或近圆柱形游泳肢4对。

5.2.2.1 仙达溞科 Sididae Sars，1865

头部长大，颈沟明显。躯干和游泳肢都被壳瓣包裹。具6对叶片状游泳肢。

1. 仙达溞属 *Sida* Straus，1820

(1)晶莹仙达溞 *Sida crystallina* Müller，1776

雌性成体体长2mm左右。头部长且大，有吻，吻尖，颈沟明显。躯干和游泳肢都被壳瓣包裹。具6对叶片状游泳肢。第一触角棍棒状，第二触角粗壮，外肢3节，内肢2节，刚毛0～3～7根或1～4根。后腹部后方无腹突，尾刚毛分两节，末端有羽状毛，肛刺位于侧面，各侧13～14根。尾爪粗大，有4根发达的爪刺。

采集地：洞庭湖。

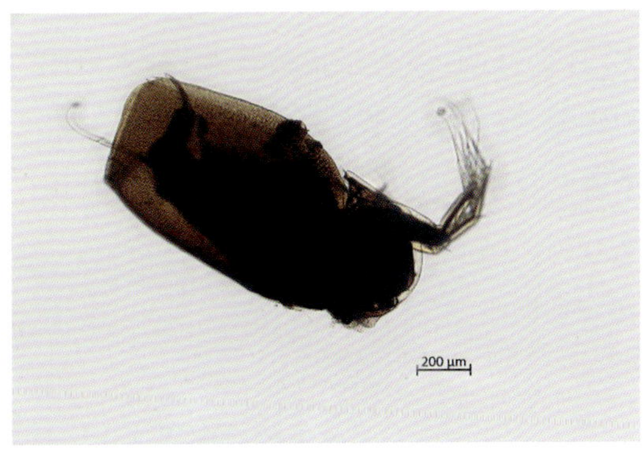

成体后腹部

成体爪刺

晶莹仙达溞

2. 秀体溞属 *Diaphanosoma* Fischer，1850

头部长且大，顶部浑圆，体型略瘦长。无吻，无单眼和壳弧，有颈沟。第一触角短，第二触角粗壮，内肢 3 节，外肢 2 节，刚毛 4～8 根或 0～1～4 根。后腹部较小，无肛刺，有 3 根爪刺，第二触角向延展时短于壳瓣后缘。

(1)短尾秀体溞 *Diaphanosoma brachyurum* Liéven，1848

雌性体长 0.85～1.2mm。头部长且大，顶部浑圆，体型略瘦长。无吻，无单眼和壳弧，有颈沟。腹缘无褶片，有 17～25 个棘刺及 10～17 根长刚毛。后腹部背缘无肛刺。尾爪长大，具爪刺 3 根。

采集地：巢湖。

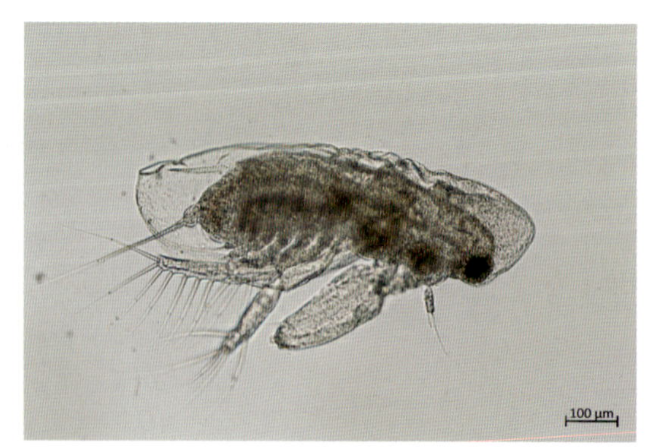

成体侧面观

成体背面观

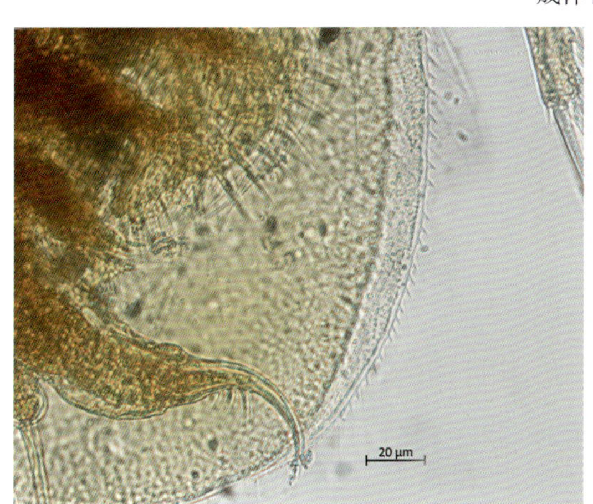

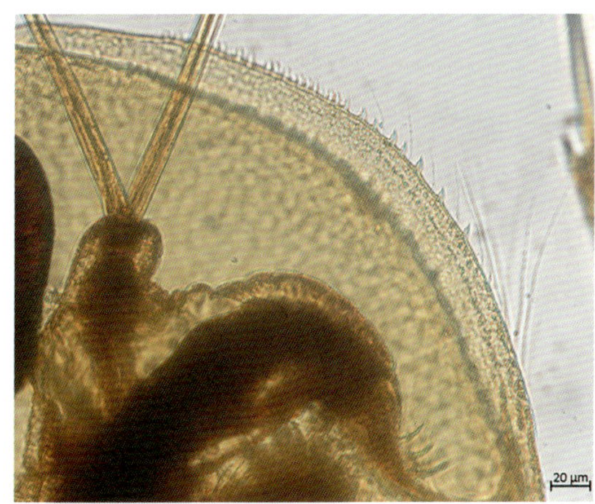

成体腹缘

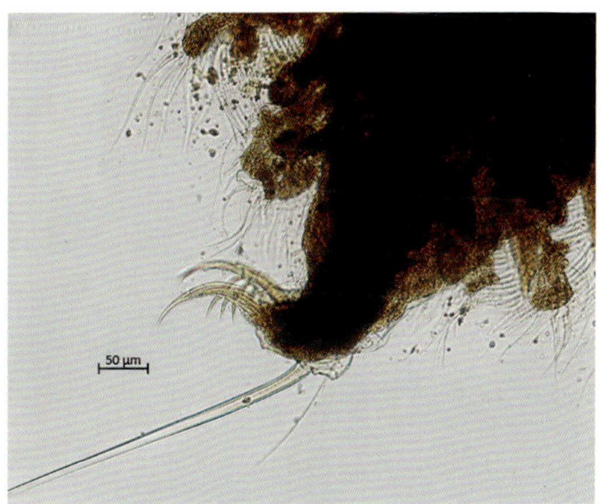

成体尾爪

短尾秀体溞

5.2.3 异足目 Anomopoda Sars，1865

个体呈侧扁状，躯干和游泳肢全部被壳瓣包裹。具游泳肢 5～6 对，前两对呈执握状，其余呈叶片状。

5.2.3.1 溞科 Daphniidae Sars，1865

体侧扁，壳弧非常发达。第一触角通常短小。具游泳肢 5～6 对，前两对呈执握状，后几对呈叶片状。后腹部左右侧扁，右前向后逐渐削尖，背缘有两列肛刺。尾爪基部无爪刺，但有栉刺列或刚毛列。

1. 溞属 *Daphnia* O. F. Müller，1785

体呈椭圆形，较侧扁。壳瓣背面具有脊棱。壳瓣向后延伸成长壳刺。头部与躯干部的界限不明显，通常无颈沟。大多数种类吻尖。第一触角短小，不能活动，部分或几乎被吻部掩盖。第二触角共有 9 根游泳刚毛（小栉溞除外）。后腹部背侧有 3～4 个发达的腹突。后腹部细长，由前向后逐渐削小。

种检索表

1(2)壳瓣背侧的背棱向前伸进头甲；壳弧发达，向外侧凸起，呈角状，有时具刺；卵鞍近乎矩形，冬卵长轴斜向平行于卵鞍背面，后腹部背侧凹陷，头部高，吻长而尖 ………………………………………………………………………… 隆线溞 *Daphnia carinata*

2(1)头甲伸进壳瓣背侧；壳弧较不凸出；卵鞍近乎三角形，冬卵长轴垂直于卵鞍背面

3(4)尾爪凹面有栉刺列 ………………………………………… 蚤状溞 *Daphnia pulex*

4(3)尾爪凹面无栉刺列，第二触角游泳肢内肢游泳刚毛共 5 根

5(6)吻长而尖，嗅毛束不超过吻尖 ……………………………… 透明溞 *Daphnia hyalina*

6(5)吻端而钝，嗅毛束超过吻尖；通常无单眼 ……………… 僧帽溞 *Daphnia cucullata*

(1)隆线溞 *Daphnia carinata* King，1853

雌性体长 1.7mm 左右。体呈宽卵形。头部扁平而宽阔，头顶浑圆或弓起。壳弧发达，向后延伸，后端弯曲呈锐角状。吻尖，第一触角短小，嗅毛不超过吻尖。后腹部长，末端削尖，无凹陷，具 10 来根肛刺。爪刺较短，弯曲，基部有前后两列栉刺。腹突发达，第一个最长，末端细小上翘；第二个较粗而短；第三个和第四个突明显小于前两个，呈叶片状，均被有细毛。卵鞍狭长，内储 2 枚冬卵。冬卵长轴斜向平行于卵鞍背面。有学者认为隆线溞与“拟同形溞”为同物异名，建议改为“拟同形溞”[14]。

采集地：巢湖。

雌性成体

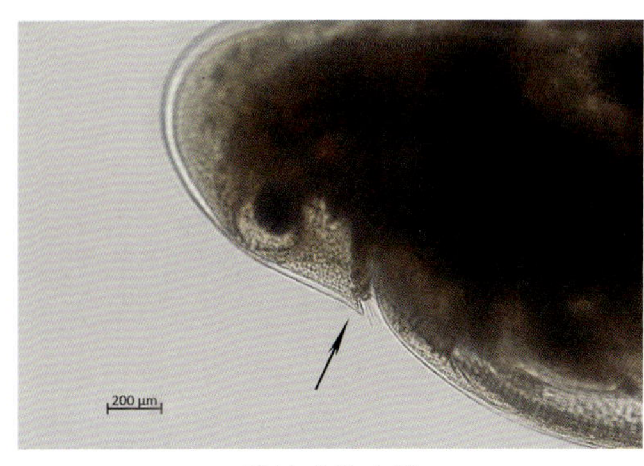

雌性成体吻端

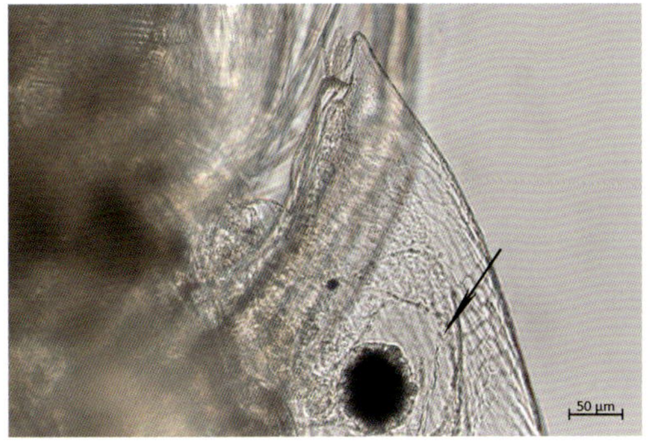

雌性成体复眼

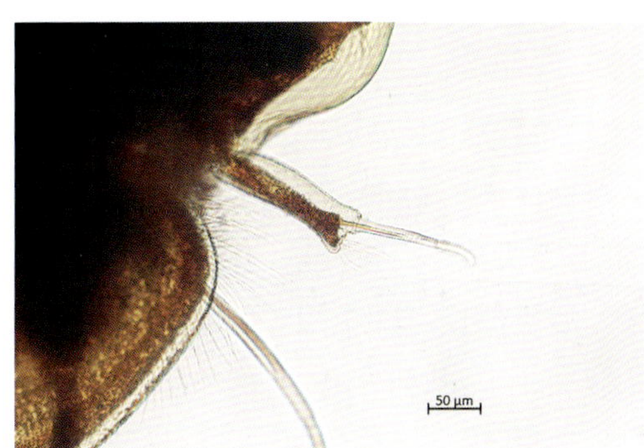

雌性第一触角

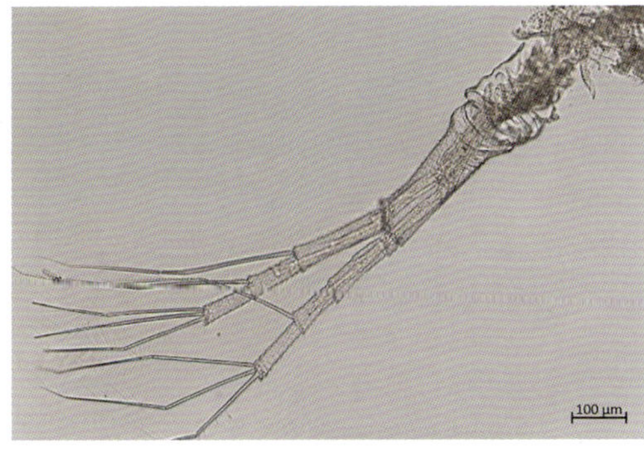

雌性第二触角

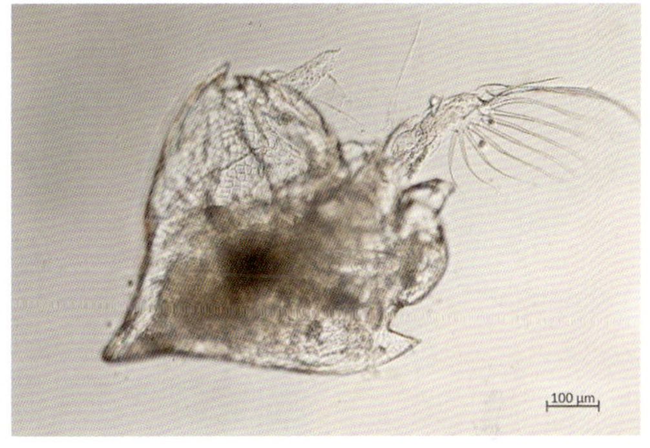

雌性成体壳弧

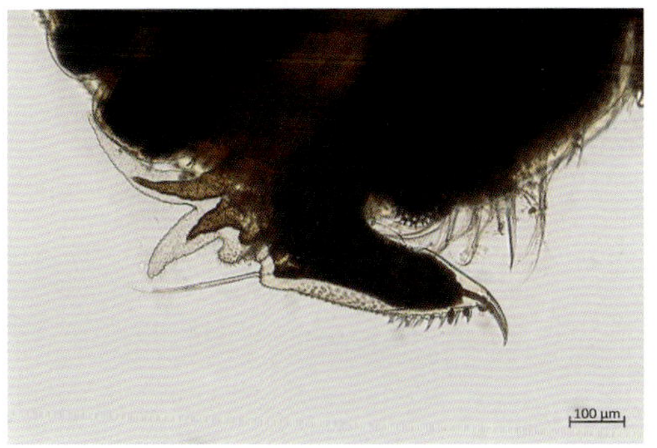

雌性成体壳后腹部

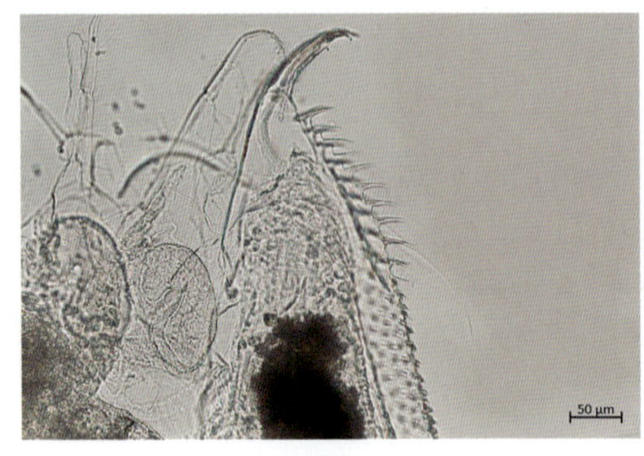

尾爪

卵鞍

隆线溞

(2)蚤状溞 *Daphnia pulex* Leydig，1860

雌性体长 1.42mm 左右。体呈长卵形或卵形。壳瓣背侧有脊棱。头部大部分较低，头顶浑圆，无头盔。壳弧发达，后端呈锐角状，不弯曲。吻较尖，第一触角短小，大部分被吻所覆盖。后腹部长，具 10～14 根肛刺，从前向后依次增大。爪刺弯曲，内有两列栉刺及细小刚毛。腹突 4 个，基部分离，第一个最长，末端细小上翘；其余 3 个都较小，均被有细毛。卵鞍近乎三角形，内储 2 枚冬卵。冬卵长轴垂直于卵鞍背面。

采集地：巢湖。

雌性成体侧面观

雌性成体腹面观

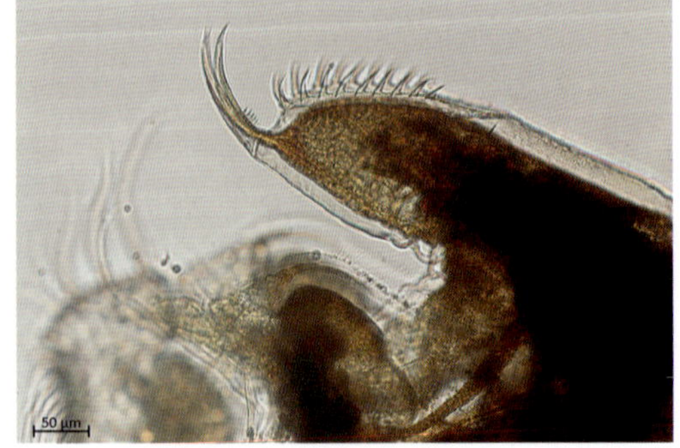

成体尾爪

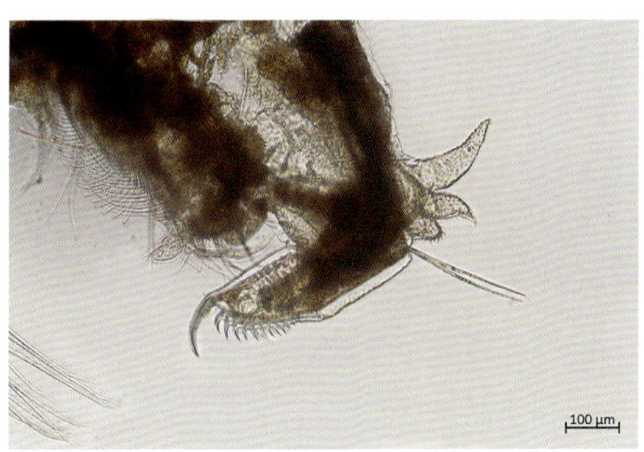

雌性成体后腹部

蚤状溞

(3)透明溞 *Daphnia hyalina* Leydig, 1860

雌性体长1.73mm左右。体呈长卵形。幼小个体无色,壳瓣薄而透明,壳瓣背侧有脊棱,并一直延伸至头部。头部背侧平直,腹侧微突,头顶大部分情况下凸起。吻长而尖,第一触角短小,嗅毛束不超过吻尖。壳刺较长,超过壳瓣的1/2,后腹部细长,具9~15根肛刺。爪刺较平直,无栉刺。腹突4个,都不太发达,均无细毛。卵鞍近乎三角形,内储2枚冬卵。冬卵长轴垂直于卵鞍背面。近年来,有学者认为"透明溞"与"盔形溞"是同一物种,因此将"透明溞"命名为"盔形溞"[14]。

采集地:巢湖。

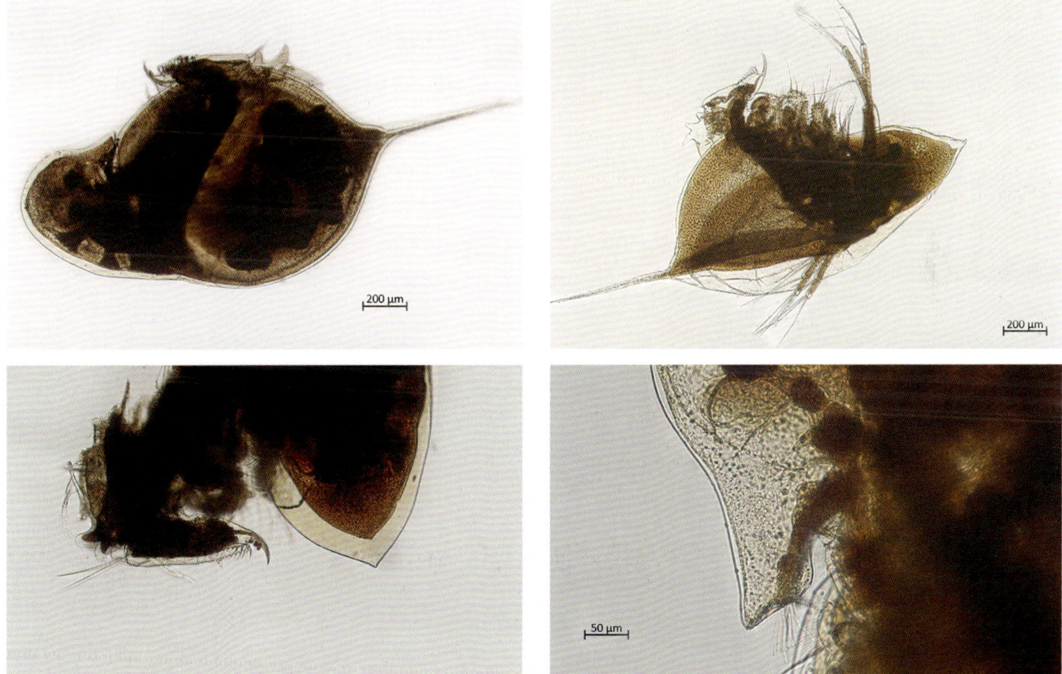

雌性成体后腹部　　雌性成体吻端

雌性成体第一触角　　　　雌性成体尾爪

透明溞

(4)僧帽溞 *Daphnia cucullata* Sars，1862

雌性体长 0.94mm 左右。体呈椭圆形，十分侧扁。头盔高度随季节变化迥异，或低而圆，或向前隆起并有高的头盔，以致头长与壳长几乎相等，甚至前者有时大于后者。盔尖向前或略向背方。吻短。复眼小，通常无单眼。第一触角很短，几乎完全被吻部掩盖，角丘较长，触角位于前部，因此嗅毛束超过吻尖。后腹部短小，背侧微凸，肛刺 6～9 根。尾爪无栉刺列。腹突 4 个，前两个发达，基部愈合，其余两个退化，有时第四个完全消失。卵鞍近乎卵圆形，背侧较弧曲，前端圆而凸出，内储冬卵 2 个。

采集地:洞庭湖。

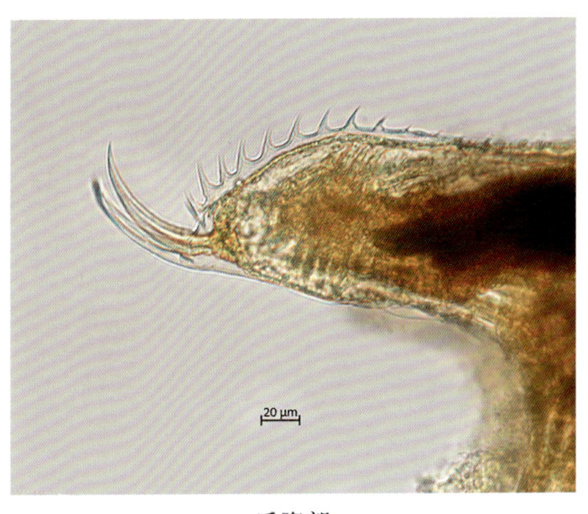

后腹部

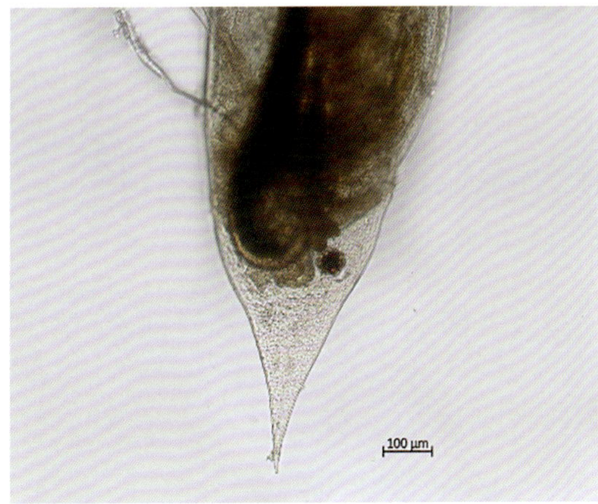

头壳

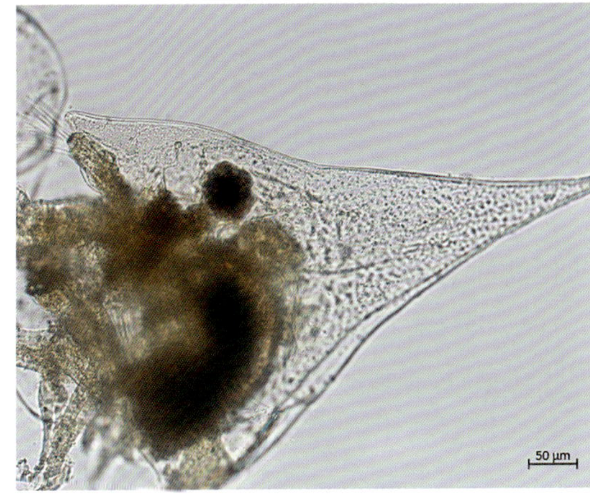

吻端

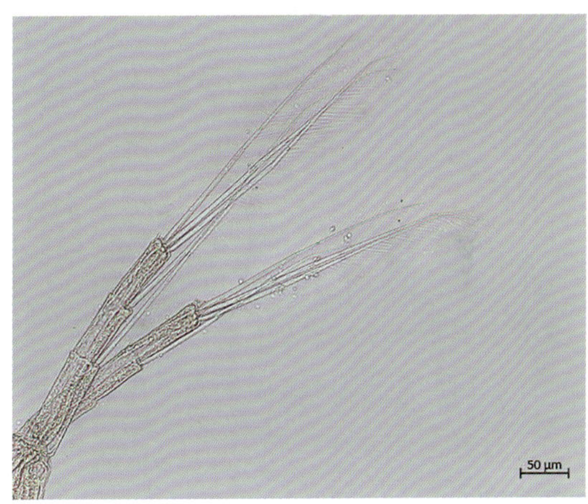

第二触角

僧帽溞

2. 低额溞属 *Simocephalus* Schoedler, 1858

体呈卵圆形,前狭后宽,无壳刺。头部小且低垂,具颈沟。吻短小。后腹部宽阔,在肛门前突起。肛门处有一内凹。肛刺位于后腹部后部,接近尾爪。背侧有2个较发达的腹突。

种检索表

1(2)额浑圆,尾爪无栉刺,壳瓣背缘的后端部分向外凸 ……………………………………………………………………………… 拟老年低额溞 *Simocephalus vetuloides*

2(1)额浑圆,尾爪无栉刺,壳瓣背缘的后端部分不向外凸 ……………………………………………………………………………… 老年低额溞 *Simocephalus vetulus*

(1)拟老年低额溞 *Simocephalus vetuloides* Sars，1898

雌性体长 1.2mm 左右。体呈广卵形。外形与老年低额溞类似，但其壳瓣背缘后端形成较凸的后背角，这是其与老年低额溞区别的关键。头小，额顶钝圆向前凸。具颈沟。吻小而尖。复眼较大，单眼细长呈纺锤形。后腹部短宽，具 8～9 根肛刺，越靠近尾爪，肛刺越大，并有少许弯曲。爪刺细长，无栉刺。

采集地：重庆。

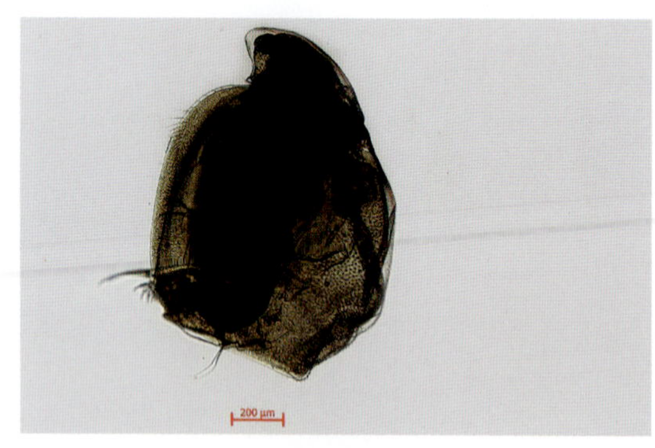

雌性成体

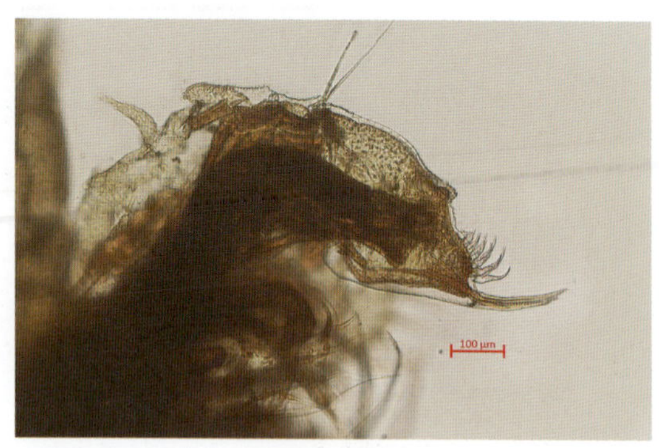

雌性后腹部

拟老年低额溞

(2)老年低额溞 *Simocephalus vetulus* O. F. Müller，1776

雌性体长 1.0mm 左右。体呈宽卵形。壳瓣背缘弓起，后半部具小棘。后缘平直或稍微凹陷，壳上形成壳刺。头小弯曲，呈弧形。具颈沟。吻小而尖，吻前部向内凹。复眼不大，单眼细长呈纺锤形。第一触角短小，完全裸露于吻外，背部有一小突起。后腹部短宽，前肛角明显，宽度为长度的 2/3。具 8～10 根肛刺，越靠近尾爪，肛刺越大。爪刺细长微弯曲，无栉刺。腹突 2 个，前大后小。卵鞍呈半心形，内储 1 枚冬卵。

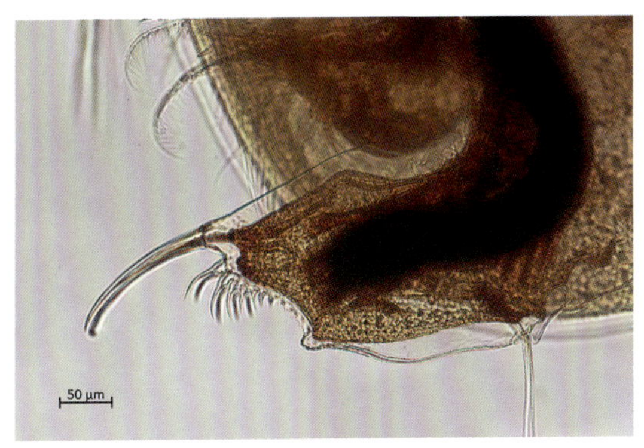

雌性成体后腹部

老年低额溞

3. 网纹溞属 *Ceriodaphnia* Dana，1853

个体较小，呈椭圆形或宽卵形。后背角明显向后尖凸。头部小且低垂，具颈沟。复眼大，单眼小。无吻。后腹部大。卵鞍呈三角形，储1枚冬卵。大部分雌性背侧有1～2个较发达的腹突，雄性无腹突。

种检索表

1(2)壳瓣上有许多角状突起……………………… 角壳网纹溞 *Ceriodaphnia cornigera*

2(1)壳瓣上没有角状突起

3(4)吻端有尖的突起 ……………………………… 角突网纹溞 *Ceriodaphnia cornuta*

4(3)吻端无角状突起

5(6)尾爪上具栉列，栉刺粗大，4～6根 ………… 棘爪网纹溞 *Ceriodaphnia reticulata*

6(5)尾爪上无栉列，后腹部中部不增宽，壳瓣表面无棘，后腹部前肛角不突出

7(8)头腹部向外凸出，靠近肛刺列的前面有3～5根侧刺 ………………………………………………………………………………… 美丽网纹溞 *Ceriodaphnia pulchella*

8(7)头腹部不外凸出，只有肛刺而无侧刺

9(10)壳弧向两侧扩张成钩状突起 ………………… 钩弧网纹溞 *Ceriodaphnia hamata*

10(9)壳弧无钩状突起……………………… 方形网纹溞 *Ceriodaphnia quadrangula*

(1)角壳网纹溞 *Ceriodaphnia cornigera* Chiang，1977

雌性体长0.46～0.52mm，体呈卵圆形。壳瓣背缘与腹缘都较凸。背缘中间有一个角状突起，两侧都具有2～3对角状突起，这些突起是本种的显著分类特征。头小，额顶尖弯曲像鸟喙。复眼大，位于头顶，单眼小，靠近第一触角基部。颈沟深。后腹部长且大，具肛刺9根左右。尾爪无栉刺。

采集地：洪湖。

角壳网纹溞

(2)角突网纹溞 *Ceriodaphnia cornuta* Sars，1885

雌性体长 0.42mm 左右，体呈卵圆形。头宽而低，向腹部倾垂。额顶与后部通常具有 1～2 个透明小棘。复眼大，位于额背，单眼小，位于复眼和第一触角基部中间。无吻，吻部有一透明尖突起，是此种的显著特征。颈沟深。后腹部长，向后逐渐削弱，具大小肛刺 5～7 根。尾爪长，无栉刺。卵鞍背面前部圆而后部直。

采集地：江苏、巢湖。

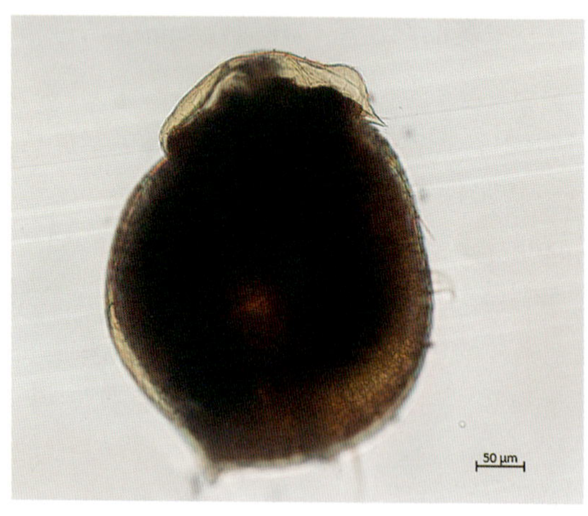

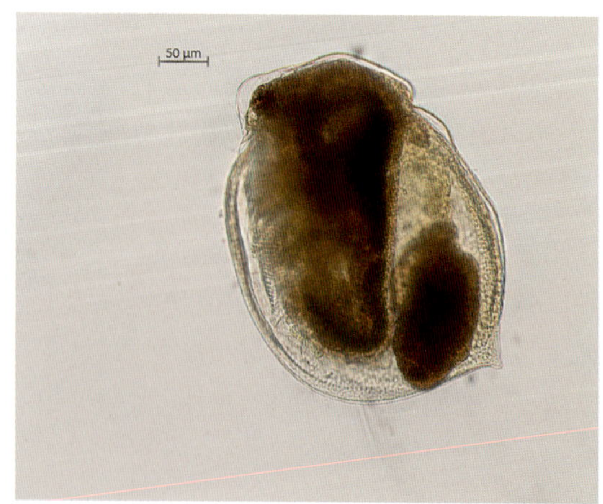

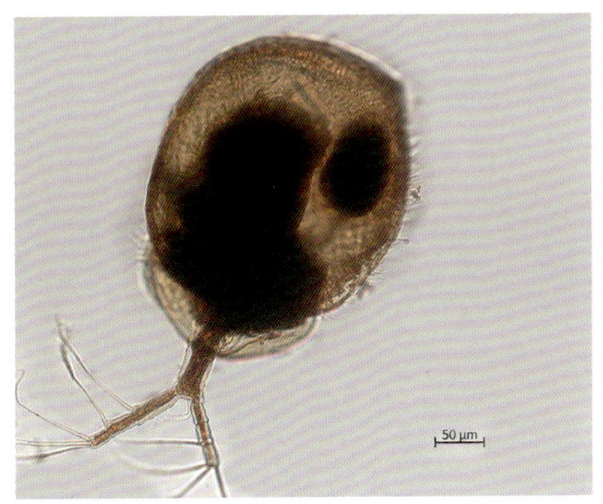

侧面观

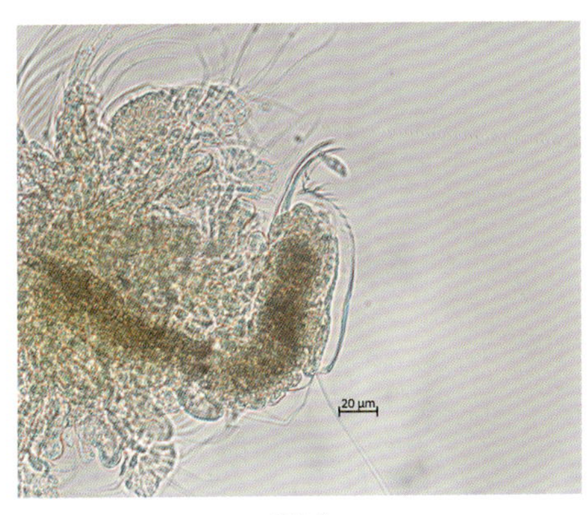

尾爪

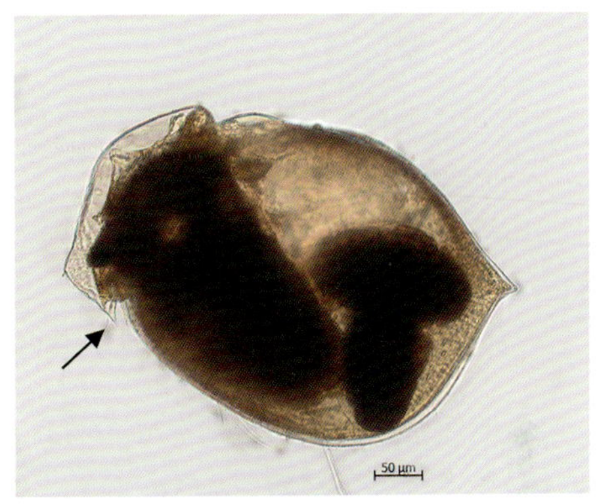

吻端突起

角突网纹溞

(3)棘爪网纹溞 *Ceriodaphnia reticulata* Jurine，1820

雌性体长 0.71mm 左右，体呈宽卵圆形。壳瓣背缘与腹缘都很弓起，后背角尖而突出似壳刺。头小，斜向后腹侧，额顶圆。复眼大，位于头顶，单眼小，靠近第一触角基部的上方。颈沟深。后腹部不长，具肛刺 7～10 根。尾爪靠近基部处有 4～6 根栉刺，这是此种的重要分类依据。

采集地：云南。

雌性成体侧面

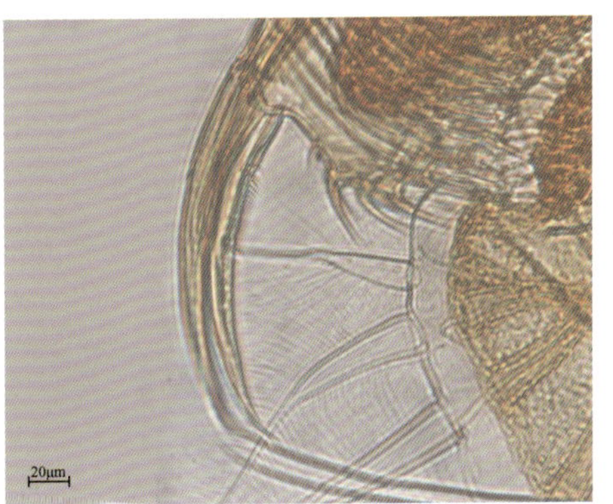

雌性尾爪

棘爪网纹溞

(4)美丽网纹溞 *Ceriodaphnia pulchella* Sars，1862

雌性体长 0.26mm 左右，体呈卵圆形。头小而低，在第一触角前方显著隆突。复眼大，位于头顶，单眼小，靠近第一触角基部。无吻。颈沟深。后腹部宽，向后逐渐削小，具肛刺 10 根左右。尾爪无栉刺。卵鞍呈半圆形，背侧平直。

采集地：洞庭湖。

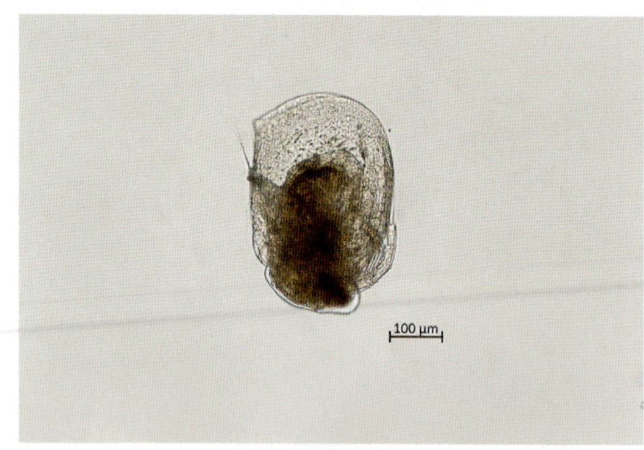

侧面

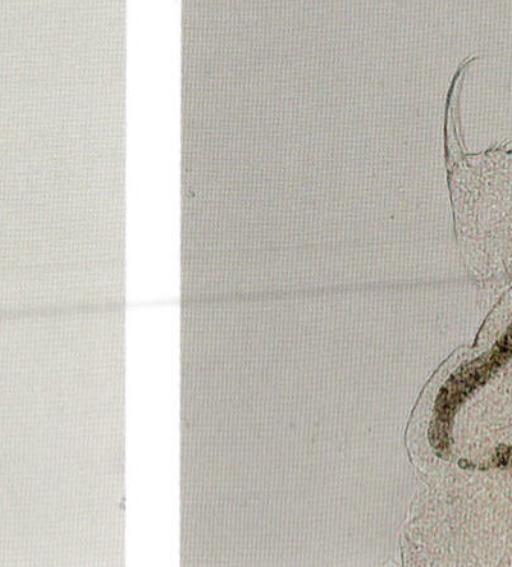

雌性后腹部

美丽网纹溞

(5)钩弧网纹溞 *Ceriodaphnia hamata* Sars，1890

雌性体长 0.54mm 左右，体呈椭圆形。壳瓣背缘不甚隆起，腹缘较浑圆。头小，腹面在第一触角前方稍弯凹。壳弧发达，向两侧扩张成钩状突起，这是本种的重要鉴定特征。第一触角小，中间侧部有触毛一根，其长度是触角的 2 倍。颈沟深。后腹部狭，具肛刺 5～6 根。尾爪无栉刺。

采集地：丹江口水库。

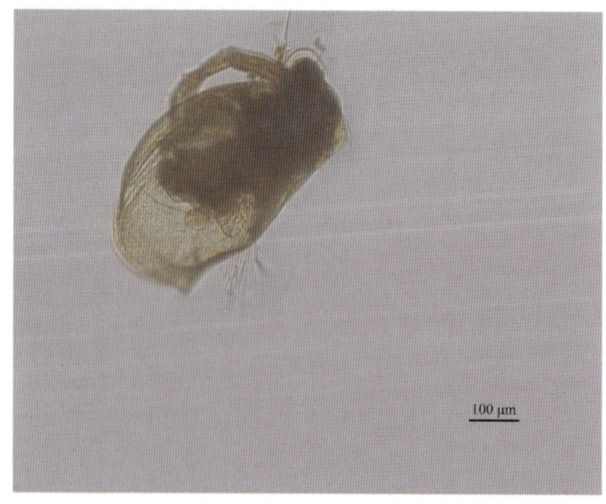

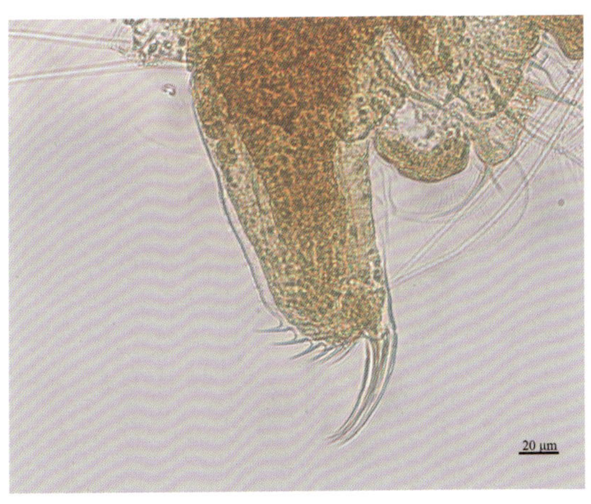

雌性尾爪

背面观

钩弧网纹溞

(6)方形网纹溞 *Ceriodaphnia quadrangula* O. F. Müller, 1785

雌性体长 0.66mm 左右,体呈椭圆形。头小,向腹部倾垂,无吻,亦无其他突出物。复眼大,位于头顶,单眼小。颈沟明显。后腹部较狭,具大小几乎相等的肛刺 9 根左右。尾爪长大,无栉刺。卵鞍近乎三角形。具显著腹突 1 个。

采集地:洞庭湖。

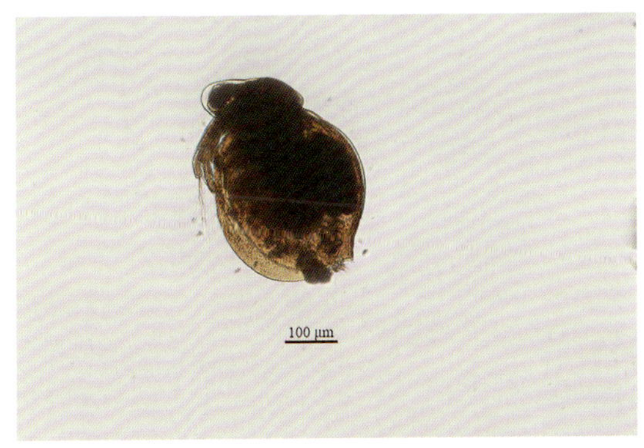

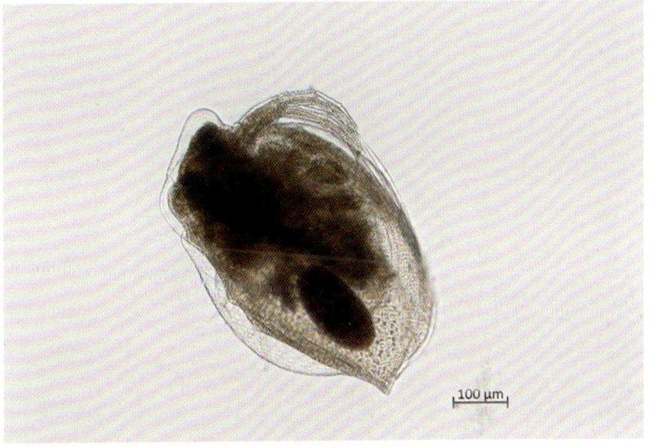

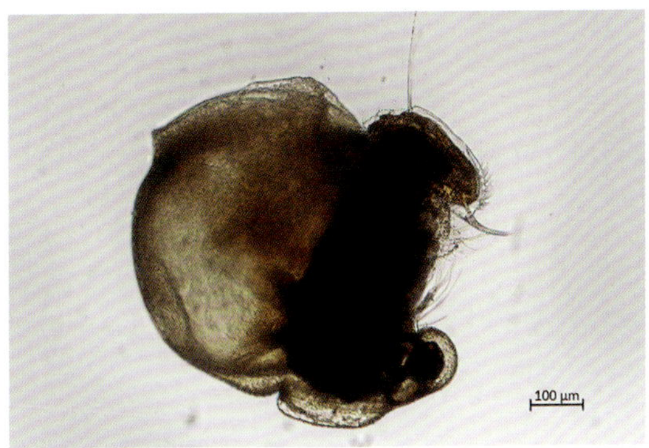

成体侧面

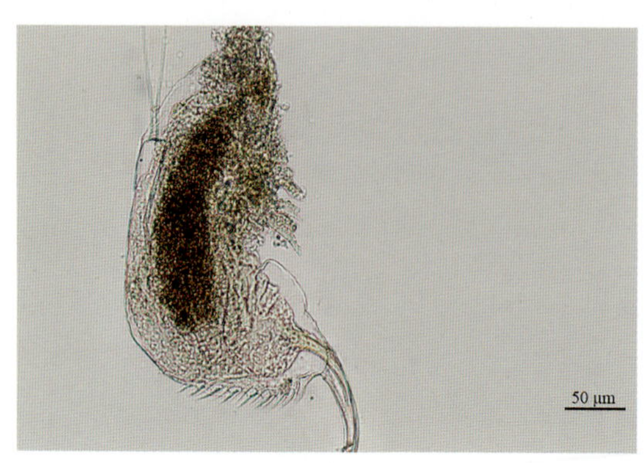

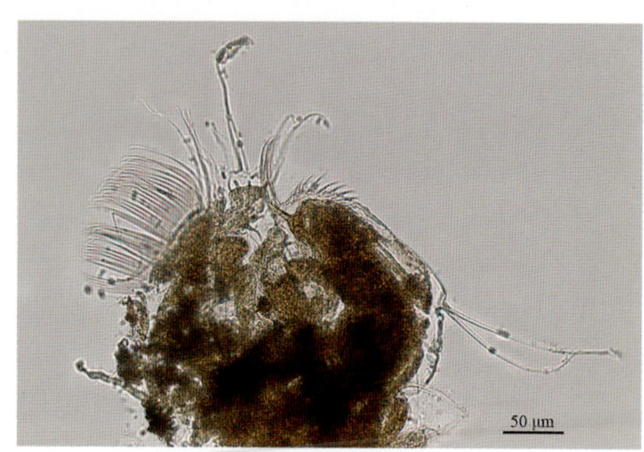

雌性成体后腹部

方形网纹溞

4. 船卵溞属 *Scapholeberis* Schoedler，1858

个体较小，呈长方形。壳瓣腹缘平直或稍有弧度。后腹角向后延伸，具壳刺。头部大且低垂，颈沟明显。复眼大，单眼小。无吻。后腹部短而宽，尾爪粗壮。

采集地：洞庭湖。

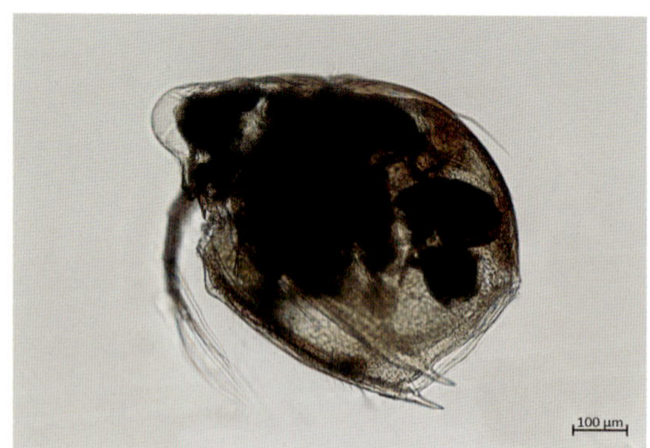

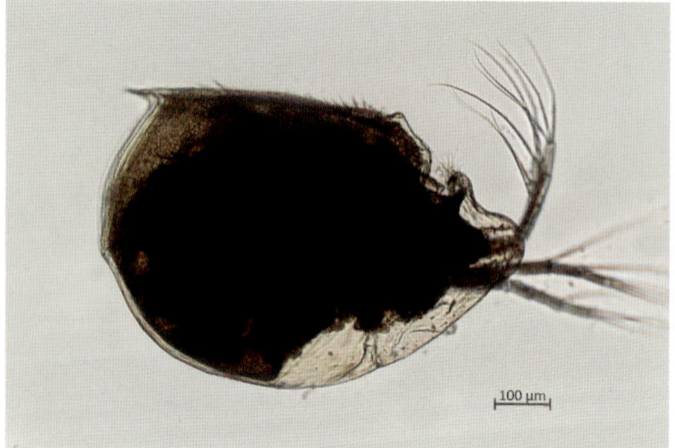

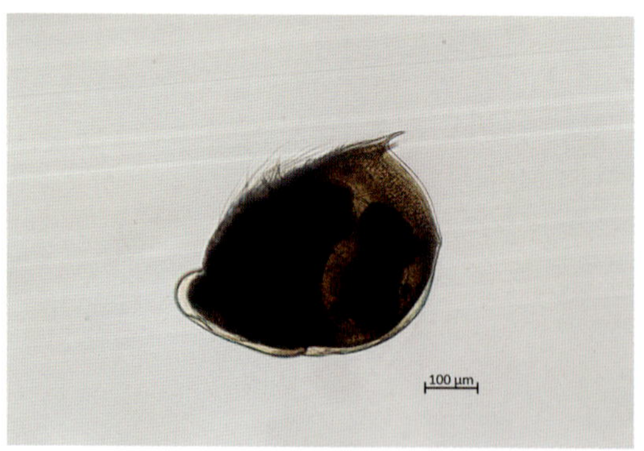

船卵溞属

5.2.3.2 裸腹溞科 Moinidae Goulden, 1968

第二触角外肢大多为 4 节，内肢 3 节，肠管大部分不盘曲，无盲囊，后腹部的肛刺呈羽状，不分叉。

1. 裸腹溞属 *Moina* Baird, 1850

(1)微型裸腹溞 *Moina micrura* Kurz, 1874

雌性体长 0.75mm 左右，体呈宽卵形。背缘弓起，腹缘突出并列生刚毛，怀卵时背缘饱满圆凸。头大，向下倾斜。头顶圆，颈沟明显。复眼大，位于头顶，单眼小。颈沟明显。后腹部短瘦，末端呈锥状，占整个后腹部的 1/4，侧面具肛刺 4～7 根，其中靠近尾爪的一根呈分叉羽状。尾爪大，有微弱栉刺。卵鞍近乎卵圆形。

采集地：巢湖。

雌性成体侧面观

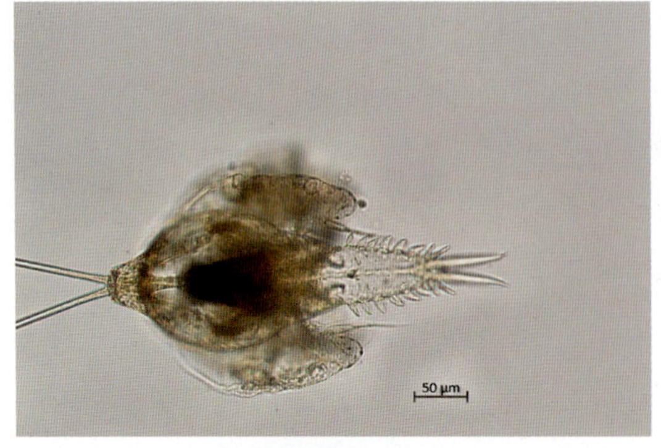

尾爪腹面观

雄性个体

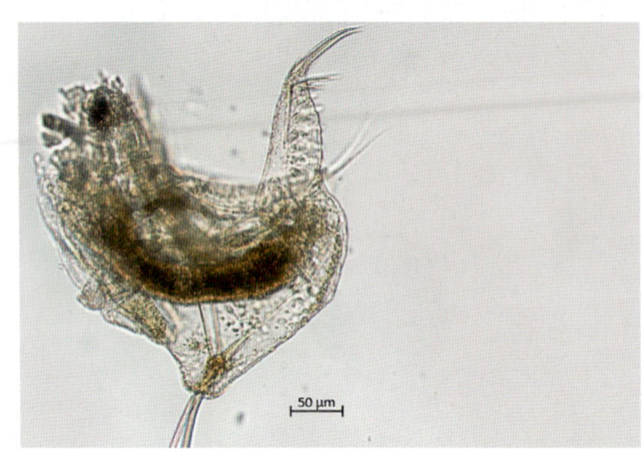

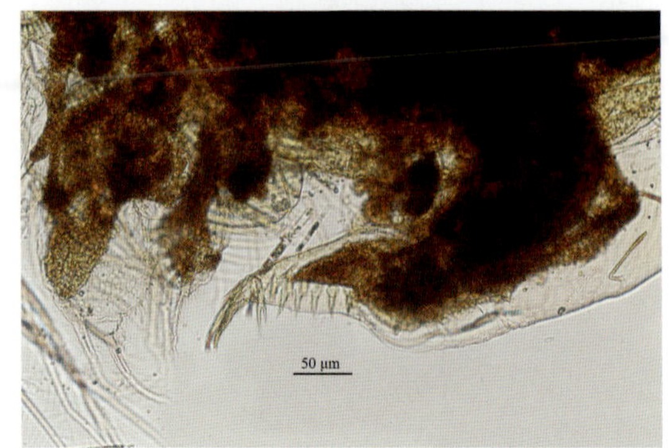

雌性成体后腹部

微型裸腹溞

5.2.3.3 象鼻溞科 Bosminidae Baird, 1895

第一触角长，与吻愈合。第二触角外肢大多 4 节，内肢 3 节，肠管大部分不盘曲，无盲囊。

1. 象鼻溞属 *Bosmina* Baird, 1845

个体小，短而高。头部向下倾斜，无颈沟。壳瓣卵圆形，后端延伸成壳刺，腹缘后端其前方有一根刺毛，称为库尔茨毛。无单眼。第一触角与吻愈合，较长，不能活动。在复眼和吻端之间侧生一根额毛。第二触角短，仅到壳瓣腹缘。后腹部左右侧扁。

种检索表

1(2)尾爪有上有梳状毛；额毛位于复眼和吻部末端中间，侧头孔椭圆形 ……………………………………………………………… 长额象鼻溞 *Bosmina longirostris*

2(1)尾爪只有基部具有栉刺列；额毛靠近吻端末着生

3(4)壳弧为 1 条隆线；库尔茨毛细长 ……………………… 简弧象鼻溞 *Bosmina coregoni*

4(3)壳弧为 2 条隆线；库尔茨毛短粗，侧头孔圆形，尾爪栉刺 ………………………………………………………………… 脆弱象鼻溞 *Bosmina fatalis*

(1)长额象鼻溞 *Bosmina longirostris* O. F. Müller, 1785

雌性体长0.36mm左右。头部向下倾斜,无颈沟,额毛居复眼与吻部末端中间。壳瓣高,后腹部的壳刺短。壳弧为1条隆线。第一触角短或中等长,末端有时弯曲。后腹部末端内凹,肛刺微细。尾爪弯曲不均匀,尾爪中部和基部均有一列栉刺,中部栉刺短,15根左右,基部共有栉刺4~10根。一般认为长额象鼻溞为广温性种类,主要在湖泊中生存。

采集地:滇池。

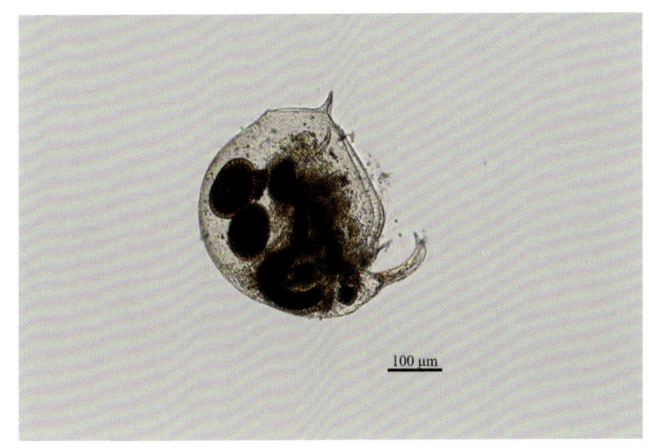

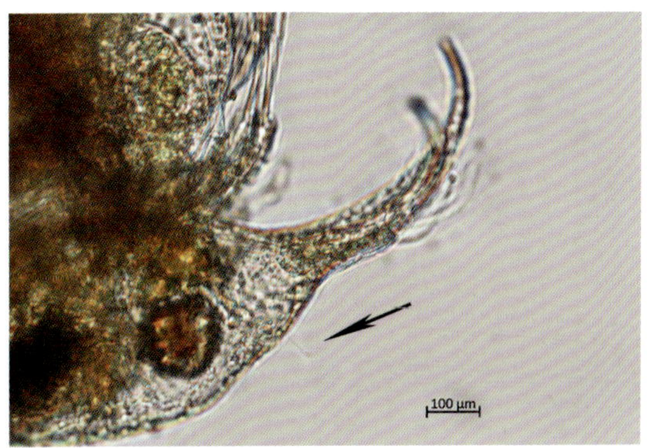

成体额毛

长额象鼻溞

(2)简弧象鼻溞 *Bosmina coregoni* Baird, 1857

雌性体长0.35mm左右。头部向下倾斜,无颈沟。壳瓣背缘隆起,后腹部的壳刺很长,但有时退化。库尔茨毛细长。额毛靠近吻部末端。壳弧为不分叉的隆线。第一触角长且超过体长,末端不弯曲。后腹部末端内凹,具4~8根细小肛刺。尾爪基部有一列栉刺,5~10根。一般认为简弧象鼻溞为嗜寒性种类,主要在大型湖泊和水库中生存。

采集地:洞庭湖、鄱阳湖。

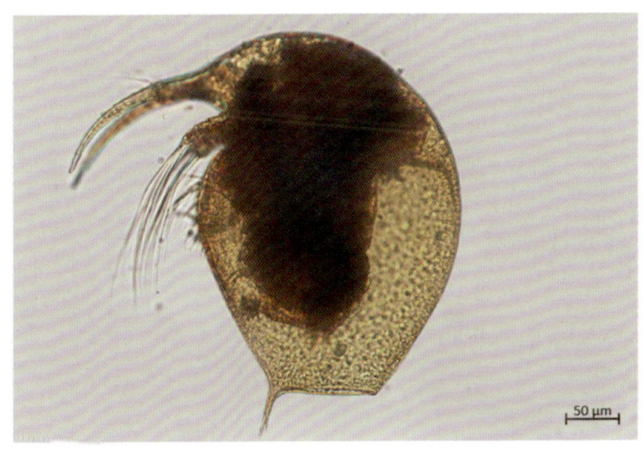

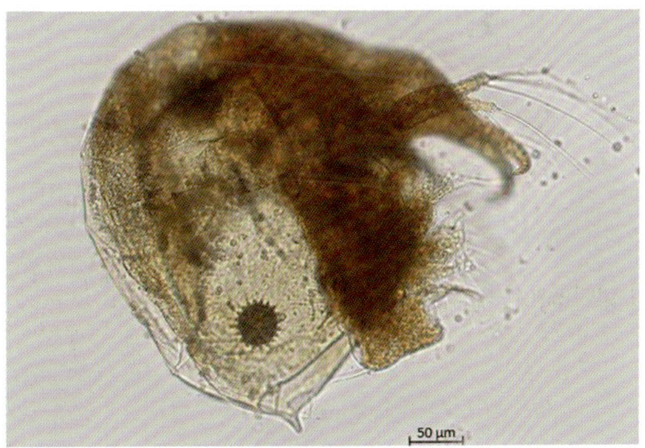

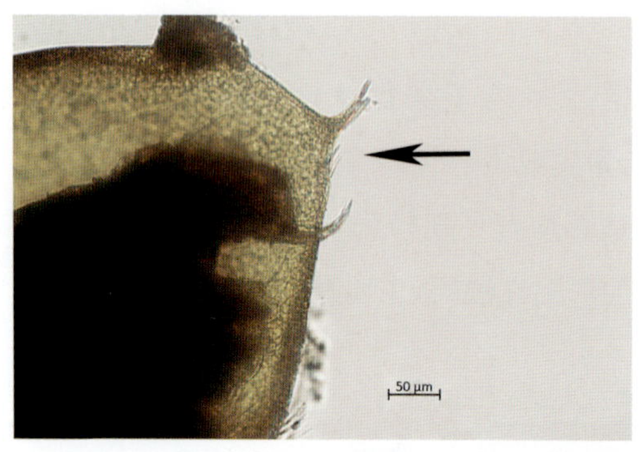

库尔茨毛

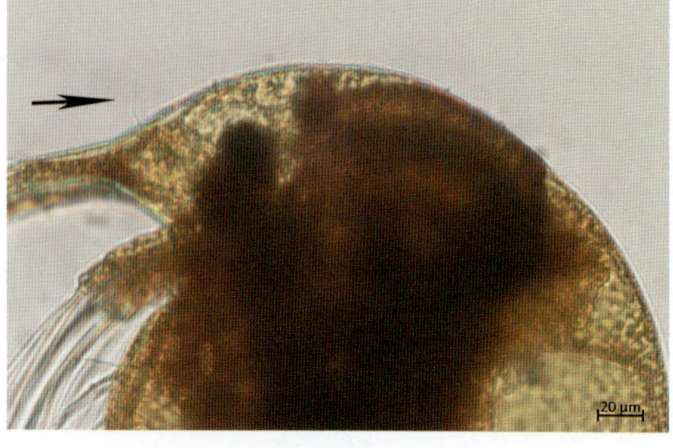

成体额毛

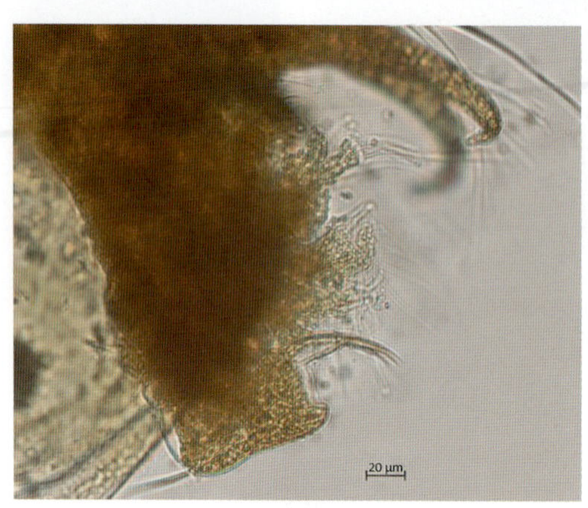

后腹部

简弧象鼻溞

(3)脆弱象鼻溞 *Bosmina fatalis* Burckhardt，1924

雌性体长 0.46mm 左右。头部向下倾斜，无颈沟。壳瓣高且背圆，后腹部的壳刺细长。库尔茨毛短粗。额毛位于吻部末端。壳弧为 2 条隆线，斜向平行。第一触角长，末端稍弯曲。后腹部末端不向内凹，3～4 根微细肛刺。尾爪弯曲均匀，尾爪基部有一列栉刺，共 5～9 根刺。一般认为脆弱象鼻溞是嗜暖性种类，主要分布在湖泊和水库。

采集地：巢湖。

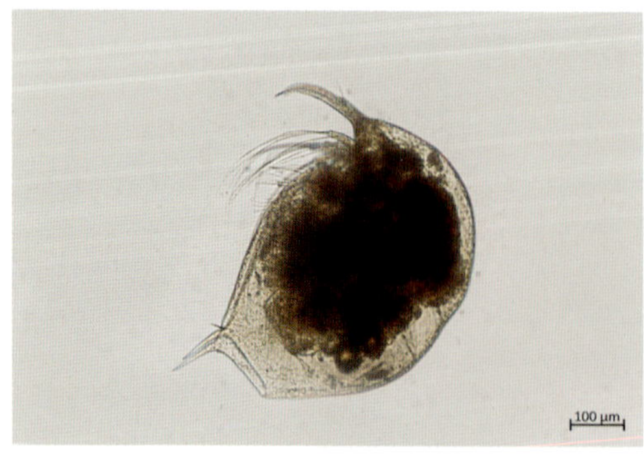

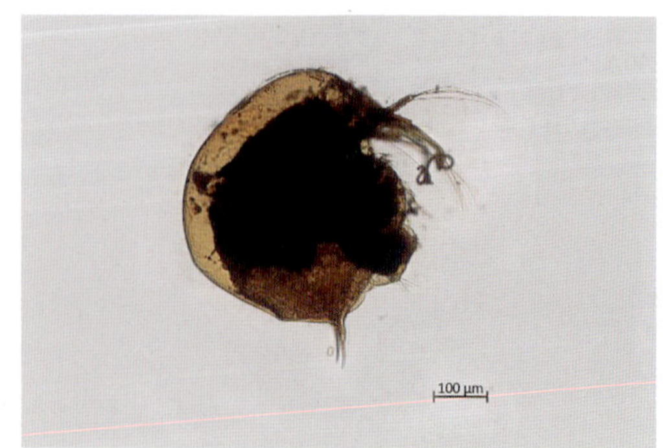

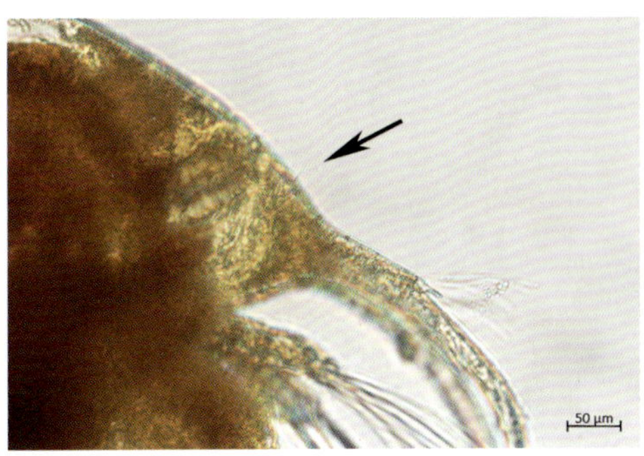

成体额毛

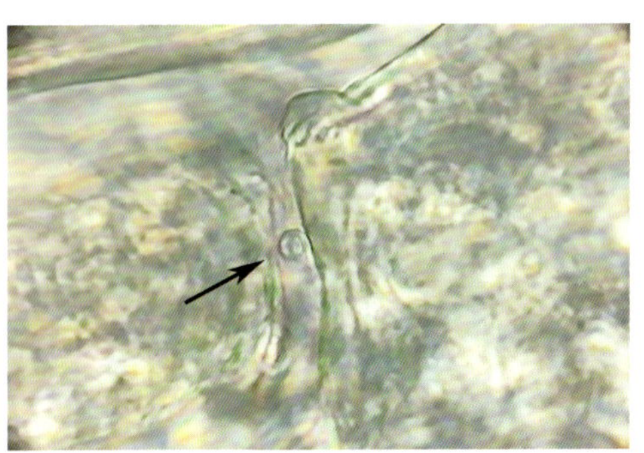
第二触角末端壳孔

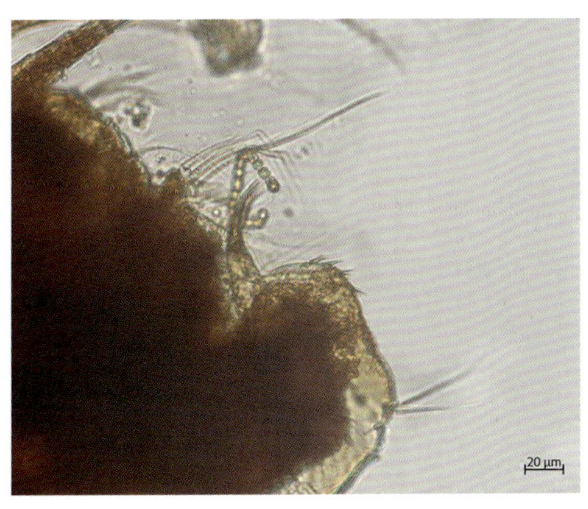

后腹部

脆弱象鼻溞

2. 基合溞属 *Bosminopsis* Richard，1895

(1)颈沟基合溞 *Bosminopsis deitersi* Richard，1895

雌性体长 0.46mm。头部很大，占体长的 1/3。颈沟深。壳瓣短，背缘弓起。壳弧不发达。后腹部浑圆，无壳刺。复眼大。吻短，与第一触角完全愈合，基端部左右愈合，左右两侧共有两根触毛。末端部分离，分别向左、向右弯曲。后腹部背侧陡削，末端变细。肛刺微细。尾爪粗大，尾爪基部有一根强壮爪刺。

采集地：滇池、洞庭湖。

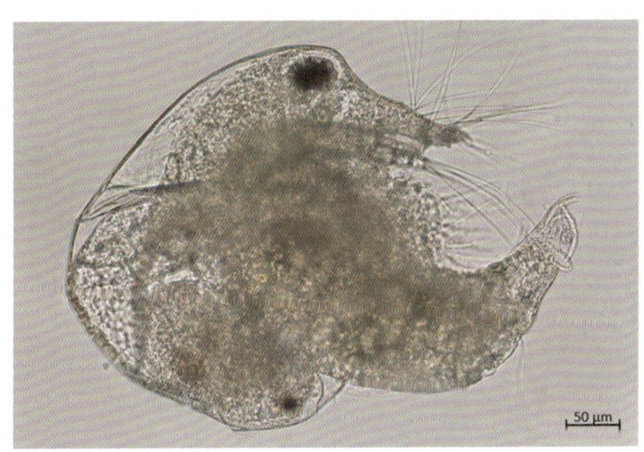

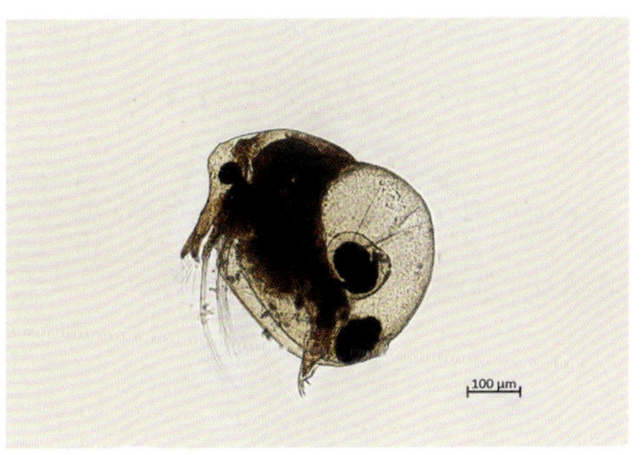

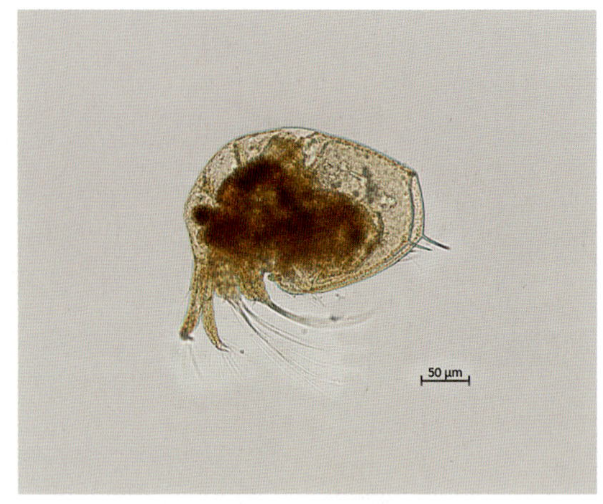

颈沟基合溞

5.2.3.4 泥溞科 Ilyocryptidae Smirnov, 1992

第一触角短,嗅毛位于第一触角的末端。胸肢 6 对。

1. 泥溞属 *Ilyocryptus* Sars, 1862

体近似三角形。头小,额顶呈锐角。壳瓣背缘短,后缘高,后缘与腹缘都列生有分叉的生羽状刚毛。吻短。壳弧发达。具颈沟。第一触角小,能动;第二触角短,基部强壮。后腹部宽扁,具许多大小不一的肛刺。尾爪较平直且长,有 2 根细长爪刺。

种检索表

1(2)肛门陷位于尾爪基部和尾刚毛着生点的正中 …… 底栖泥溞 *Ilyocryptus sordidus*

2(1)肛门陷靠近尾刚毛着生点,第二触角的游泳刚毛较长 ……………………………………………………………………………………………… 寡刺泥溞 *Ilyocryptus spinifer*

(1)底栖泥溞 *Ilyocryptus sordidus* Liéven, 1848

雌性体长 0.35mm 左右。体近三角形或尖卵形。壳瓣背缘很短,较平直或略弓起,后缘很高,后腹两缘很浑圆,都列生刚毛,刚毛羽状分枝明显。头部小,额顶尖凸锐角状。有颈沟,吻短。后腹部宽大,侧扁。肛门陷位于尾爪基部和尾刚毛着生点的正中间。着生点各侧的肛刺数较多,一般 8～14 根。尾爪长,有两根细长的爪刺。

底栖泥溞

采集地:草海。

(2)寡刺泥溞 *Ilyocryptus spinifer* Herrick, 1884

雌性体长 0.57mm 左右。体近三角形。头部呈三角形。额顶尖凸。具浅颈沟,吻短。复眼大单眼小。后腹部宽大而侧扁。肛门陷离尾刚毛着生点比离尾爪基部要近,前肛部有刺 5~7 根。后肛部各侧的肛刺长而粗,通常 5~8 根。尾爪长而直,近爪尖略弯曲,有 2 根爪刺。腹突显著。尾刚毛细长分两节,末节羽状。

采集地:鄱阳湖。

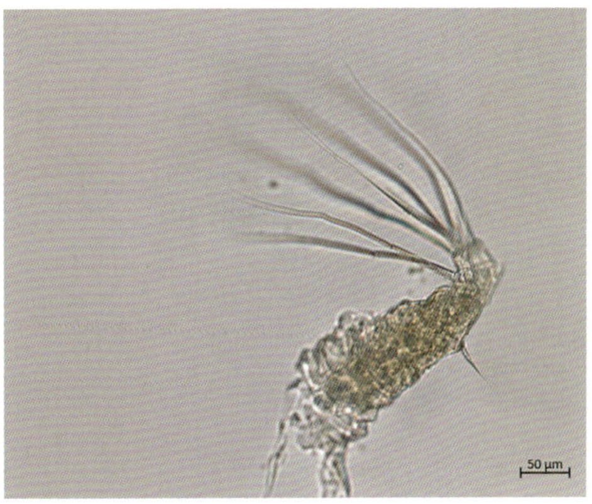

第二触角

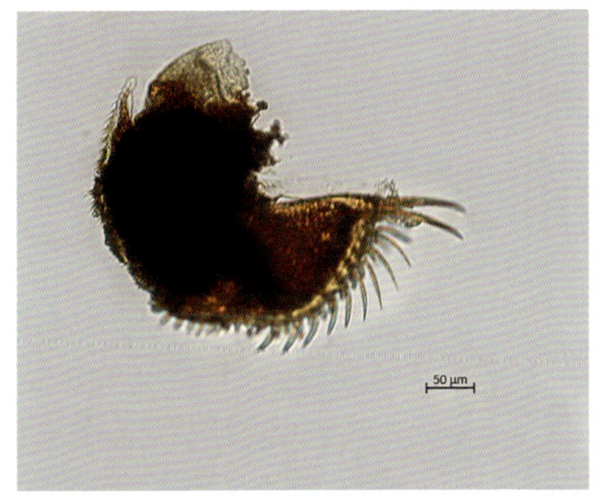

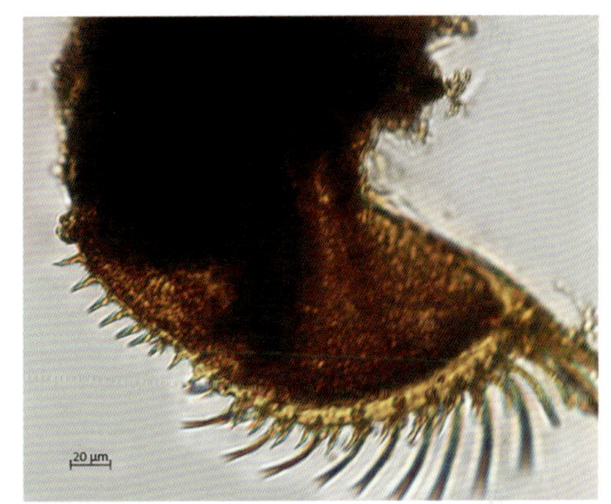

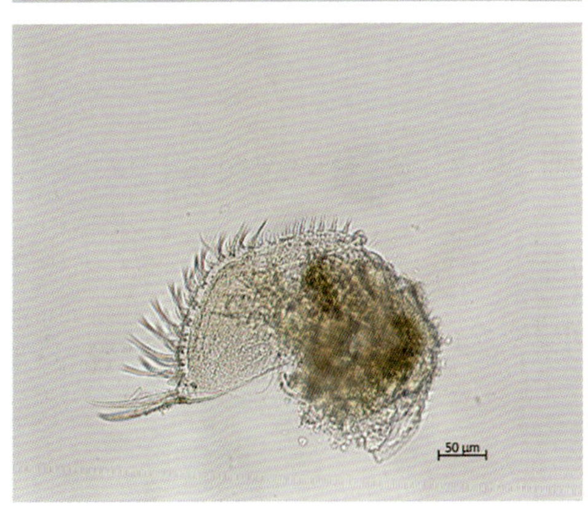

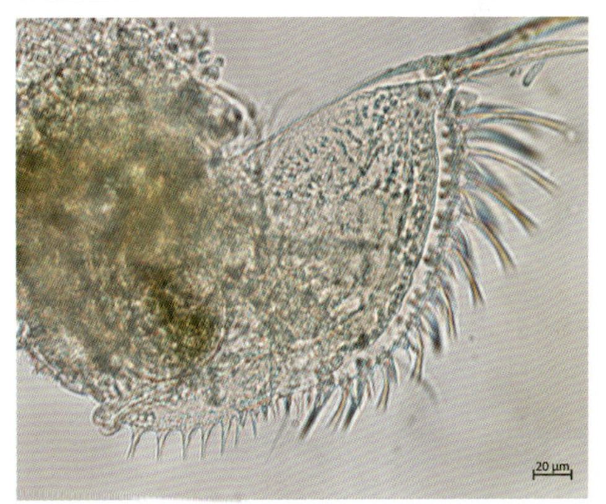

后腹部

寡刺泥溞

5.2.3.5 粗毛溞科 Macrothricidae Norman *et* Brady, 1867

第一触角短,嗅毛位于第一触角的末端。胸肢5对。

1. 粗毛溞属 *Macrothrix* Baird, 1843

体呈卵圆形,略侧扁,背部有隆脊,腹缘列生锯状小刺。头大。吻短。第一触角能动,末端略膨大;第二触角发达。后腹部短宽,往往分2叶,具一列肛刺。尾爪小,无爪刺。

采集地:鄱阳湖。

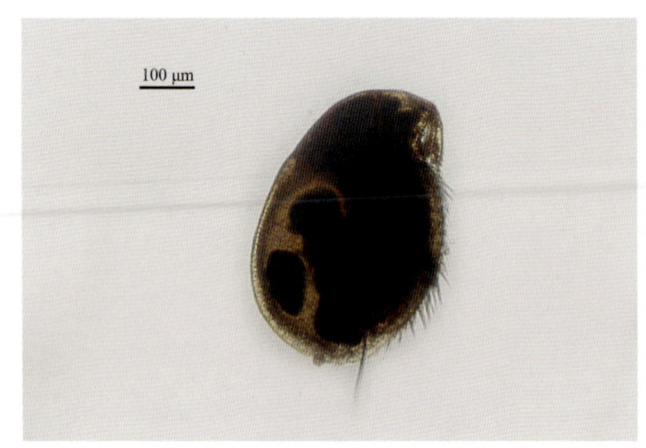

粗毛溞属

5.2.3.6 盘肠溞科 Chydoridae Stebbing, 1902

第二触角内外肢都是3节,肠管盘旋,其后部大多有盲囊。

1. 弯尾溞属 *Camptocercus* Baird, 1843

(1)直额弯尾溞 *Camptocercus rectirostris* Schoedler, 1862

雌性体长0.63mm左右,体呈长卵形,很侧扁。壳瓣背缘拱起,后缘较低且稍微外凸。后腹角浑圆,有时具1~3个刻齿。头不大,吻基部宽末端尖。复眼小,单眼发达。后腹部细长,且愈靠近基部愈细,具有肛刺15~17根。尾爪长且弯,背侧有细毛。有1根大爪刺和1列棘刺,自前向后逐渐增大。

采集地:洞庭湖。

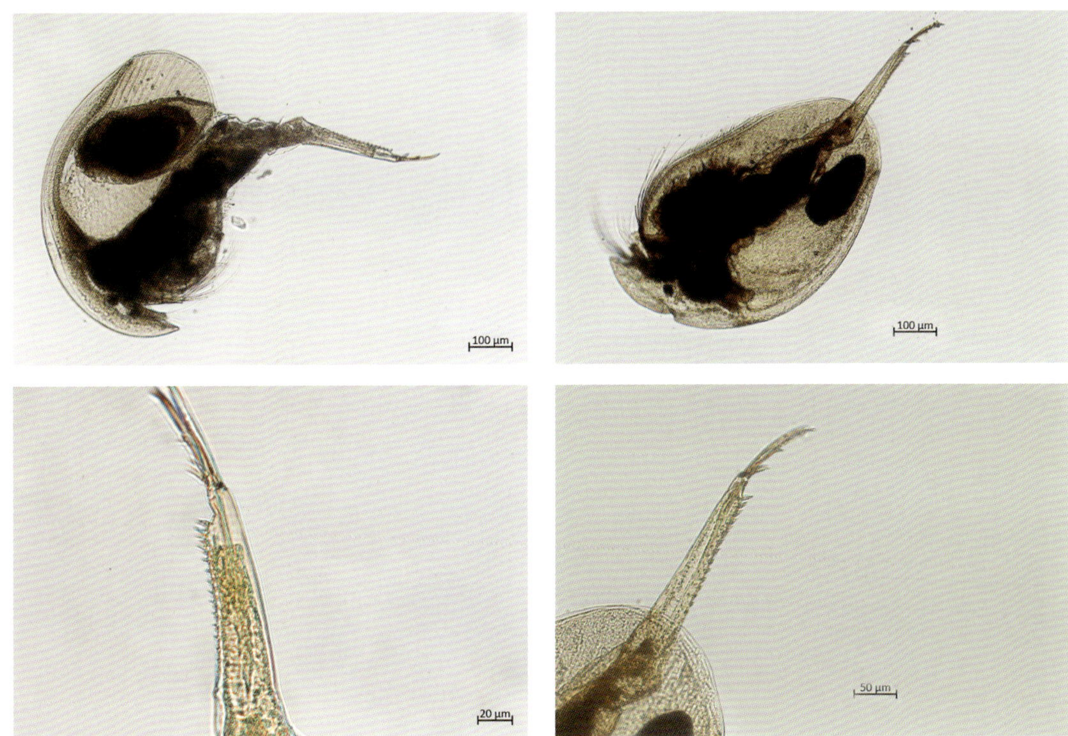

雌性成体尾爪

直额弯尾溞

2. 高壳溞属 *Kurzia* Dybowski *et* Grochowski，1894

(1) 宽扁高壳溞 *Kurzia latissima* Kurz，1874

雌性体长 0.51mm 左右，体呈卵圆形，很侧扁，背部有隆脊。壳瓣背缘拱起，壳长稍长于壳高。头小，吻尖，吻部仅超过壳高中间的水平线。复眼和单眼均小。第一触角细长，未超过吻尖。后腹部细长，背末角凸出呈尖角状，具有肛刺 10～13 根。尾爪长，爪刺小。

采集地：鄱阳湖。

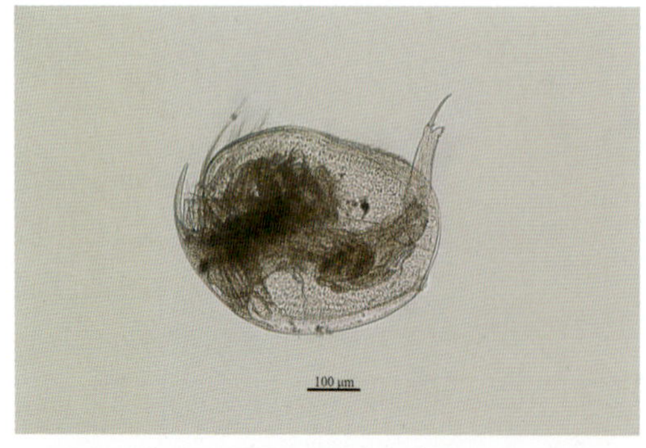

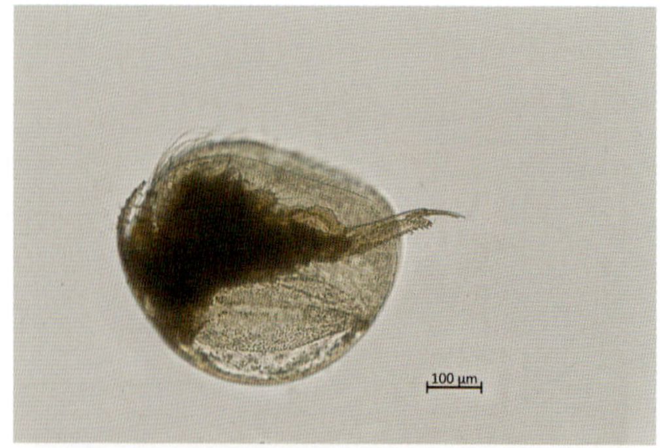

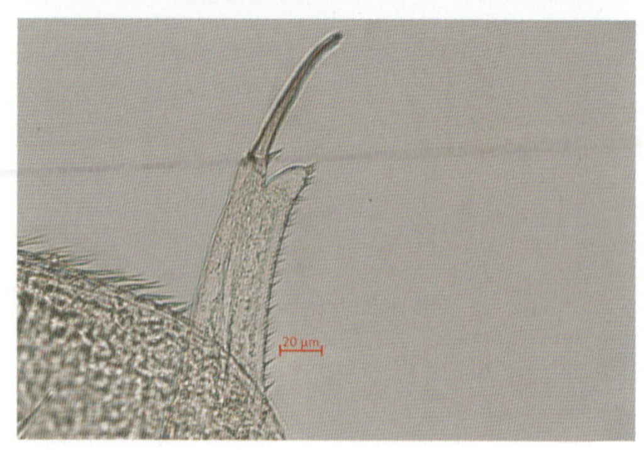

雌性成体尾爪

宽扁高壳溞

3. 宽额溞属 *Euryalona* Sars，1901

(1)东方宽额溞 *Euryalona orientalis* Daday，1898

雌性体长 0.61mm 左右，体近椭圆形，外形与高壳溞属类似，但无隆脊。壳瓣背缘弧曲均匀，后缘凸出，高度大于壳高的 1/2。壳面有 3～4 行同后缘和腹缘平行的颗粒条纹。头小，吻短，后腹部长，末端分片。具肛刺 20 根左右，侧面有与肛刺等数目的肛毛簇。尾爪较粗壮，基部有一根明显的爪刺，背侧有一列小棘刺，从基端至尾爪中部逐渐增大。

采集地：荆州。

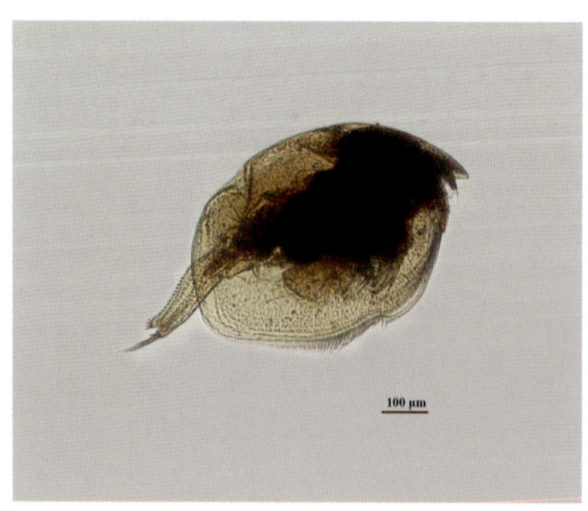

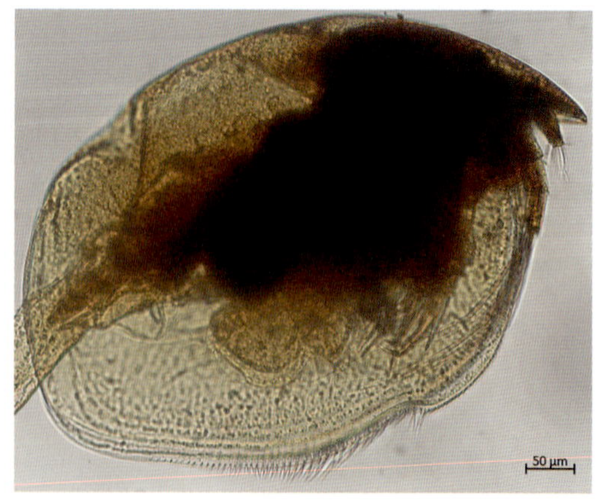

腹缘前半部

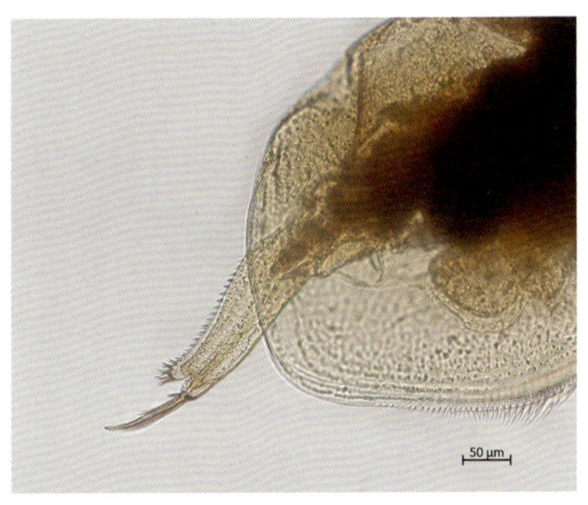

腹缘后半部

雌性后腹部

东方宽额溞

4. *大尾溞属 Leydigia* Kurz, 1874

(1)粗刺大尾溞 *Leydigia leydigii* Leydig, 1860

雌性体长0.75mm左右,体呈卵圆形,背部无隆脊。壳瓣背缘短,后缘高,腹缘外凸,具列生刚毛,壳面无纵纹。头小。复眼和单眼均小,且大小接近,都靠近头背缘。后腹部宽大,呈半椭圆形。肛刺细长且数量多,肛后部侧面具16簇左右的肛刺,越靠近尾爪,肛刺越长。尾爪较长,具有一根爪刺。

采集地:洞庭湖。

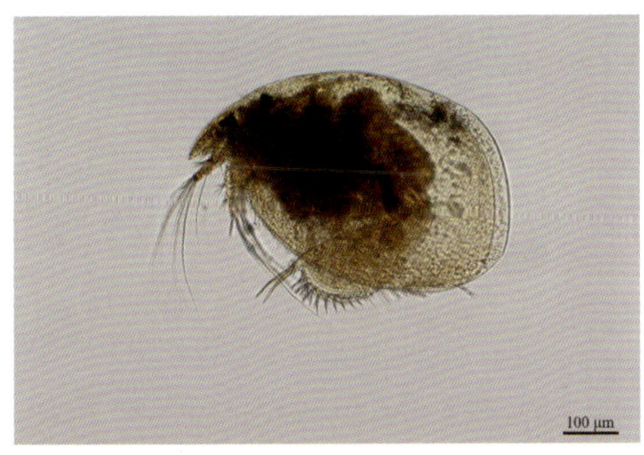

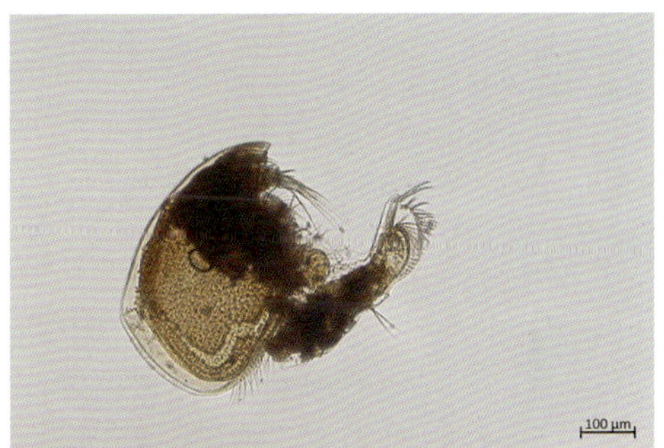

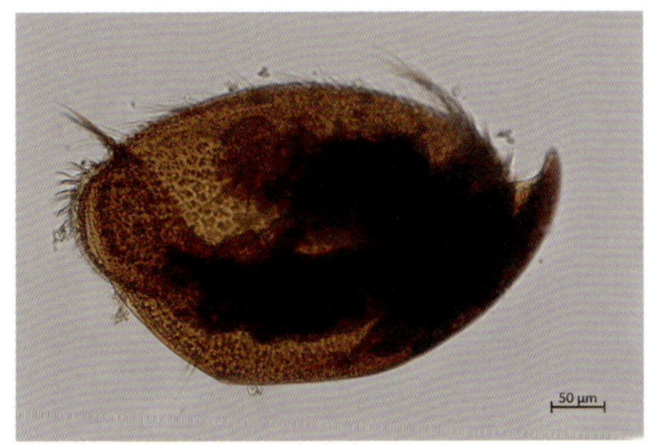

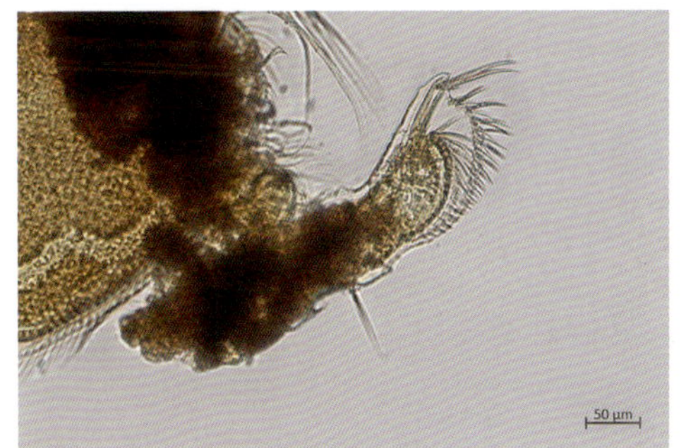

雌性成体后腹部

粗刺大尾溞

5. 笔纹溞属 *Graptoleberis* Sars，1862

(1)龟状笔纹溞 *Graptoleberis testudinaria* Fischer，1848

雌性体长 0.51mm 左右，体呈半月形。壳瓣背缘隆起，腹缘平直，列生有刚毛。后腹角浑圆具 2～3 个明显的锯齿，壳上有矩形纹。头大。复眼和单眼均小。吻短钝，侧面观呈半圆形，顶面观呈扇形。后腹部不大，呈三角形，具 9～12 根细小的肛刺。尾爪短，具有一根不发达爪刺。

采集地：四川德阳、鄱阳湖。

雌性成体腹面观

雌性成体

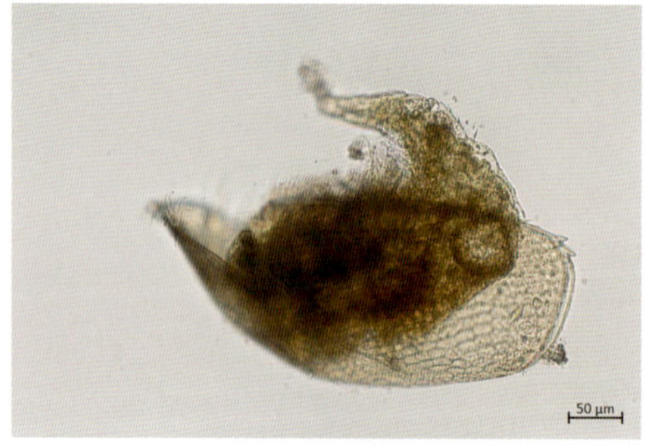

雌性成体

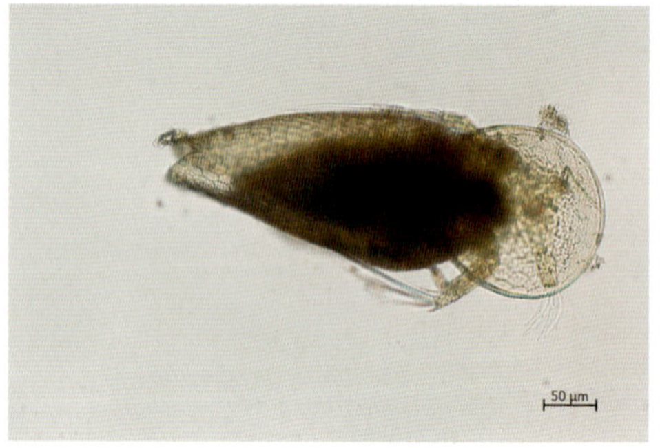

雌性成体背面观

龟状笔纹溞

6. 尖额溞属 *Alona* Baird，1850

个体小，体呈矩形或长卵形，侧扁。壳瓣后缘高，高度通常高于壳高的一半。后腹角浑圆，部分种类具棘刺或刻齿，壳大多有纵向纹。吻短。后腹部短宽，且侧扁。具爪刺 1 根。

种检索表

1(12)后腹部末背角浑圆；尾爪与后腹部后缘之间角度大

2(5)后腹部末端特别扩大

3(4)末背角至后肛角距离与后腹部的最大宽度相等 ……… 奇异尖额溞 *Alona eximia*

4(3)末背角至后肛角距离明显大于后腹部的最大宽度 ………………………………………………………………………………… 中型尖额溞 *Alona intermedia*

5(2)后腹部末端不扩大或仅在中部稍微扩大

6(9)体较大,具肛刺 14 根以上

7(8)爪刺的凹侧具 4~6 根小刺 ………………………………… 近亲尖额溞 *Alona affinis*

8(7)爪刺的凹侧无小刺 ……………………………… 方形尖额溞 *Alona quadrangularis*

9(6)体小,肛刺不到 14 根,排列不成束

10(11)肛刺粗大,在 10 根以下 ……………………………… 矩形尖额溞 *Alona rectangula*

11(10)肛刺细小,外观与刚毛相仿,数量多 ………………… 华南尖额溞 *Alona milleri*

12(1)后腹部末背角呈三角形,尾爪与后腹部后缘之间角度小,体较小,肛刺 10 根以下 ……………………………………………………………………………… 点滴尖额溞 *Alona guttata*

(1)奇异尖额溞 *Alona eximia* Kiser, 1948

雌性体长 0.33mm。体呈长方形,壳瓣背缘弓起,后缘下半部显著外凸。腹缘稍弯曲,前半部稍外凸,后半部稍内凹,列生刚毛。后腹角浑圆。壳面具明显纵纹。吻短钝。后腹部短宽,末端特别宽大。背缘平直,至肛门处急剧凹陷,末背角至肛后角距离与后腹部的最大宽度相等。具肛刺 10 根左右,侧面有栉毛簇 9~10 束。尾爪凹侧无小刺,具大爪刺 1 根,爪刺长约为爪长的 1/2。

采集地:鄱阳湖。

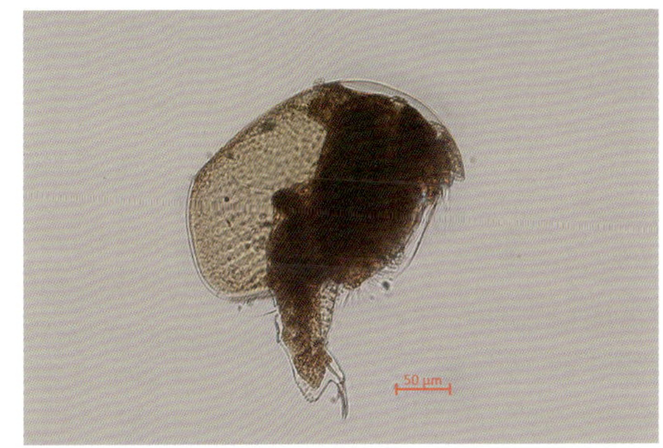

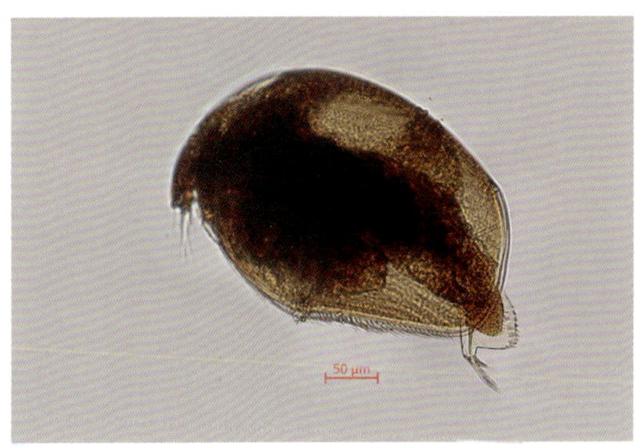

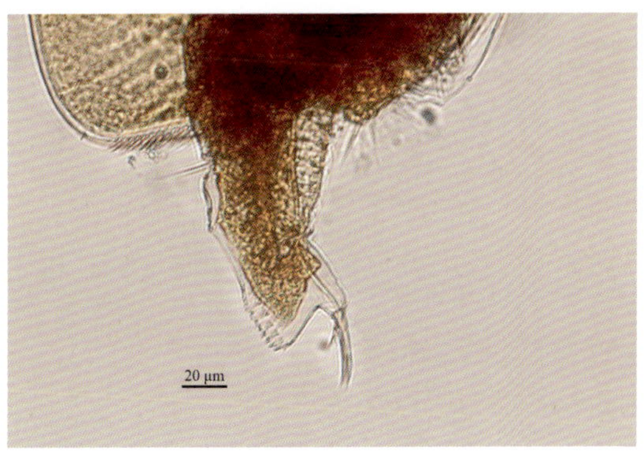

雌性成体后腹部

雌性成体尾爪

奇异尖额溞

(2)中型尖额溞 *Alona intermedia* Sars，1862

雌性体长 0.47mm。体呈长卵形，壳瓣背缘弓起，前部不甚弯曲。后缘高，腹缘平。后腹角浑圆。吻短钝。后腹部末背角浑圆，靠近末背角处最宽。末背角至肛后角距离明显大于后腹部的最大宽度。具 9 根肛刺，侧面有一列与肛刺平行的束栉毛簇。尾爪凹侧无小刺，具大爪刺 1 根。

采集地：鄱阳湖。

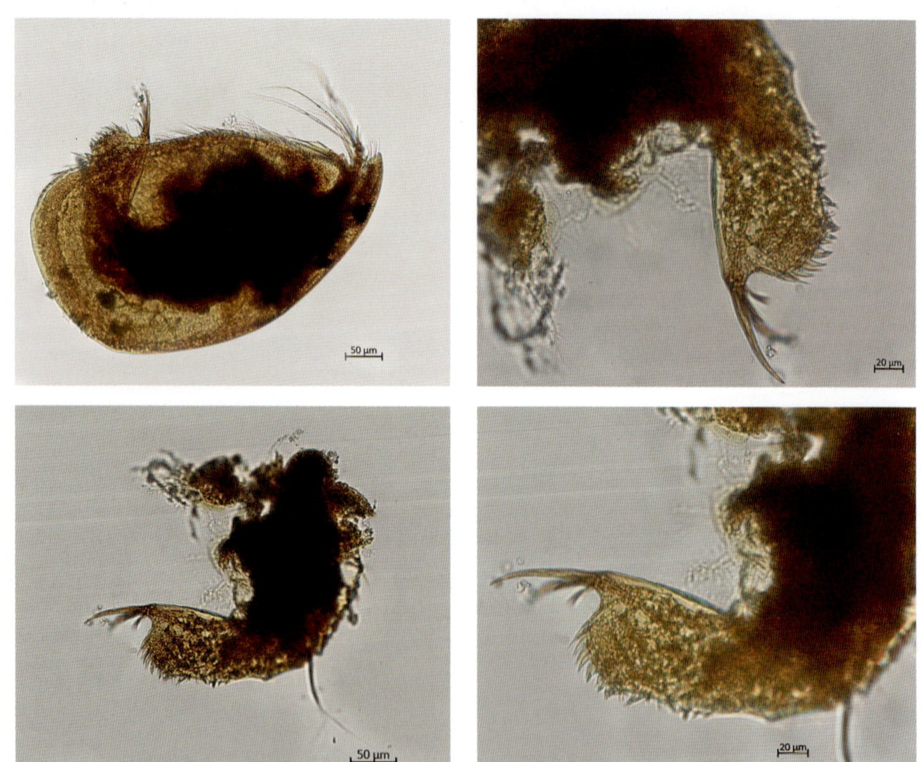

雌性成体后腹部

中型尖额溞

(3)近亲尖额溞 *Alona affinis* Leydig，1860

雌性体长 0.72mm 左右。壳瓣后缘高，与壳的最高部分接近。吻部向前伸，有时翘得更高。后腹部大，末背角浑圆，具 14～16 根肛刺，且有 10 余束栉毛簇。尾爪具有 1 根大爪刺，爪刺凹侧具 4～6 根小刺。

采集地：鄱阳湖。

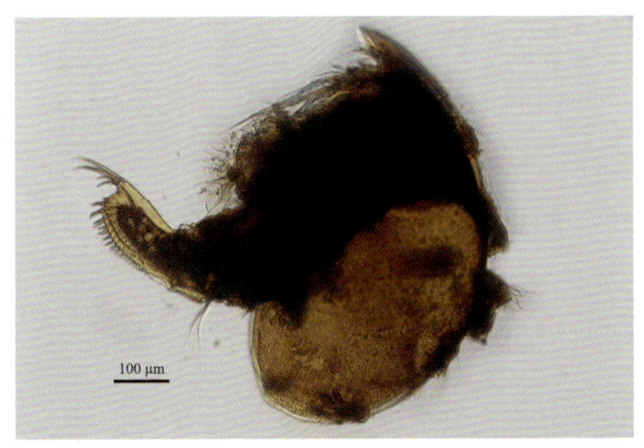

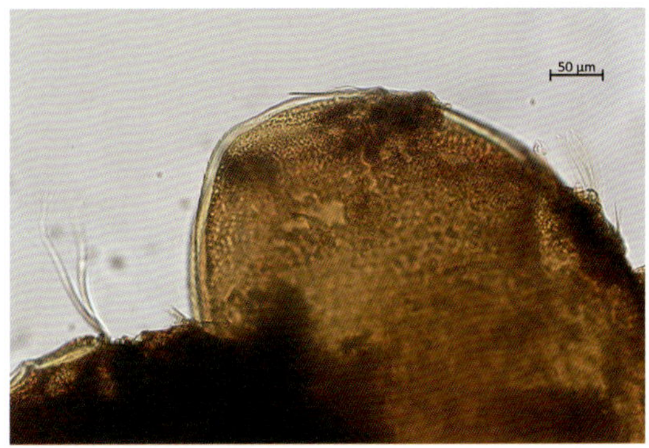

雌性成体尾爪

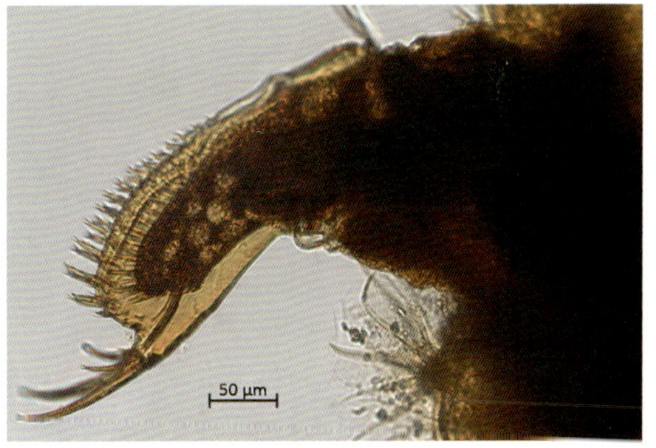

雌性成体后腹部

近亲尖额溞

(4)方形尖额溞 *Alona quadrangularis* O. F. Müller，1785

雌性体长 0.78mm 左右。体呈长方形，壳瓣背缘弓起，腹缘较平直。后缘高，稍向外凸，其高度略低于壳瓣最高处。后背角几乎呈圆形，后腹角浑圆，无刻齿。具与壳瓣背腹缘平行的壳纹 10 余条。吻短钝，吻尖低垂。后腹部很大，末背角浑圆。具 15～18 根肛刺，肛刺较粗壮，侧面有 10 余束栉毛簇。尾爪大，凹侧无小刺，具较大爪刺 1 根。

采集地：鄱阳湖。

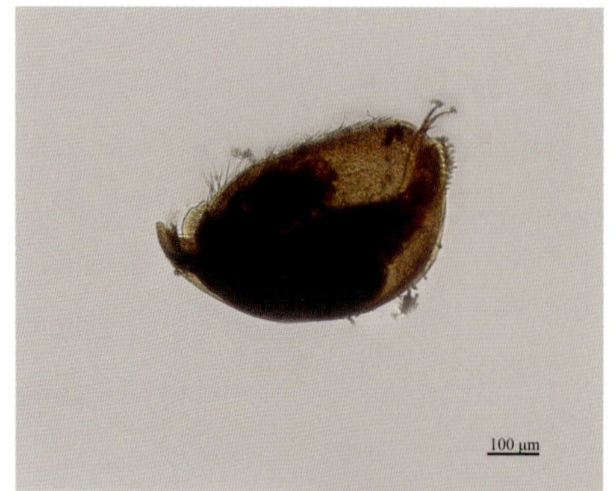

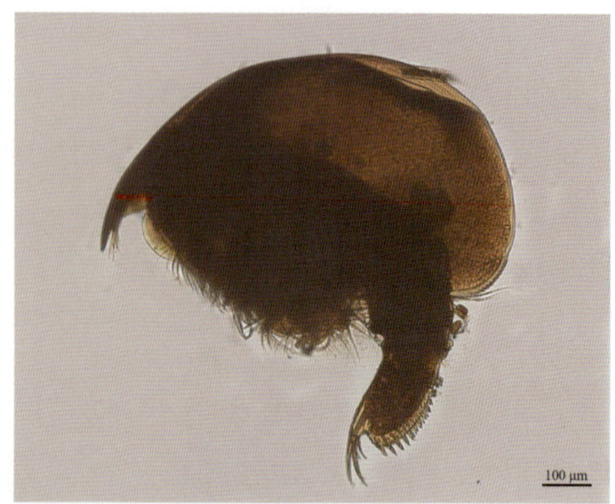

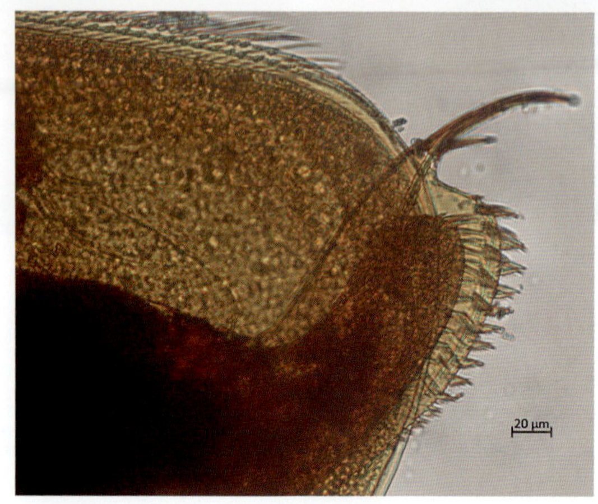

雌性成体尾爪

方形尖额溞

(5)矩形尖额溞 *Alona rectangula* Sars，1861

雌性体长 0.39mm 左右。体呈近长方形，壳瓣背缘弧形，腹缘较平直，列生刚毛。后缘高度稍低于壳高。后背角和后腹角都较钝圆。壳面具纵纹十余条。头部向前伸，吻钝。后腹部宽短，末背角圆，背缘中部稍宽，肛刺 8～10 根。各侧有栉毛簇。尾爪基部具爪刺 1 根。

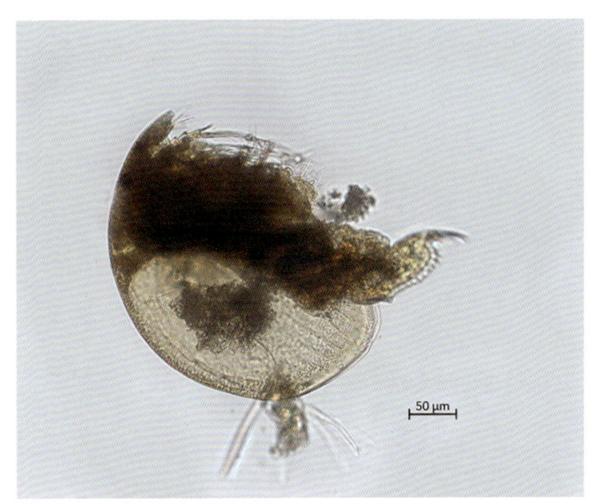

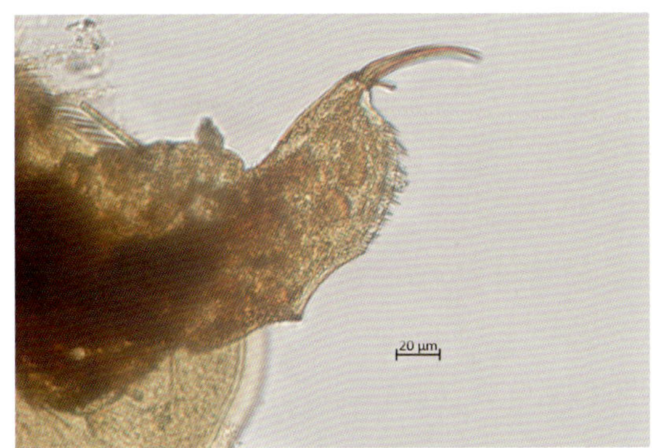

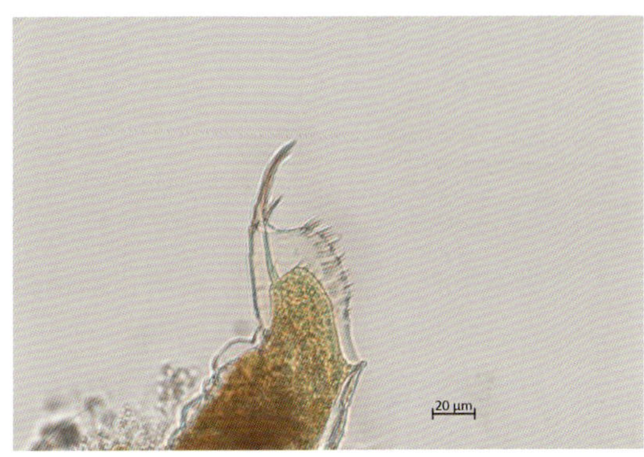

雌性成体后腹部

雌性成体后腹部

矩形尖额溞

(6)华南尖额溞 *Alona milleri* Kiser, 1948

雌性体长 0.30mm 左右。体呈长卵形,壳瓣背缘弓起,后缘高且与壳高相差较小,腹缘较平。头小且翘高,吻部狭长。后腹部短而宽,末背角浑圆,肛后部侧面有发达的棘刺和栉毛簇。尾爪大,基部有小爪刺 1 根。

采集地：洞庭湖。

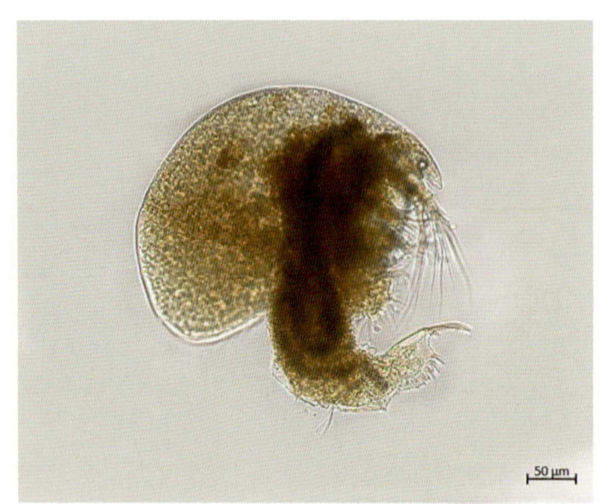

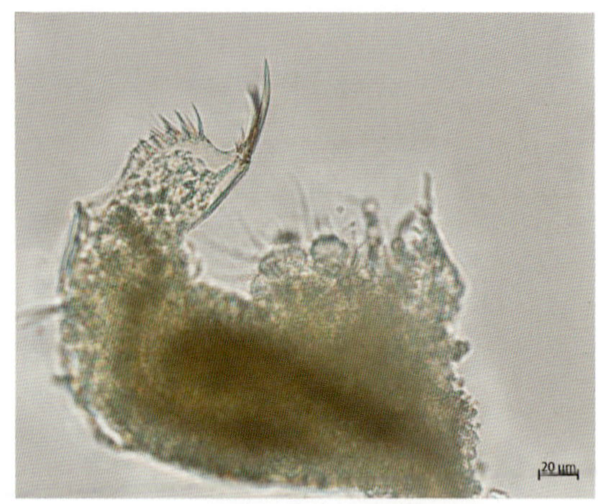

雌性成体后腹部

华南尖额溞

(7)点滴尖额溞 *Alona guttata* Sars，1862

雌性体长0.42mm左右。壳瓣背缘稍微隆起，腹缘平直，后缘显著高于壳高的一半，列生有刚毛。后背角浑圆，后腹角圆钝。壳具点状或纵纹。头向前伸。吻钝，第一触角不突出吻尖。后腹部宽短，末背角呈三角形，具7～9根粗壮的肛刺，侧面无栉毛簇。尾爪具有1根不大的爪刺。

采集地：鄱阳湖。

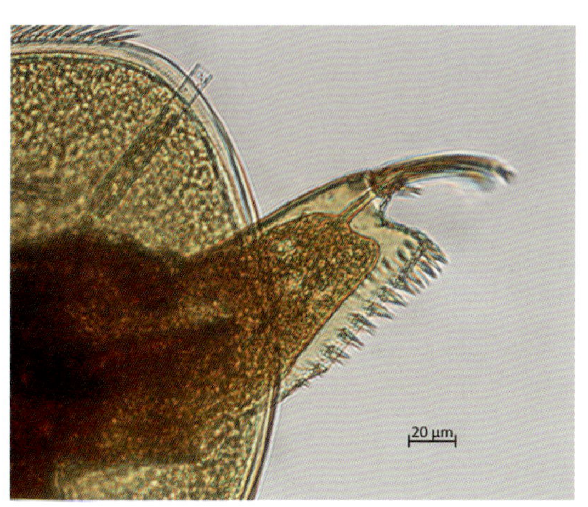

雌性成体后腹部

点滴尖额溞

7. 单眼溞属 *Monospilus* Sars，1862

(1)异形单眼溞 *Monospilus dispar* Sars，1862

雌性体长0.33mm左右。体呈卵圆形，单眼发达无复眼。壳瓣在蜕皮时旧壳不脱落，形成同心圆形“壳层”。壳瓣背缘弓起，后缘低，腹缘稍凸出，后背角和后腹角均不易辨认。头小，与躯干部分界明显。吻钝。后腹部粗短，具5～7根肛刺，且有许多细刺。侧面有刚毛簇。尾爪细长，具有1根强壮的爪刺，爪刺基部或带几根细小的刚毛。

采集地：巢湖。

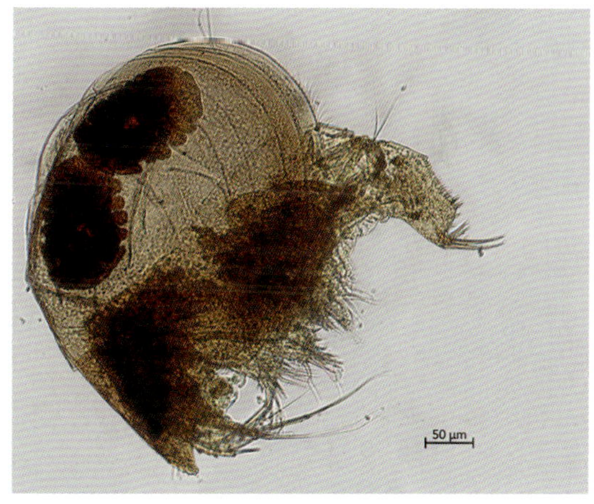

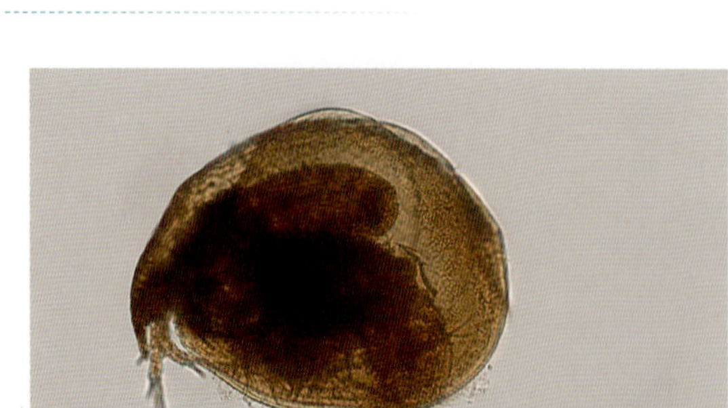

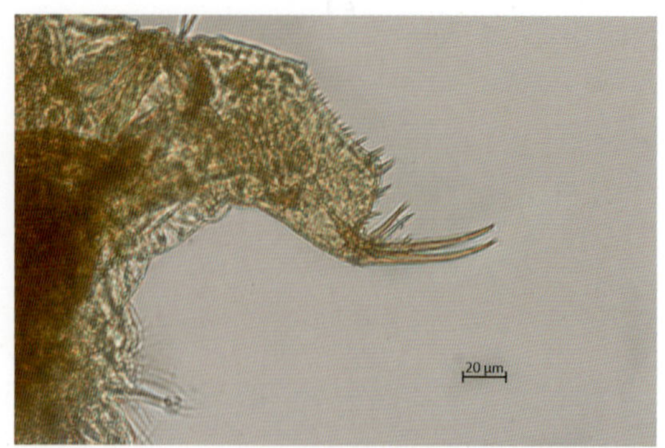

雌性成体后腹部

异形单眼溞

8. 弯额溞属 *Rhynchotalona* Norman, 1903

(1)镰吻弯额溞 *Rhynchotalona falcata* Sars, 1862

雌性体长 0.34mm 左右。壳瓣背缘弓起,后缘高,壳具多条纵纹。头小,吻非常长,末端内勾弯曲。复眼和单眼大小相差不大,复眼有时候还小于单眼。后腹部粗厚,末背角浑圆,具 3～4 根肛刺,侧有簇刚毛。尾爪长大,具有 1 根小爪刺。

采集地:鄱阳湖。

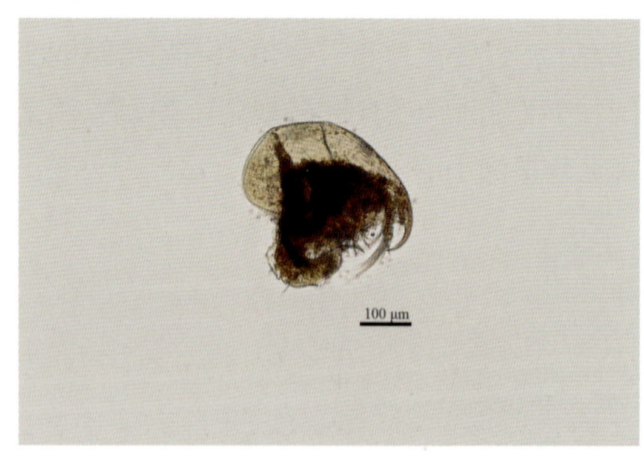

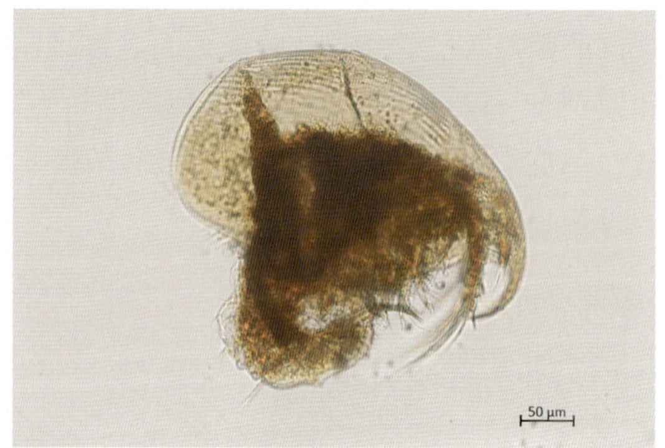

镰吻弯额溞

9. 异尖额溞 *Disparalona* Fryer, 1968

种检索表

1(2)壳瓣后缘较平直 ………………………………… 钩足异尖额溞 *Disparalona hamata*

2(1)壳瓣后缘稍外凸 ………………………………… 吻状异尖额溞 *Disparalona rostrata*

(1)钩足异尖额溞 *Disparalona hamata* Birge, 1879

雌性体长 0.41mm 左右,体呈近长方形。壳瓣背缘弓起,后缘平直,沿缘常有波状凹陷,腹缘平,中间微凹,后背角不外凸,后腹角浑圆。无刻齿。头中等大小,吻长尖,均匀弯曲。

单眼小，复眼稍大于单眼。单眼位于第一触角上方。第二触角的内外肢有 8 根游泳刚毛。后腹部中等大小，平直。具 12～14 根肛刺。尾爪具有 2 根爪刺。本种原本归入平直溞属，后根据相关研究归入异尖额溞属。

采集地：丹江口水库。

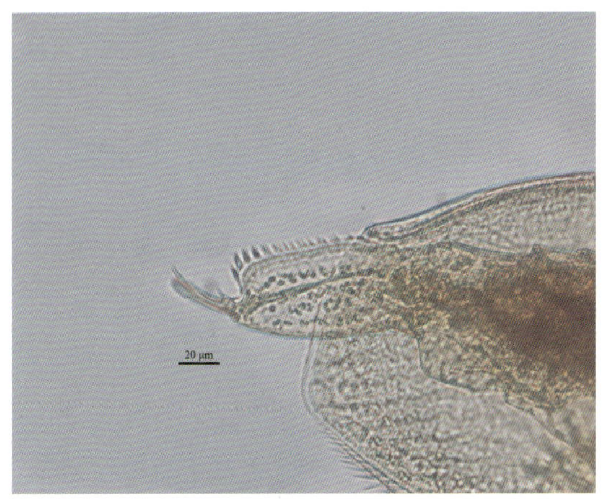

雌性成体后腹部

钩足异尖额溞

(2)吻状异尖额溞 *Disparalona rostrata* Koch，1841

雌性体长 0.38mm 左右，体呈长卵形。壳瓣背缘弓起，后缘稍外凸，其高度远低于壳高。头小，吻长且尖。复眼和单眼大小相差不大，但单眼小于复眼。第一触角小。第二触角的内外肢只有 7 根游泳刚毛。后腹部较窄，末背角浑圆，具肛刺 10 根左右。尾爪细长，具有 1 根大爪刺。

采集地：巢湖、洞庭湖。

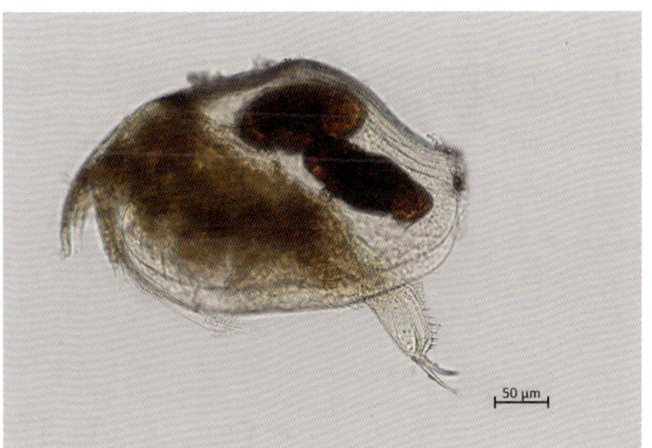

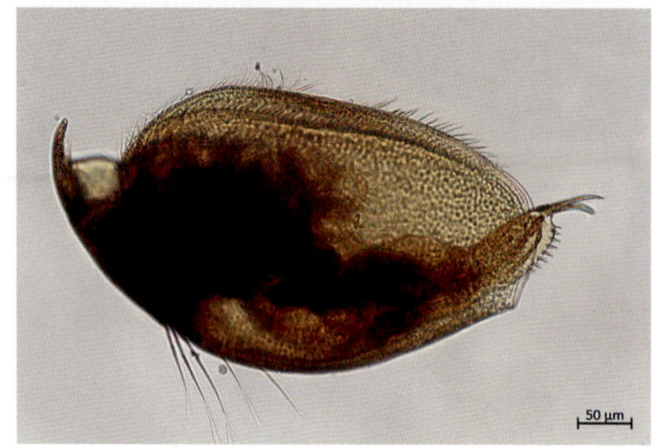

尾爪

吻状异尖额溞

10. 平直溞属 *Pleuroxus* Baird, 1843

个体小,体呈椭圆形或长卵形,侧扁。壳瓣后缘很低,高度不超过壳高的一半。后腹角大部分具短小的刺。头部低,吻尖长,弯曲向内。后腹部狭长,具爪刺 2 根。

种检索表

1(2)后腹部短或中等大小,背缘平直或外凸,壳瓣后腹角具小齿,雌性第一胸肢无钩,后腹部末背角不凸起,肛刺 12~16 根 ························ 三角平直溞 *Pleuroxus trigonellus*

2(1)后腹部狭长,末背角不向后凸起,后腹角尖,有 1 个锐齿,肛刺 15~18 根 ··· 光滑平直溞 *Pleuroxus laevis*

(1)三角平直溞 *Pleuroxus trigonellus* O. F. Müller, 1785

雌性体长 0.40mm 左右,体呈短卵形。壳瓣背缘弓起,后缘低直,腹缘平,中间微凸。后腹角具 2~3 个刻齿。吻长且尖,略下弯。复眼远大于单眼。第一触角末端超过吻部中间。第二触角的内外肢有 8 根游泳刚毛。后腹部较窄,向后削窄,末背角不明显,具 12~16 根肛刺。尾爪大,具有 2 根爪刺。

采集地:洞庭湖。

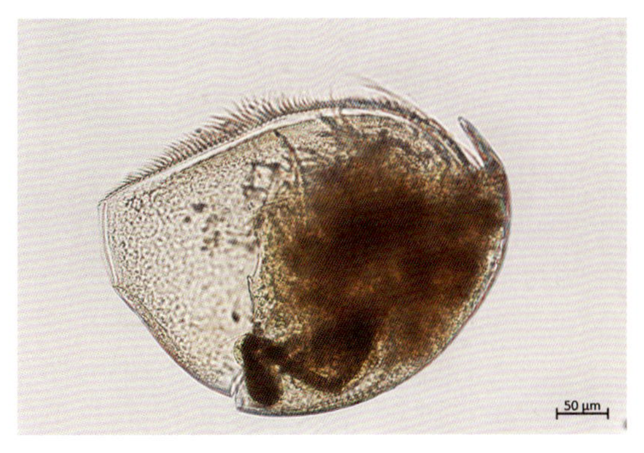

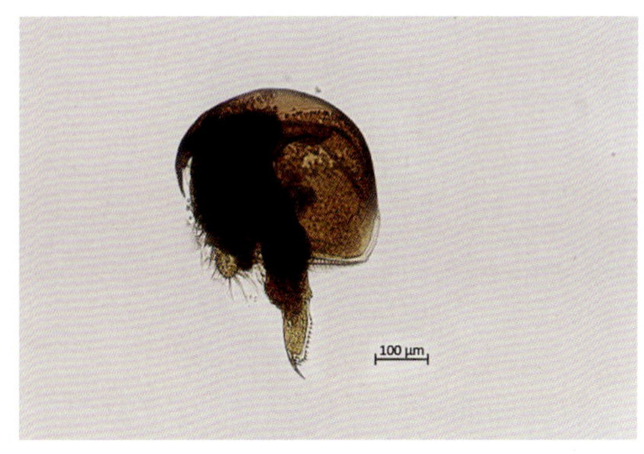

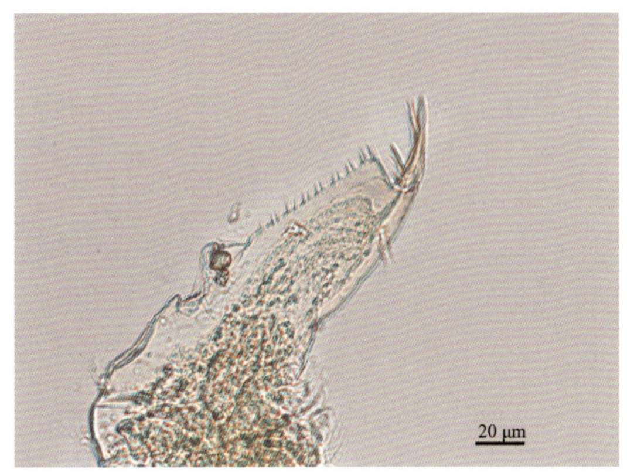

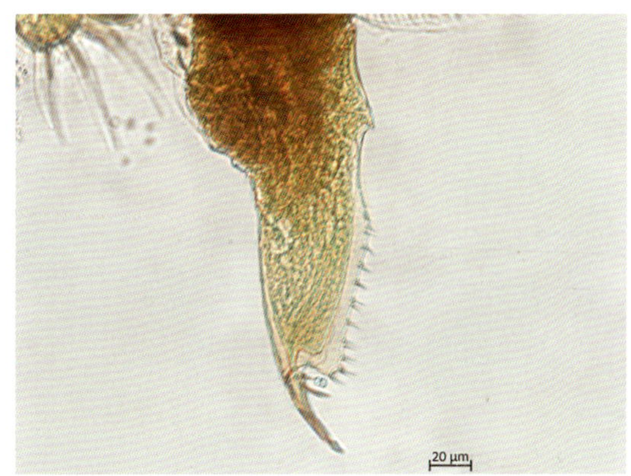

雌性成体后腹部

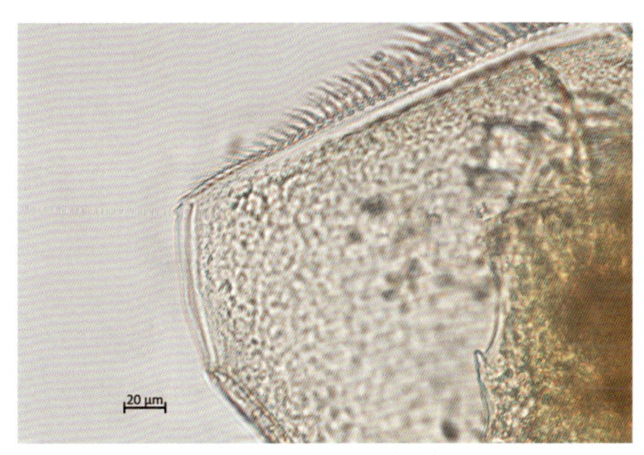

后腹角

三角平直溞

(2)光滑平直溞 *Pleuroxus laevis* Sars, 1862

雌性体长 0.42mm 左右,体呈长卵形。壳瓣背缘弓起,后缘低,腹缘平。厚背角尖,但不向后凸起,后腹角具 1 个小锐齿。头小,吻长且尖,稍弯曲。第一触角短小,第二触角的内外肢有 8 根游泳刚毛。后腹部狭长,背侧在肛门陷后方稍凹。具 15～18 根肛刺。尾爪大,具有 2 根爪刺。

采集地:赤水河。

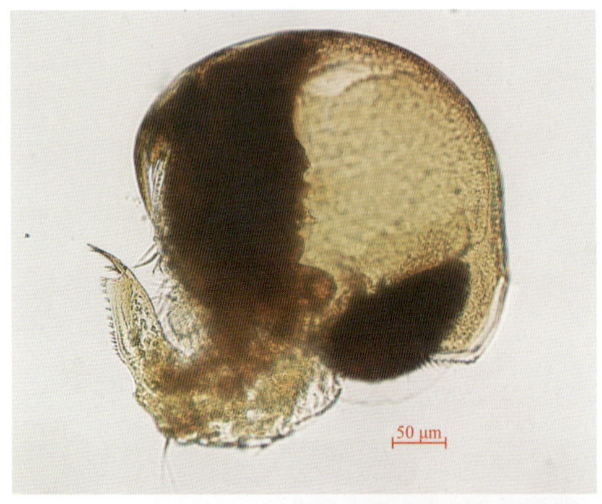

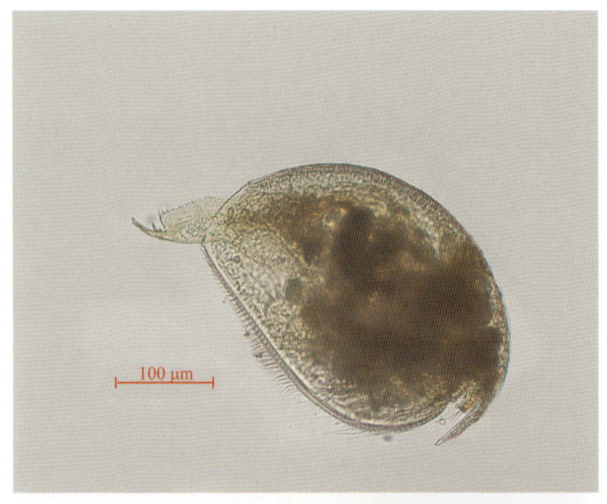

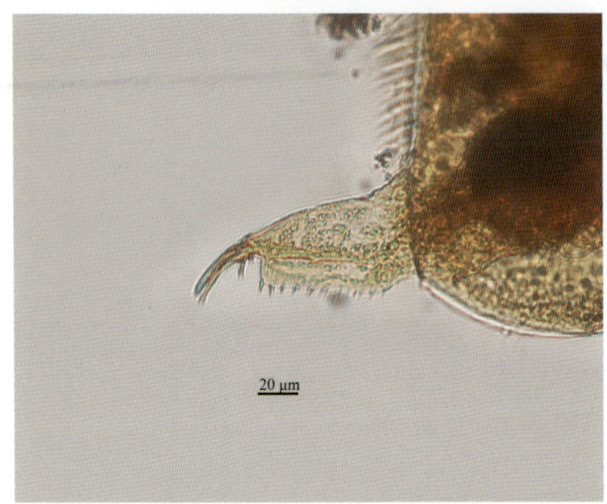

雌性成体后腹部

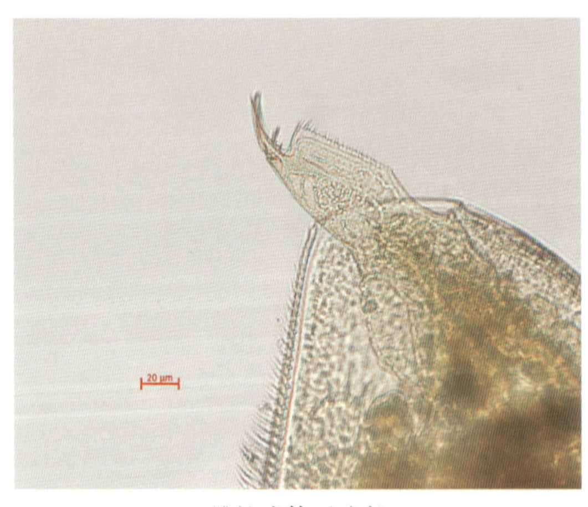

雌性成体后腹部

雌性成体后腹角

光滑平直溞

11. 锐额溞属 *Alonella* Sars，1862

(1)镰角锐额溞 *Alonella excisa* Fischec，1854

个体小，体长 0.33mm 左右，体呈长卵形。体型与尖额溞属类似，但是壳瓣背缘弓起，背缘高，后缘通常不到壳高的一半，壳面具多角状花纹，花纹中有多条平行纵纹。背缘和后腹角交接成角，后腹角常具2～3个波状锯齿。头小，吻较长且尖。单眼小，复眼和单眼都不大。后腹部背末角呈交角状，具肛刺9～11根。尾爪具有2根爪刺，前1根较小，不易被观察到。

采集地：洞庭湖。

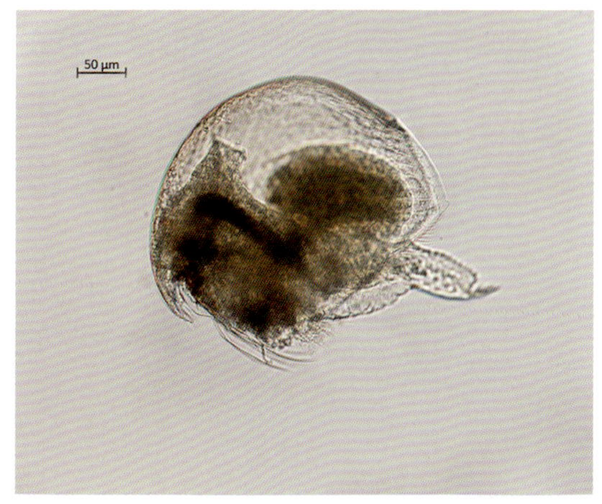

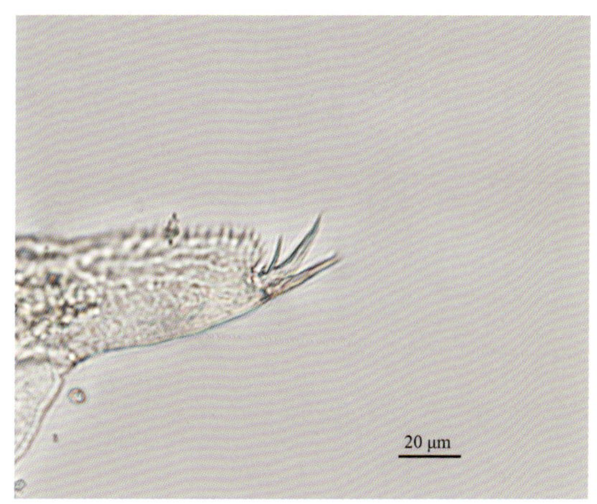

雌性成体尾爪

雌性成体后腹角

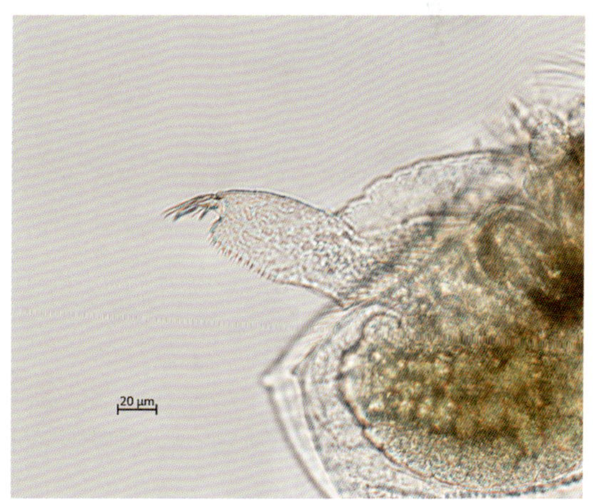

雌性成体后腹部

镰角锐额溞

12. 靴尾溞属 *Dunhevedia* King，1853

(1)棘突靴尾溞 *Dunhevedia crassa* King，1853

雌性体长0.37mm左右，体呈卵圆形。壳瓣背缘弓起，后缘稍外凸，腹缘近乎平直，中部略凸，全缘列生刚毛。后背角明显，后腹角稍前方的腹缘有1根短的壳刺，指向后方。头部小。吻短而钝。后腹部粗短，呈靴状。前肛角非常凸，肛刺细小，无尾突，尾爪短，有1根爪刺。

采集地：江西孔目江

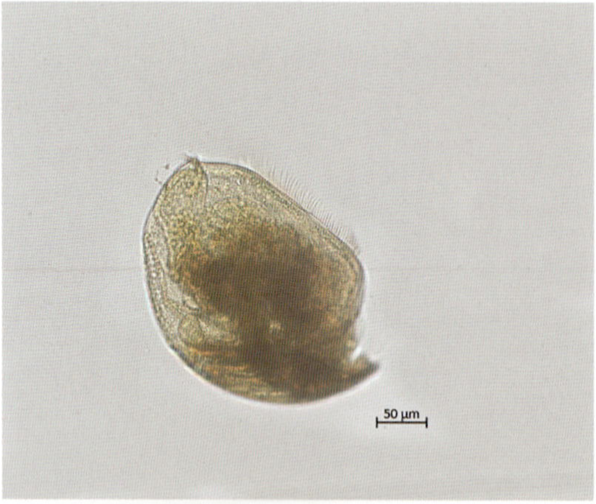

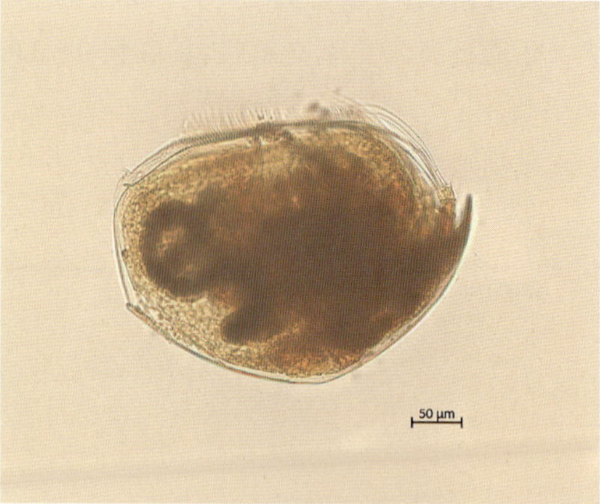

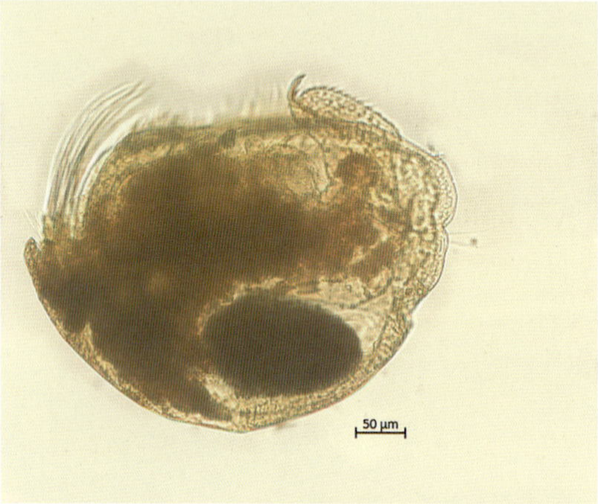

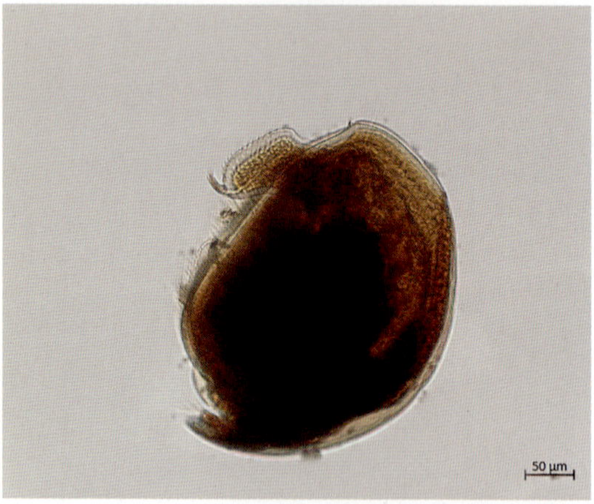

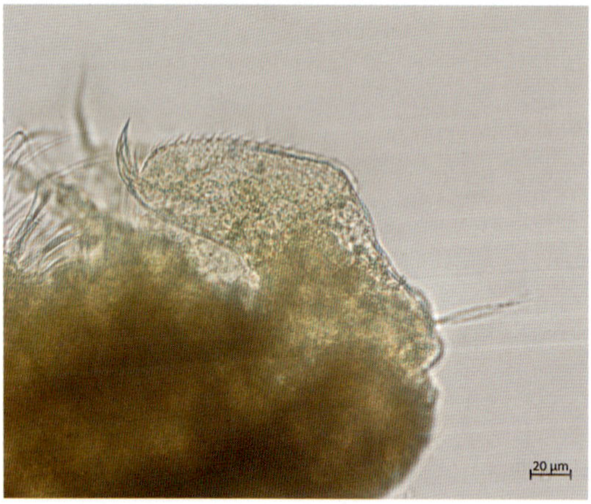

雌性成体后腹部

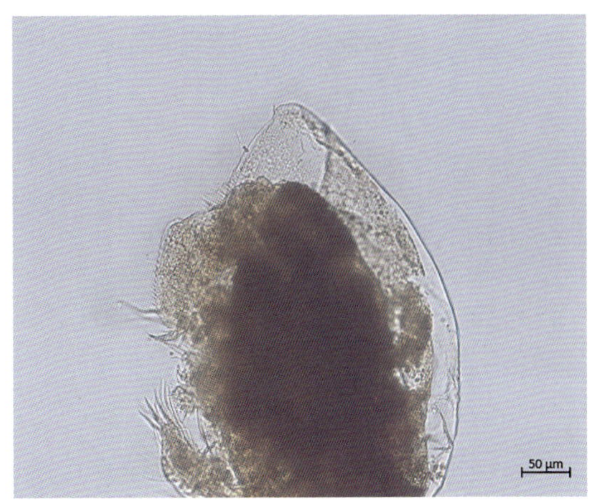

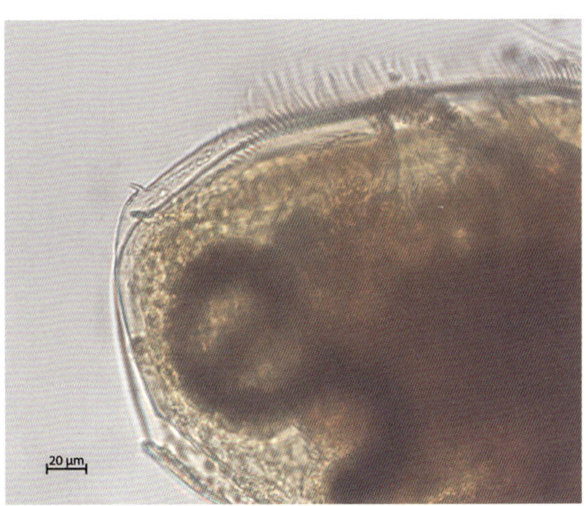

雌性成体后腹角

棘突靴尾溞

13. 盘肠溞属 *Chydorus* Leach，1816

个体小，体呈卵圆形或圆形，稍侧扁。壳瓣短，长宽略等。腹缘浑圆。头部低，吻尖长。第一触角和第二触角都较短小。后腹部短宽，具爪刺 2 根。

种检索表

1(2)肛刺不超过 10 根 ………………………………… 圆形盘肠溞 *Chydorus sphaericus*

2(1)肛刺 12～15 根 ………………………………………… 卵形盘肠溞 *Chydorus ovalis*

(1)圆形盘肠溞 *Chydorus sphaericus* O. F. Müller，1785

雌性体长 0.37mm 左右，体呈宽椭圆形或圆形。壳瓣背缘弓起，后缘低，腹缘向外凸出。后背角不明显。后腹缘浑圆。头低，吻长尖。复眼大于单眼。第一触角前侧仅有 1 根触毛。后腹部短，前肛角显著凸出，后腹部在肛门处凹陷。背缘具 8～10 根肛刺。尾爪具 2 根爪刺。

采集地：云南。

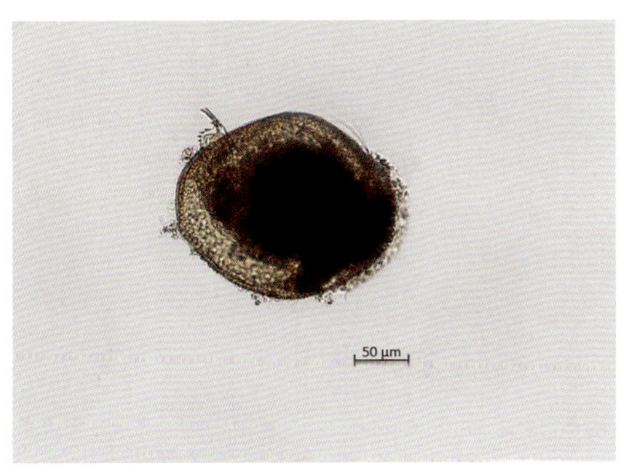

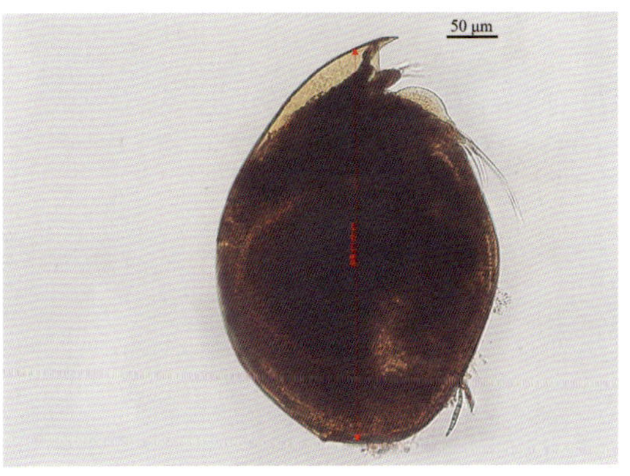

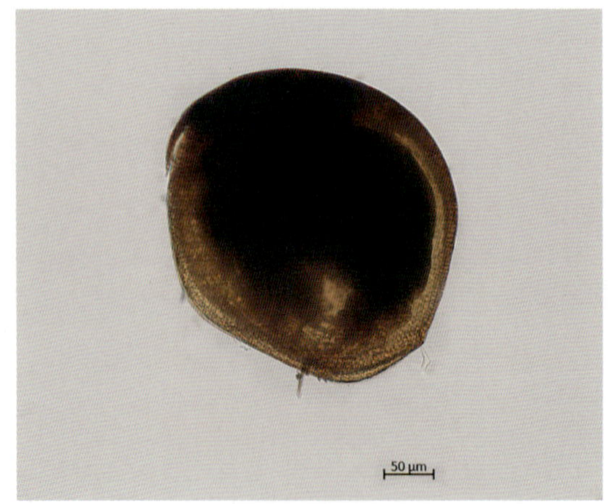

圆形盘肠溞

(2)卵形盘肠溞 *Chydorus ovalis* Kurz，1874

雌性体长 0.38mm 左右，体呈卵圆形。壳瓣背缘弓起，与腹缘难以区分，腹缘列生刚毛，后缘低，内陷，后背角可辨认。头低，吻长尖，紧贴壳瓣。第一触角较长，超过吻部的一半，前侧具 2 根触毛。后腹部短宽，腹缘具 5～6 个缺刻，背缘具 12～15 根肛刺。尾爪具 2 根爪刺。

采集地：洪湖。

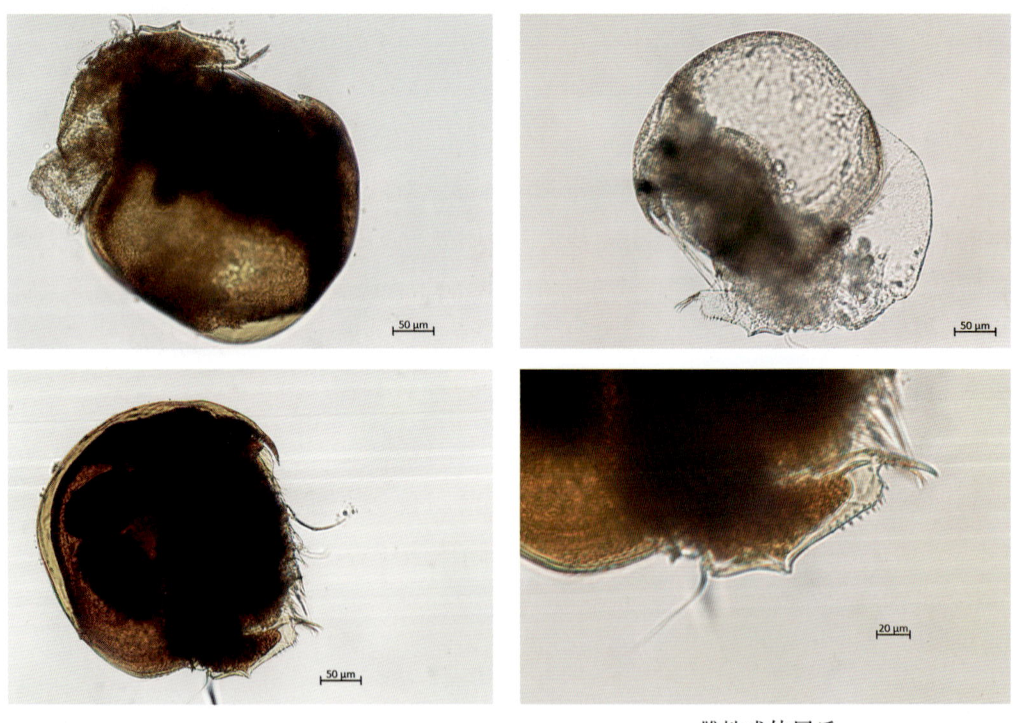

雌性成体尾爪

卵形盘肠溞

第6章 长江流域常见桡足类分类及检索

6.1 桡足类种类简介及检索

桡足类隶属节肢动物门、甲壳动物纲、桡足亚纲(Copepoda)。淡水生活的桡足类又分别隶属哲水蚤目(Calanoida)、猛水蚤目(Harpacticoida)和剑水蚤目(Cyclopoida)[15]。桡足类身体窄长,体节分明,一般由16个或17个体节组成,体长通常在0.3~3mm。其身体可以分为头胸部、腹部和尾叉。

头部由6个体节愈合而成,这6个体节称为头节。头节前方具有突起,称为额角,也是猛水蚤的分类依据。头节腹面具第一触角,这是区分三个目最直观的依据。其中哲水蚤第一触角最长,通常超过20节,超过生殖节后方,最长的可以到达尾刚毛的末端。猛水蚤第一触角最短,一般为5~8节,不超过头节的末端。剑水蚤第一触角介于这两者之间,一般位于头节末端和胸节末端之间。胸部由5个体节组成,每个胸节具有一对胸足。头胸部两侧后方的扩展程度和形状是区分不同种属的特征。剑水蚤的第四胸足外肢的第三节刚毛和刺的数量和形态差异较大,是重要的鉴定依据。第五胸足对于桡足类的鉴定也非常重要。雄性哲水蚤的第五胸足特化,是重要的鉴定依据。剑水蚤的第五胸足一般退化。腹部一般无附肢。具生殖节,生殖节上具生殖孔。最后一节称为肛节,其后缘分叉,称为尾叉。尾叉与其尾刚毛的形状也是区分不同种属的重要依据。桡足类的鉴定分类参考《中国动物志 节肢动物门 甲壳纲 淡水桡足类》[15]。

桡足类雌雄异体,两性生殖。通常雌性腹部两侧有一对卵囊。桡足类幼体从卵中孵化出来后,会有变态发育过程。一般经过6个无节幼体期与5个桡足幼体期。

哲水蚤目主要分布在海洋中,很少一部分在淡水敞口区水域环境中。猛水蚤也以在海洋中生活为主,在淡水湖泊中出现的频率也较低。剑水蚤在淡水湖泊中最常见,有的生活在水底,有的生活在湖泊的敞水区。

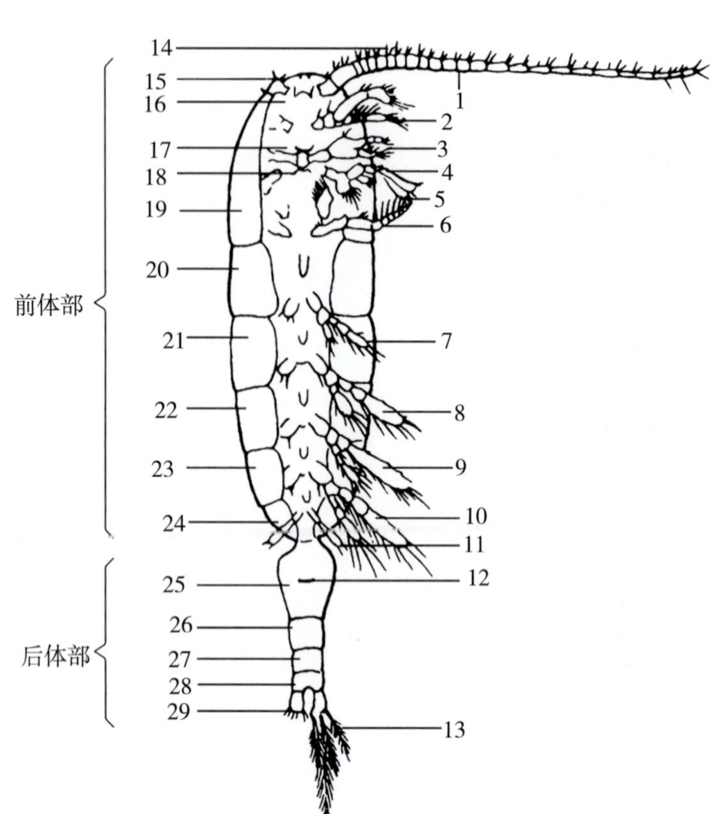

雌性桡足类的腹面观

1—第一触角；2—第二触角；3—大颚；4—第一小颚；5—第二小颚；6—颚足；7—第一胸足；8—第二胸足；9—第三胸足；10—第四胸足；11—第五胸足；12—生殖孔；13—尾叉刚毛；14—感觉棒；15—额器；16—额角；17—上唇；18—下唇；19—头部；20—第一胸节；21—第二胸节；22—第三胸节；23—第四胸节；24—第五胸节；25—生殖节；26—第二腹节；27—第三腹节；28—尾节；29—尾叉

6.2 桡足类种类介绍

6.2.1 哲水蚤目 Calanoida Sars，1903

头胸部显著大于腹部，此两部之间连接处可活动。第一胸节与头节愈合或不愈合。第四、第五胸节类似，两个后侧角有时向两侧或后方扩展。腹部第一节为生殖节，雌性通常很大，腹面突出。雌性第一触角很长，雄性与雌性异形，第一右触角呈执握状。第一至第四胸足为双肢型，为游泳肢。雌性第五胸足有的退化或全缺，雄性第五胸足不对称，常变为辅助交配的器官。尾叉背部的内末角具背刚毛 1 根。大部分种类具卵囊 1 个，少数 2 个卵囊。

1. 华哲水蚤属 *Sinocalanus* Burckhardt，1913

(1)汤匙华哲水蚤 *Sinocalanus dorrii* Brehm，1909

雌性体长 1.57mm 左右，体型窄长。头胸节分界明显，腹部仅分 3 节，生殖节呈圆形。尾叉窄长，长度为宽度的 6 倍多，内外缘均具细刚毛。

雄性体长 1.35mm 左右，体型窄长，头胸部与雌性类似，腹部分 5 节，执握肢分 23 节。第五右胸足第二基节内缘基部有一个匙状突起。内肢分 3 节，第二节具羽状刚毛 1 根，第三节具 6 根长刚毛。外肢 2 节，第一节外末角具短刺 1 根，第二节末端呈钩状刺。第五左胸足第二基节粗短。内肢 3 节，外肢 2 节。

采集地：洞庭湖、鄱阳湖、丹江口水库。

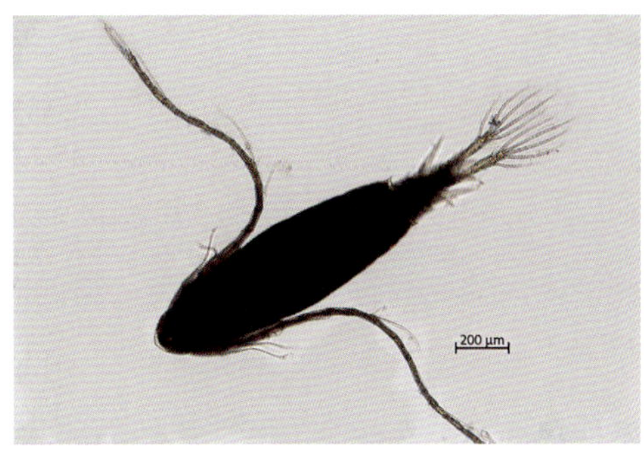

雌性成体

雄性成体

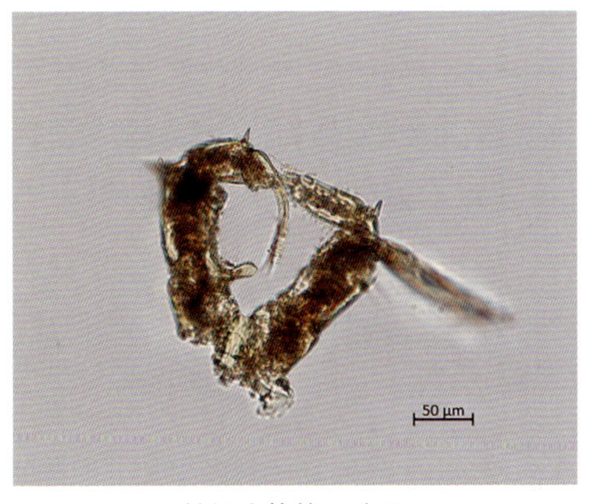

雄性成体第五胸足

尾叉

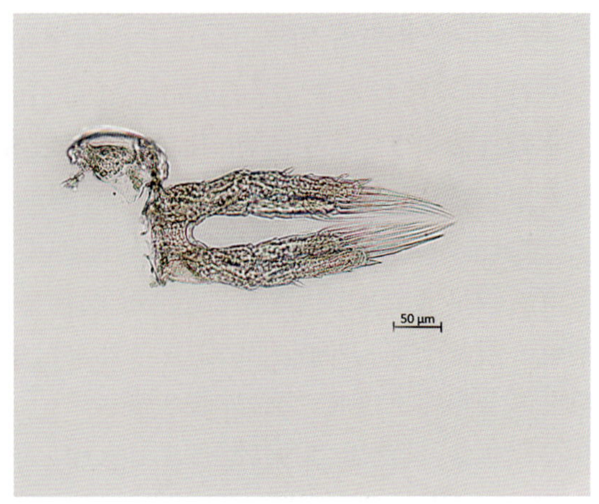

雌性成体第五胸足

汤匙华哲水蚤

2. 许水蚤属 *Schmackeria* Poppe *et* Richard，1890

额前端尖狭或钝圆。头节与第一、第四和第五胸节愈合。胸部后侧角钝圆且多数具数根刺状毛。雌雄体第五胸足都为单肢型，雌性左右对称，雄性不对称。雄性左胸足第二基节向后延伸出一个长弯的镰刀状或粗短的腿状突起。

种检索表

1(2)雄性第五胸足第二基节内缘突起呈球状 ……… 球状许水蚤 *Schmackeria forbesi*

2(1)雄性第五胸足第二基节内缘突起呈指状 …… 指状许水蚤 *Schmackeria inopinus*

(1)球状许水蚤 *Schmackeria forbesi* Poppe *et* Richard，1890

雌性体长 1.43mm 左右，体型窄长。头胸部后侧角钝圆具 4～5 根刺状毛，接近生殖节的胸节两侧有小突起 1 个，突起上有 1～2 根刺。靠近后缘部位又各有一个新月片状突起。生殖节长且大，前半部分向两侧隆起，其外侧有刺状毛若干。后腹节后缘有细锯齿，腹部分 4 节。尾叉较短，其长度为宽度的 3 倍左右。具卵囊一对。第五胸足为单肢型，左右对称。

雄性体长 0.99mm 左右，体型与雌性类似，但最后一胸节后缘和背缘不具刺和新月状突起。胸节分 5 节。生殖节基部两侧略突起，两侧具 2 根小刺，左侧还具有一个鸟喙状突起。尾叉长度为宽度的 3 倍左右。第五胸足为单肢型，不对称。右胸足第二基节的长宽大致相等，内侧面的基半部有一较大的锥形突起，顶端有 1 根刺；内侧面的中部有 1 个三角形齿突，节外缘的后半部有一列细刺。外肢分两节，第一节的内缘中部有 1 根刺状毛，外末角伸出 1 根强大的刺；第二节较长，其内缘和外缘上各有 1 根刺状毛，末端有 1 根钩状刺，刺的内缘近基部和中部处各具一突起，突起上生一细毛，长刺的末部弯曲，内缘和外缘的末部有细刺列。

左足第二基节的外末缘有一列短刺，节内缘镰刀状突起的基部向后伸出1根三角形锐刺，它紧靠着外肢第一节的内缘。外肢第一节呈长方形，外末角有数个小刺，内缘近基部处生一根刚毛。第二节外缘中部有1根棘，内缘基半部伸出一球状突起，突起的顶部有数根刚毛。

采集地：巢湖、洪湖、鄱阳湖。

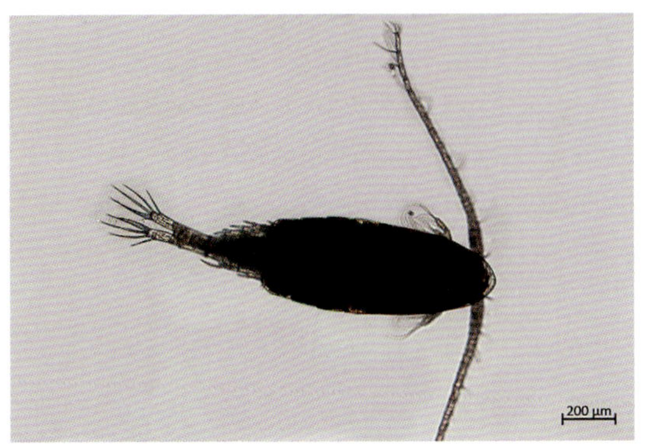

雌性成体

雌性第五胸足

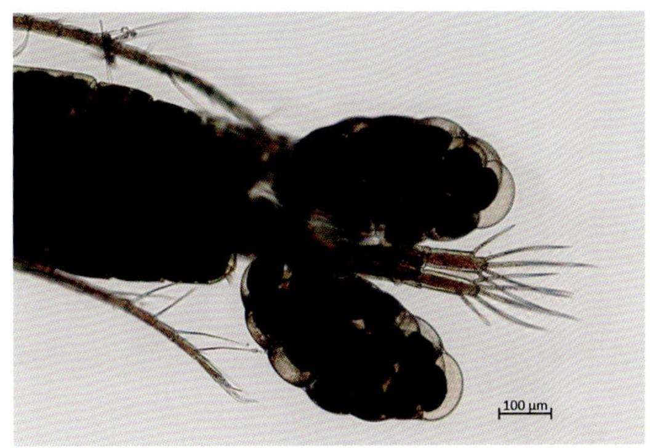

雌性卵囊和尾叉

雌性后胸部

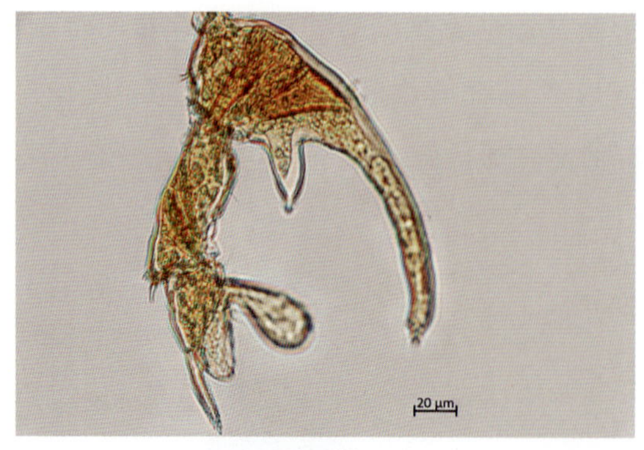

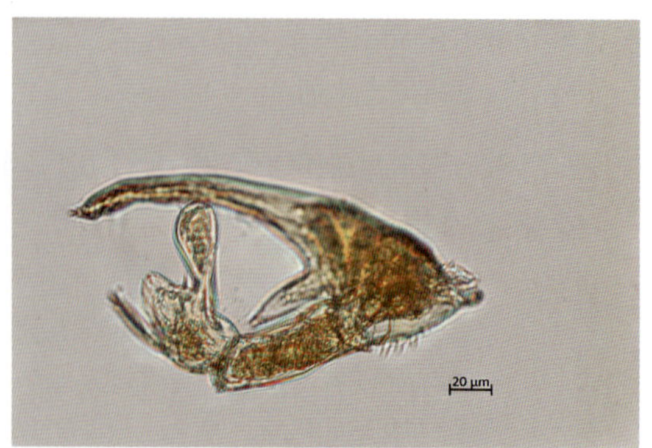

雄性成体第五胸足

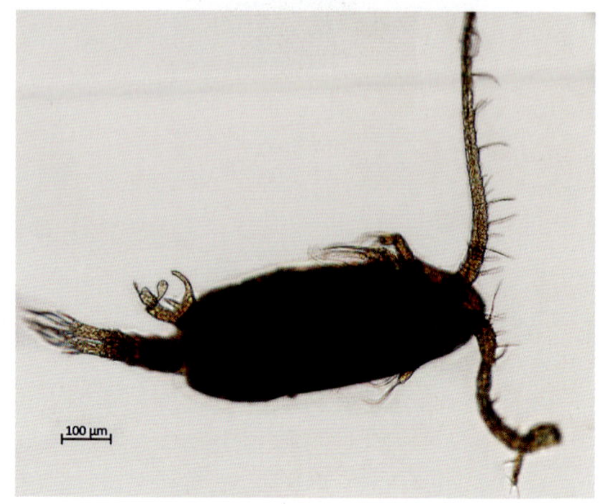

雄性成体

球状许水蚤

(2)指状许水蚤 *Schmackeria inopinus* Burckhardt，1913

雌性体长 1.39mm 左右。额部前端较狭尖。头胸部后侧缘有刺状刚毛约 5 根，近生殖节处有一向后的突起。最后一胸节的背部近内侧有一对小刺。生殖节的前半部较宽大，两侧缘各有一根细毛。腹部前三节的后缘有一列锯齿。肛节较小。尾叉的末部较基部宽大，内缘有细长的刚毛，尾刚毛 5 根，居中的 1 根显著膨大。卵囊 1 对。第一触角向后伸展时约达生殖节的中部。第五胸足外肢第一节的内末角有一刺状突起，背面近外末角处有一棘刺；第二节的内末角有 1 根膨大的棘，末端有一棘状长刺，此刺基部背面与腹面又各有一较小的棘刺。

雄性体长 1.17mm 左右。额部和头胸部的后侧角较雌性圆钝，后侧角无刺状毛。生殖节较短，左侧缘有 1～3 根细毛及一指状突出，右侧缘有数根细毛。第二至第四腹节的后缘有一列锯齿。尾刚毛不膨大。第五右胸足第二基节的内侧面有两个突起：近节基部的突起较大，顶端生 1 根细刺，近节中部的突起较小。外肢第一节的外末角伸出 1 根长刺，节的内缘有 1 根细毛；第二节的内缘也有 1 根细毛，末端有 1 根长而弯曲的钩状刺。左足第二基节的内缘的镰刀突起的后缘中部有 1 根三角形锐刺。外肢第一节呈长方形，内缘近基部处有 1 根刚毛；外肢第二节的外缘近末部有一短棘，内基角有一列细毛，内缘的中部伸出一个指状突起(图中箭头所示)。

采集地：巢湖。

雌性成体

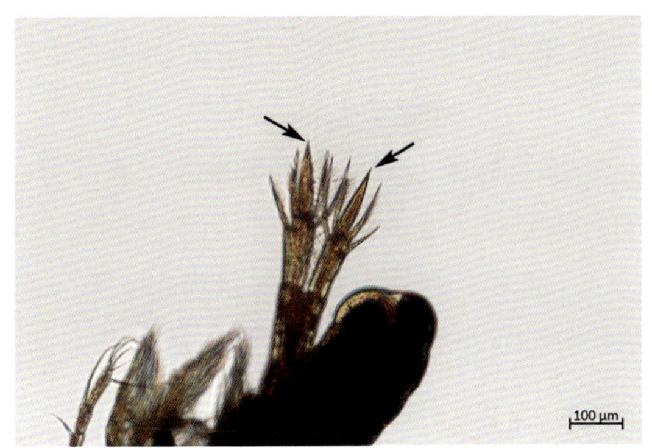

雌性成体尾叉

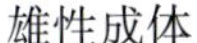
雄性成体

雄性成体第五胸足(袜型)

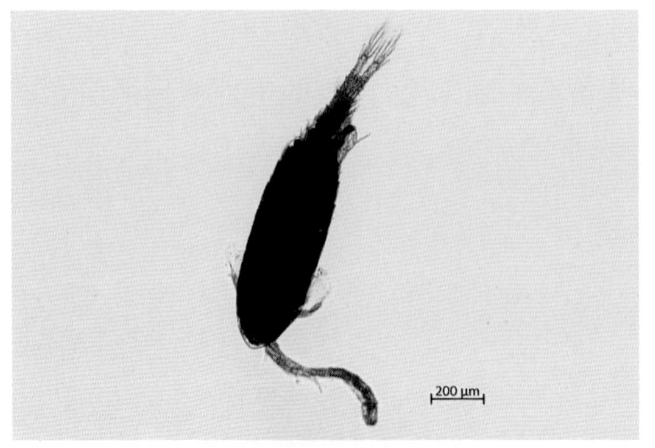

雄性成体

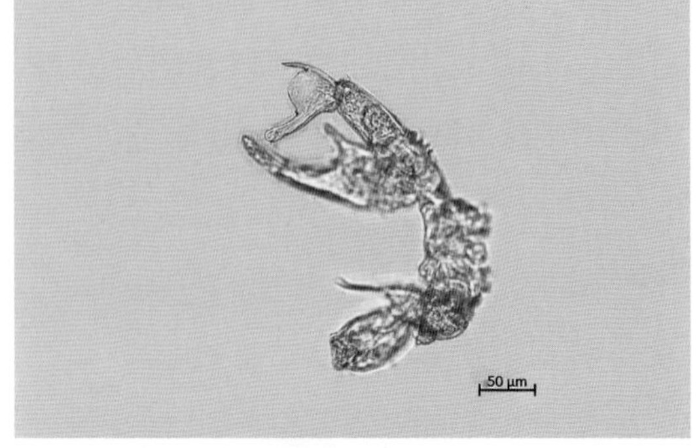

雄性成体第五胸足

指状许水蚤

3. 后镖水蚤属 *Metadiaptomus* Methuen, 1910

(1)亚洲后镖水蚤 *Metadiaptomus asiaticus* Uljanin, 1875

雌性体长 1.34mm 左右。第三胸节背部后缘有一个波纹状隆起,第五胸节后侧角的顶端和后缘各有 1 根小刺。第五对胸足肢第一节较大,第二节刺粗壮,第三小节的末端有 2 根刺状毛。内肢一节,末端有 2 根刺状毛。

雄性体长 1.24mm 左右。第五胸节后侧角的角顶及后缘上也各有 1 根小刺。腹部分 5 节。生殖节的两侧缘各有 1 根小刺。第二腹节的右侧缘有 2 根小刺,第三腹节的右侧缘有 1 根小刺,第四腹节的右后角略突出。执握肢分 22 节,最末节的外末角呈钩状突出。第五右胸足第二基节的内侧缘显著隆起,内侧面上有许多图钉状小刺,节的内末角还丛生着细刺。外肢第一节的长度约为宽度的 1.5 倍。第二节的基部较窄,内缘略有弧曲,生一些细毛。侧刺短直,位于外缘的后部;钩状刺弯曲。内肢短条状,末缘有 1 根短刺。左足的第二基节较右足的小。外肢第一节长小于宽,有 2 根大刺,节的内缘隆起,生有感觉毛;第二节的长度较宽度大,末端圆形且有锯齿状缺刻,节的后半部有许多细刺。

采集地:西藏。

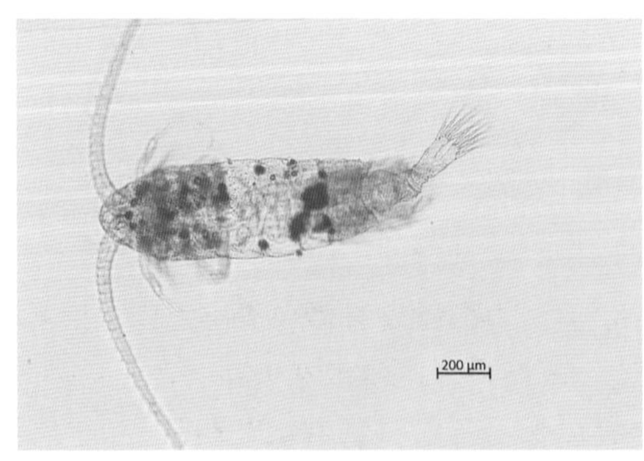

雌性成体

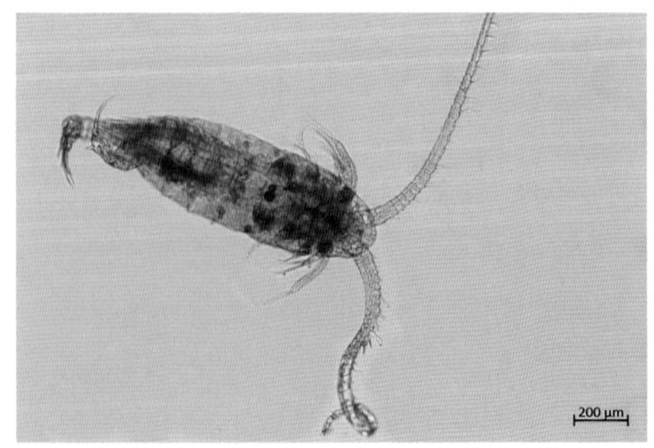

雄性成体

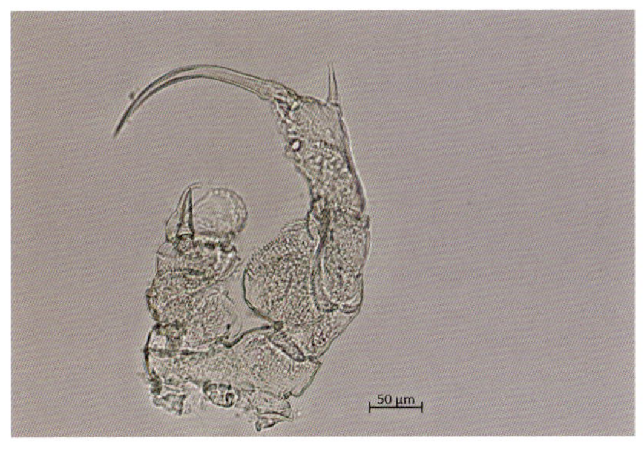

雄性成体第五胸足(左胸足)

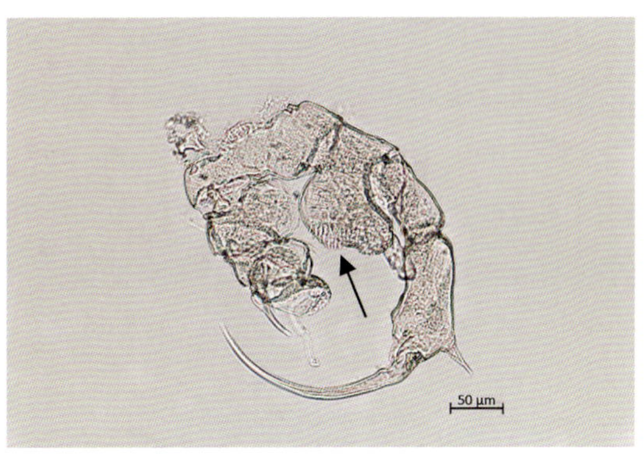

雄性成体第五胸足(右胸足)

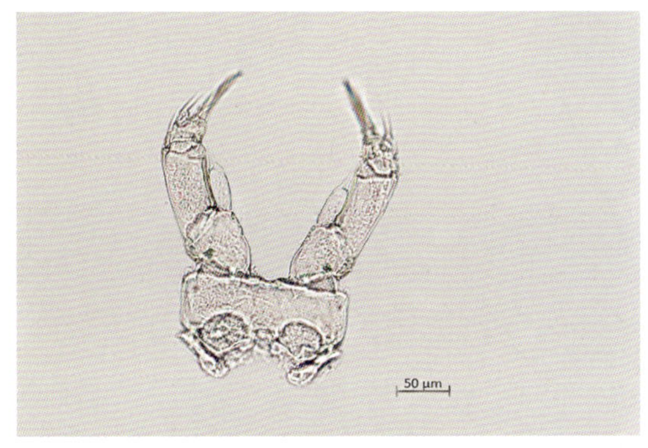

雌性成体第五胸足

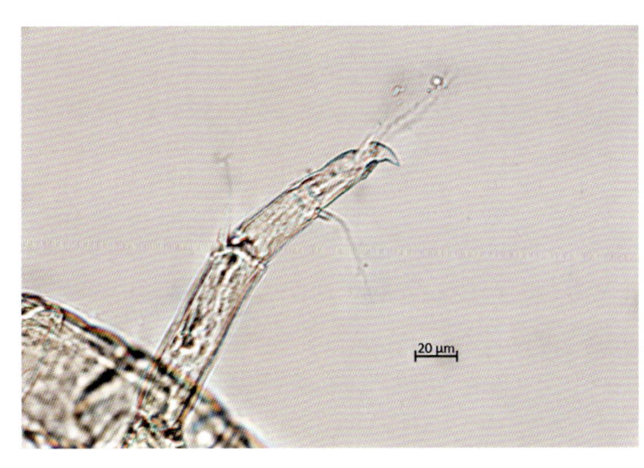

雄性成体执握肢末三节

亚洲后镖水蚤

4. 蒙镖水蚤属 *Mongolodiaptomus* Kiefer, 1932

(1)锥肢蒙镖水蚤 *Mongolodiaptomus birulai* Rylov, 1923

雌性体长 1.2mm 左右。第四、第五胸节中部愈合,两后侧角的顶部和背部各具 1 根刺。腹部分 3 节。生殖节长且大,前半部的左侧角突出成三角形,节的两侧各有 1 根锐刺。第五胸足外侧第一节外具 1 根刺;第二节外角刺长,爪刺直向后指,两侧缘有刺列;第三节有 2 根刺。内肢粗壮,短于外肢第一节,内末角尖锐突出,末缘有一列细毛。

雄性体长 1.25mm 左右。胸部的后侧角有两根刺。生殖节的右侧缘有 1 根锐刺。右尾叉的腹面有突起 1 个。执握肢倒数第三节有一指状突起，其外缘有一透明膜。第五右胸足第一基节的内末角有一大薄片；第二基节粗壮，内缘有一透明膜。外肢第一节短小；第二节的内缘薄而透明，呈片状。侧刺位于外缘中部凹陷处，侧刺的末半部略扭曲，刺长不及节长的一半；钩状刺粗弯。内肢圆锥形，近末端有一斜列的细毛。左足第二基节的内缘有一透明突起，外肢第一、第二节的内缘上有感觉毛；钳板短，钳刺光滑，两者相距较远。内肢窄长，末端可达到外肢第二节的中部，末缘具一列细毛。

雄性成体

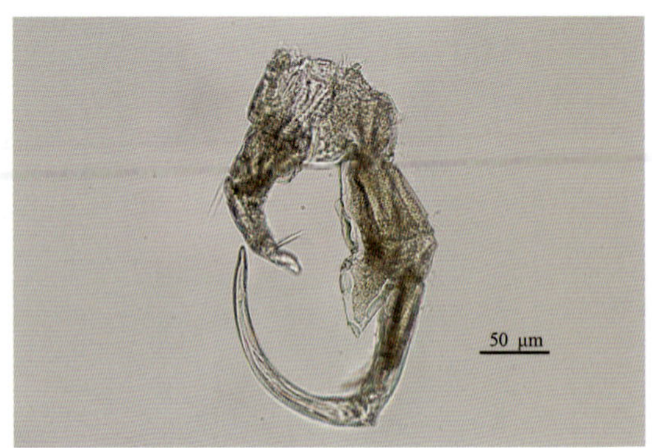

雄性成体第五胸足

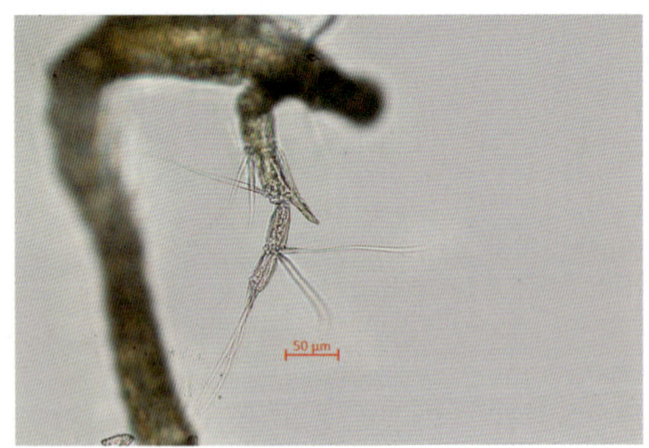

雄性成体执握肢

锥肢蒙镖水蚤

5. 荡镖水蚤属 *Neutrodiaptomus* Kiefer, 1937

雌性头胸部的两后侧角通常向两侧扩展。生殖节前半部的两侧隆起或突出呈乳状，顶端有 1 根小刺。第五胸足内肢的末端尖锐，除了密布细毛以外，通常还有 1 根或 2 根较长的刺状刚毛。雄性执握肢倒数第三节的外缘通常有一条窄的透明膜，多数节的外末角有 1 个小齿状突起。第五右胸足外肢第一节的外末角一般是钝圆的；第二节一般窄长，侧刺位于外缘的中部或近基部，内肢窄条状或近乎舌片状，长度约等于或稍长于外肢第一节的长度。第五左胸足外肢末端的钳板和钳刺均短小，内肢分 2 节或仅为 1 节。

种检索表

1(2)雌性生殖节右侧的隆起部位有一个指向背方的突起(侧面观),顶端有一刺,雌性第五胸节左后侧角的背部向上方隆起成一条脊 ·· 特异荡镖水蚤 *Neutrodiaptomus incongruens*

2(1)雌性生殖节的右侧无指向背方的突起。雄性第五右胸足外肢第二节的内缘略凹陷。雄性第五右胸足外肢第二节的侧刺平直 ·· 西南荡镖水蚤 *Neutrodiaptomus mariadvigae*

(1)特异荡镖水蚤 *Neutrodiaptomus incongruens* Poppe, 1888

雌性体长 1.74mm 左右。头胸部左后侧角的背部向背方呈脊状突起,顶端具小刺 1 根。右角平坦,角顶有 1 根刺。生殖节前半部左突起的背面有 1 根小刺;右突起较大,向背方有一圆锥状突起,顶端具锐刺 1 根。尾叉内外缘具有细毛。第五胸足第一基节外末角有 1 根三角形短刺。外肢第一节窄长,长度为宽度的 3.5 倍;第二节爪刺窄长;第三节有 2 根刺。

雄性体长 1.45mm 左右。第四、第五胸节分节明显,后侧角顶部有 1 根刺,后背缘有一小刺突。生殖节右侧也具一极小刺突。第二、第三腹节的右后角均突出。尾叉内缘有细毛。执握肢倒数第三节的外缘有一透明膜,节的外末角有一指头状突起(图中箭头所示)。第五右胸足第一基节的背部有一刺突。外肢第二节长度为宽度的 2 倍左右,侧刺位于外侧面近中部的突起上。钩状刺内缘有细刺列。内肢分两节,条状,末端有细毛。

采集地:洪湖、鄱阳湖。

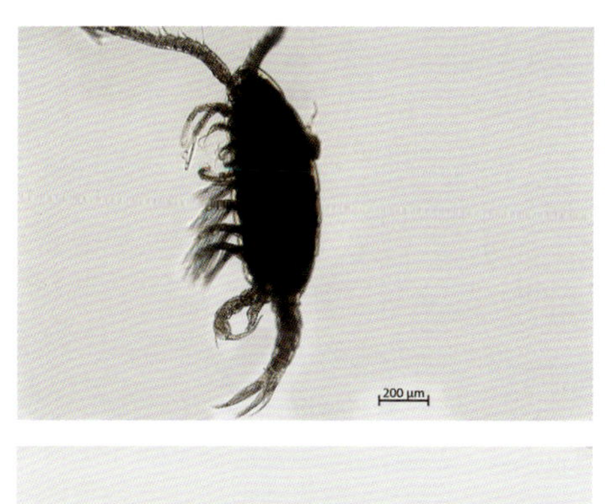

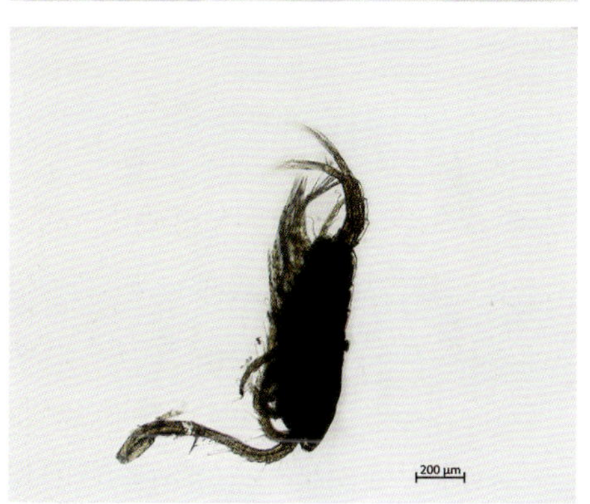

雄性成体

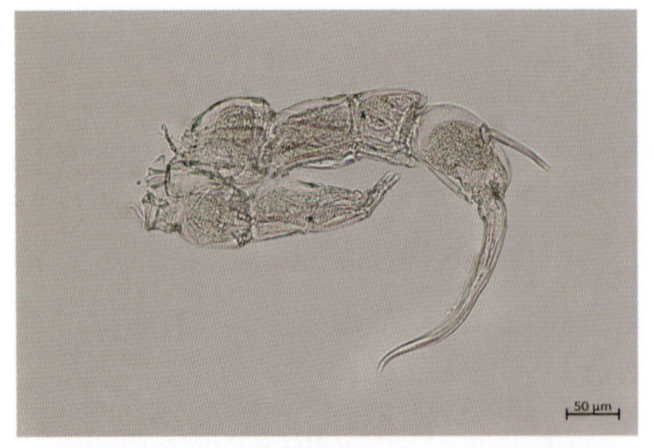

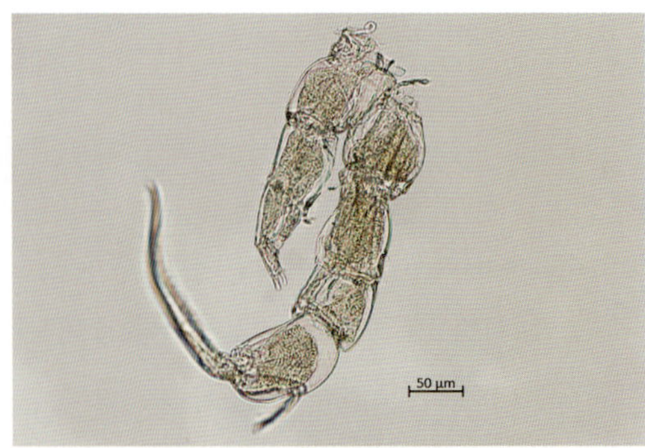

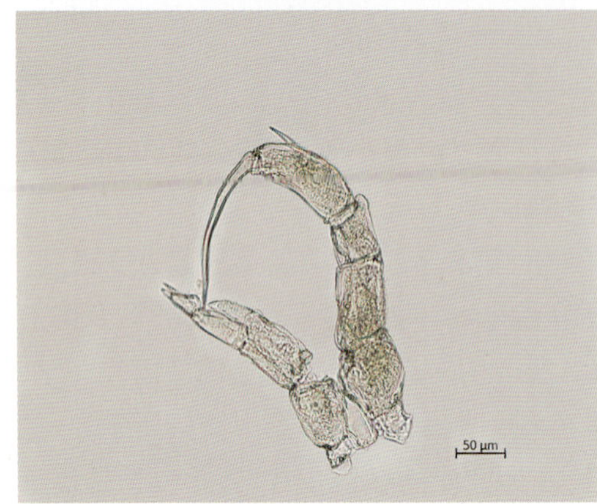

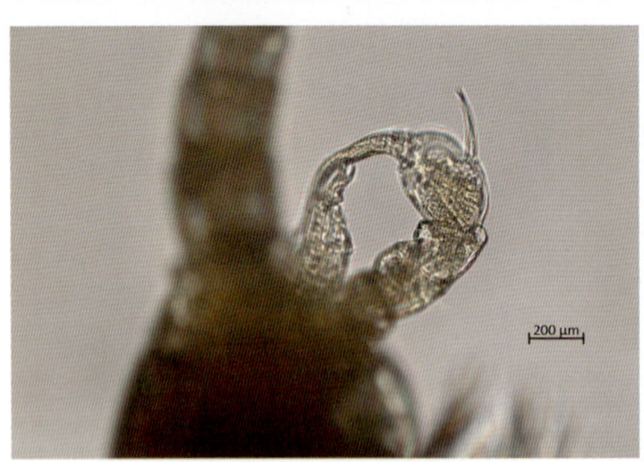

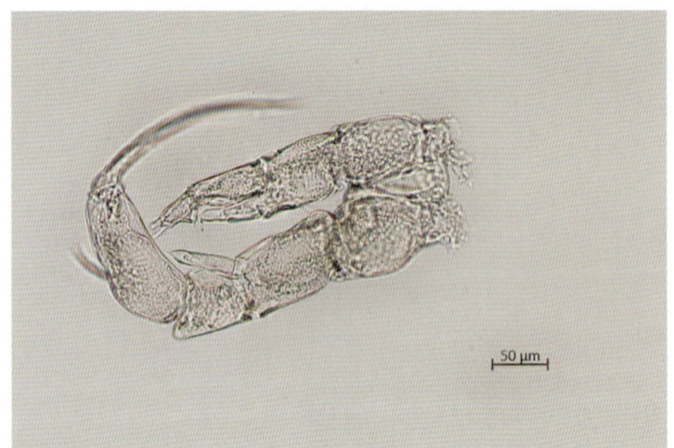

雄性成体第五胸足

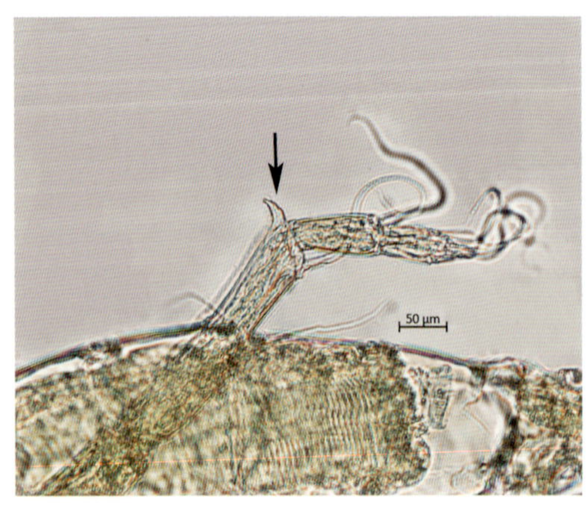

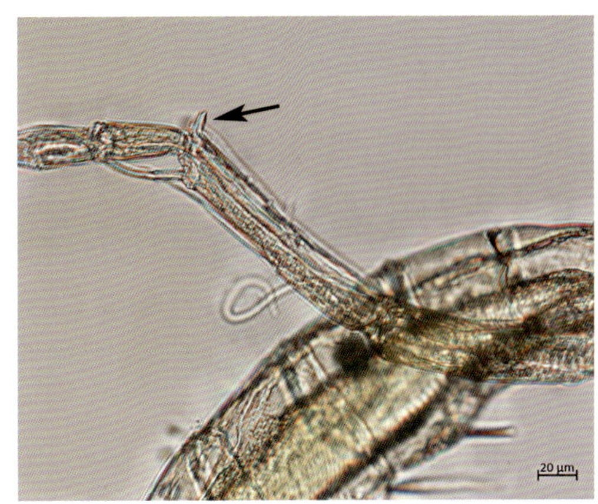

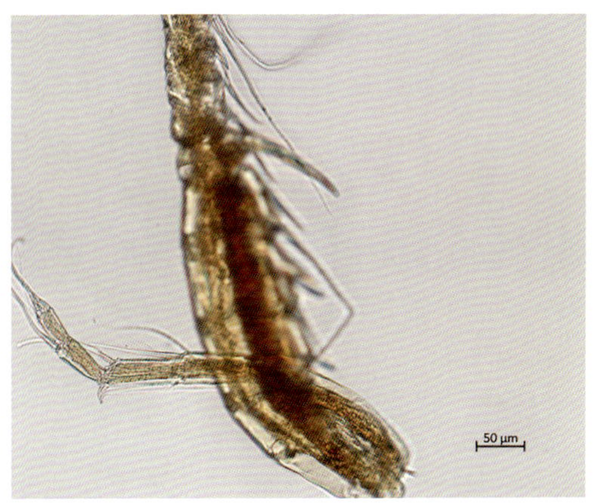

雄性成体执握肢

雌性成体

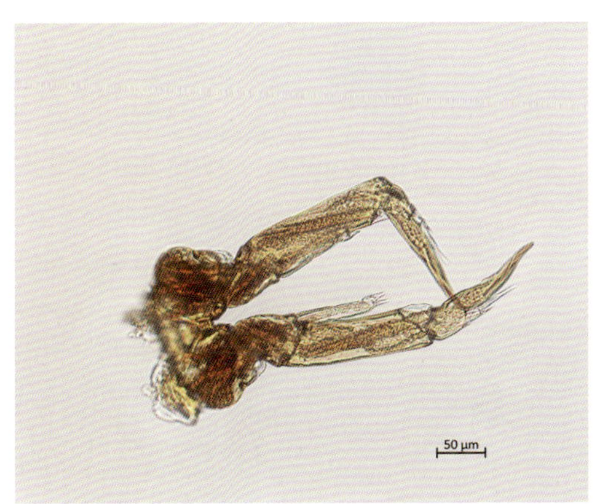

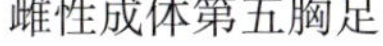
雌性成体第五胸足

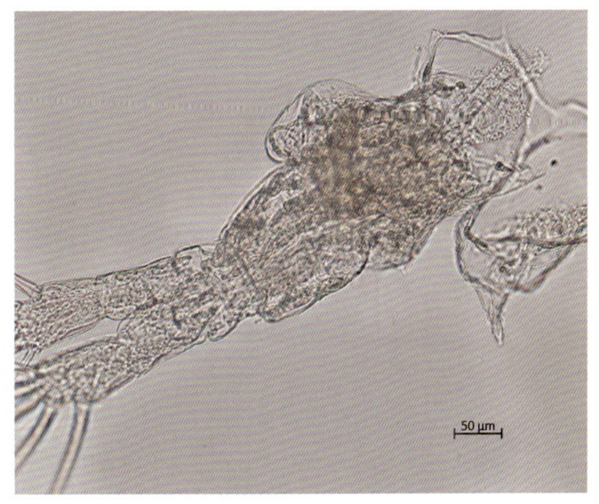

雌性成体头胸部后部

特异荡镖水蚤

(2)西南荡镖水蚤 *Neutrodiaptomus mariadvigae* Brehm，1921

雌性体长1.15mm左右。头节前端有一束腰。第四、第五胸节中部愈合，两后侧角扩展，角顶和后缘各具1根刺。腹部分5节或3节。生殖节长大，前部两侧突出，顶端具三角形刺突。尾叉内缘具细毛。第一触角长，后转可超过尾叉末端。第五胸足对称，外肢第一节窄长，第二爪刺内缘有细刺列，第三节有2根刺。内肢窄条状。

雄性体长0.95mm左右，第四、第五胸节中部愈合，两后侧角微扩展，角顶具1根刺，不及雌性个体明显。生殖节右缘也具小刺1根。尾叉内有细毛。执握肢倒数第三节有一齿状突起。第五右胸足第一基节的内末角扩展成弧形，背部有一圆锥形突起，顶端有1根刺。外肢第一节的外末角钝圆，内缘有一透明突起；外肢第二节外侧面中部具粗壮的侧刺1根，末端钩状刺强大。内肢不分节，呈舌状或锥状，末端尖锐。

采集地：草海、滇池。

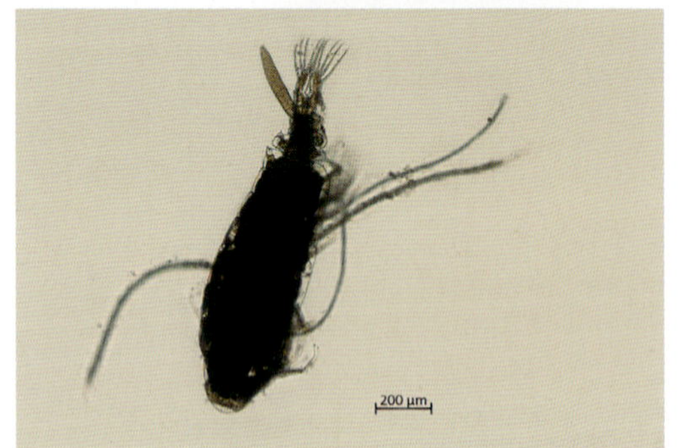

雌性成体

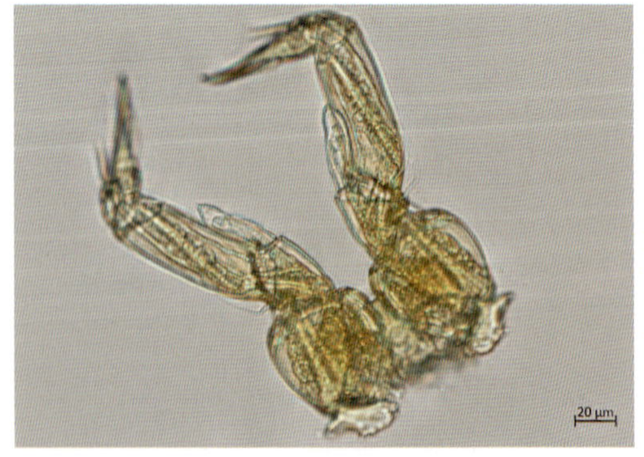

雌性成体第五胸足

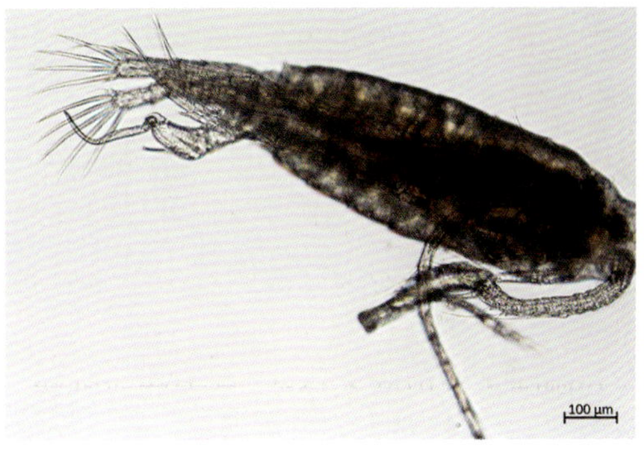

雄性成体

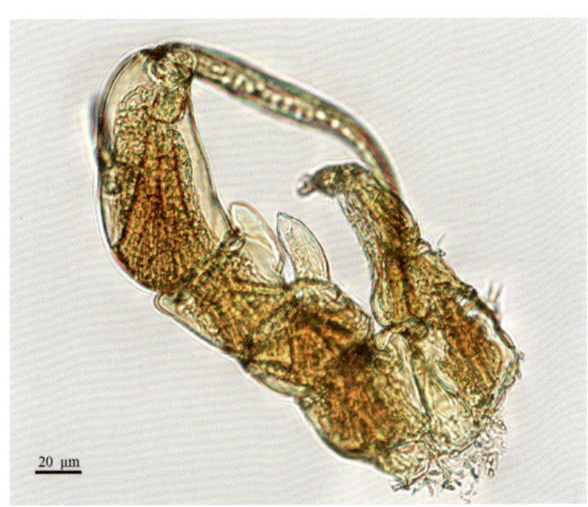

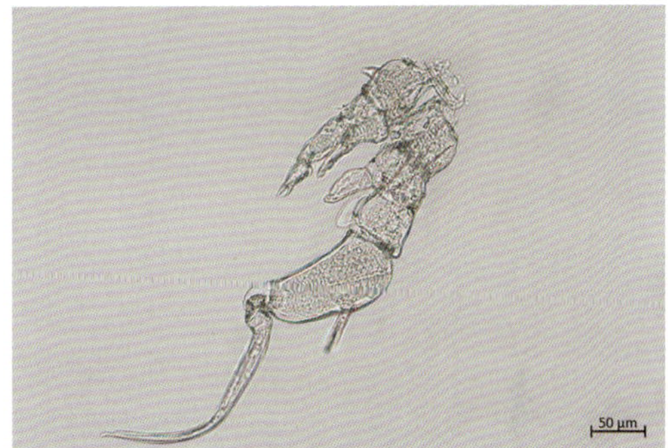

雄性成体第五胸足

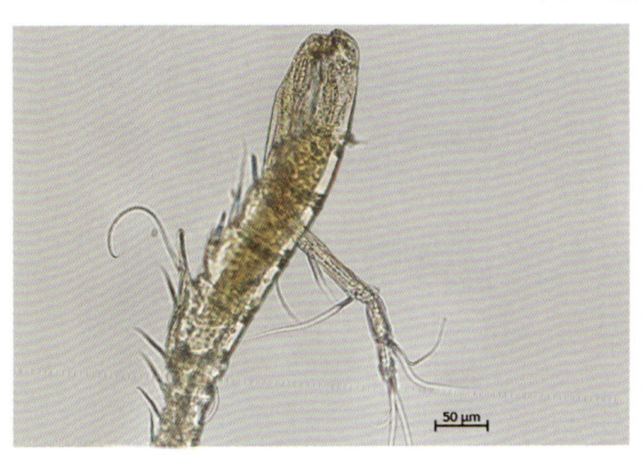

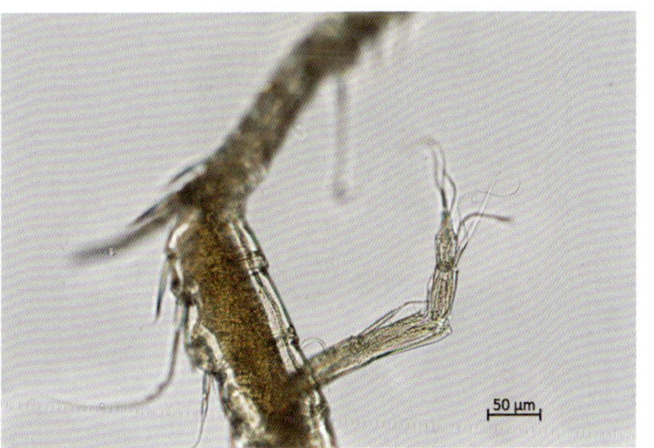

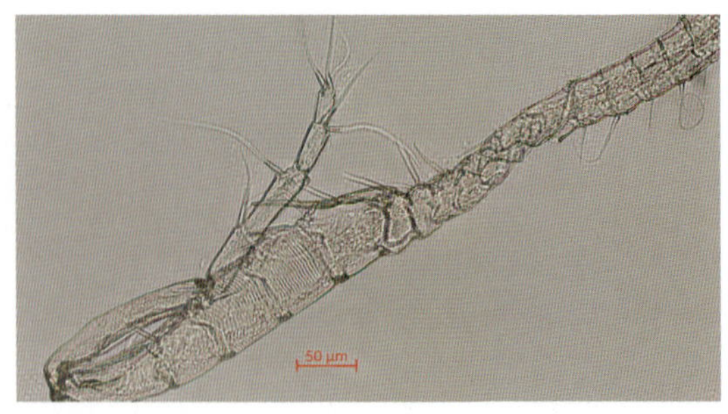

雄性成体执握肢

西南荡镖水蚤

6. 新镖水蚤属 *Neodiaptomus* Kiefer，1932

(1)右突新镖水蚤 *Neodiaptomus schmackeri* Poppe *et* Richard，1892

雌性体长 1.23mm 左右。头胸部两后侧角后缘和角顶各具 1 根刺。腹部分 3 节。生殖节长大，前半部两侧突出，右侧突出更大，左侧具锐刺 1 根，右侧角顶端具 2 个不等长的片状突起，前长后短。

雄性体长 1.05mm 左右。头胸部后侧角微向外扩展，角顶和后缘均具刺 1 根。腹部分 5 节。生殖节右侧具刺 1 根。右尾叉腹面有齿突 1 个。执握肢倒数第三节有指状突起(图中箭头所示)，其长度与倒数第二节相仿。第五右胸足第一基节内末角呈片状突起，末端分叉；第二基节内缘中部有丘状透明突起一个。外肢第一节短小，外末角呈锐角；第二节狭长，侧面中部有强大侧刺 1 根，末端钩状刺长且弯。内肢圆呈棒槌状且仅有 1 节。第五左胸足短小。

采集地：鄱阳湖。

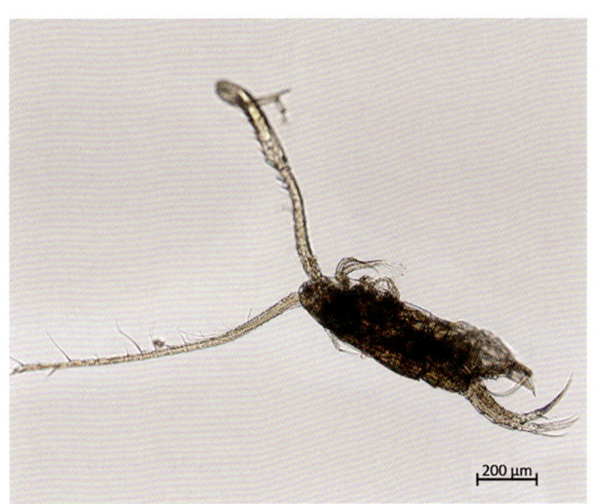

雄性成体

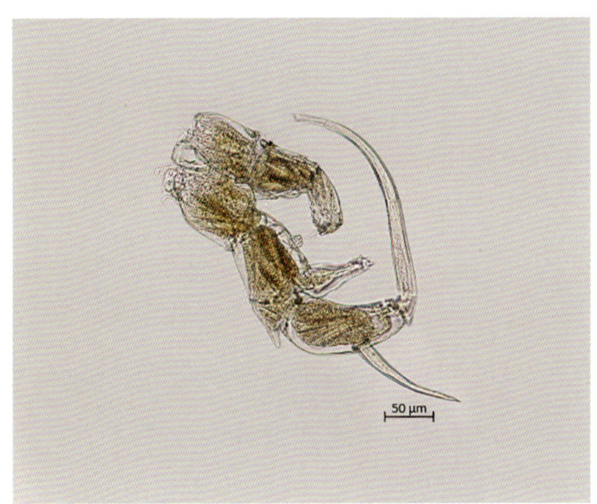

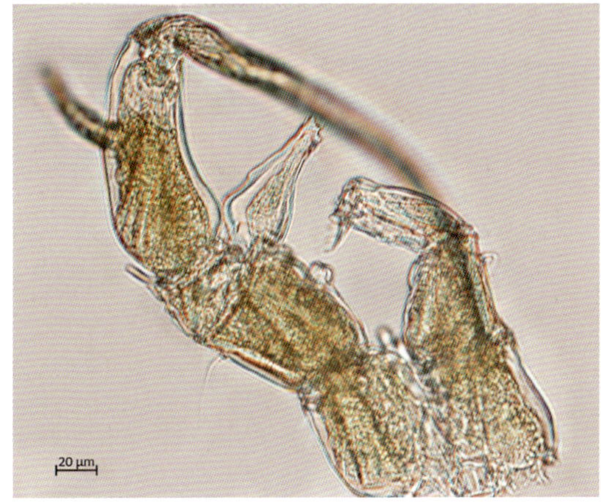

雄性成体第五胸足

雄性成体执握肢

右突新镖水蚤

7. 叶镖水蚤属 *Phyllodiaptomus* Kiefer, 1933

(1)舌状叶镖水蚤 *Phyllodiaptomus tunguidus* Shen *et* Tai, 1964

雌性体长 1.60mm 左右。第四、第五胸节中部愈合,两后侧角扩展,每边各具 2 个突起,顶端各具粗刺 1 根。腹部分 3 节。生殖节前半部分两侧各具小刺 1 根,右侧中部具丘状隆起 1 个。

雄性体长 1.69mm。体型与雌性相仿。第四、第五胸节间具一列细刺,后侧角微向外扩展,角顶具刺 1 根,左角后缘有极小刺 1 根,右角后缘有羽状毛 1 根。生殖节右侧具细刺 1 根。右尾叉腹面有齿突 1 个。执握肢倒数第三节有梳状突起,具约 10 个锯齿。第五右胸足第一基节外末角具刺突 1 个,内缘具叶片状突起 1 个;第三基节基部有指状突起 1 个,内缘具透明膜。外肢第二节椭圆形,侧面中部有丘状突起,侧刺细短,末端外翘,末端钩状刺前宽后窄。内肢圆叶状,末端尖。第五左胸足第一基节内末角有刺突 1 个。

采集地:丹江口。

雌性成体

雌性成体尾叉

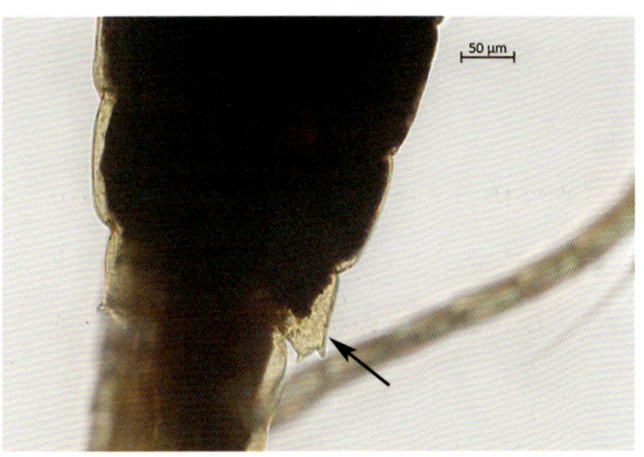

雌性成体第五胸节后缘

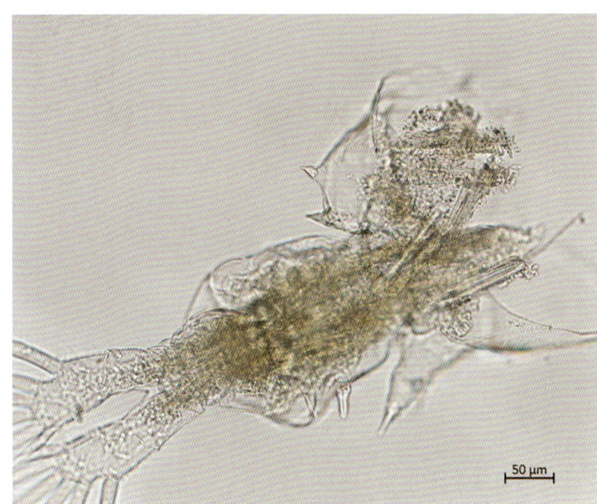

雌性成体生殖节

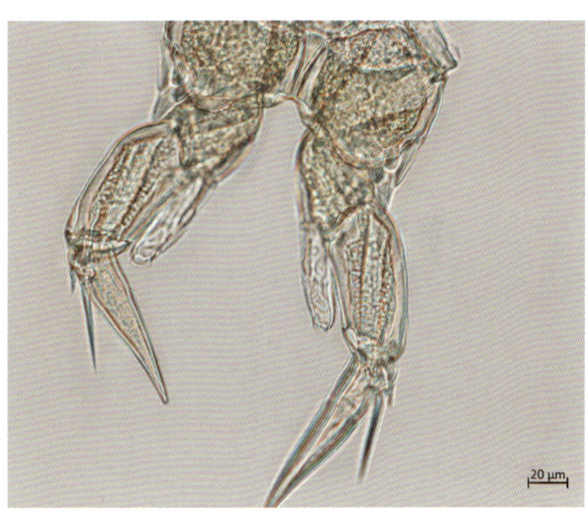

雌性成体第五胸足

雄性成体

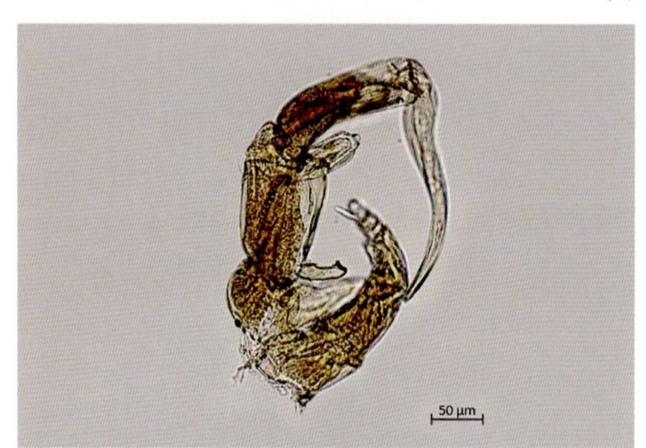

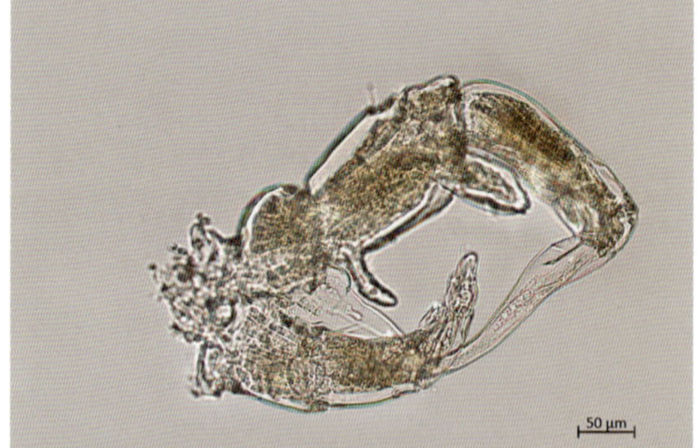

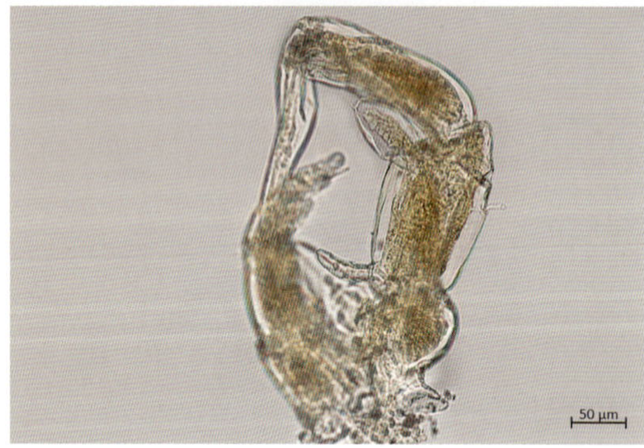

雄性成体第五胸足

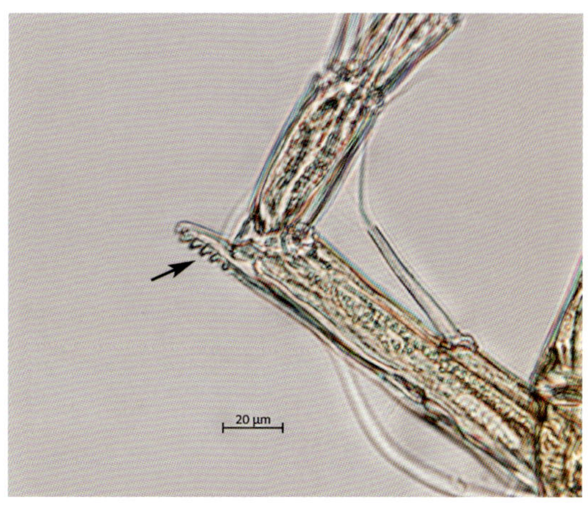

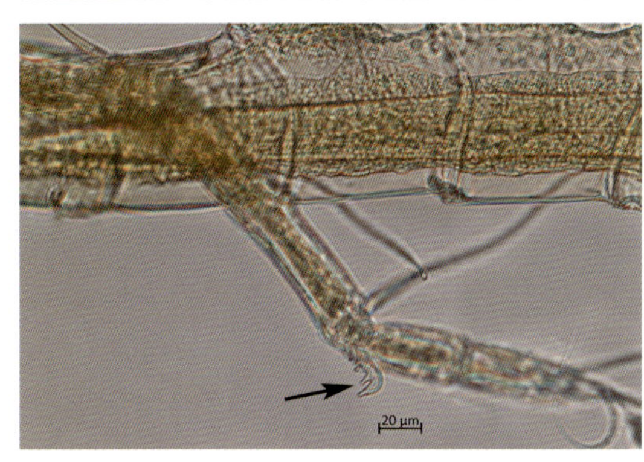

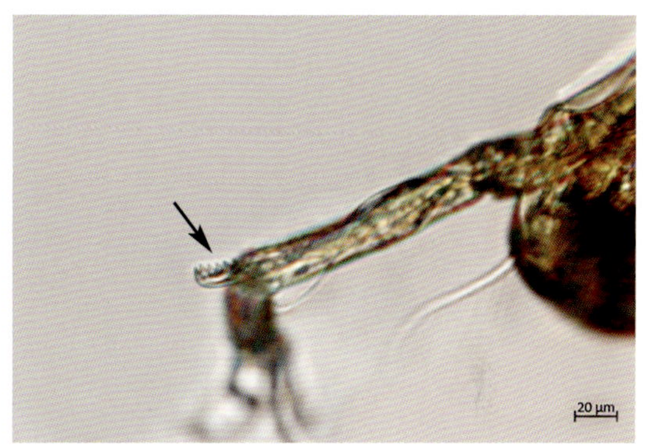

雄性成体执握肢

舌状叶镖水蚤

8. 甲镖水蚤属 *Argyrodiaptomus* Brehm，1933

(1)凶猛甲镖水蚤 *Argyrodiaptomus ferus* Shen *et* Tai，1964

雌性体长1.30mm左右。头节前端有一束腰。第四、第五胸节中部愈合，两后侧角狭小，各具2根刺。第四胸节背部中央具1根刺。腹部分3节。生殖节窄长，前部两侧缘略隆凸，两侧各具锐刺1根。

雄性体长1.17mm左右。第四胸节背部无刺，第四、第五胸节间具一列细刺，后侧角微向外扩展，角顶和后缘均具刺1根。生殖节右侧具刺1根。右尾叉外基角有锐刺1根。执握肢倒数第三节有指状突起。第五右胸足第一基节外背面具长方形片状突起1个，末端分叉；第二基节内缘有突起2个。外肢第一节近乎四边形，基端有强大刺状突起1个；第二节肾形，侧面中部有细长侧刺1个。末端钩状刺前宽后窄，且靠近基部的显著膨大，内缘具细刺一列。内肢圆舌状。第五左胸足短小。

采集地：鄱阳湖。

雄性成体

雄性成体执握肢

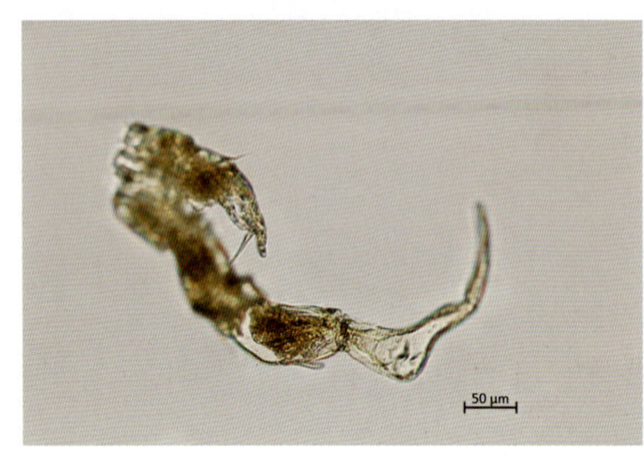

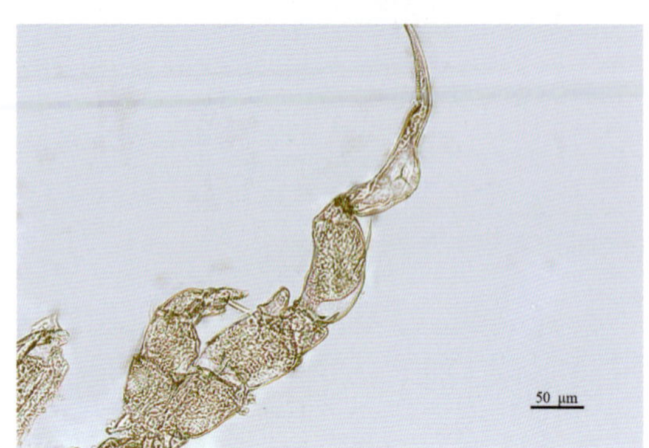

雄性成体第五胸足

凶猛甲镖水蚤

9. 北镖水蚤属 *Arctodiaptomus* Kiefer，1932

(1)梳刺北镖水蚤 *Arctodiaptomus altissimus pectinatus* Shen *et* Sung，1965

雌性体长 1.67mm 左右。第四、第五胸节愈合。头胸部两后侧角向后扩展，后缘和角顶均具刺 1 根。生殖节前部左右突起，右突起稍明显，顶端具锐刺 1 根。尾叉长度为宽度的 2 倍，内缘有细毛。

雄性体长 1.22～1.42mm。胸部后端向两侧扩展，但不及雌性个体明显。生殖节有缘，具有小刺 1 根。执握肢倒数第三节的外缘有一列梳状刺。第五右胸足第一基节内缘呈弧状，后缘有刺突 1 个；第二基节内侧有指状透明突起和半圆形突起各 1 个。外肢第一节呈三角形；第二节呈倒三角形，基本宽大，节的中部内侧有横隆线 1 条。侧刺靠近基部且弯长，刺末端向外微翻，内肢窄长。第五左胸足第二基节内缘末端具舌状透明突起 1 个，外肢钳板和钳刺细长，内肢短小。

采集地：青海。

雄性成体

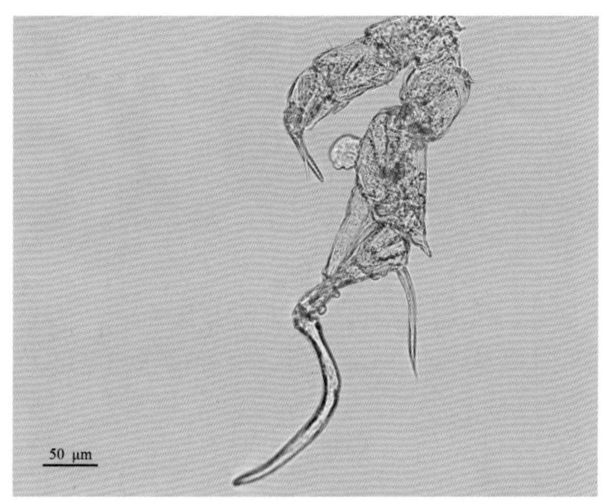

雄性成体第五胸足

梳刺北镖水蚤

10. 中镖水蚤属 *Sinodiaptomus* Kiefer，1932

(1)大型中镖水蚤 *Sinodiaptomus sarsi* Rylov，1923

雌性体长 1.87mm 左右，体型粗壮。第五胸节的两后侧角外扩，且较大而明显，角顶和后缘各具刺 1 根。

雄性体长 2.02mm 左右。执握肢倒数第三节有梳齿状突起。第五右胸足第一基节有刺突 1 个，末端分叉。右胸足第二基节的后部伸出 1 个很大的丘状突出，节的内膜有一透明膜。外肢第一节的外末角尖锐，内侧面和后缘各有突起 1 个；第二节椭圆形，具短小，侧刺 1 根，在节的外末缘有半圆形突起 1 个。内肢短小。左足第二基节的内缘有透明突起 1 个。

采集地：洞庭湖。

雄性成体

雄性成体执握肢

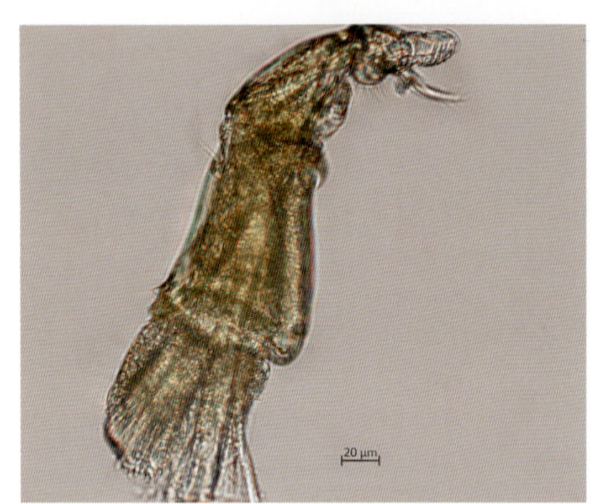

雄性成体第五胸足

雄性成体第五胸足外肢第二节侧刺

大型中镖水蚤

6.2.2 剑水蚤目 Cyclopida Sars, 1886

头胸部显著宽于腹部,呈卵形。第一胸节常与头节愈合,唯体腹部第一至第二节愈合成生殖节。第一触角较长,通常分 6～17 节,雄性与雌性异形,呈执握状。第二触角为单肢或具退化的外肢。第一至第四胸足类似,第五胸足退化,很小。尾叉外缘及近内缘背面分别有侧尾毛和背尾毛,末缘具刚毛。大部分种类具卵囊 2 个,仅角眼剑水蚤属具 1 个卵囊。

1. 窄腹剑水蚤属 *Limnoithona* Burckhardt, 1913

(1)中华窄腹剑水蚤 *Limnoithona sinensis* Burckhardt, 1913

雌性体长 0.55mm 左右,属于个体较小的种类。头胸部呈长卵形,腹部狭长。第五胸节特别窄小,后半部两侧突出,形成锐角,其顶端各具 1 根刚毛。生殖节狭长。尾叉细长,长度为宽度的 4.5 倍多。外缘基部 1/3 处具刚毛 1 根。第五胸足 1 节,呈圆柱状,外末缘具刺 1 根,末端有长羽状刚毛 1 根,内缘近中部有细刚毛 1 根。第六胸足具不等长的细刚毛 2 根。

雄性体长 0.43mm 左右,体型与雌性类似。生殖节常具椭圆形精荚一对。第一触角呈执握状。

采集地:鄱阳湖。

雄性成体

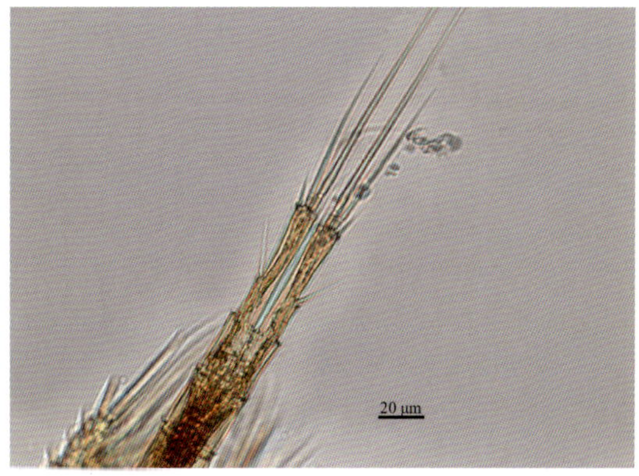

雌性成体尾叉

中华窄腹剑水蚤

2. 咸水剑水蚤属 *Halicyclops* Norman，1903

(1)中华咸水剑水蚤 *Halicyclops sinensis* Kiefer，1913

雌性体长 0.67mm 左右。头胸部宽，头节向前半部趋窄，第二至第四胸节的后侧角钝圆。第五胸节较生殖节最宽处窄，生殖节宽度大于长度，此节两侧有角状突起，背面有小刺。尾叉短小，宽度大于长度，侧尾毛及第一尾毛短小，第三尾毛长度约为第二尾毛长度的 2 倍，第四尾毛明显，背尾毛长，位于几丁质突起上。第一触角分 6 节，粗短；第二触角分 3 节。第一至第四胸足内外肢均分 3 节。第四胸足第三节长度为宽度的 1.2～1.4 倍，末端内刺长度为外刺长度的 2.2～2.4 倍，内刺长度为本节部长度的 1.8～2.2 倍。第五胸足基节与第五胸节愈合，外末角有 1 根刚毛；末节卵圆形，长约为宽的 1.3 倍，外缘有 1 根刺短于本节部，末缘两侧各有 1 根刺，中部有 1 根刚毛，外侧刺长度约为本节部长度的 1.2 倍。

雄性体长 0.46mm 左右，体型与雌性相似。

采集地：洞庭湖、鄱阳湖、太湖。

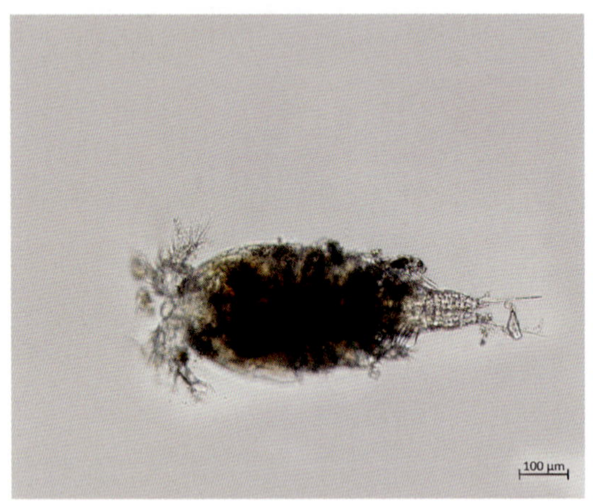

雌性成体

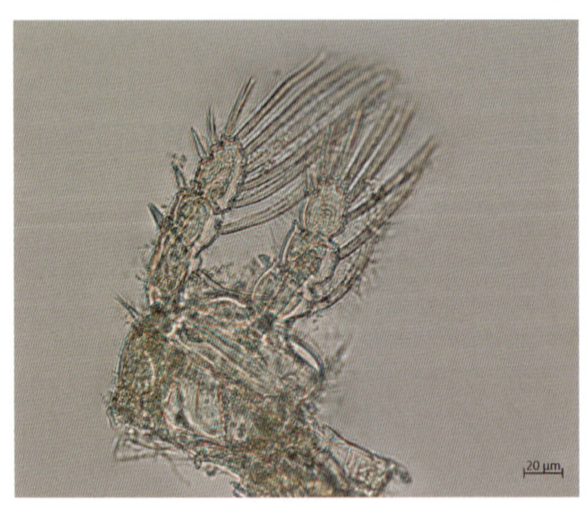

第三胸足

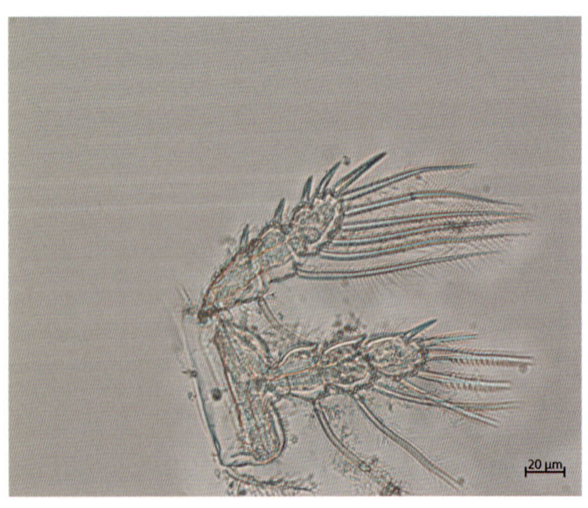

第四胸足

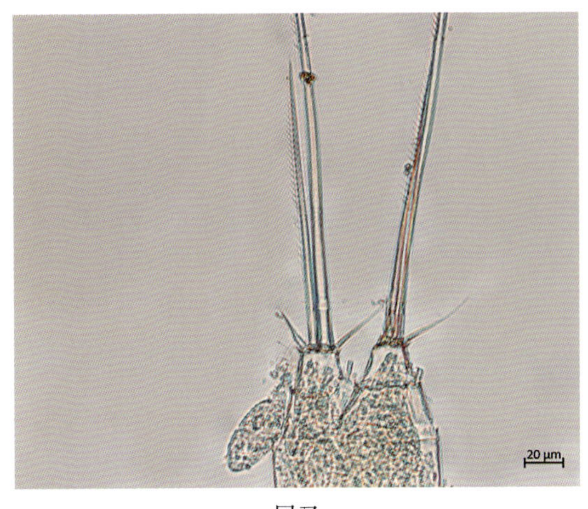

尾叉

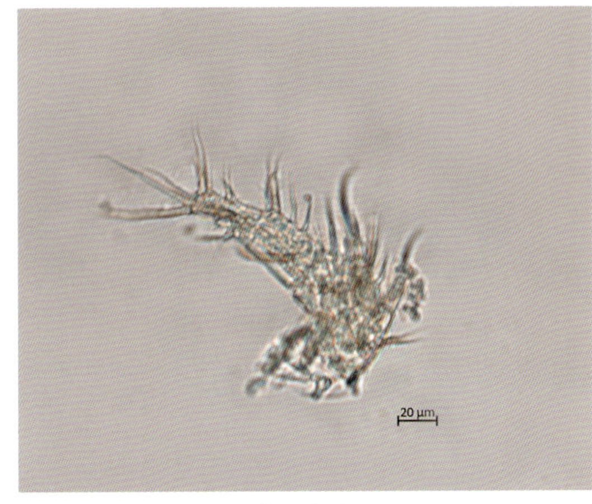

第一触角

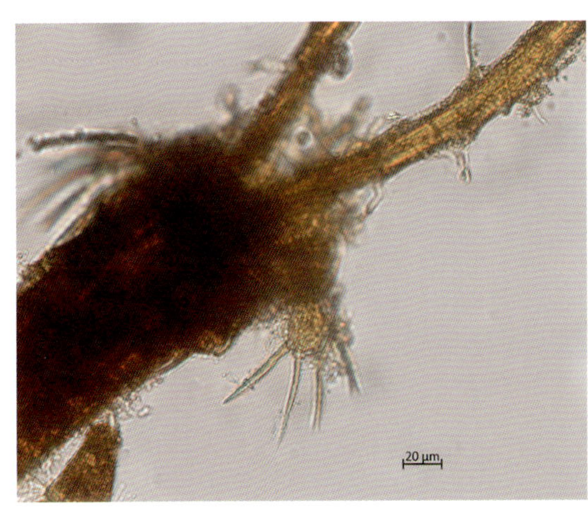

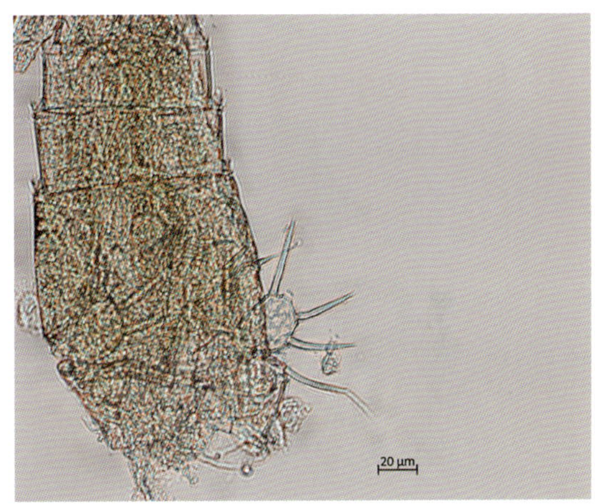

第五胸足

中华咸水剑水蚤

3. 大剑水蚤属 *Macrocyclops* Claus，1893

(1)白色大剑水蚤 *Macrocyclops albidus* Jurine，1820

雌性体长 1.26mm 左右。头胸部呈卵圆形。生殖节近矩形，长宽约相等，具卵囊 1 对。尾叉长度约为宽度的 2 倍，内缘光滑，侧尾毛短小，第一尾毛长度约为第二尾毛长度的 1/3，第二尾毛长度大于第三尾毛长度的 2/3，背尾毛长度短于第一尾毛长度。第一触角分 17 节，末 3 节具有透明膜。第一至第四足内外肢均分 3 节。第四胸足连接板后缘向后稍隆，具细刚毛一列，腹面有两侧细刺。内肢第三节长度大约为宽度的 2.6 倍，外刺长度约为内刺长度的 1.1 倍。第五胸足分 2 节，第一节内缘基半部有细刚毛一列，末节后缘中部突出附长刚毛 1 根，内末角与外末角各具壮刺 1 根，内刺长度约为外刺长度的 1.4 倍，约为本节部长度的 1.5 倍。

雄性体长 0.89mm，体型与雌性类似。

采集地：滇池。

雌性成体

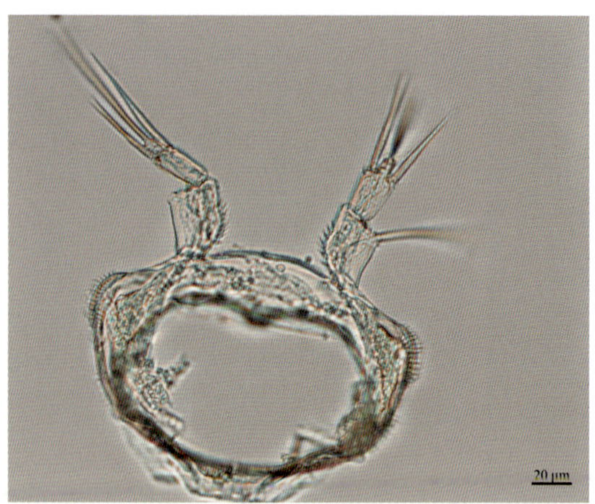

雌性成体第五胸足

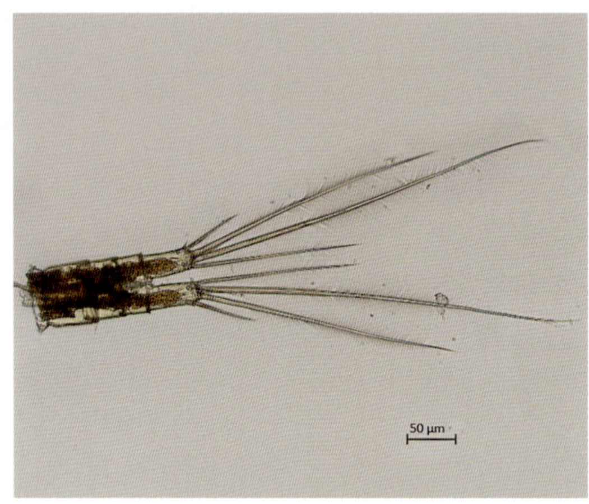

雌性成体尾叉和尾刚毛

雌性成体第一触角

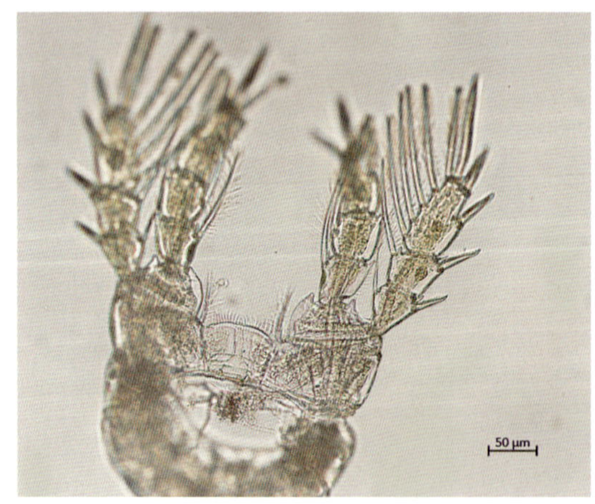

雌性成体第四胸足

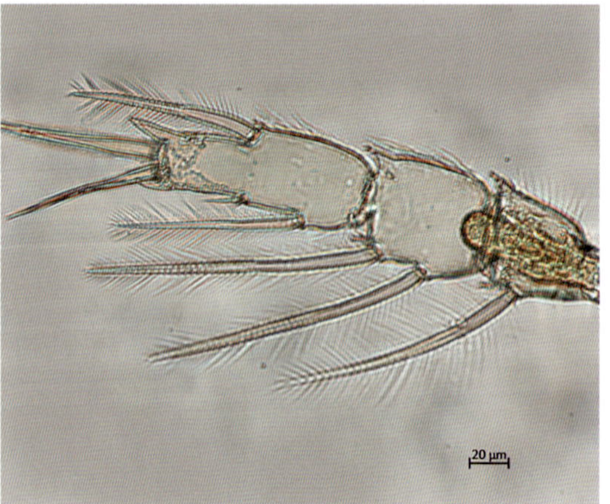

雌性成体第四胸足内肢

白色大剑水蚤

4. 真剑水蚤属 *Eucyclops* Claus，1893

体型较小。尾叉平行，长度大于宽度的 3 倍，一般均在其 4 倍以上，大部分种类尾叉外缘具一列细刺，侧尾毛短小。第一触角分 12 节，末节较长。第一至第四节内外肢均分 3 节。第五胸足 1 节，具 1 根刺和 2 根刚毛。

种检索表

1(2)尾叉长度超过宽度的 5 倍……………………… 如愿真剑水蚤 *Eucyclops speratus*

2(1)尾叉长度不超过宽度的 5 倍，第四胸足内肢第三节末端内刺长度为外刺长度的 1.4～1.5 倍……………………………………………… 锯缘真剑水蚤 *Eucyclops serrulatus*

(1)如愿真剑水蚤 *Eucyclops speratus* Lilljeborg，1901

雌性体长 1.26mm 左右。体型较锯缘真剑水蚤大。尾叉长度为宽度的 6.7～7.3 倍，第一触角分 12 节。第一至第四胸足内外肢均分 3 节，各节均粗壮。第四胸足内肢第三节长度约为宽度的 2.5 倍，内刺长度约为外刺长度的 1.37 倍，内刺长度约为本节部长度的 1.2 倍。第五胸足 1 节，长度大于宽度，内具 1 根粗壮的刺，长度约为本节部最大长度的 1.8 倍。末端及内末角具 2 根羽状刚毛。

采集地：滇池。

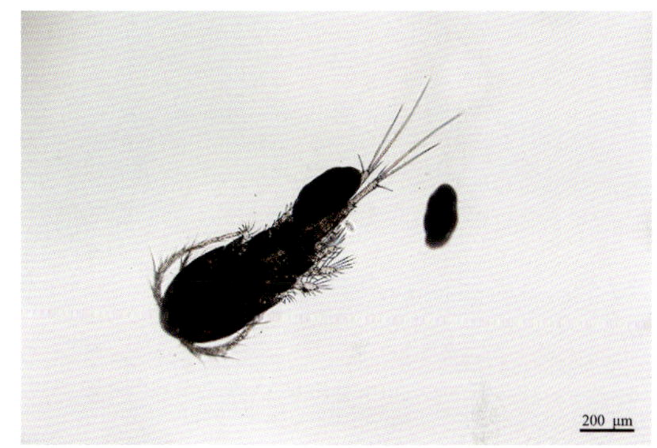

雌性成体

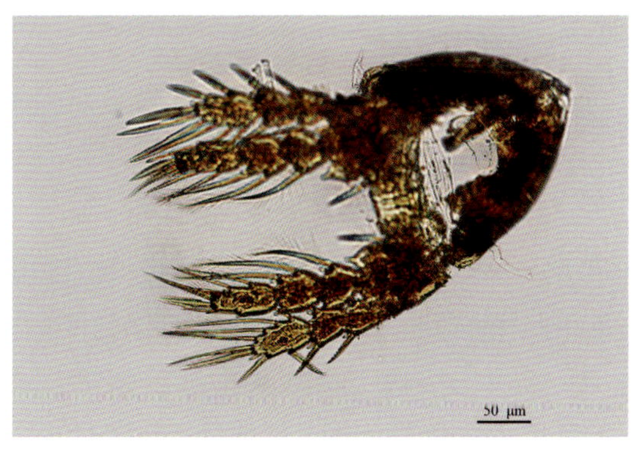

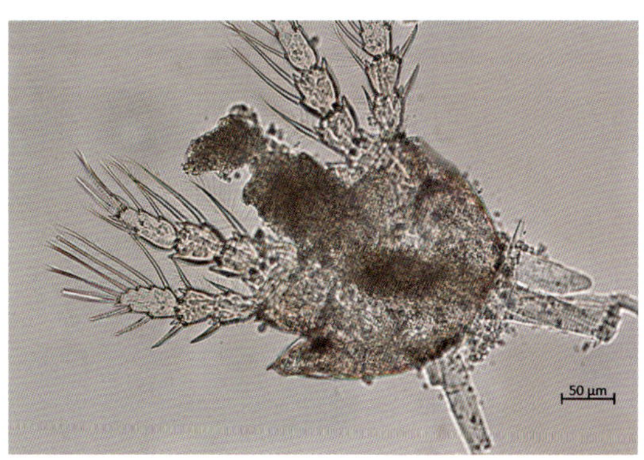

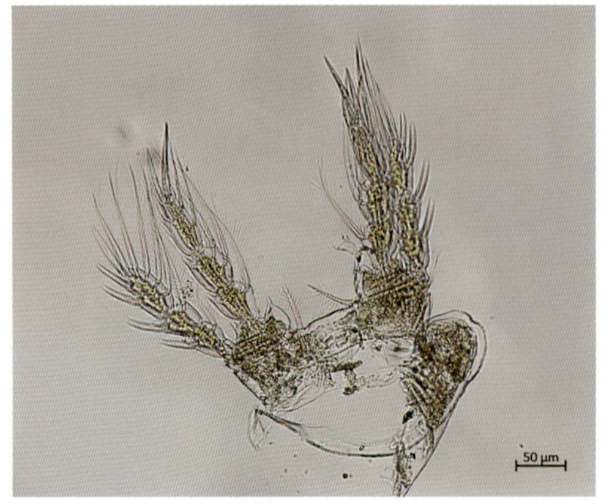

雌性成体第四胸足

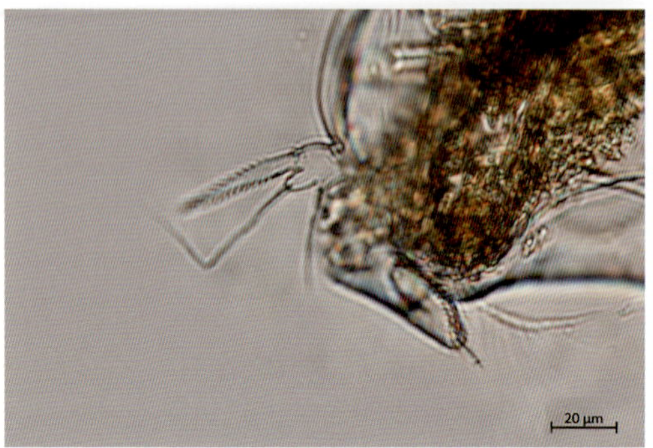

雌性成体第五胸足

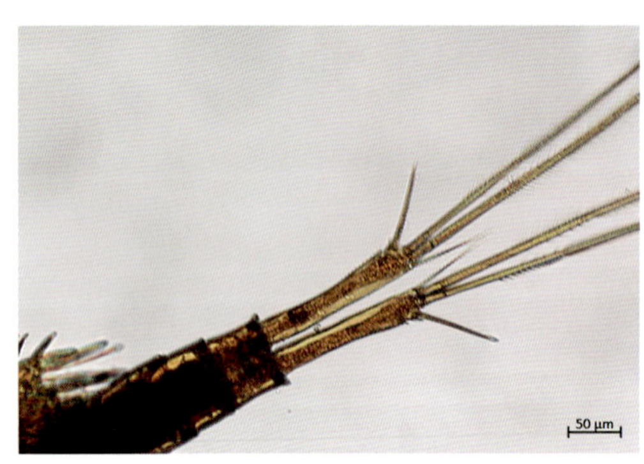

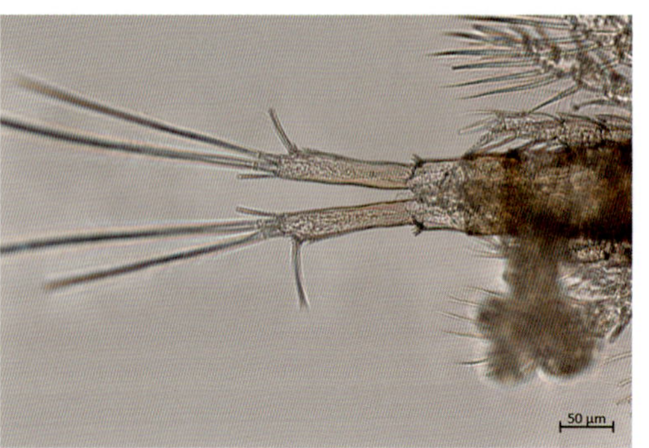

雌性成体尾叉

如愿真剑水蚤

(2)锯缘真剑水蚤 *Eucyclops serrulatus* Fischer，1851

雌性体长 1.05mm 左右。体型瘦长，头胸部呈卵形，头节与第二胸节连接处最宽，第四胸节的后侧角包围第五胸节，第五胸节的后末角突出呈钝圆形，环抱在生殖节前端的两侧。腹部狭长，具卵囊一对。尾叉长度为宽度的 3.5～5 倍，尾叉外缘具细锯齿一列。侧尾毛短小，第一尾毛刺状，外缘具小刺；第二尾毛长度约为第三根尾毛长度的 2/3；第四尾毛短；背尾毛约等长于第四尾毛。第一触角分 12 节，末端可达第二节中部。第一至第四胸足内外肢均分3节;第四胸足内肢第三节的长度为宽度的2.6～3倍,内刺长度为外刺长度的1.4～1.5倍,内刺长度为本节部长度的1.1～1.3倍。第五胸足1节,末缘中部有羽状刚毛1根,外末角具短细的羽状刚毛,内末角具1根刺,长度为本节部最大长度的1.9～2倍。

雄性体长0.82mm左右。体型较雌性小,外形与雌性类似。尾叉长度为宽度的3～4倍,外缘不具锯齿。

采集地:草海。

雌性成体

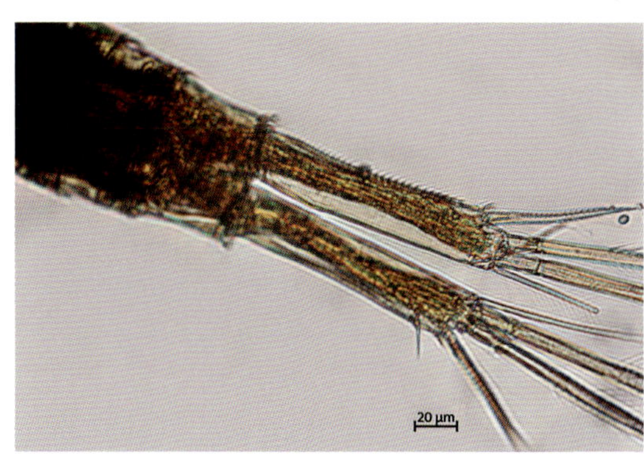

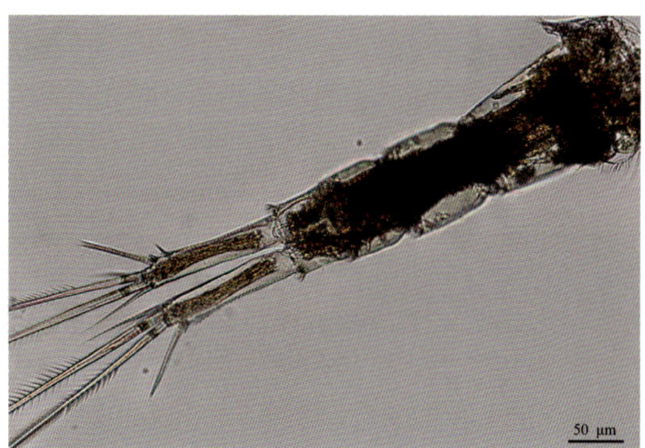

雌性成体尾叉

雌性成体第四胸足

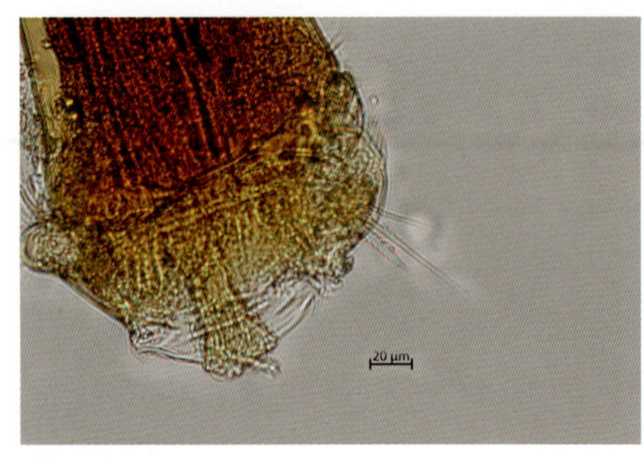
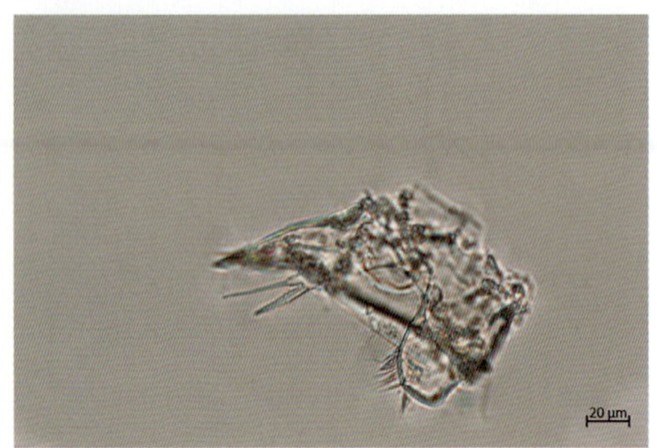

雌性成体第五胸足

锯缘真剑水蚤

5. 近剑水蚤属 *Tropocyclops* Kiefer, 1927

体型瘦小，属于体型较小的种类。纳精囊呈"H"形，上半部呈笔架状。尾叉短小，外缘光滑，长度小于宽度的3倍，一般仅为宽度的1.5～2.5倍，第一触角分12节。第一至第四节内外肢均分3节。第四胸足内肢第三节外刺长于本节部。第五胸足1节，具1根刺和2根刚毛。

采集地：滇池。

雌性成体

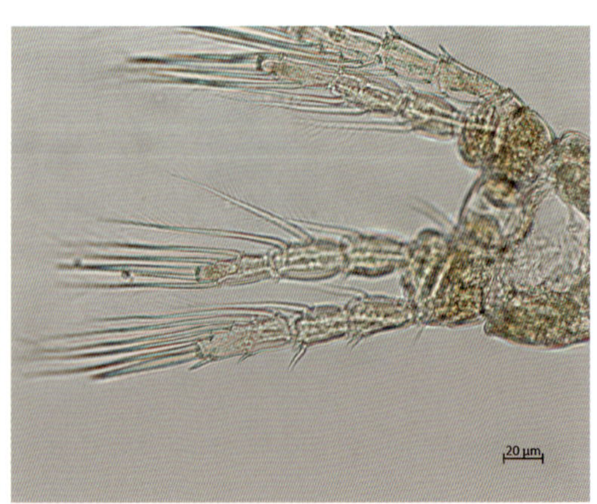

雌性成体第四胸足

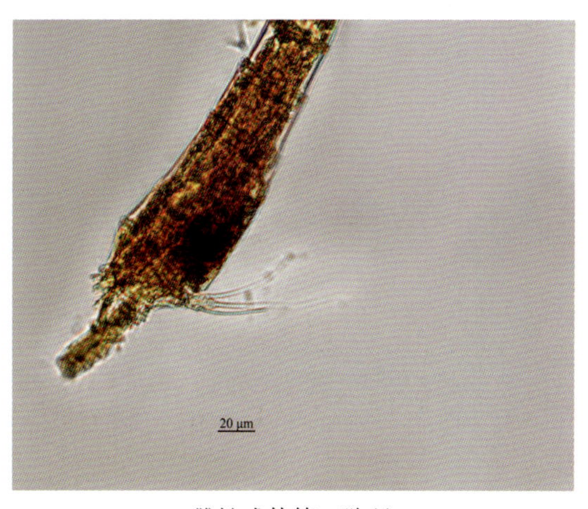

雌性成体第五胸足

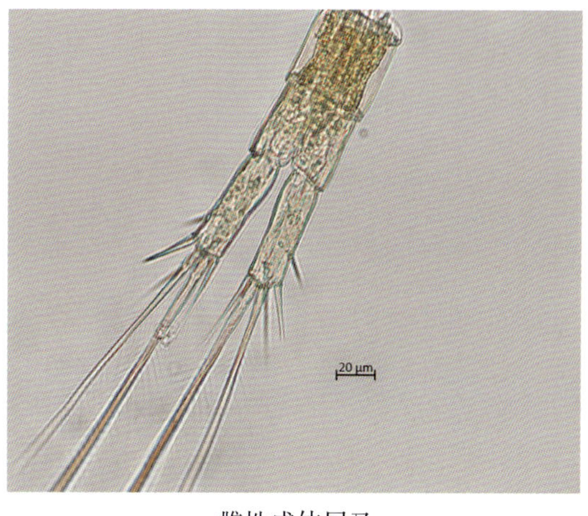

雌性成体尾叉

近剑水蚤属

6. 拟剑水蚤属 *Paracyclops* Claus，1893

(1)毛饰拟剑水蚤 *Paracyclops fimbriatus* Fischer，1853

雌性体长 0.78mm 左右，属于个体较小种类。体型扁宽，头胸部呈卵圆形。第五胸节后侧角呈三角形。尾叉细长，长度为宽度的 6 倍，外缘末部 1/4 背面的中部具侧尾毛。第一尾毛较第四尾毛略长，第二尾毛长度约为第三尾毛长度的 1/2。第一触角短小，分 12 节，仅达头节中部。第一至第四节内外肢均分 3 节。第四胸足内肢第三节长度约为宽度的 1.6 倍，末端内刺长于外刺，约为外刺长度的 2.4 倍。

雄性体长 0.58mm 左右，体型较雌性个体小。生殖节常具瓜子状精荚一对。第一触角呈执握状。尾叉长度约为宽度的 3.6 倍。第一触角分 15 节。

采集地：滇池、洞庭湖。

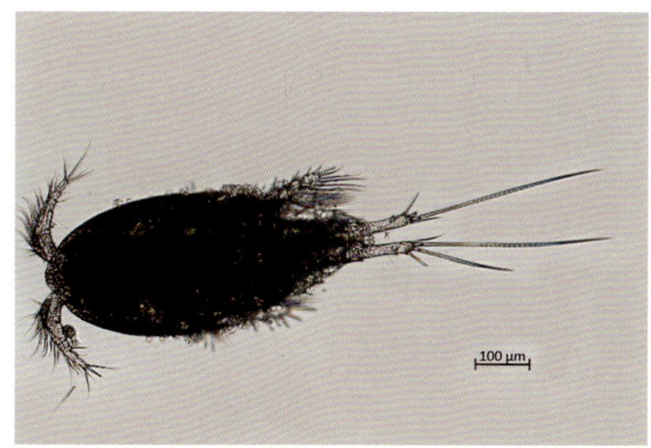

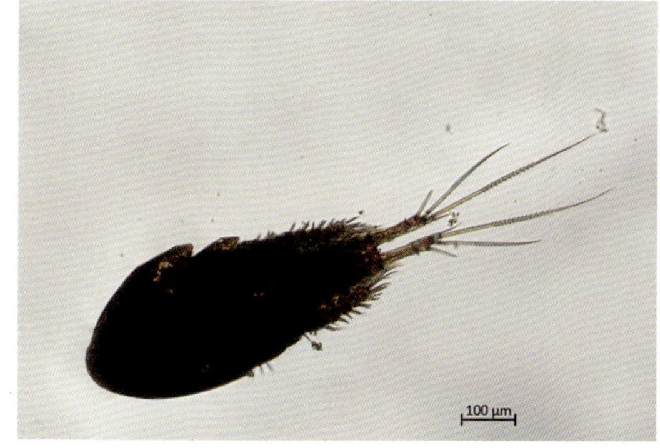

雌性成体

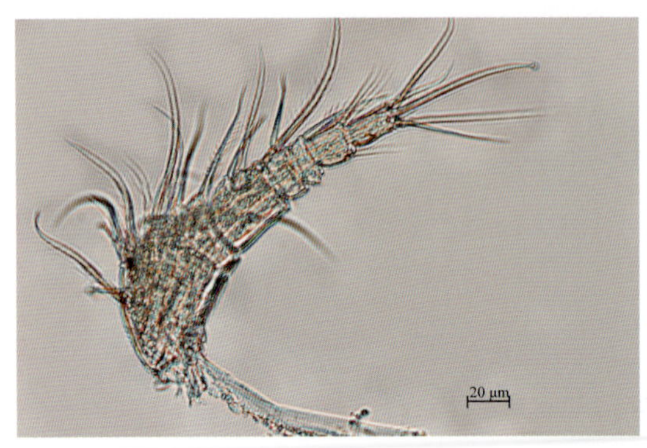

雌性成体第一触角

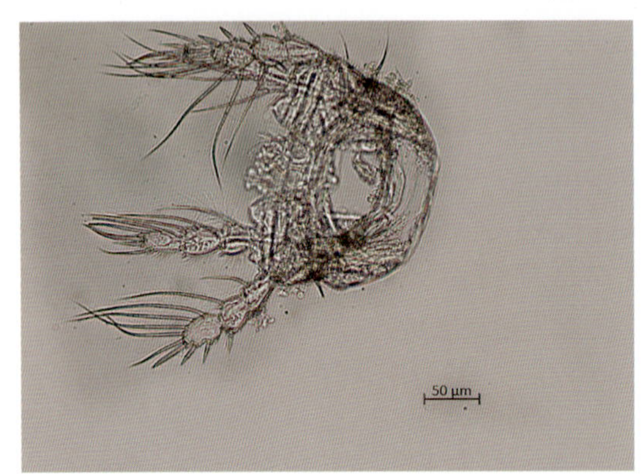

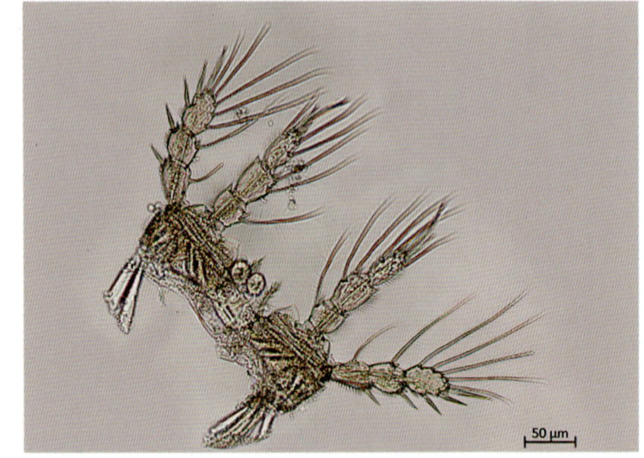

雌性成体第四胸足

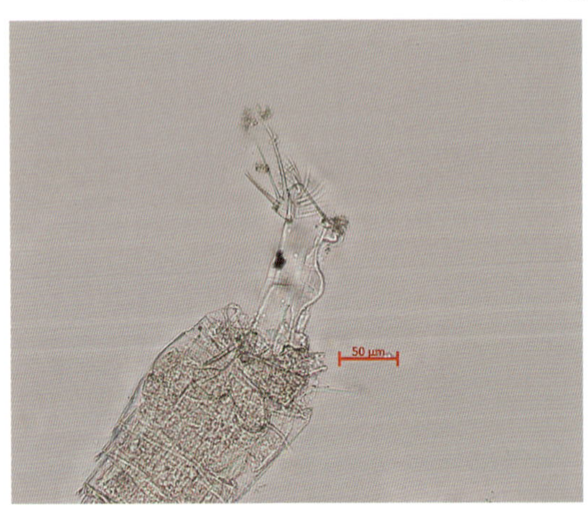

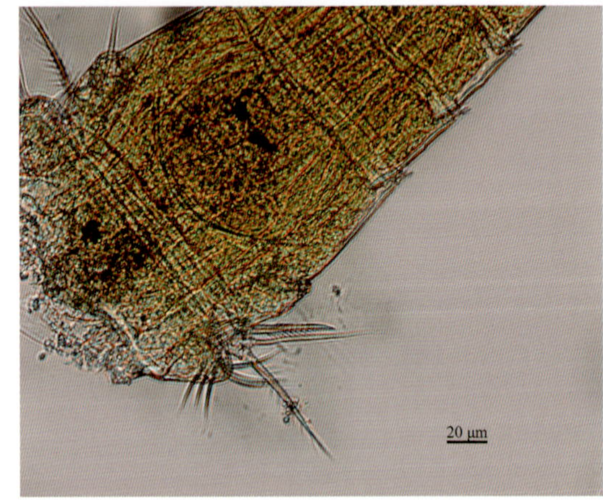

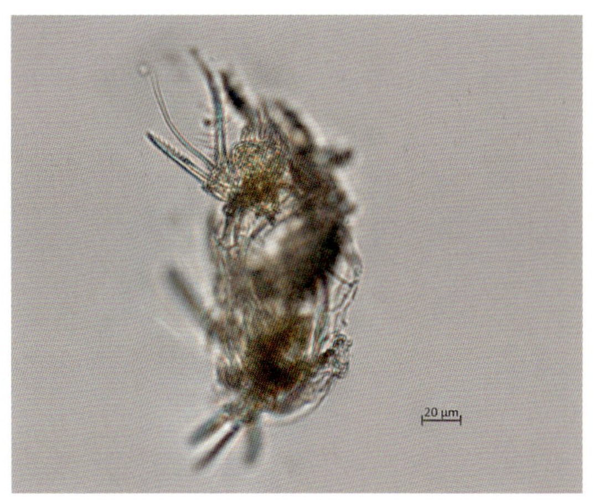

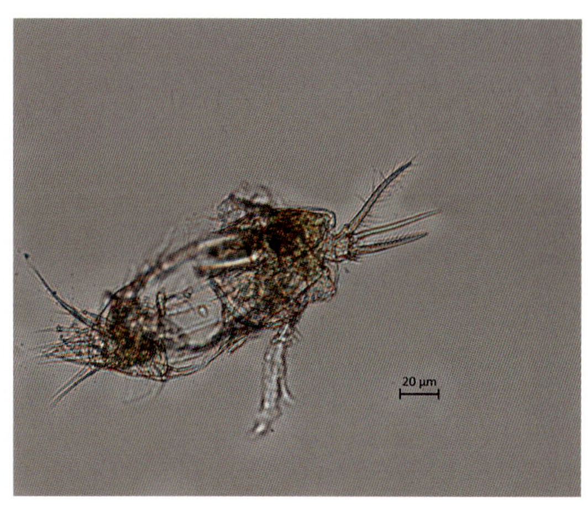

雌性成体第五胸足

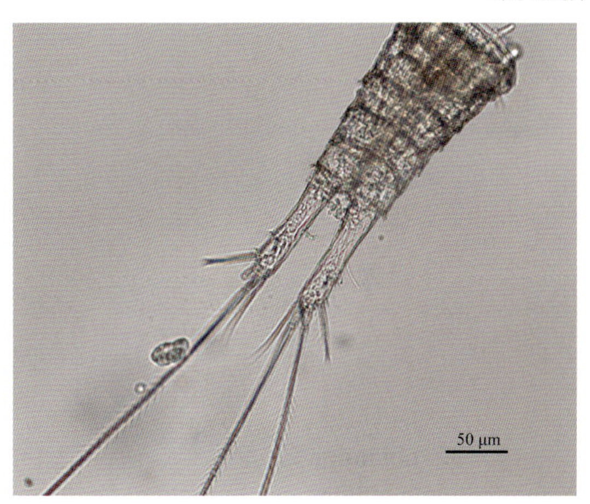

雌性成体尾叉

毛饰拟剑水蚤

7. 外剑水蚤属 *Ectocyclops* Brady, 1904

(1)胸饰外剑水蚤 *Ectocyclops phaleratus* Koch, 1838

雌性体长 0.89mm 左右。头胸部扁平,中部最宽,接近身体长度的 1/3,体型粗壮。生殖节宽度大于长度,此节后腹角与外角均具小刺。卵囊一对,紧贴腹部。尾叉长度约为宽度的 1.5 倍,背面内侧有 3 斜列小刺。侧尾毛短小,第一尾毛约与第四尾毛等长,第三尾毛长度约为第二尾毛长度的 2.5 倍,背尾毛细小。第一触角短小,分 11 节,末端仅达头部中部。第一至第四胸足内外肢均分 3 节。第四胸足内肢第三节长度约为宽度的 1.5 倍,内刺长度约为外刺长度的 2.5 倍,内刺长度约为本节部长度的 2.3 倍。第十五胸足与第五胸节愈合,内末角具长刺 1 根,中部一刺较短,外末角一刺长于中刺但短于内刺,较粗壮。

雄性体长 0.55mm 左右,体型较雌性小。生殖节宽度为长度的 2 倍。

采集地:滇池。

雌性成体

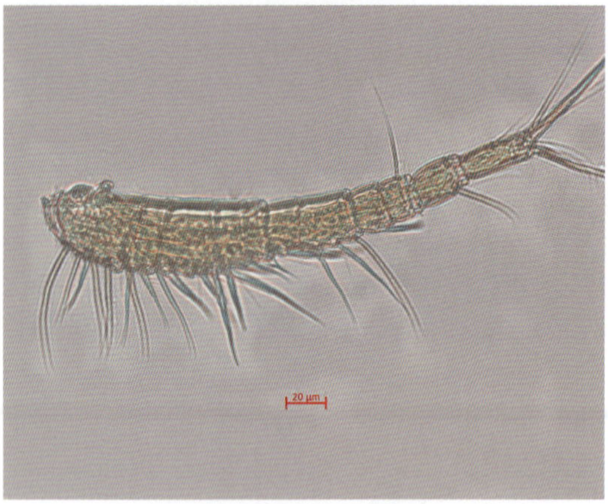

雌性成体第一触角

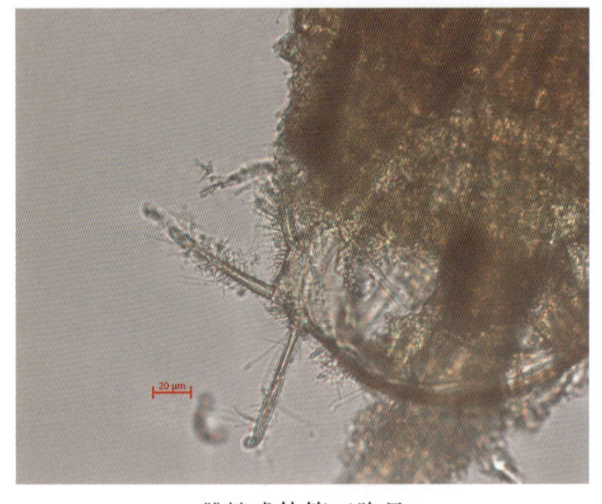

雌性成体第五胸足

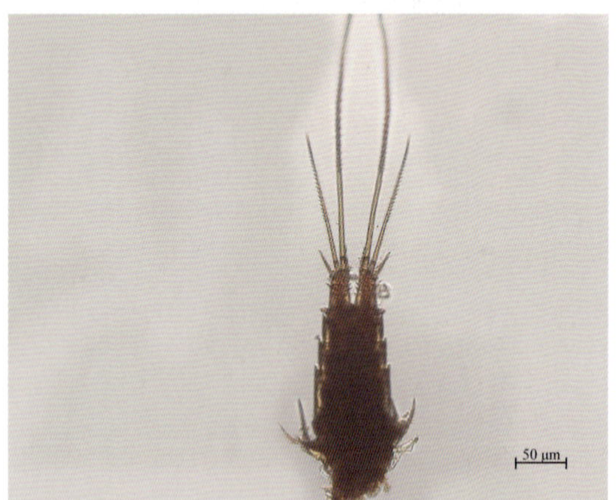

雌性成体尾叉

雄性成体

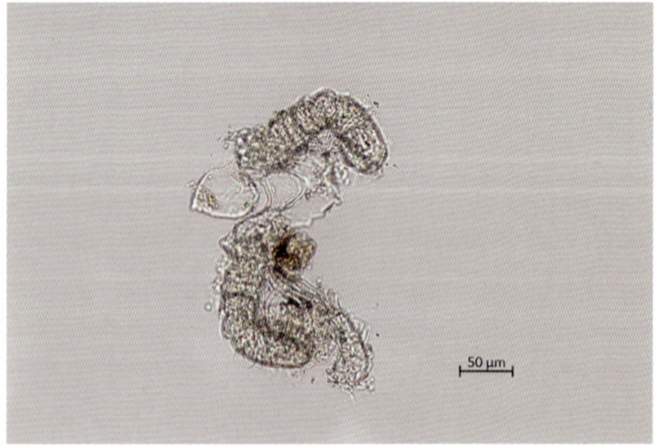

雄性成体第一触角

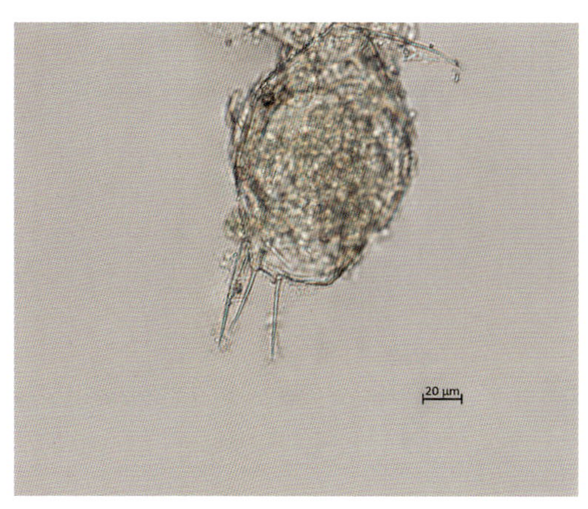

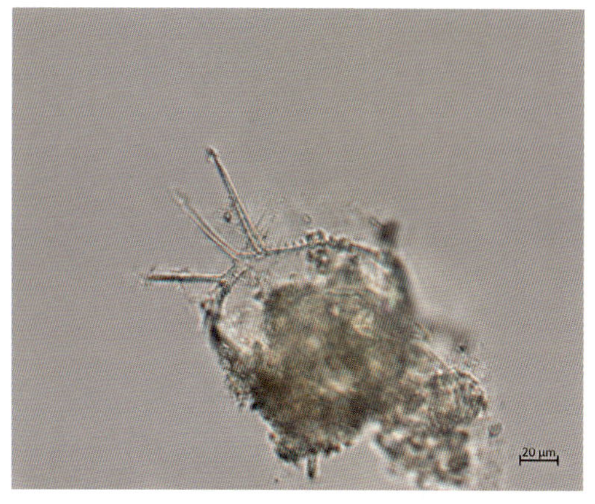

雌性成体第五胸足

胸饰外剑水蚤

8. 剑水蚤属 *Cyclops* Müller，1776

(1)近邻剑水蚤 *Cyclops vicinus* Uljanin，1875

雌性体长 1.56mm 左右。体型粗壮，头节的末部最宽，第四节的后侧角呈锐角三角形，向后侧方突出，第五节的后侧角甚锐，向两侧突出。生殖节的长度大于宽度，向后逐渐趋窄。卵囊呈卵圆形，尾叉窄长，其长度为宽度的 6～8 倍，外缘近基部 1/4 处具一缺刻，背面具一纵行隆线，内缘具短刚毛。侧尾毛位于后末角背面近侧缘处，第一尾毛长度约为第四尾毛长度的 1/2，第二尾毛略短于第三尾毛，背尾毛与第一尾毛长度约相等。第四胸足内肢第三节基部较末部宽，长度约为宽度的 2.85 倍，内刺粗长，外刺细短，末端内刺短于本节部，约为外刺长度的 2.16 倍。

雄性体长 1.42mm 左右，体型较雌性个体小。第四和第五胸节的后侧角不突出，呈锐三角形。尾叉长度为宽度的 5 倍多。

采集地：草海。

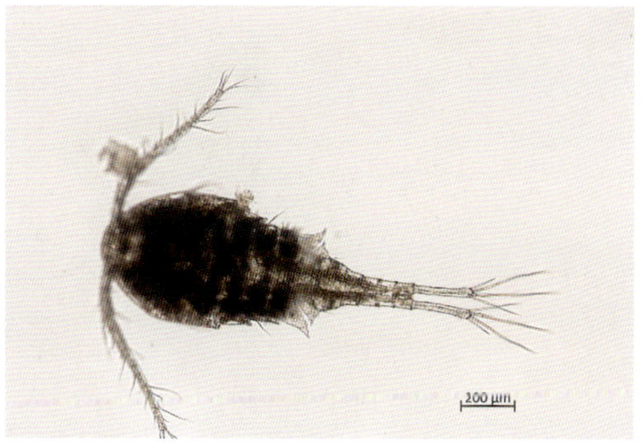

雌性成体

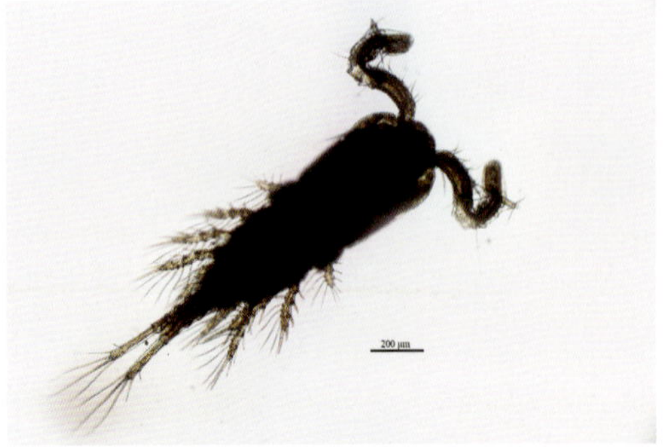

雄性成体

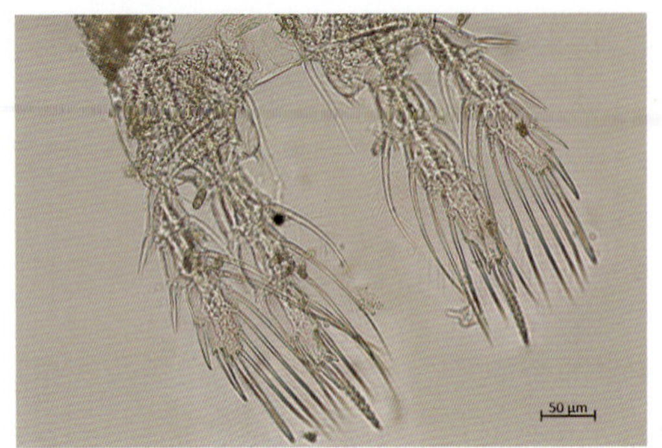

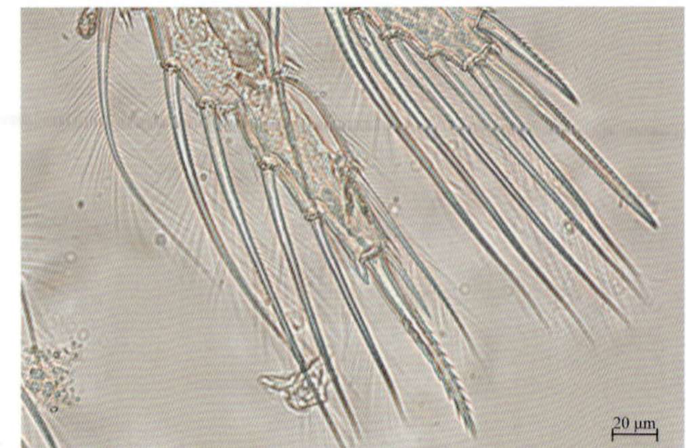

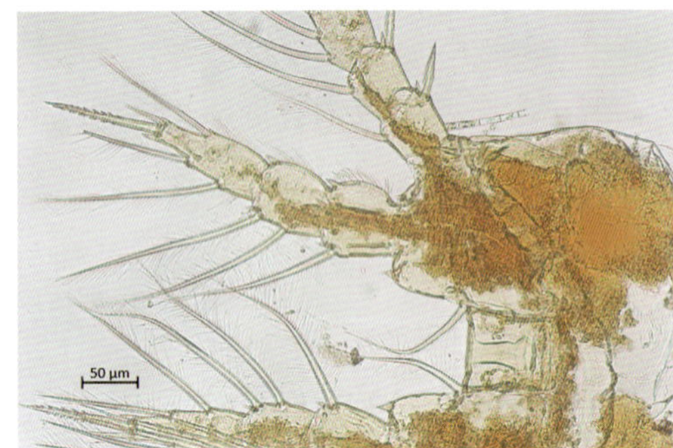

雌性成体第四胸足

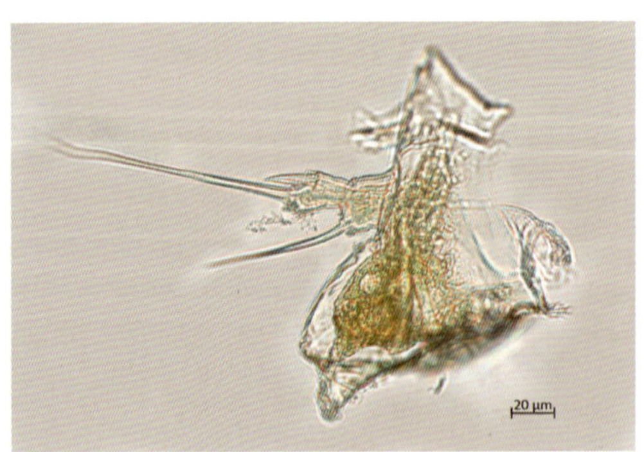

雌性成体第五胸足

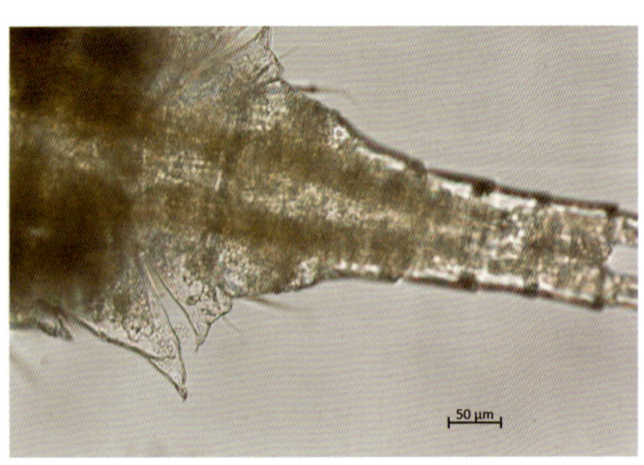

雌性成体第四节后侧角

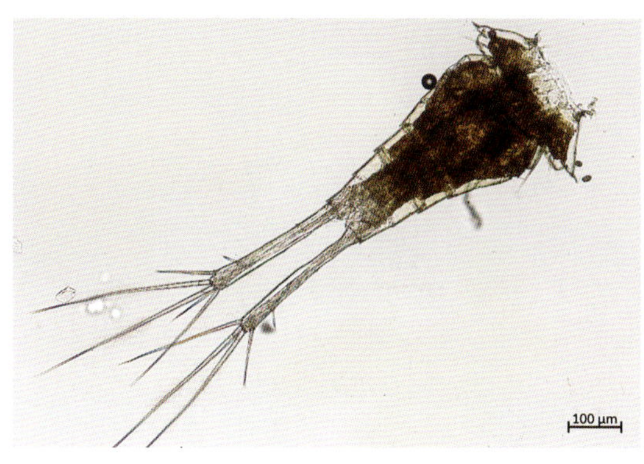

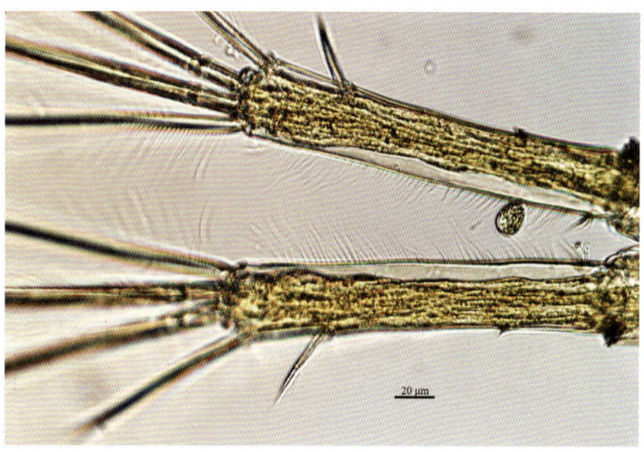

雌性成体尾叉

近邻剑水蚤

9. 刺剑水蚤属 *Acanthocyclops* Kiefer，1927

(1)高原刺剑水蚤 *Acanthocyclops alticola* Kiefer，1935

雌性体长 1.03mm 左右。体型较为粗壮，第二至第五胸节的后侧角略突出。头胸部呈卵圆形，生殖节向后逐窄，长度为后 3 个腹节长度的总和，具卵囊一对。尾叉长度约为宽度的 6.5 倍，内缘光滑，外缘近基部 1/3 处有一缺刻及小刺。侧尾毛细小，位于近末缘 1/3 处，第一尾毛长度稍短于第四尾毛，第二尾毛长度约为第三尾毛长度的 1/2。背尾毛长度约等于第一尾毛长度。第一触角短小，分 12 节。第一至第四胸足内外肢均分 3 节。第四胸足内肢第三节长度为宽度的 1.68～1.85 倍，外刺长度约为内刺长度的 1.59 倍，内外刺均短于本节部。第五胸足分 2 节，第一节短宽，外末角内附长刚毛 1 根；第二节窄长，内刺的长度与本节部长度近相等，外末角具羽状刚毛 1 根。

雄性体长较雌性瘦小。

采集地：隆宝滩。

雌性成体

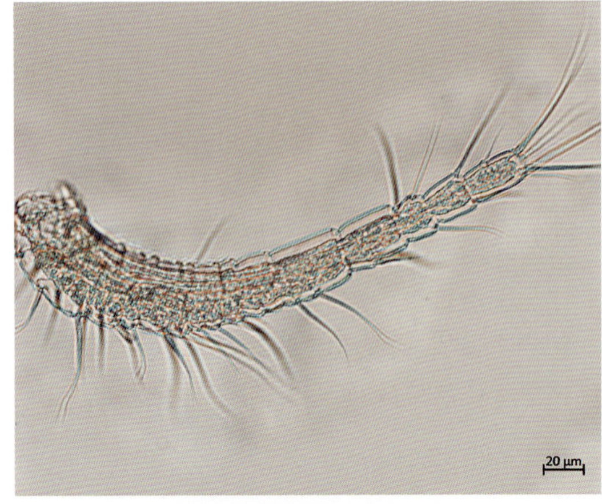

雌性成体第一触角

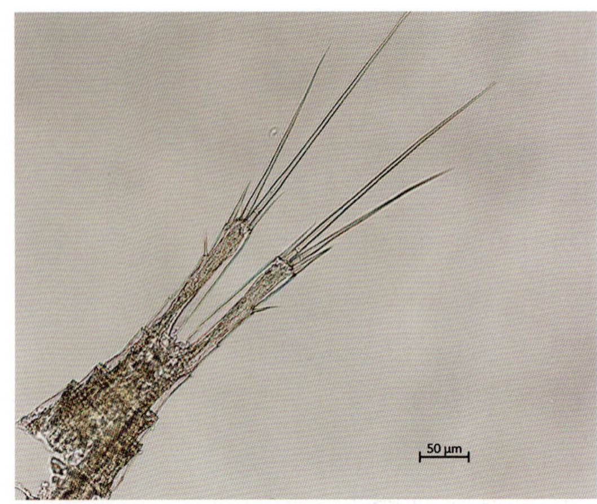

雌性成体尾叉

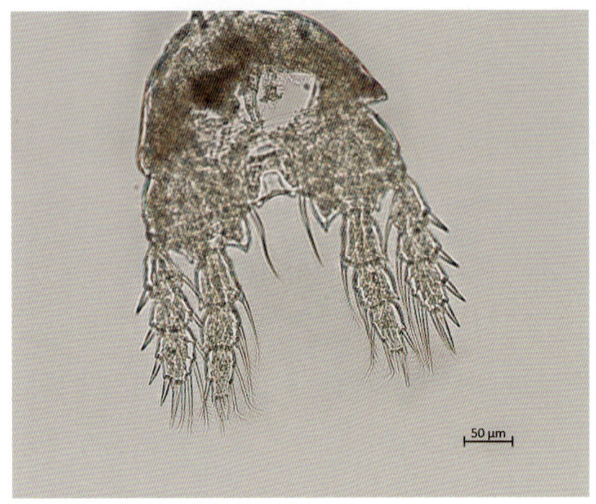

雌性成体第四胸足

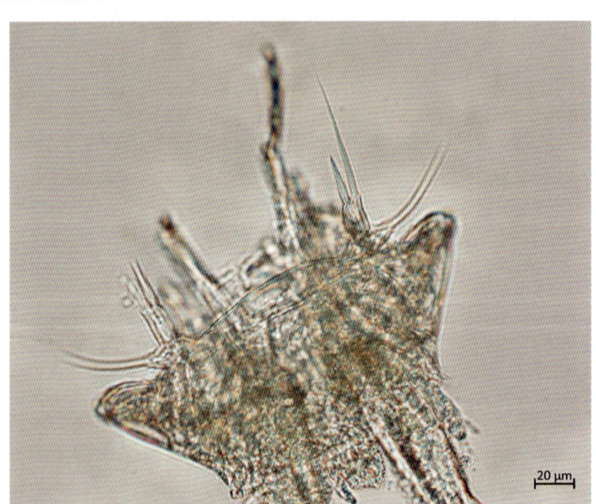

雌性成体第五胸足

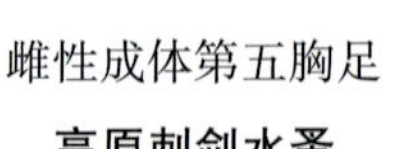

高原刺剑水蚤

(2)长尾刺剑水蚤 *Acanthocyclops longifurcus* Shen *et* Sung，1963

雌性体长1.01mm左右。头胸部呈椭圆形，第二至第四胸节的后侧角均甚尖突。卵囊一对，卵圆形。尾叉长度约为宽度的7.5倍，内缘具细刚毛，外缘近基部1/4处有一缺刻及小刺。侧尾毛短小，位于近末缘2/5处，第一尾毛长度稍短于第四尾毛，第二尾毛稍长于第三尾毛长度的1/2。背尾毛短小。第一触角短小，分12节。第一至第四胸足内外肢均分3节。第四胸足内肢第三节长度约为宽度的2倍，末端外刺长度约为本节部长度的2/3，内刺长度约为外刺长度的2/3。第五胸足分2节，第一节短宽，外末角内附羽状刚毛1根；第二节窄长，长度约为宽度的2倍，外末角具羽状刚毛1根，内末角具状刺1个，长度约为本节部长度的1.5倍。

采集地：西藏。

雌性成体

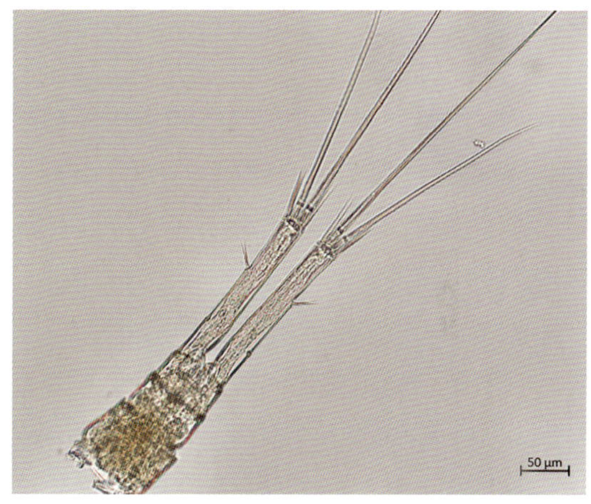

雌性成体尾叉

雌性成体第一触角

雌性成体第四胸足

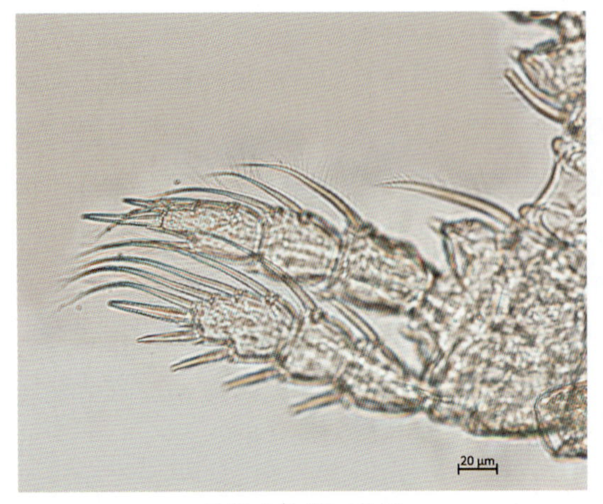

雌性成体第四胸足

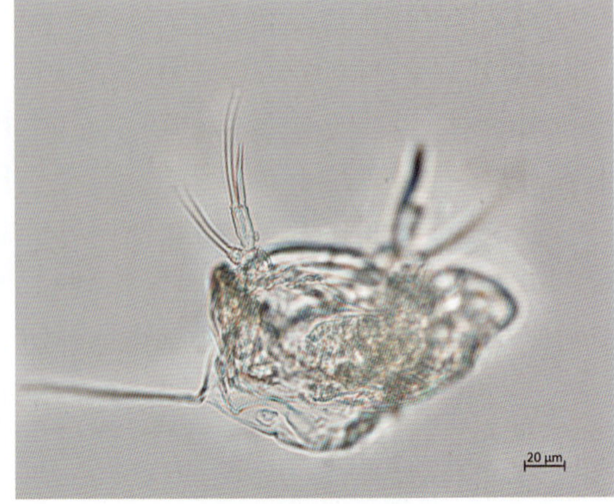

雌性成体第五胸足

长尾刺剑水蚤

10. 小剑水蚤属 *Microcyclops* Claus，1893

体型瘦小，属于体型较小的种类。尾叉长度为宽度的 3～5 倍。第一触角短小，分 9～12 节。第一至第四节内外肢均分 2 节。第五胸足基节与第五胸足完全愈合，刚毛 1 根。

种检索表

1(2)第一触角分 12 节，尾叉长度不及宽度的 5 倍，第四胸足内肢第二节末端内刺呈披针形 ·· 跨立小剑水蚤 *Microcyclops varicans*

2(1)第一触角分 11 节，尾叉长度不及宽度的 3.5 倍 ·· 扁平小剑水蚤 *Microcyclops uenoi*

(1)跨立小剑水蚤 *Microcyclops varicans* Sars，1963

雌性体长 0.63mm 左右。头胸部呈卵圆形，第四胸节外末角钝圆，第五胸节短而宽，向两侧突出，呈三角形，角顶有 1 根刚毛。生殖节长度略大于宽度。尾叉平行，长度约为宽度的 3.4 倍。侧尾毛位于近侧缘 1/3 处，第一尾毛略短于第四尾毛，第二尾毛长度约为第三尾毛长度的 3/4，背尾毛短于第四尾毛。第一触角分 12 节。第一至第四胸足内外肢均分 2 节。第四胸足内肢第二节长度约为宽度的 2.7 倍，内刺呈披针状，长度约为外刺长度的 2 倍，内刺长度稍大于本节部长度的 1/2。第五胸足与第五胸节愈合，第五胸节外侧三角状顶端具 1 根长刚毛。末节呈圆柱形，中部具小刺 1 根，末缘具长刚毛 1 根，卵囊一对，跨立于腹部两侧。

雄性体型较雌性小。尾叉长度为宽度的 2.3 倍。

采集地：鄱阳湖。

雌性成体

雌性成体第四胸足

雌性成体第一触角

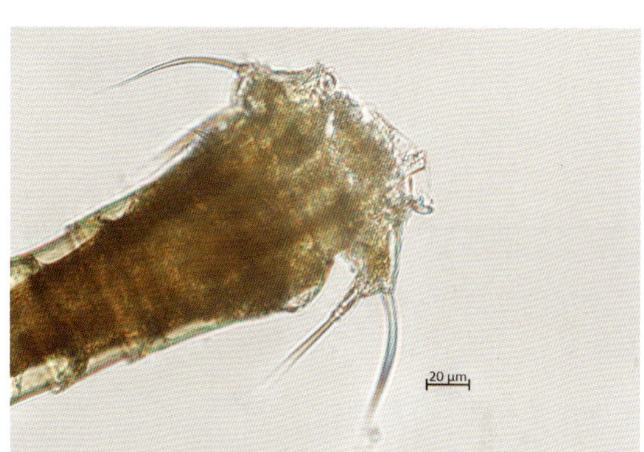

雌性成体第五胸足

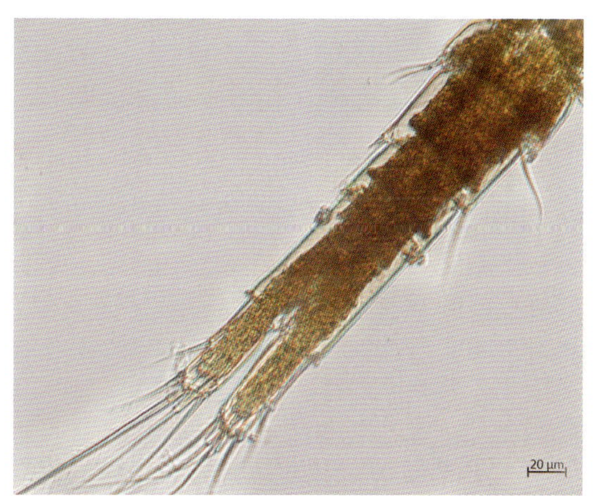

雌性成体尾叉

跨立小剑水蚤

(2)扁平小剑水蚤 *Microcyclops uenoi* Kiefer，1937

雌性体长 0.79mm 左右。头胸部呈扁平状。生殖节长度稍大于宽度。尾叉长度为宽度的 3～3.25 倍。侧尾毛位于尾叉外缘末部 1/3 处，第一尾毛稍长于第四尾毛的 1/2，第二尾毛长于第三根尾毛的 1/2，背尾毛长度约等于第一尾毛。第一触角分 11 节。第一至第四胸足内外肢均 2 节。第四胸足内肢第二节长度为宽度的 2.85～2.92 倍，为内刺长度的 1.06～

1.11 倍;末端内刺长度为外刺长度的 1.80～2.09 倍。第五胸足与第五胸节愈合。末节呈圆柱形,内缘中部具小刺 1 根,末端具刚毛 1 根,其总长度大于基节侧刚毛长度的 1/2。

采集地:鄱阳湖、草海。

雌性成体

雌性成体第一触角

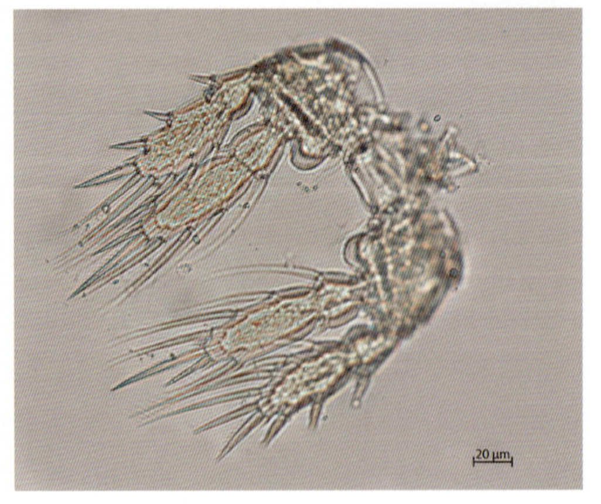

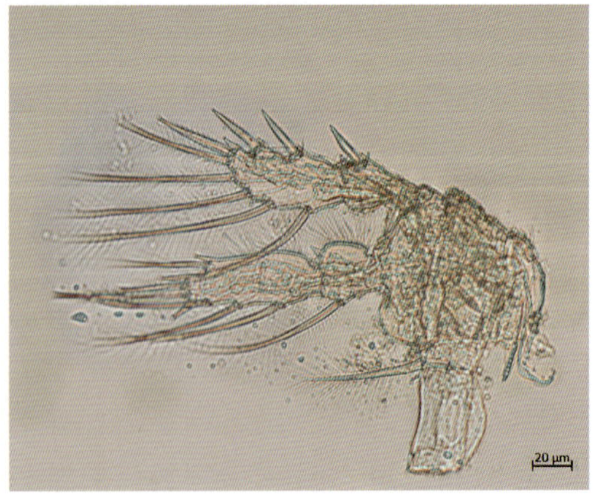

雌性成体第四胸足

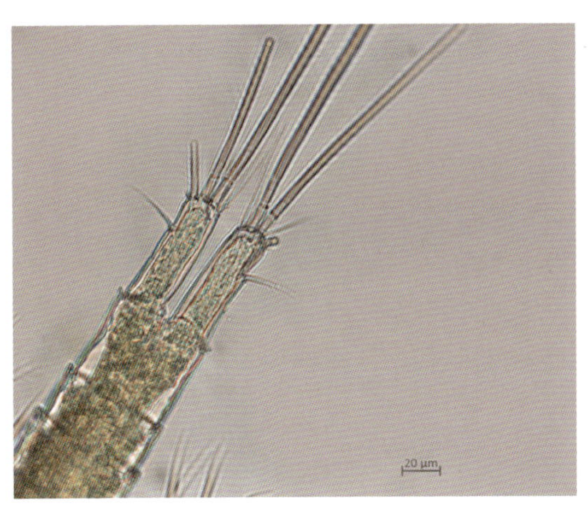

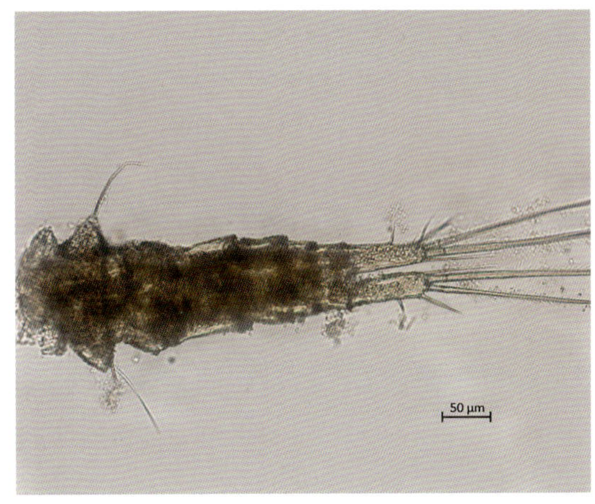

雌性成体尾叉

扁平小剑水蚤

11. 中剑水蚤属 *Mesocyclops* Sars，1914

(1)广布中剑水蚤 *Mesocyclops leuckarti* Claus，1857

雌性体长 1.13mm 左右。头胸部呈卵圆形。生殖节瘦长，具卵囊一对，向腹外侧分离。尾叉长度约为宽度的 3.22 倍，内缘光滑无刚毛。侧尾毛位于近侧缘 1/3 处，第一尾毛长度约为第四尾毛长度的 1/3，第二尾毛长度约为第三尾毛长度的 3/4。第四胸足连接板的后缘两端具三角状短齿。内肢第三节长度约为宽度的 3.91 倍，外刺略长于内刺，但均短于本节部。第五胸足分 2 节，第一节外末角有羽状刚毛 1 根；第二节窄长，近内缘中部具 1 根长刺，外末角具羽状刚毛 1 根，长于中部长刺。

雄性体长 0.70mm 左右，体型较雌性小。尾叉短，平行，长度为宽度的 3.11 倍。

采集地：洪湖。

雌性成体

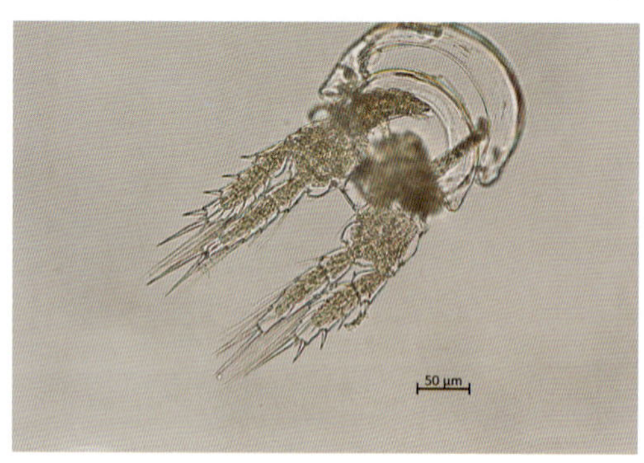

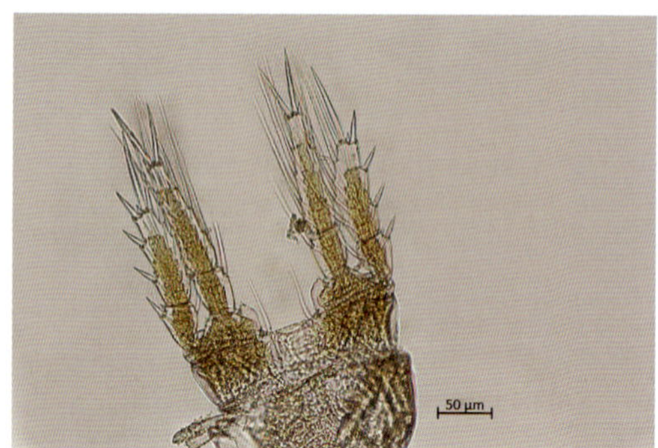

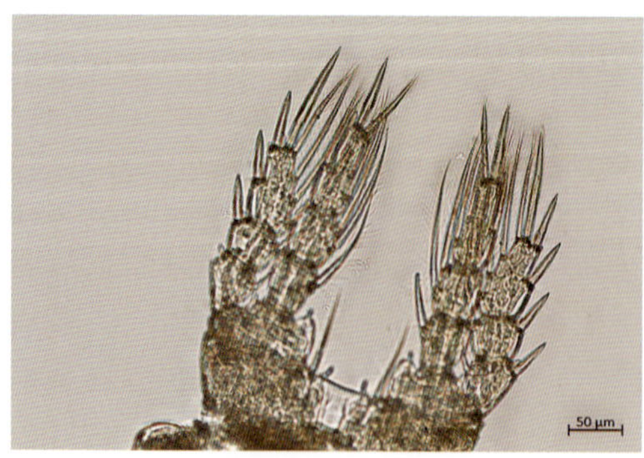

雌性成体第四胸足

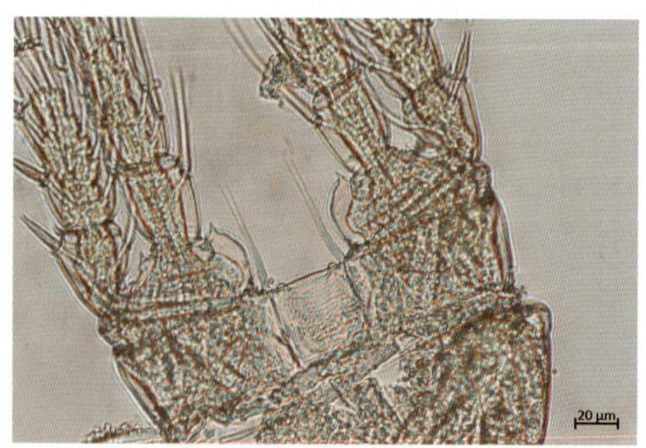

雌性成体第四胸足连接板

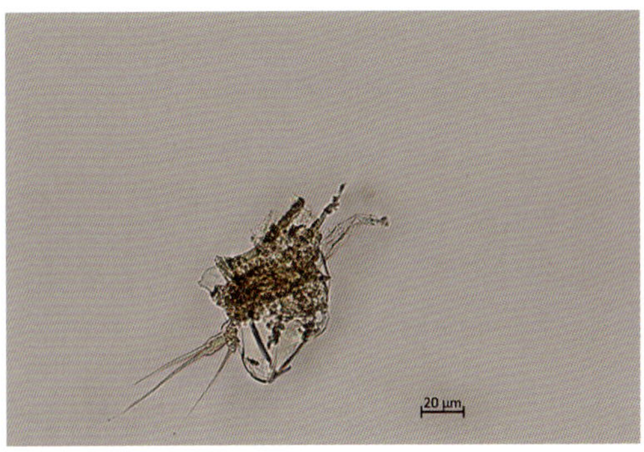

雌性成体第五胸足

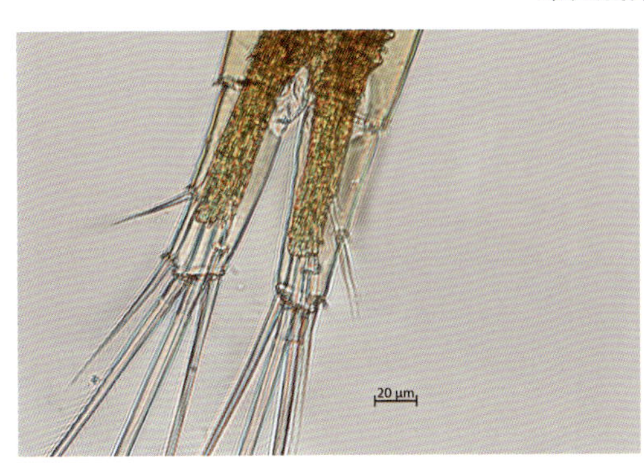

雌性成体尾叉

广布中剑水蚤

12. 温剑水蚤属 *Thermocyclops* Kiefer，1927

头胸部呈卵形，腹部瘦削。尾叉较短，长度为宽度的 2.5～3 倍，尾叉内缘光滑。第一触角分 17 节。第一至第四节内外肢均分 3 节。第五胸足 2 节，具刺和刚毛各 1 根。

种检索表

1(2)第四胸足内肢末节的内刺长于本节部，内刺长度为外刺长度的 3.5 倍以上 ………………………………………………………… 台湾温剑水蚤 *Thermocyclops taihokuensis*

2(1)第四胸足内肢末节的内刺短于本节部

3(4)尾叉的长度约为宽度的 2 倍 ……… 短尾温剑水蚤 *Thermocyclops brevifurcatus*

4(3)尾叉的长度为宽度的 2.3 倍以上

5(6)第四胸足内肢第三节末端内刺长度约为外刺长度的 2.5 倍 ………………………………………………………………………… 虫宿温剑水蚤 *Thermocyclops vermifer*

6(5)第四胸足内肢第三节末端外刺长度约为内刺长度的 1.8 倍 ………………………………………………………………………… 粗壮温剑水蚤 *Thermocyclops dybowskii*

(1)台湾温剑水蚤 *Thermocyclops taihokuensis* Harada，1931

雌性体长 0.92mm 左右。头胸部呈椭圆形。生殖节前宽后窄，具卵囊一对。尾叉略外

展，尾叉长度约为宽度的 2.5 倍。侧尾毛位于近侧缘 1/3 处，第一尾毛长度约为第四尾毛长度的 1/2，第二尾毛长度约为第三尾毛长度的 2/3，背尾毛长度约为第一尾毛长度的 2 倍。第一触角分 17 节，末端可达第三节中部。第一至第四胸足内外肢均分 3 节。第四胸足内肢第三节长度约为宽度的 3.22 倍，内刺长度为外刺长度的 3.5～4.5 倍，为本节部长度的 1.0～1.16 倍。第五胸足分 2 节，基节短宽，第一节外末角有羽状刚毛 1 根；第二节窄长，末端具内刺和外刚毛各 1 根。

雄性体型较雌性小。尾叉向后分展，长度为宽度的 2.5 倍。

采集地：巢湖。

雌性成体

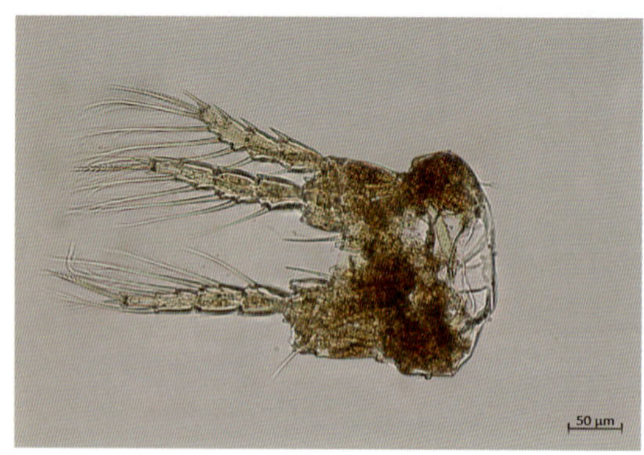

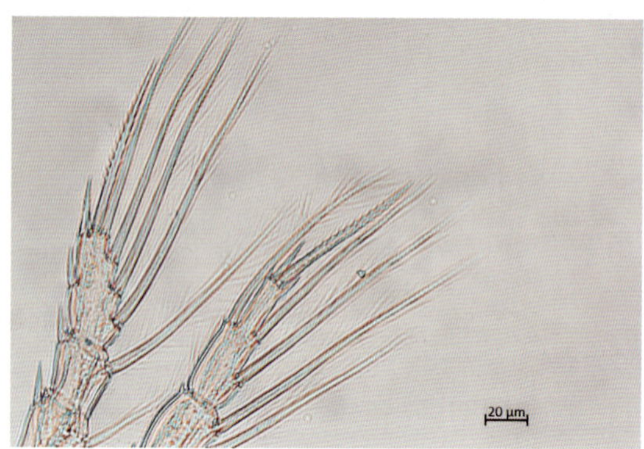

雌性成体第四胸足

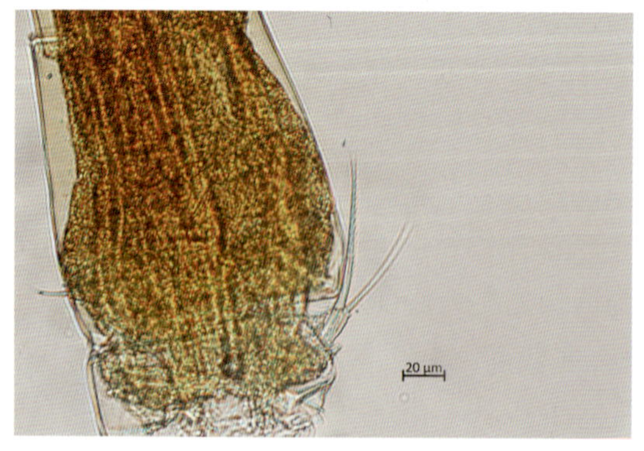

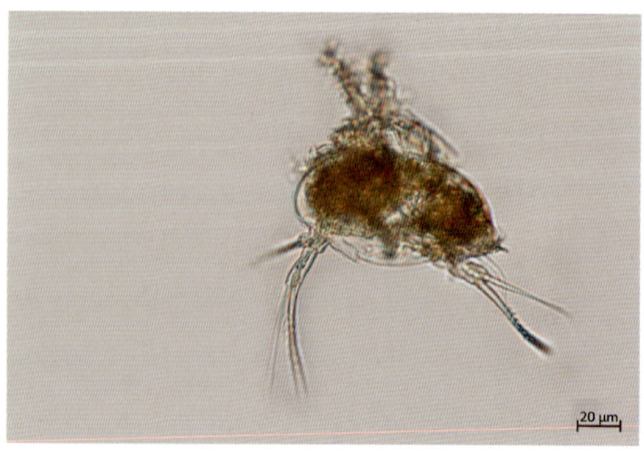

雌性成体第五胸足

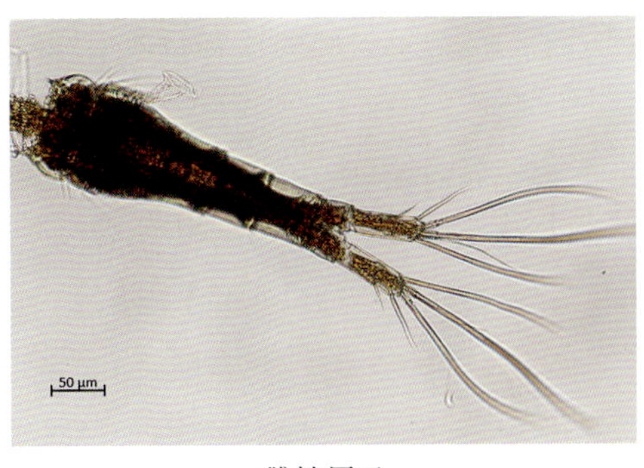

雌性尾叉

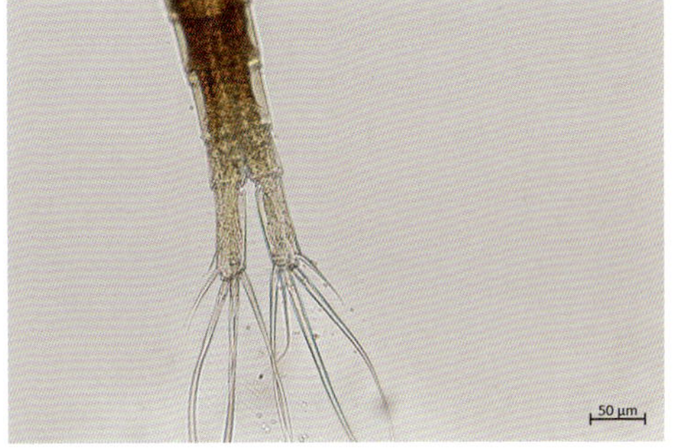

第五胸足

台湾温剑水蚤

(2)短尾温剑水蚤 *Thermocyclops brevifurcatus* Harada，1931

雌性体长 0.84mm 左右。头胸部呈卵形。生殖节前宽后窄，具卵囊一对。尾叉长度约为宽度的 2 倍。侧尾毛位于近侧缘 1/3 处，第一尾毛较尾叉短，约为第四尾毛长度的 1/4，第二尾毛较第三尾毛短，背尾毛约等长于第一尾毛。第一触角分 17 节，末端可达第二节末缘。第一至第四胸足内外肢均 3 节。第四胸足内肢第三节长度约为宽度的 3 倍，内刺长度为外刺长度的 1.96～2.19 倍，本节部长度为内刺长度的 1.12～1.25 倍。第五胸足分 2 节，基节短宽，第一节宽度大于长度，外末角有羽状刚毛 1 根；第二节窄长，末端具内刺和外刚毛各 1 根，两者近等长。

雄性体型较雌性小，外形与雌性类似。

采集地：滇池。

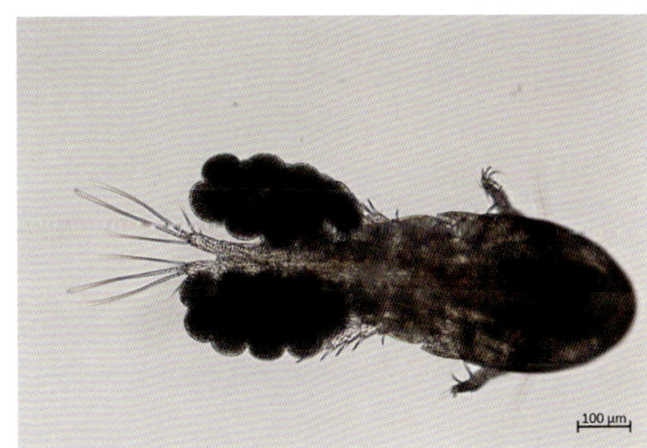

雌性成体

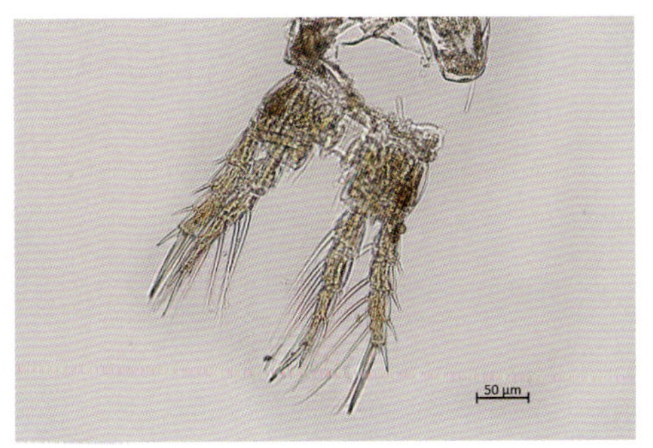

雌性成体第四胸足

雌性成体尾叉

短尾温剑水蚤

(3)虫宿温剑水蚤 *Thermocyclops vermifer* Lindberg，1935

雌性体长 0.81mm 左右。头胸部呈长卵形。生殖节细长，具卵囊一对。尾叉长度约为宽度的 2.56 倍。侧尾毛位于近侧缘 1/3 处，第一尾毛短，约为第四尾毛长度的 1/4，第二尾毛长度约为第三尾毛长度的 2/3，背尾毛略长于第一尾毛。第一触角分 12 节，末端可达第二节末缘。第一至第四胸足内外肢均分 3 节。第四胸足内肢第三节长度约为宽度的 3.4 倍，内刺长度约为外刺长度的 2.5 倍，本节部长度为内刺长度的 1.1～1.5 倍。第五胸足分 2 节，基节短宽，第一节外末角有羽状刚毛 1 根；第二节窄长，末端具内刺和外刚毛各 1 根，两者近等长。

采集地：洪湖。

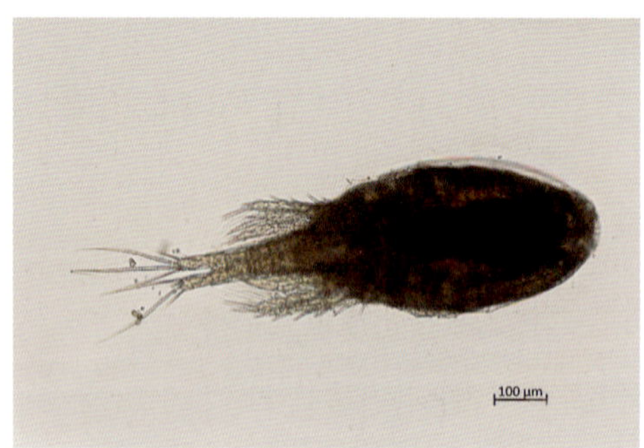

雌性成体

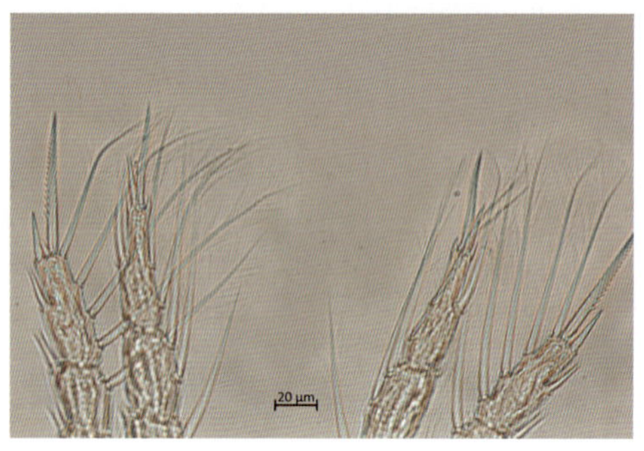

雌性成体第四胸足

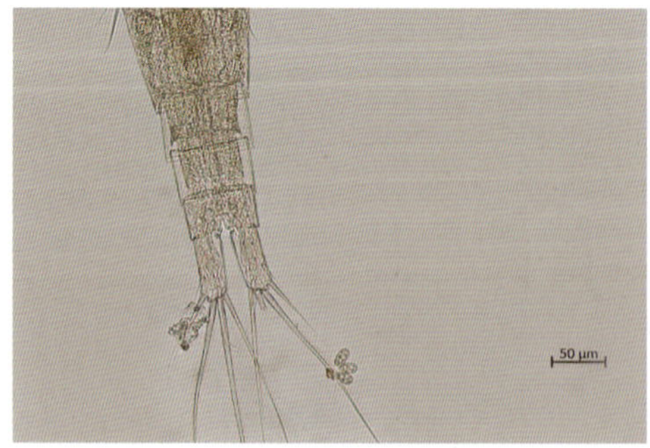

雌性成体尾叉

虫宿温剑水蚤

(4)粗壮温剑水蚤 *Thermocyclops dybowskii* Landa，1890

雌性体长 1.02mm 左右。体型较粗壮。生殖节长度大于宽度，具卵囊一对。尾叉长度为宽度的 2.5～3.11 倍。侧尾毛位于近侧缘 1/3 处，第一尾毛长度约为第四尾毛长度的 1/2，第二尾毛长度约为第三尾毛长度的 3/4，背尾毛长度约等长于第一尾毛。第一触角分 17 节，末端可达第二节中部。第一至第四胸足内外肢均分 3 节。第四胸足内肢第三节长度约为宽度的 3.4 倍，外刺长度约为内刺长度的 1.8 倍，本节部长度约为内刺长度的 1.28 倍。第五胸足分 2 节，第一基节宽大，第一节外末角有长刚毛 1 根；第二节呈长方形，长度为宽度的 2 倍，末端具内刺和外刚毛各 1 根，内刺长度约为本节部长度的 3.1 倍。

采集地：洪湖。

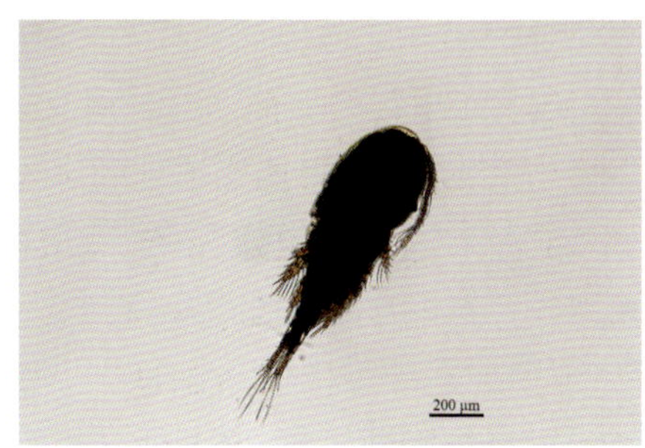

雌性成体

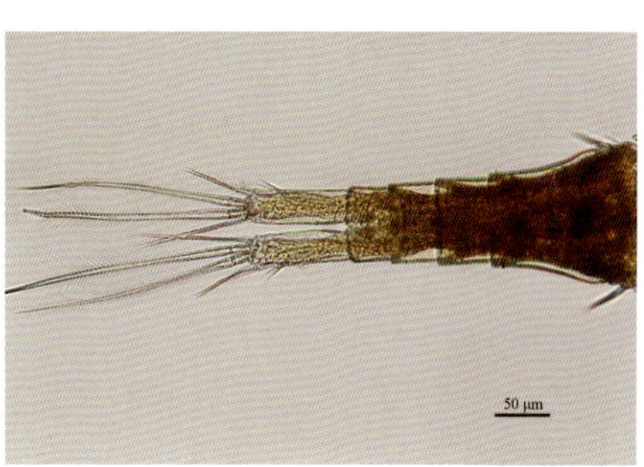

雌性成体尾叉

雌性成体第四胸足

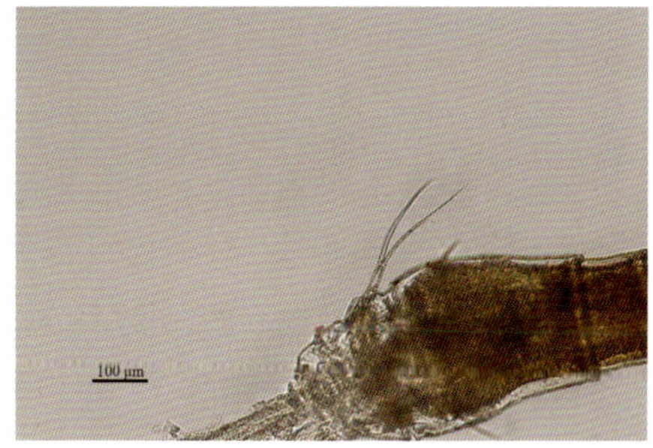

雌性成体第五胸足

粗壮温剑水蚤

6.2.3 猛水蚤目 Harpacticoida Sars，1903

体型多种多样，头胸部与腹部分界不明显。第一胸节常与头节愈合，第四和第五胸节具可动关节。第一触角短小，通常不超过 10 节。第二触角分 3～4 节。尾叉末端一般具发达的尾毛 2 根，基部具结节。大部分种类具位于腹面的卵囊 1 个，少部分具卵囊 2 个。

猛水蚤

主要参考文献

[1] 沈韫芬. 原生动物学[M]. 北京：科学出版社,1999.

[2] 蒋燮治,沈愠芬,龚循矩. 西藏水生无脊椎动物[M]. 北京：科学出版社,1983.

[3] 宋微波,徐奎栋等. 原生动物学专论[M]. 青岛:青岛海洋大学出版社,1999.

[4] Yang Jun，Shen Yun Feng. Morphology，biometry and distribution of Difflugia biwae Kawamura，1918(Protozoa：Rhizopoda)[J]. Acta Protozoologica，2005，44(2)，103-111.

[5] Yang Jun，Meisterfeld R，Zhang Wenjing，et al. Difflugia mulanensis nov. spec.，a freshwater testate amoeba from Lake Mulan，China[J]. European journal of protistology,2005，41(4)，269-276.

[6] 张武昌. 砂壳纤毛虫图谱[M]. 北京:科学出版社，2012.

[7] 蒋燮治. 江苏安徽淡水沙壳纤毛虫的调查报告[J]. 水生生物学报，1956(1):61-87.

[8] 邵晨，陈旭淼，姜佳枚. 中国腹毛亚纲纤毛虫[M]. 北京：科学出版社，2020.

[9] 赵文. 水生生物学[M]. 北京:中国农业出版社,2005.

[10] 王家楫. 中国淡水轮虫志[M]. 北京:科学出版社,1961.

[11] 诸葛燕. 中国典型地带轮虫的研究[D]. 武汉：中国科学院水生生物研究所,1997.

[12] 蒋燮治,堵南山. 中国动物志 节肢动物门 甲壳纲 淡水枝角类[M]. 北京:科学出版社,1979.

[13] 向贤芬,虞功亮,陈受忠. 长江流域的枝角类[M]. 北京：中国科学技术出版社,2016.

[14] 徐敏,张海军等. 基于 16S rDNA 和 COI 基因序列探讨四种溞类的系统关系和分类地位[J]. 水生生物学报,2014,38(6):1040-1046.

[15] 中国科学院中国动物志编辑委员会. 中国动物志 节肢动物门 甲壳纲 淡水桡足类[M]. 北京:科学出版社,1979.